中国山药

赵　冰　主编

中国农业大学出版社
·北京·

内 容 简 介

本书对山药常规栽培技术、山药套管栽培技术和盆式栽培技术、山药其他栽培技术、扁山药栽培技术、圆山药栽培技术、热带山药栽培技术和有机山药栽培技术等进行了论述。此外，本书对山药的生物学特性、山药良种选育技术、山药试管繁殖技术、山药贮藏加工技术、山药病虫害防治、山药专用肥技术与产品以及山药分子生物学技术、山药的市场与流通等做了较详尽的介绍。本书兼顾科学性和实用性，插图丰富，可供广大山药农户、药商、行政官员、农林医药科技人员、农林医药院校师生阅读参考。

图书在版编目(CIP)数据

中国山药 / 赵冰主编. — 北京 : 中国农业大学出版社，2020.3

ISBN 978-7-5655-2339-7

Ⅰ.①中… Ⅱ.①赵… Ⅲ.①山药－栽培技术－中国 Ⅳ.①S632.1

中国版本图书馆 CIP 数据核字(2020)第 045188 号

书　　名 中国山药

作　　者 赵　冰　主编

策划编辑 张秀环　　**责任编辑** 石　华　张　妍

封面设计 郑　川

出版发行 中国农业大学出版社

社　　址 北京市海淀区圆明园西路 2 号　　**邮政编码** 100193

电　　话 发行部 010-62818525,8625　　读者服务部 010-62732336

编辑部 010-62732617,2618　　出　版　部 010-62733440

网　　址 http://www.caupress.cn　　**e-mail** cbsszs @ cau.edu.cn

经　　销 新华书店

印　　刷 涿州市星河印刷有限公司

版　　次 2020 年 3 月第 1 版　　2020 年 3 月第 1 次印刷

规　　格 787×1 092　　16 开本　　15.5 印张　　380 千字

定　　价 68.00 元

编写委员会

主　　编　赵　冰

副 主 编　郭仰东　张　娜

参　　编　李双桃　刘　伦　王志荣

绘　　图　赵　冰

咨询专家　赵鸿钧　张福锁　朱其杰　许启凤　张勇飞
　　　　　　魏淑秋　张元恩　黄文华

前言

山药是我国最古老的农作物之一。据古籍《山海经》记载:“景山,北望少泽,其草多薯蓣”。在文中所记载的景山,乃今山西省闻喜县南部之中条山高峰,这里就是山药的故乡。山药“至伤中,补虚羸,除热邪气,补中益气力,长肌肉。久服耳目聪明,轻身不饥延年”。它既是药中珍品,又是入馔佳蔬,还可以粮充饥。遗憾的是,山药方面的研究甚少,与山药相关的著作也是寥寥无几。

近30年来,本人与课题组成员对山药作了长期的考察和大量的研究,《中国山药》就是其浓缩和总结。对原产于我国的山药,本书从起源、名称到山药的生物学特性以及山药分子生物学技术、主要栽培品种和选育技术、各种栽培技术、贮藏加工技术、山药专用肥以及山药的市场与流通等都做了较详尽的介绍。

治本于农,务兹稼穑。祈愿山药的研发工作百尺竿头,更进一步!

趙冰

2018年10月写于山西汾阳冀村古镇(中国山药之乡)

目录

第一章

山药概述

一、起源

山药是薯蓣科薯蓣属植物，原产于温带，目前在我国广泛栽培。山药的食用历史很长，几乎和韭菜、小蒜等不相上下。它们都是在山林川泽间野生，也都是食、药兼用的作物。

我国是山药的原产地。2 000 多年以前的《山海经》上就载有“景山，北望少泽，其草多薯蓣”。文中所指的景山就是当今山西省闻喜县南部的中条山高峰。古代所说的薯蓣就是当今的山药。

俗话说“山药山药，山中之药”。在漫长的岁月中，这种产于山中的块茎植物大多是作为药用，食用也是用于补养。多年以来，山西省中南部和河南省北部的许多益寿延年的老年人过着一种“食补山药一冬春”的生活，即每日食用长为 10～15 cm 当地产的山药一节，当地农村小孩缺乳时也常以山药补养。山药既能充饥，又能少生疾病且效果显著。在古代，山药不仅受到平民百姓的喜爱，历代达官显贵也很重视山药的进补。古文献显示，早在春秋时期就有很多高官服用山药(图 1-1)。

图 1-1　古代春秋时期的赵简子(晋国正卿)喜食山药

我国古代医书《图经本草》指出：山药以“北都、四明者最佳”。北都即山西省太原，四明即当今浙江省的四明山。《植物名实图考》中记载：药用山药分布靠北，并渐以山西省和河南省交界处为中心。随着历史的发展，山药栽培地区逐渐扩大。据《中国药典》1990 年版记载：“怀山药主产地在海拔 150～1 500 m，分布于河南、山西、河北、山东、安徽、浙江、湖北、湖南、贵州、四川、甘肃东部、陕西南部”，“块茎肉质肥厚，直径 2～7 cm，外皮黑褐色，生有稀须根（铁棍山药）；或外皮黄褐色，须根较粗（太谷山药）”。另有资料表明，普通山药中的太谷山药1 000 多年前由山西省中南部传入河南省北部，逐渐选育形成了在山西省中南部和河南省焦作市附近地区的名产怀山药。山西省中南部各县几乎都有自己的地方山药品种，这些都是太谷山药长期引种栽培而形成的地方品种，如孝义山药、曲沃山药、闻喜山药、太原山药、太谷山药、祁县山药、平遥山药、汾阳山药、文水山药等都是又甜又绵、百食不厌的优质滋补食品。

在日本绳纹后期，山药由我国传至日本、朝鲜等国家。目前，日本的长山药栽培面积为 4 000 hm^2 左右，主要集中在北部的青森、长野、北海道以及鸟取的沙丘地。扁山药栽培面积为 2 000 hm^2 左右，集中在埼玉、千叶、神奈川等关东地区。圆山药以关西、近畿地方较多，尤以兵库、三重、京都、奈良为主，约为 600 hm^2。欧洲在 19 世纪也曾传入山药，想用以替代马铃薯，经过试验，虽认为适合当地栽培，但与欧洲食谱差异较大，消费者不习惯，加之山药栽培耗费劳动力较大，与欧洲昂贵的人工成本不相适宜，后来未能得到大面积推广，现在去欧洲各国只能在植物园标本区欣赏山药的芳姿。

关于山药的原种，说法不一。一般认为，普通山药是由野山药进化而来，其形状、颜色、口味同野山药也差不多，只是口味不及野山药。也有的人认为野山药药性较好，但口味不佳。从分子生物学角度来看，普通山药的染色体 $n=70$，而野山药的染色体 $n=20$，这说明两者没有直接的亲缘关系，普通山药是野山药经过长期进化变异后形成的。

二、药用价值及相关的药用薯蓣

（一）山药是薯蓣科薯蓣属植物中的药王

“山药山药，山中之药”，山药主要是药用，然后才是食用。山药食用也多是为药用来的。人们吃山药都是认为它能治病，可滋补，当然也可以充饥。山药发展到今天已成为重要的国际性药、食兼用作物和珍稀蔬菜。

山药属于薯蓣科薯蓣属植物。薯蓣属的植物多是珍贵的药材，对许多疾病有很好的疗效。薯蓣科中有 10 个属，薯蓣属是薯蓣科中的一个属，仅这一个属就有植物 600 多种。其中，可以食用的有 50 余种，山药是其中的一个种。

几千年来，我国一直都以薯蓣属植物的块茎作为食用。直到 20 世纪 40 年代末，发现一些种类的薯蓣块茎中含有一种叫薯蓣皂苷元之后，才引起了世界各国对薯蓣植物药用价值的重视。

20 世纪 50 年代末，我国发现了含有薯蓣皂苷元的薯蓣，并在 1964—1974 年把其列为国家重点研究项目，先后调查了全国 20 个省（自治区），620 个县（市）。通过调查发现，我国薯蓣属植物也是很多的，仅含有薯蓣皂苷元的就有 17 种，此外还有 1 个亚种、2 个变种。其中，可直接提供工厂生产应用的就有 10 种，具体品种如下。

①盾叶薯蓣:分布于秦岭山脉以南,南岭以北,大别山区以西,横断山脉以东。

②小花盾叶薯蓣:主要分布在云南。

③穿龙薯蓣:分布于华北、东北、西北和华东。

④柴黄姜:分布于秦岭以南、湖北、湖南、贵州、四川东部和甘肃南部。

⑤纤细薯蓣:分布于安徽、浙江、江西、湖南。

⑥义蕊薯蓣:分布于南起云南景东,北至陕西南部,西至云南腾冲,东至中国台湾基隆。

⑦粉背薯蓣:分布于南起福建厦门,北至安徽霍山,西至四川越西,东至中国台湾基隆。

⑧黄薯蓣:分布于南起云南蒙自,北至湖北巴东,西至云南兰坪,东至湖南平江。

⑨蜀葵叶薯蓣:分布于南起云南勐海,北至四川茂县,西至西藏波密,东至贵州玉屏。

⑩三角叶薯蓣:分布于南至云南禄劝,北至四川阿坝,西至西藏吉隆,东至四川理县。

从以上可以看出,薯蓣资源遍布全国。据估计,仅穿龙薯蓣的年产量就达 138 万多吨。这些薯蓣资源的药用价值,大致可以划分为以下 4 类。

第一类是盾叶薯蓣。它是我国制造避孕药和甾体激素药类的主要原料。用其水溶性皂苷提取物制成的盾叶哌克昔林是一种防治冠心病的新药。

第二类是黄独。其块茎中含有黄药子素较多,一般都作中药,用于治疗咽喉肿痛、痈肿疮毒和毒蛇咬伤等。

第三类是薯莨。其块茎中含有较多的缩合性鞣质、酚类以及两种苷,主要用于治疗妇科各类出血,也可提制烤胶,用于制革。

第四类是山药。它主要含有黏液汁、胆碱、糖蛋白、多酚氧化酶、维生素 C、甘露聚糖、植酸、16 种氨基酸、尿囊素和 3,4-二羟苯乙胺等。山药是重要的滋补食品,可以补脾健胃,降低血压和血糖,抵抗肿瘤,延缓衰老。

(二)中医名家妙用山药

山药肉白色,中医认为白色入肺,山药补肺、平喘、止咳。味甘,微甜,入脾。液是滑的,所以它也入肾。山药生发性非常强,富含各种蛋白质和维生素。它有生发之性,它的营养可供自身生长很长时间。根据中医方剂中常见的 600 多首山药方进行统计分析,山药在中药方剂中最常配伍的药物类别依次是:补益药、利水渗湿药、收涩药、清热药、安神药、温里药。

1.山药圣手张锡纯

很多中医名家都喜欢用山药配伍入药,比如,张锡纯就对山药情有独钟,用它治疗了很多重症。张锡纯认为山药能补手太阴肺经,补肺;能补足太阴脾经,补脾。太阴肺经和太阴脾经,只要是这两种虚,服这个山药就没问题。肺和脾是什么关系?肺与大肠互为表里,腹泻和肺脾有关,脾不足,大肠也不能固涩,所以张锡纯用山药治虚损。他的思路非常简单,单刀直入,就补脾,把后天的脾胃之气补足,这人就有生机了。

一位少年因感冒懒于饮食,犹勤稼穑,枵腹力作,遂成劳嗽,过午发热,彻夜咳吐痰涎,曾服滋阴补肾及参芪等二月,反致饮食减少,痰涎增加,渐至不起,脉虚数兼弦,脾肺阴分亏损。张锡纯治以珠玉二宝粥(生山药二两,生薏苡仁二两,煮粥,调入切碎柿霜饼八钱),随意服之,半年后该少年痊愈。

张锡纯治马姓幼女,温病旬日,周身灼热,烦躁不安,精神恍惚,病势危险,此为外感实热而阴分亏损。张氏即用生石膏两半,配合生山药一两,煎熬二茶盅,徐徐频饮,连进二剂,灼热已退，大便得通。此方张锡纯谓之清热不伤阴，滋阴不碍温。

张锡纯是清末民国初年中医界一位响当当的大家。他遵循古训，探本溯源，又勇于探索，变通创新，著有近百万字的《医学衷中参西录》。张锡纯积数十年经验，用中药救急拯危，名震四方。现代中医界这么评价张锡纯：从张锡纯以后，中医只有施今墨能够与其媲美。张锡纯创立的方子在现代方剂学书本和大学教材里收集了很多，现在很多中医名家都喜欢看张锡纯的书。

2.山药御医施今墨

20世纪初，中国四大名医中最有名的施今墨也特别善于用山药配伍入药，他总结出著名的黄芪配山药、苍术配元参的中药方剂。他说："健脾余用黄芪伍山药，苍术配元参两组对药。黄芪甘温，入手足太阴气分，补气止消渴，前世医家用之甚多。山药甘平，入肺、脾、肾三经，补脾阴之力著。周慎斋有：'脾阴不足，重用山药'之语。二药配合，气阴兼顾，补脾功用益彰。苍术辛苦温，入脾胃二经，燥湿健脾，杨士瀛称苍术有'敛脾经不禁，治小便漏泄不止'之功。元参甘苦咸寒，入肺肾二经，滋阴降火，清热解毒。苍术性辛燥但元参可以治其偏而展其才。二者相伍，既能健脾，又可以滋阴。有人谓苍术辛燥，虑其伤阴，不敢在消渴病中用之。东垣先生生津甘露饮子内有藿香、豆蔻、荜澄茄等辛燥之品，佐以取之，亦无辛燥之嫌。据多年实践，黄芪伍山药，苍术配元参，一阴一阳，一脾一肾（黄芪补脾，山药益肾；苍术健脾，元参滋肾）应用于治疗糖尿病，可有降低血糖，减除尿糖之功。余治糖尿病在辨证基础上，多加用这两对药味。"

施今墨精于辨证，善于用药。常云："临证如临阵，用药如用兵。必须明于辨证候，详慎组方，灵活用药。不知医理，即难辨证；辨证不明，无从立法；遂致堆砌药味，杂乱无章。"施今墨组方时，不仅抓主证，而且顾及兼证；不仅攻邪，而且注意扶正。他的处方有时药味较多，但配伍严谨，主次分明，照顾全面，君臣佐使的安排很有法度。即使为攻下之剂，也能令患者不觉攻下之苦，素以组方用药平稳而能除疾著称。他组方精细，有时还要计算比例，解表药与清里药的比例，扶正药与祛邪药的比例，甚至在补益方剂中，补阴补阳占多少比例，补脏、补腑占多少比例，消化吸收占多少比例，行经药占多少比例，他都根据辨证安排得十分精当。他常说："组方用药恰当，首先在于辨证精，辨证精确而组方用药不注意君臣佐使的比例安排，疗效就差，二者相辅相成，缺一不可。"他认为，药物的配伍，体现了辨证法中事物互相依赖、互相制约的关系。因此，他在理法确定之后，组方时十分注意药物的配伍。他继承古人"对药"的配伍经验，将常用的配伍对药在处方中并列书写，以示配伍之意，累积有300余组，世称"施氏对药"。施今墨著有《施今墨临床经验集》《祝选施今墨医案》等著作，其中《施今墨对药》影响深远。

施今墨随后（1932年）担任中央国医馆副馆长。20世纪50年代初，周总理向别人介绍施今墨时总是说："这位是我的保健医生。"施今墨第一次给周总理号脉，开方便是保和丸加减（含山药），当时周总理笑了："原来施老先生的汤头是要我病好了去'保'卫'和'平啊！"后来施今墨又多次应邀约赴中南海西华厅和周恩来总理探讨与交流中医发展问题。

三、食用价值及相关的食用薯蓣

山药是薯蓣属植物（图1-2），在薯蓣属中可以食用的有50多种。一个属的植物中有如此众多的食用种类在植物界中是极为罕见的。非洲西部的尼日利亚、加纳、多哥和亚洲的印度尼西亚等国多将薯蓣作为主食，中国、日本、朝鲜等国则多作为副食。

在世界范围内，食用薯蓣类植物可划分为4个起源和栽培中心：一是中国南部起源中心。其包括中国台湾、广东、海南、云南、贵州、西藏6省区和印度东北部、中南半岛以及中国南海诸岛的热带和亚热带地区，主要食用的薯蓣属植物有大薯、黄独和小薯蓣等。二是中国中部起源中心。其包括华北、华中、华东和华南、西南、西北、东北的部分省区和朝鲜、日本等国，主要食用薯蓣类植物就是山药。三是非洲西部起源中心。其主要食用圆薯蓣、卡宴薯和非洲苦薯蓣等。四是加勒比海水域起源中心。其包括加勒比海水域周围各国，主要食用加勒比薯(*D. tvifida*).

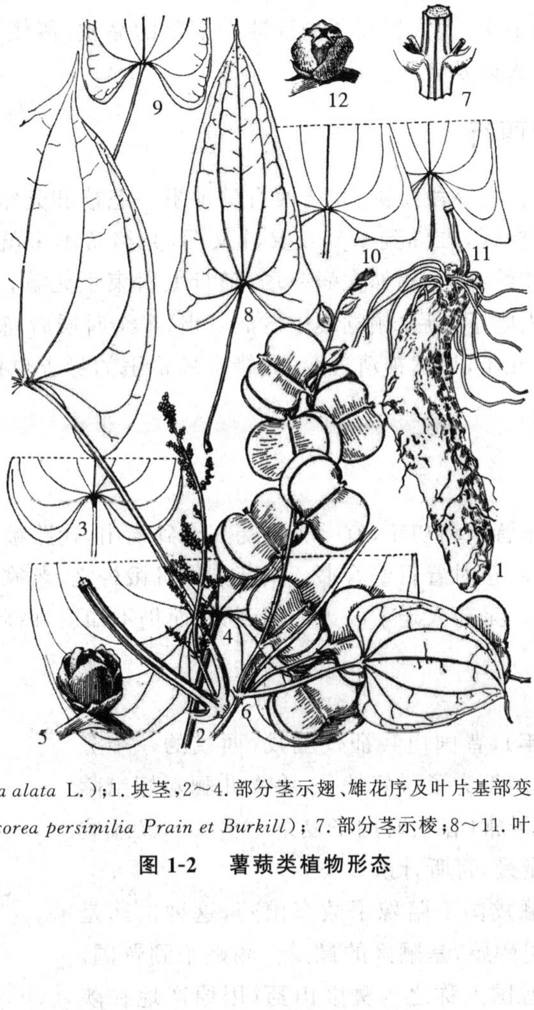

1～6. 参薯(*Dioscorea alata* L.)；1. 块茎，2～4. 部分茎示翅、雄花序及叶片基部变异；5. 雄花；6. 果序；
7～12. 褐苞薯蓣(*Dioscorea persimilia Prain et Burkill*)；7. 部分茎示棱；8～11. 叶片基部变异；12. 雄花。

图 1-2 薯蓣类植物形态

四、文化典故

(一)朱熹等名家盛赞山药

我国食用山药的时代可以追溯到公元前3 000多年。在敦煌莫高窟发掘的史料中就有“神仙粥”的记载：“山药蒸熟，去皮一斤；鸡头实半斤，煮熟去壳捣为末，入粳半升，慢火煮成粥，空心食之。”宋代诗人陆游曾写诗表述：“世人个个学长年，不悟长年在目前，我得宛丘平易法，只将食粥致神仙。”山药粥确有调整食欲，养生延年之效，也是为人所共知的。历史上有许多赞美山药的诗赋，例如，陈达叟在《玉延赞》中曰：“山有灵药，绿于仙方，削数片玉，清白花香。”朱熹的诗云：“欲赋玉延无好语，羞论蜂蜜与羊羹。”苏东坡赋诗：“香似龙涎仍酽白，味如牛乳更全清，莫将南海金齑鲙，轻比东坡玉糁羹。”他们赞美山药色如玉，香似花，甜如蜜，味胜羊羹，评价很高。

(二)山药糖葫芦

山药冰糖葫芦由山药块茎和山药零余子(山药豆)制作，在宋朝年间便开始了古式的做法，清朝年间各地盛行，在茶楼、戏院、大街小巷到处可见，现已成为我国传统小吃。山药冰糖葫芦老少皆宜，它具有开胃、养颜、增智、消除疲劳、清热等作用。近年来在销售时采用了糯米纸裹串、牛皮纸袋包装，干净卫生，大大提高了山药冰糖葫芦的品质，留住了大批的回头客，消费群体由小孩扩大到了成年人以及老人。

(三)慈禧、光绪西行

至今在山西平遥流传着一段慈禧、光绪西行的轶事。慈禧和光绪逃出京城，舟车劳顿，到了平遥城里才吃上一顿饱饭，谁知到了半夜又吐又泻，光绪帝本来就虚弱的身体根本不堪一击，慈禧也是浑身上下软绵绵的，犹如大病一场，随行太医束手无策，只好请来当地名医，给他们熬了一碗山药粥，两人吃了以后，顿觉腹中滋润舒坦，半个时辰后，感觉体力恢复不少。慈禧太后慢慢地站起来走了几步，果然神清气爽，光绪帝病歪歪的身子也仿佛突然间强壮起来，连声称赞这是神药。

(四)湘中记

据《湘中记》记载：东晋永和初年，有一个采药人来到衡山，迷路粮尽，坐在悬崖下休息。忽看到有一老翁，面色年轻，正对着石壁看书。采药人以饥饿告之，老翁给他食物吃(食物即为薯蓣)，并指点他出山之路。采药人走了 6 天才回到家，而仍不知饥，由此方知薯蓣功效神奇。

(五)骊姬山药①

献公五年(前 672 年)，晋国出兵征伐骊戎(西戎的一个分支)，获得了胜利。骊戎国王为了讨好献公，将女儿骊姬嫁给献公为妾。骊姬生得美貌异常(春秋时期华夏第一美女)，又兼聪明多智，献公对她特别宠爱，言听计从。

骊姬嫁给献公时，骊戎国王陪嫁了数车山药，这种山药是骊戎国出产的，口感鲜美醇厚，是骊姬的最爱。骊姬来到晋国，命专人栽培这种山药，晋国人称之为骊姬山药(因原产地在陕西省渭南市华县华州镇，又称之为华州山药)(图 1-3)。

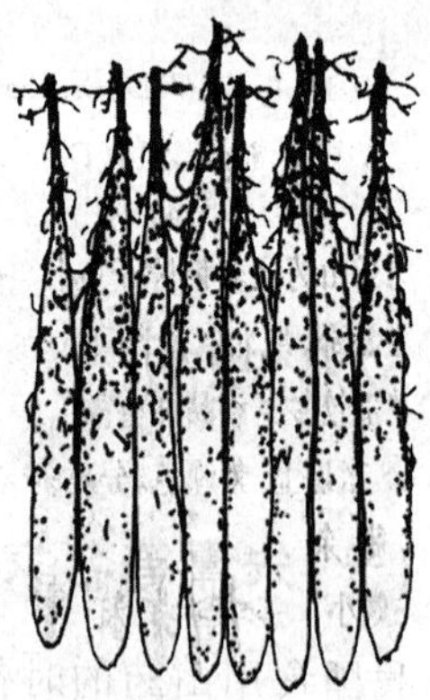

图 1-3　骊姬山药

晋献公经常把骊姬山药作为珍品赏赐王公大臣，献公的儿子重耳很喜欢食用这种山药，征得父王同意，重耳特别在他的封地曲沃种植了十田(相当于现在的 1 000 亩)。

后来因为晋献公废长立幼引发的“骊姬之乱”，重耳在外流

① 本故事为作者在山西省曲沃县调研时记录的当地农家故事。

亡十九年。重耳在这段时期经常有性命之虞，饥馁之苦，有一次重耳饿得不行，向路边的农夫乞讨，农夫给他一个土坷垃，重耳大怒，拔剑要杀农夫，随从力劝而止，重耳叹道，我现在想念骊姬山药的美味啊！说完悲恸大哭。

（六）红楼梦的记载

山药在《红楼梦》一书中见于多处。《红楼梦》第十一回：秦氏患病到了二十日以后，一日比一日觉懒，又懒怠吃东西：这将近有半个月，经期又两个月没来。经大夫诊断不是怀孕。后来，凤姐又去探望她，秦氏道："婶子回老太太、太太放心吧。昨天太太赏的那枣泥馅的山药糕，我吃了两块，倒像克化得动似的。"凤姐儿道："明日再给你送来。"《红楼梦》第十回张太医给秦可卿开的益气养荣补脾和肝汤，《红楼梦》第二十九回说的左归丸、右归丸、麦味地黄丸等皆有山药。

（七）四大怀药

河南流传着四大怀药的故事。相传上古时代，神农氏身患重病，为医治，他带领文武百官，妻室家眷，跋山涉水，广走民间，在一个秋高气爽，晨气沁脾的秋末，神农氏一行行至博昌里（今武陟与温县交界大封镇一带），看到映入眼帘的绿叶盖地，百花一片的景象，遂叹曰："真乃福仙福地！"随后，他命百官撷四样草根花蕊，和水服之，不日痊愈，遂令山、牛、地、菊四官种植，因而名为山药、牛膝、地黄、菊花。

（八）林老中医点化不孝顺夫妻

相传在古代南方的一个乡村里，有一对年轻的夫妇，非常不孝顺，媳妇总盼着体弱的婆母早点亡故。于是，每天总给婆母吃最简单的饭，只给一碗稀粥，不给菜。结果经过一段时间后，婆母便周身无力、卧床不起。这事让乡里的一位林姓的老中医知道了，于是将计就计。有一天，林姓的老中医把这对夫妇叫来，赠送给了他们一种药粉，说你们把这个药粉和在粥里边，给你的婆母吃，保管达到你们愿望，百日后就会死。这小两口喜上眉梢，即速把这药粉拿回去，每天照着林老中医的吩咐去做，放在饭粥里天天给婆母吃。没想到的是，10 天后婆婆就能够下床活动，100 天后婆婆的身体被养得白白胖胖，结结实实。在村里边，婆婆逢人就夸儿媳妇好。这对夫妇此时方知林老中医的良苦用心，想起以前的所作所为，真是羞愧难当。林老中医这才告诉他们，那个药粉就是山药磨成的粉。

（九）太极拳名师陈发科服食山药

太极拳的发源地河南温县陈家沟是怀山药的重要产地，当地流传着太极拳名师陈发科服食山药的故事。陈发科（1887—1957），字福生，陈氏十七世（太极拳第九代），师承其父延熙，是陈氏太极拳承前启后的一代大师。陈发科先生 1928 年应许禹生等之邀到北京传拳，他以"挨着何处何处击，将人击出不见形"的高超技艺受到北京武术界的叹服。

陈发科是陈延熙晚年生的儿子，小时候身体并不好，到十二岁时还挺虚弱，经常犯病，不能正常练拳。父亲陈延熙不但拳法精湛，而且精通医道，遂令陈发科每日服食山药，不到一年时间身体就强健起来，练拳也走上正轨，经过长期的刻苦训练，陈发科终成威震华夏的一代名师（图 1-4）。

图 1-4　山药是陈发科练习太极拳的重要滋补食品

(十)广成子重视山药养生

山药自古以来就是一种长寿食品。根据山西农业大学赵鸿钧教授的考证,中国传统文化里的寿星南极仙翁,其原型是广成子,广成子 5 000 年前在崆峒山修炼,据说他精通医药养生之术,特别重视野山药的采集与服用;传说广成子活了 1 200 岁。

(十一)大禹封山药

传说大禹治水时,民工招之四方,水土不服,泻肚不止,大禹取山药煎汤令民工服之,立愈,治水功成之日,大禹封山药为药神。

五、山药名称

由于历史演变、地理差异、产地不同等因素,山药的别名、俗名很多,这种情况给山药的生产和研究工作带来了诸多不便。据不完全统计,山药的各种名称有 350 种左右。为了便于掌握,这里将山药的若干俗名、别名举例如下。

山药,又叫山芋、长芋、薯芋、薯蓣、山蓣、山遇、土蓣、鲜芋、王芋、日本山芋、朝鲜山芋、拐弯山芋、薯药山芋、毛胶山芋、珠芽山芋等。山药,也有叫作山薯、土薯、土鼠、掌薯、大薯、田薯、甜薯、密薯、绵薯、长白薯、白长薯、早白薯、迟白薯、白圆薯、佛掌薯、朝鲜佛掌薯等。山药,也有叫作薯药、毛山药、长山药、淮山药、怀山药、家山药、野山药、太谷山药、太原山药、怀庆山药、河南山药、山西山药、朝鲜圆山药、山药蛋、蛋山药等。山药还称作薯、藷薯、芋、预、蓣、玉延、儿草、淮山、怀山、佛掌、白苕、红苕、山羊、佛掌莳、淮山莳、天公掌、广东淮山、广西淮山等。

很多山药的名称都有它的来历和有趣传说。这里说一个山遇的故事(图 1-5):我国古代春秋时期,诸侯混战,晋国的军队被打败了,只好逃到大山里面,楚国的军队把大山团团围住,断了他们粮草的来源,想把他们困死。谁知过了很长的时间,山里一点动静也没有,围困大山的官兵以为他们一定都饿死了,所以就放松了戒备。忽然有一天从山里杀出一支军队,兵强马壮杀了他们个措手不及,被围困的晋国军队反败为胜,夺回了失地。后来才知道,躲进山里的军队,找到了一种植物,它的根茎很粗,一嚼味道很甜,于是人吃根茎,马吃藤叶,不但没有饿死反而都很强壮。困在山里的人们给这种植物起了个名字叫作“山遇”,意思是在缺粮的时候遇到的宝物,后来人们进一步发现这种植物不但可以像粮食一样充饥,还可以当作药材滋补人体，所以又称其为山药。

图 1-5　山遇（山药）使得晋国军队反败为胜

这个故事的真实性无法考证，李时珍在《本草纲目》中说，山药原名薯蓣，到了唐代因为唐代宗名豫而改叫薯药，再到宋朝又因宋英宗名署只好再易其名，才有了现在的山药之名。受李时珍的影响，这种说法流传很广。其实山药的多种名称由来已久，在历史上是长期并存的。

山药的名称还有很多，甚至还有新的名称不断出现。这些繁多的山药别名、俗名不符合规范要求，造成了不必要的混乱。在这几年的进出口贸易以及国内外科技交流中，山药名称不规范已引起了不少麻烦。今后应提倡使用“山药”这一正确的名称，尽量避免使用其他的别名、俗名。

第二章

山药的生物学特性

山药的生物学特性是进行山药栽培的根本依据。要使山药栽培获得优质高产的好成果，就必须了解山药的生物学特性，并使一切栽培管理活动，都严格地符合山药的生物学特性。山药植株由根、茎、叶、花、果实和种子等组成。

一、山药根的植物学特性

长期以来，人们常把吃的山药误认为是山药的根。直到现在，一些著作中还认为山药是以块根为产品。山药长得确实像根，长在地下，毛根又很多，很容易被人误解。实际上，我们吃的山药是它的茎的变态，是一种块茎（也有学者认为是根状块茎），不是根。

山药真正的根在哪里呢？吃山药的人一般是见不到的。山药种薯在萌芽后，在茎的下端便长出10条左右的粗根，开始多是横向辐射生长，离土壤表面仅有2～3 cm，尔后大多数根集中在地下5～10 cm处生长。当每条根长到20 cm左右后，进而向下层土壤延伸，最深可延伸到地下60～80 cm处，与山药块茎深入土层的深度相适应，但一般很少有超过山药地下块茎的深度（图2-1）。

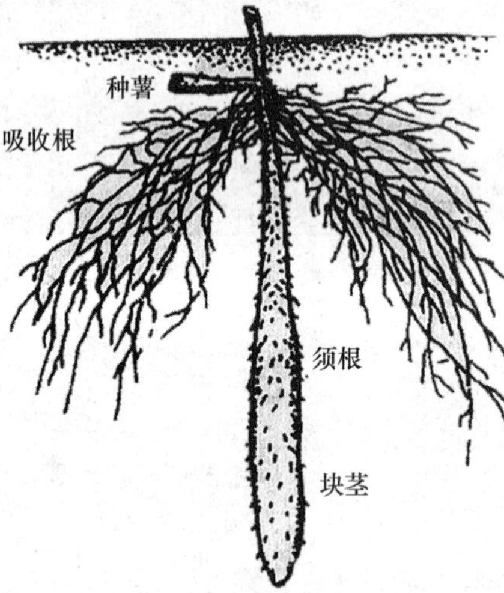

图2-1　长形山药的地下部

因为山药的这些根都发生在山药嘴处，因此，一般都叫嘴根，这是维持山药一生的主要根系。一方面，山药的这些根支撑着地上部茎叶的生长；另一方面，在土壤中吸收水分和养分，供应庞大的地上部茎蔓和地下部块茎的生长需要。因而，通常也称它为吸收根。随着地下块茎的伸长和肥大，在新块茎上会长出很多不定根，这就是我们在吃山药时所遇到的烦人的毛毛根（也叫须根）。在块茎上端的不定根，特别是在近嘴根处的不定根也很长。这些不定根可以在土层中吸收水分和养分，协助嘴根营养植株。但到了块茎下端特别是在土壤深层的不定根则很短，也很细，基本上没有吸收水分和养分的能力。在土壤特别干旱时，块茎可以长出大量的纤维根，具有吸水能力。

山药根系不够发达，多分布在土壤浅层，吸收水分和养分的任务较为繁重。地上茎蔓长达

3 m,有的茎蔓甚至更长。叶片布满架材,这些都是靠根系供给营养,进而才能枝叶繁茂,并利用光合作用制造更多的营养,不断将营养转移储存在地下块茎中,逐渐形成几千克重的产品器官——山药。因此,在栽培中需要注意深耕养根,才能获得优质高产。

与其他山药品种比较起来,扁山药和圆山药的根系较浅。另外,薯蓣属的一些种类,如亚洲小薯蓣的根,尤其是近地表的根长有小刺,这些小刺对块茎有保护作用。

二、山药茎的植物学特性

山药的茎有 3 种。地上部分有 2 种,上架的茎蔓,是山药真正的茎。地上茎上叶腋间生长的零余子(俗称山药豆),也是一种茎的变态,称为地上块茎,也叫珠芽或空中块茎。第 3 种茎,就是我们所吃的山药,也是茎的变态,称为地下块茎。地下块茎的位置和形体各不相同,但它们都是山药的茎或是变态茎。

在 3 种山药茎中,有 2 种是山药的产品器官。既是山药用以传宗接代的繁殖器官,也是人类栽培山药的收获目标。需要山药则收获地下块茎,需要零余子则收获地上块茎,或者两者全收,兼而有之。在山药栽培中,要适应山药茎的植物学特征采取相应的技术,才能达到上述目的。为此,现将山药茎的植物学特性分别介绍如下。

(一)地上茎蔓

种薯顶芽萌发出土,很快便会长出 10 cm 左右的紫色柔软的茎,属于草质藤本,蔓性,光滑无翼,断面圆形,绿色或紫色中带绿色的条纹。蔓长为 3~4 m,茎粗为 0.2~0.8 cm。当苗高 20 cm 时,茎蔓节间拉长,并具有缠绕能力,这时要设立支架。开始只是 1 个主枝,随着叶片的生长,叶腋间生出腋芽,进而腋芽形成侧枝。

山药茎蔓的卷曲方向是一定的,一般是右旋,即新梢的先端向右旋转,与钟表时针相同的方向上卷。食用薯蓣类的大薯、卡宴薯、圆薯蓣都是右旋。但是黄独、小薯蓣、非洲苦薯蓣和加勒比薯则是左旋。大薯的茎蔓为四棱形,有棱翼,可以辅助茎的直立。小薯蓣和非洲苦薯蓣茎蔓上生长有刺。

山药的茎蔓是怎样出生和生长的呢?经解剖观察发现,由分生带以内,靠近维管束周围的薄壁细胞进行分裂,产生不定芽原基,再由原基基部周围分化出叶原基,不定芽向外突破块茎的外层组织而不断生长,继而伸出土面成披展叶。早期的营养供应来源于不定芽生长的营养供应过程中。在分化出维管分子的同时,位于不定芽周围的薄壁细胞也分化出维管分子,而且与母体块茎的维管分子相连接,从而将营养运送到幼芽。

通过横切解剖可以看出,山药茎蔓有表皮、皮层和维管柱 3 部分。表皮为排列整齐的一层细胞。皮层外围是薄壁组织,里面是厚壁组织。厚壁细胞里是维管柱,维管柱最外层是一轮较大的外韧有限维管束。在大维管束内,有些部位可见到散生的小维管束,里面是髓部和髓射线。髓部由大型薄壁细胞组成。山药地上茎蔓的这一形态特征不同于一般的单子叶植物,倒是与双子叶植物相似。

(二)零余子

山药在地下部形成块茎的同时,在地上部叶腋间着生很多的零余子。零余子是腋芽的变态，也是侧枝的变形，称为地上块茎，俗称山药豆。零余子呈椭圆形，长 1.0～2.5 cm，直径 0.8～2.0 cm，褐色或深褐色，亩产可达 200～600 kg。

在一般情况下，山药零余子生长在茎蔓的第二十节以后，而且开始多发生在山药主茎或侧枝顶端向下第三节位的叶腋处。在解剖学上，零余子称作珠芽，常由叶腋表皮下 1～2 层细胞进行平周分裂，增加细胞层数，在第 5～6 节上可以看见叶腋部位隆起。从纵切面看，表皮下的第二层、第三层细胞继续进行平周和垂周分裂形成一团分生组织的珠芽原基。当在外观上看到绿色小珠芽时，内部才开始分化顶芽，同时形成根原基。由于珠芽分生带细胞的平周分裂，细胞数量增加，体积增大，珠芽便进而成为球形的零余子。

零余子最外一层是排列整齐的薄壁细胞，其内为排列紧密的数层细胞。珠芽中部的薄壁细胞内，含有丰富的淀粉和蛋白质颗粒，外韧有限维管束散生于薄壁细胞之间。由于分生带细胞的不断增殖和增大，珠芽体积迅速增加，直到 8 月中、下旬停止生长。从山药整株来看，以顶芽向下第 5～10 节的零余子体积最大。

成熟零余子的表皮粗糙，最外面一层是较干裂的木栓质表皮，里面是由木栓形成层形成的周皮。从外部形态上可以看到，其表皮有像马铃薯块茎一样的芽眼和退化的鳞片叶，而且顶芽也是埋藏在周皮内，外观不易觉察。这与地下块茎是相似的，都没有明显的节。

仔细观察时可以看到，零余子的芽眼和马铃薯一样，有规律地排列着。从解剖结构上看，零余子仅有根原基和根的分化，没有侧根的分化，当年的顶芽也处于休眠状态。

在零余子中，含有一种特殊的物质山药素是其他部分所没有的。山药素(Batatasins)也只在零余子的皮中才有，这种物质对抑制生长和促进休眠的效应很强。零余子虽是由地上腋芽变态而长成，但它必须经过一个成熟期或层积期才能萌发。在皮层成熟后，山药素含量最多；完全休眠的零余子，随着层积时间的延长，山药素含量减少。因此，刚采收的零余子不能当种用。

有些薯蓣属植物的零余子很大，一个零余子重为 1～2 kg，直径为 5 cm 以上，当然也有一些薯蓣类植物没有零余子。就山药来讲，长山药零余子较多，扁山药次之，而圆山药则基本上不能形成零余子。

(三)地下块茎

山药的食用部分不是肥大的根，而是肥大的茎，因此称为块茎。因为长在地下，故叫地下块茎(图 2-2)。又因长的形状像根，有时也叫根状茎，但不能叫块根。

种薯在萌发后，首先生长不定芽，伸出地面长成茎叶。在这个新生不久的地上茎基部可以看到维管组织周围薄壁细胞在分裂，这就是块茎原基。继续分裂的结果便是分化出散生维管分子。在块茎的下端始终保留着有一定体积、分生能力强劲的细胞群，这就是山药块茎的基端分生组织。

基端分生组织经逐渐分化而成熟，先形成幼小块茎的表皮，表皮内有基本组织，基本组织中有散生维管束。当小块茎长到 3～4 cm 时，便可用肉眼清楚地看到褐色的新生山药。块茎的肥大完全靠基端分生组织细胞数

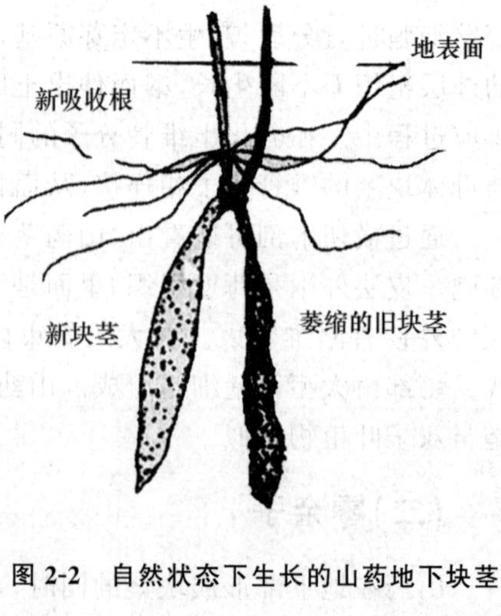

图 2-2　自然状态下生长的山药地下块茎

量的增加和体积的不断增大来完成。

从表皮的横切面可以看到，最外层是褐色的后生栓质化表皮。内为数层扁平的木栓细胞和木栓形成层以及栓内层组成的周皮。在较老的块茎中，周皮以内是一些大型薄壁细胞，且排列疏松，间隙很大。块茎中央薄壁细胞中散生着外韧有限维管束，两层薄壁细胞间有数层具有分裂能力的细胞(图 2-3)。

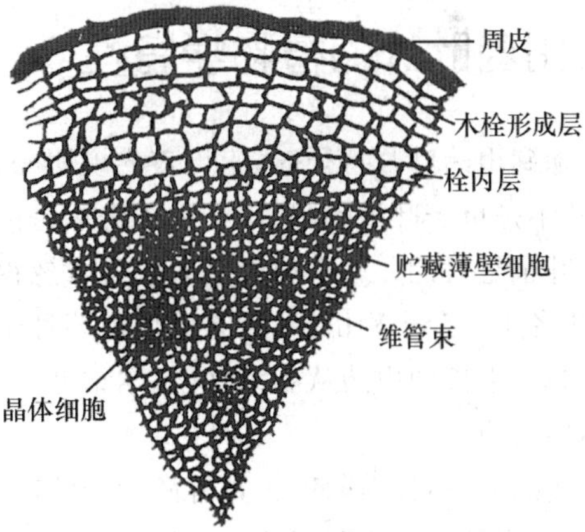

图 2-3　山药地下块茎横剖面图

细胞平周分裂形成圈分生带，由分生带分裂的细胞向内分化为维管分子和薄壁细胞，于是块茎便不断增粗。山药块茎中没有植物根部特征的辐射维管束，但也没有植物茎部特征的双韧维管束，只有并生维管束，因而具有根和茎的中间性质。因此，人们也将这种类型的块茎称为担根体。从进化角度来看，有些类型的薯蓣科植物，其器官分化比较模糊，把它看作块茎很是勉强。因为它既有茎的性质，也有根的本能，在外观上也像是中间类型。

山药块茎形状的变异较多，大致可以分为长形山药、扁形山药和圆形山药，但在各个类型中都有中间类型的变异。尤其是扁山药，它的块茎变化最大，扁山药的形状有掌形、扇形、八字形，甚至还有长形。山药块茎形状的变异主要是受到遗传和环境的影响，其中土壤环境的影响最大。即使各地系统分离的品种中，个体的变异也很复杂。正是由于块茎的多变性，它才完全可以根据既定方针进行不断选择，从而获得优质品种(图 2-4)。

棍棒形长山药，上端很细，中下部较粗，一般长度为 60～90 cm，最长的可达2 m。其直径一般为 3～10 cm，单株块茎重 0.5～3.0 kg，最重的块茎可达 5 kg 以上。棍棒形长山药，肉极白，黏液很多，其尖端组织色泽洁白或淡黄，且有深黄色根冠状附属物，此为栓皮质保护组织。块茎停止生长后，尖端逐渐变成钝圆，并呈浅棕色。扁山药块茎扁平，上窄下宽，且具纵向褶襞，形如脚掌。圆山药多为短圆筒形，或呈团块状，长为15 cm，直径为 10 cm 左右。大薯的形状和颜色较多，有长形的、扁形的、圆形的，五股八杈，肉为红色或紫红色。

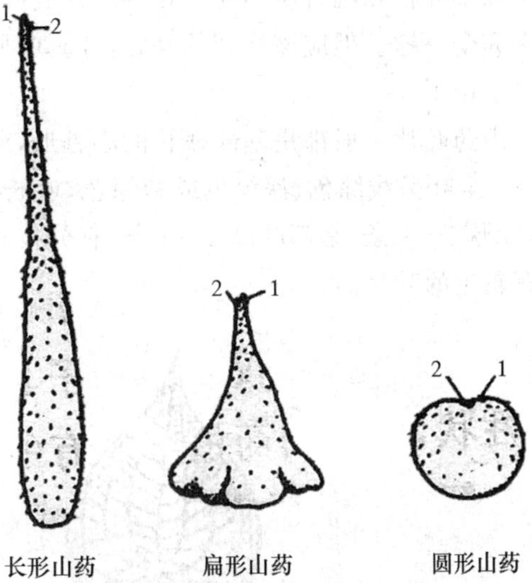

1. 顶芽；2. 茎的痕迹。

图 2-4　山药的 3 种外形

山药块茎上端存有一个隐芽和茎的斑痕，通常用来做种，其被称为山药栽子。除这一个顶芽外，其他部位都有不定芽。因此，把山药块茎的任何部分切段栽植，都可以长出山药来。山药块茎的成分以淀粉为主，也含有蛋白质和黏液物质。

三、山药叶片的植物学特性

谈到山药叶片特征时，应该首先说明一个较为敏感的问题。曾有人拿着山药的种子问道："山药不是单子叶植物吗，山药种子怎么是两片子叶呢？"山药是单子叶植物，而山药种子有两片子叶也是对的。一个原因是人们常常忽视山药种的存在。长期以来，大家都是用山药种山药，或者用零余子种山药，没有人用山药种子种山药，多数人连山药种子也不曾见过。这是因为在我国生长的山药从不结籽，偶尔结籽，籽粒也很少，而且多是秕籽，空秕率极高，种下去也长不出山药。

实际上，不仅山药种子具有两片子叶这一单子叶植物不应有的性状，而且山药植株所有的茎、叶也都具有一些双子叶植物的特征。解剖山药的茎蔓和真叶可以看到，其排列成一圈的维管束以及网状脉的两面叶结构都是双子叶植物的性状。另外，山药的茎、叶还具有栅栏组织和海绵组织的区别。

有些人又问道："既然山药具有两片子叶，可是为什么山药种子出苗只长出一片真叶呢？"这就需要揭示山药种子的本来面目了。山药的子叶原基是由合子分裂后顶端细胞产生的，在胚胎发育到梨形胚后期时，由于子叶原基细胞的分裂不均衡，山药并不能像真正的双子叶植物那样均衡分裂成两片子叶。而是第一片子叶原基分裂较快，并在其一侧出现一个凹口，结果将第二片子叶原基挤到凹处，同时也将胚芽原基、胚根原基和外胚叶原基挤向凹部。这样，成熟的胚就只有一片较大的子叶了。这片子叶呈扇形，膜质，上端二杈分裂。在它的相对一侧是第二片子叶，很小，心形，顶端微内凹。种子萌发后，大子叶留在种子内并未出现，但它的子叶柄延长了，第二片子叶便随着第一片子叶延长的叶柄伸出种子外面，也有的是顺着种皮自己长出，结果成为山药植物的第一片真叶。这就说明虽山药种子具有两片子叶，但在形态上和功能上与双子叶植物则有所不同。在第一片真叶伸展后，便开始进行光合作用，和以后的营养叶片几乎完全一样。但应该清楚的是，这片真叶原来是种子中两片子叶中的一片，而另一片子叶留在种子中了。

山药叶片一般都是基部戟状的心脏形，或呈三角形卵形尖头，或呈基部深凹的心脏形（图2-5）。全叶呈浅绿色、深绿色或紫绿色，叶长为 8～15 cm，叶宽为 3～5 cm，叶柄较长，叶质稍厚，叶脉 5～9 条，基部叶脉 2～4 条，有分枝。山药茎的基部叶片多互生，以后的叶片多对生，也有轮生的叶片。

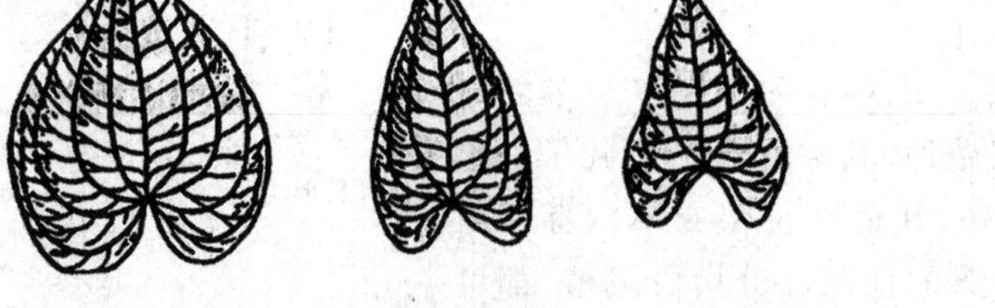

图 2-5　山药叶片的形状

四、山药花的植物学特性

山药有花而不结实，或者不开花，或者开慌花，外形上是假结实而没有内容。

（一）雄花

山药是雌雄异株。雄花(图 2-6)长在雄株上，雌花长在雌株上。长山药雌株很少，多是雄株。扁山药和圆山药多是雌株，雄株很少。雄株的叶腋，向上着生 2～5 个穗状花序，有白柔毛，每个花序有 15～20 朵雄花。雄花无梗，直径为 2 mm 左右。从山药雄花解剖图看，它的形状基本上是圆形，花冠两层，萼片 3 枚，花瓣 3 片，互生，乳白色，向内卷曲，有 6 个雄蕊和花丝、花药，中间有残留的子房痕迹。

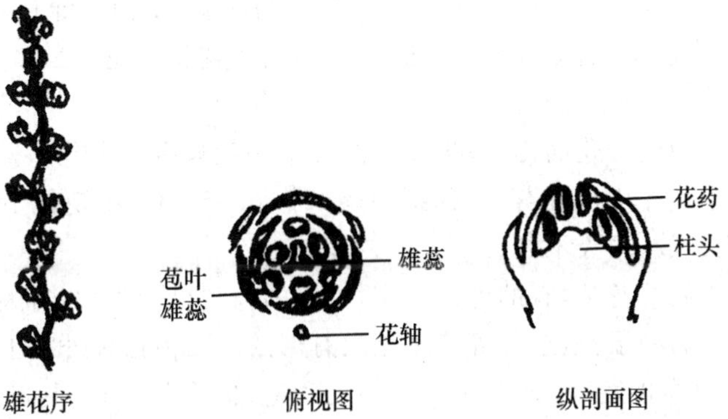

图 2-6 山药雄花解剖图

山药的孕蕾开花期正好是地下部块茎膨大初期。山药的雄株花期较短，在我国北方 6—7 月开花(这一时期为 30～60 d)，从第一朵小花开放到最后一朵小花开放，大致为 50 d。山药的雄株一般都在傍晚后开放，多在晴天开花，雨天不开花。

山药下面长块茎，上面开花都需要较多的优质营养，在花期有争养分的现象。但雄株花期较短，养分需求比较集中，对地下部块茎膨大和养分贮存影响相对较少，长得要比雌株扎实。在药用品种中，雄株的薯蓣皂苷元的含量明显高于雌株。一个花序从现蕾、开花到凋落的时间，一般需要 25～60 d。有的山药雄株不出现花蕾，有的雄株虽可看到花蕾，但不等开花便自行干枯而脱落。

山药雄花多是总状花序，似穗状，一般就叫穗状花序，小花在花枝上互生。

（二）雌花

雌株着生雌花(图 2-7)，穗状花序，花序下垂，花枝较长，花朵较大，但花朵较少，一个花序有 10 个左右小花(图 2-8)。

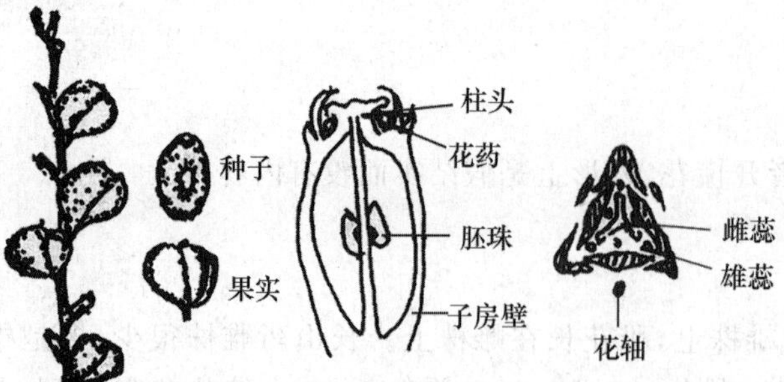

图 2-7 山药雌花解剖图

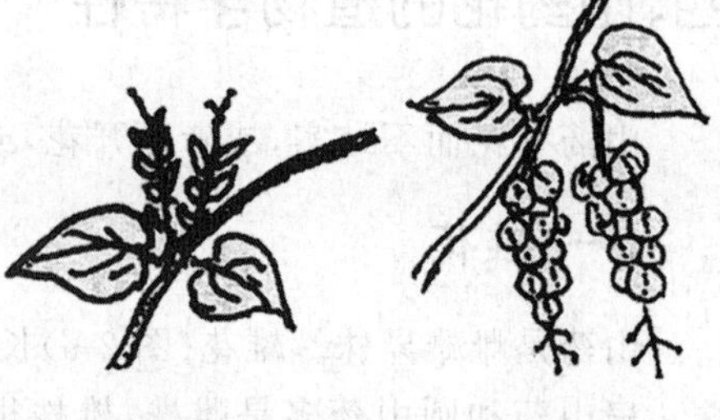

图 2-8 山药花序着生状态

雌花无梗，直径约 3 mm，长约 5mm。从上面看，整个雌花呈三角形，花冠有花瓣和花萼各 3 片，互生，乳白色，向内卷。柱头先端有 3 裂而后成为两裂，下面为绿色的长椭圆形子房。子房有 3 室，每室有 2 个胚珠，有雄蕊 6 个，药室 4 个，内生花粉。花粉虽多，却没有内容，这些雌花都属于两性花，基本上不结种子。

雌花序由植株叶腋间分化而出，着生花序的叶腋一般只有一个花序，偶尔存在一个叶腋两个花序的现象。一个花序中从现蕾、开花到凋落，需 30～70 d。花期集中在 6—7 月。花朵在傍晚以后开放，晴天开放，雨天不开。

早期在近基部开放的花朵，有的可以结实，果实的外观也较肥大，有人还小心翼翼地保护，希望能得到实实在在的种子，但这种等待多是没有用的。因为这种外观上像是饱满的果实，一旦到了后期便会自动停止发育，表面能看到种皮和翅，但多是秕籽，是缺少内容的不稔果实。也有少数果实能够长成，但因花期正值雨季，一旦遇水，即使不腐烂也会发霉。

五、山药果实和种子的植物学特性

山药的果实为蒴果，多反曲。果实中种子多，每果含种子 4～8 粒，呈褐色或深褐色，圆形，具薄翅，扁平。饱满度很差，空秕率一般为 70%，高者在 90%以上。千粒重也很悬殊，低者为 0.5～0.7 g，高者可达 10 g，一般为 6～7 g（图 2-9）。

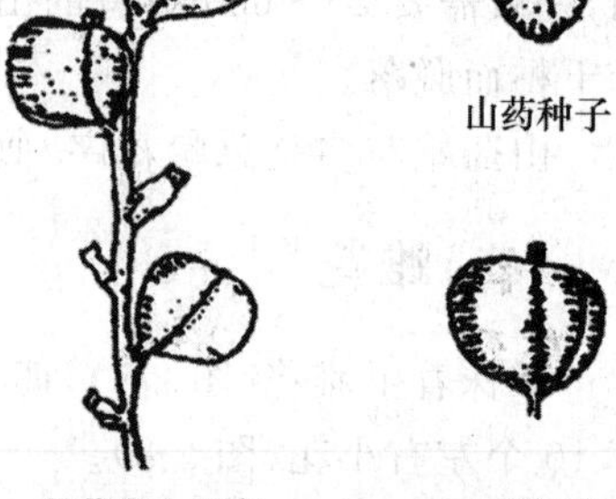

图 2-9 山药的果实和种子

山药种子的发芽率依千粒重不同而不同，千粒重 1 g 者发芽率为 10%，千粒重 9 g 者发芽率为 90%。山药种子的发芽适温为 30～32 ℃，45 ℃失去发芽力。经过 3～4 个月储存后，则发芽快而整齐，在适宜温度、湿度条件下，经 10 d 即可大部出齐。山药的种子很难得到。黄独种在热带结籽，种在温带地区形不成种子。非洲苦薯蓣等品种一年 2 次开花结果的地区，以秋季 8—9 月的种子质量较高，第二次花期结果也多，做种时多采用这一时期的种子。

六、山药的生理生态特性

(一)山药的繁殖与休眠

山药的繁殖与休眠是密切相关的。山药在我国华北栽培时一般到 10 月即可长成,然后便进入长达几个月的休眠期。这就是山药收获以后在窖中贮藏的时间。没有经过充分休眠的山药块茎是不能够用来繁殖的,即使播种也不会萌芽(图2-10)。

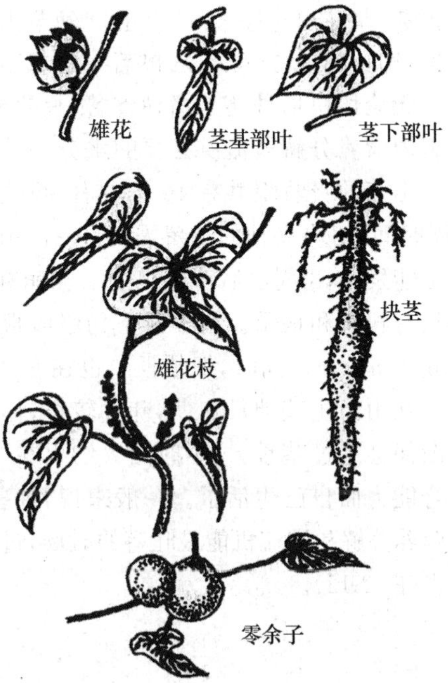

图 2-10　山药植株

山药零余子大约在 8 月其叶腋间即可长成的零余子,不经过休眠也不能用来播种和繁殖。有人将正在生长着的零余子原封不动地埋在地下,这样做虽然可以发根,而且能继续肥大,但不能萌芽,也不会长出新的山药植株。这是因为零余子和地下块茎是一样的性质,埋入土中以后,不仅颜色由褐色变白色,而且可以继续生长肥大。但只有在零余子长成,并脱离母体后,经过充足的休眠,才能做种。

当然,如果在 8 月利用茎蔓叶腋间的零余子播种,年内可以长到一定大小的地下块茎,这是求之不得的。可是,目前利用很多办法想打破零余子休眠,结果并不理想。大薯有打破休眠进行温室栽培的,其产量较低,价格较高。不过利用零余子栽培山药的还很少,因为零余子皮中的山药素对抑制生长、促进休眠的作用很强。即使利用零余子繁殖一般也需 2 年;第一年先培养成 30～100 g 的种薯;第二年播种后才能长成大山药。虽然零余子繁殖的时间较长,但可防止退化,保证高品质和高产量。

利用山药块茎繁殖,则可将块茎切成适当大小,春种秋收(图 2-11)。

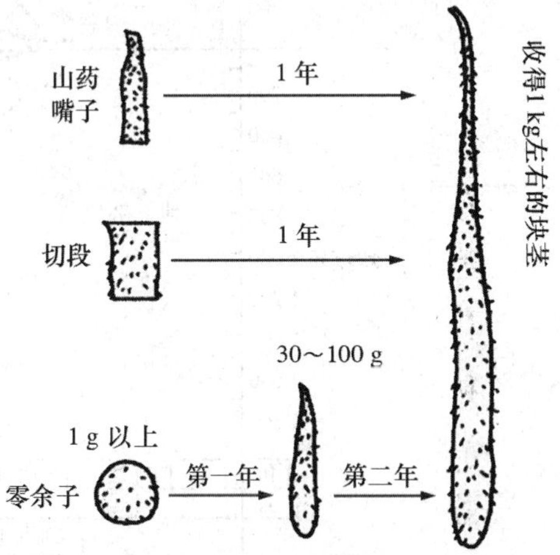

图 2-11　山药的块茎繁殖

山药没有种子,或种子不稔,无法利用种子进行繁殖,也可以使用茎蔓扦插繁殖,或进行试管苗组织培养,但用于实际栽培还有一定距离。山中野生的山药也多是在入冬后地上部枯萎,地下部休眠,来年再萌发,形成新薯。

(二)山药的生育前期

山药生育前期主要依靠种薯中所储存的养分进行萌芽、生根和长叶。山药播种的地温要求在 10～12 ℃。我国山药产区大多在 4 月中旬播种，需经过约两个月的时间，即长到 6 月中旬，山药植株才有独立生活的能力。

在正常情况下，山药播种后 20～30 d 即可萌芽出土(扁山药和圆山药因为切块种薯去掉了顶芽，萌芽出土需 40～50 d)。幼苗出土后，主茎迅速生长，到 6 月中旬便可长到主蔓应有的长度，即达到 3.5～4.0 m 以后一般就不再伸长。

无论切块播种还是播种整薯，只要遇有适当的湿度，立即可以发生山药的细须根，并参与种薯内营养分解转流所必要的水分和养分的吸收。

山药的吸收根共有 10 条左右，吸收根发生在萌芽茎的基部。整薯播种的发根较早，需要 1 周时间；切块播种的整薯需要 3～4 周时间。这就是说，整薯播种后 1 周开始萌芽，1 周以后才可能发根，3 周以后才能出土。在萌芽初期，吸收根数目已经固定，以后不会再有增加，增加的只有根长和根重。在 5 月下旬吸收根的长度急速增长，到 6 月中旬基本达到既定长度，即长到 60～80 cm。同时，细须根数也在 6 月中旬达到最大值，后期的增长便缓慢下来。

在山药主茎伸长初期，叶片较小，作用不大。随着主茎的生长，叶片不断生长和展开，叶重逐渐便会超过茎重，这个时间大约也在 6 月中旬。这就是说，后期的山药植株可以靠着叶片的光合能力而自己生活了。一般来说，种薯越小，这个日子来得越早。经试验证明，6 月中旬是种薯营养分解和转流机能最旺盛的时候，过后这种作用便逐渐明显减小，到了 7 月下旬便完全失去活力(图 2-12)。

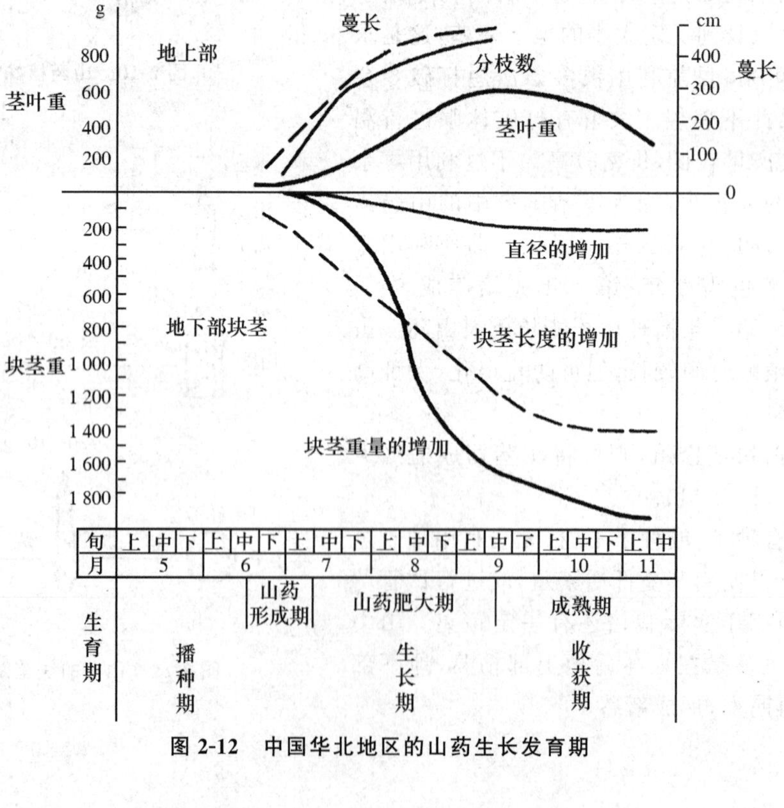

图 2-12　中国华北地区的山药生长发育期

从种薯内部养分的消耗过程来看，5月中旬种薯养分消耗急剧增加，6月中旬种薯养分已耗掉80%，剩下20%的种薯养分在以后的一个多月里也慢慢被耗尽。种薯养分的消耗受到地温和土壤环境的显著影响，沙土地消耗得快，播种后2个月即可耗去80%，而在壤土上播种，耗去80%的养分则需3个月。如播种深度适宜也可以减少消耗，利于培育出壮苗；如播种太深不仅会延长出苗，耗去过多的营养，并且在块茎上端常出现有茎节痕迹的茎和根的中间形态。

（三）山药的生育盛期

从播种起，山药经过了2个月的生长，其主茎和吸收根都已长到足够的长度。种薯80%的营养已被消耗，整个植株便迎来了生长盛期。在生长盛期，山药的营养生长和生殖生长同时并进，要靠着自己的能力，繁茂茎叶，生出侧枝，长成零余子，孕蕾开花，特别要供给主要产品器官——地下块茎的营养，使其达到既定大小。这是山药一生中最重要的生育时期，大约需要3个月时间，若从6月10日算起，到9月10日才能完成。在沙土地栽培山药，生长盛期可以提前1个月到来，在黏土地栽培山药，则生育盛期的到来要稍后一些日子。

在山药生育盛期，主茎下部的节位会发生很多侧枝，叶片充分展开。6月下旬到7月中旬是茎叶最繁茂的时期，7月下旬茎叶重达到最大值，以后便走下坡路了。开花和零余子的形成都在7月上、中旬。虽块茎在萌芽后不久便开始形成，但在6月20日以前生长极慢，块茎的成形和肥大主要在6月下旬以后。扁山药和圆山药的各个生育期都比长山药的生育期延后。

据石正太等于1985—1987年在山东省邹平县苑城镇傅家村，对当地主栽品种大毛山药的块茎膨大进程调查观察，山药块茎从5月中旬开始缓慢伸长到9月中旬基本结束。山药块茎伸长最快的时段是7月下旬到8月中旬，平均日伸长8.5～11.0 mm。以7月中旬块茎增粗的速度最快，平均日增粗达10 mm，9月中旬停止增粗，但伸长还在缓慢进行。从重量上看，以7月下旬到8月下旬增重最快，平均日增重11.68～14.46 g。增重的关键时期为7月20日到9月10日，虽然这段时间只占整个生育期187 d的27.8%，块茎增重却占全生育期的78.8%。在山药生育盛期，地上部零余子也在争夺营养，同时盛花期的山药花也需要消耗更多的物质。因此，这一阶段的养分管理最为重要。

（四）山药的生育后期

根据上述观察，山药的块茎长到8月下旬已达鲜重的84%，实际上已经可以采收了。事实上也是这样，为了适应山药的淡季需求，增加效益，可以适当早收。适当早收还可早腾茬，变一年一作为二年三作。因此，不一定非要等霜降后再进行一次性刨收。

当然，在山药一年一茬的地区应设法最大限度地延长块茎膨大时间。据江苏省泰兴农科所观察，山药产量在密度一定时，主要由块茎长度和粗度决定，粗度增加并不明显，因而块茎越长则产量越高。山药在9月下旬到10月上旬，其块茎还在缓慢延长。10月中、下旬由于日照变短，气温下降，茎叶变黄，零余子落下。同时，地下部的吸收根也逐渐失去活力，细根则基本上枯萎，块茎的表皮也相对硬化，内容已非常充实，这时即可进行一次性采收。

若在较温和地区栽培大薯或黄独则一直是青枝绿叶，只有在生育中突然遇霜，才会使茎叶受冻枯萎。采收时其块茎并未完全成熟。

一般说来，8 月下旬，山药块茎已基本充实，即可先期采收了。但采收不能过早，过早了水分太大，收获后会失水萎缩。同时，过早采收，块茎还在旺盛生长中，先端仍很尖锐，损失太大。8 月下旬，先端基本长圆，细根已基本失去活力，这时采收勉强适宜。过早收获后，应立即食用或出售。同时，应避免阳光直射，以免失水干缩。收获时应格外小心，防止折断或碰伤。

中国农业大学山药课题组以华北地区 3 个主栽品种试验后，首次证明收获期对山药的产量和品质均有显著的影响，为指导生产实践提供了重要的依据，见表 2-1。主要表现在 8 月下旬收获的山药产量显著低于 9 月下旬、10 月下旬、11 月下旬收获的(比后 3 期产量平均减少 20%)，说明收获山药如果在地上部茎叶生长旺盛期结束以前(9 月下旬前)，对山药产量的损失是相当严重的。如果以单纯追求产量论，由于在后 3 期收获的山药产量在同一品种间并无明显差异，因此可以认定在 9 月下旬至 11 月下旬大约 2 个月的时间均是收获适期。如果要同时追求山药的产量和品质，相对而言收获越晚越好，11 月下旬收获的就要好于 10 月下旬收获的。但也要考虑到当年气候的变化，如果霜冻来得较早，土壤提早上冻，晚收获就非常费工，而且山药块茎破损率也会相当高。因此，山药的最佳收获期宜安排在 10 月 25 日至 11 月 25 日，尤其是 10 月底 11 月初比较合适(表 2-1)，并应视天气和劳动力情况灵活调整(图 2-13 至图 2-15)。

表 2-1　收获期对不同山药产量的影响(鲜重)　　kg/hm^2

收获期	大和山药	怀山药	太谷山药
8 月 25 日	27 488a	22 145a	36 214a
9 月 25 日	34 775b	31 028b	45 120b
10 月 25 日	34 557b	32 177b	43 987b
11 月 25 日	35 272b	31 998b	46 124b

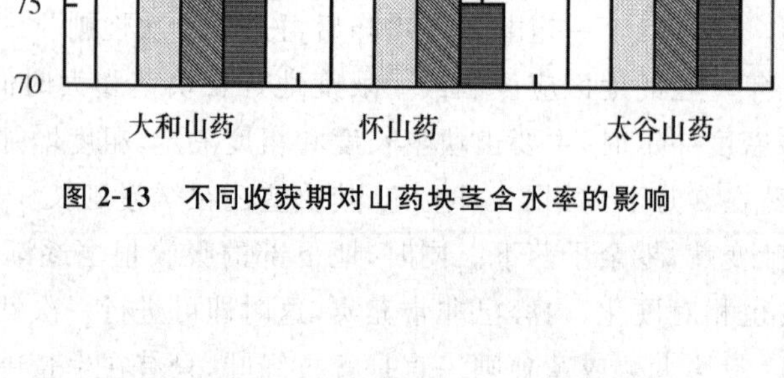

图 2-13　不同收获期对山药块茎含水率的影响

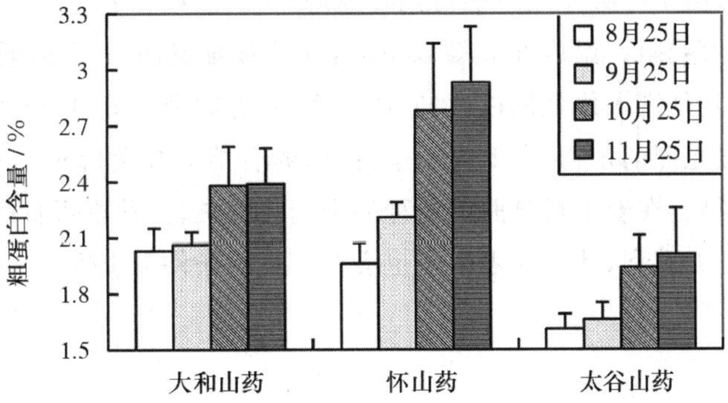

图 2-14 不同收获期对山药块茎粗蛋白含量的影响

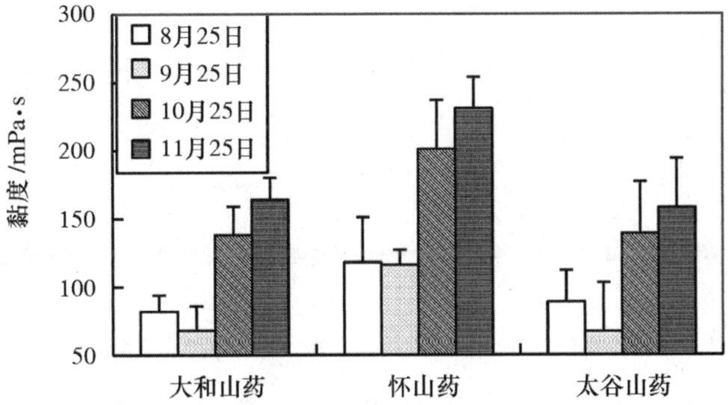

图 2-15 不同收获期对山药块茎黏度的影响

(五)山药对温度和光照的反应

山药是属于高温短日照植物,生育适温为 20～30 ℃,15 ℃以下不开花,10 ℃块茎可以萌芽,1 ℃不受冻。但地上部茎叶不耐霜冻,温度降到 10 ℃以下时植株将停止生长,5 ℃以下的低温很难忍耐,短时间的 0 ℃气温也会死亡。

山药在不同生育时期对温度的要求不同。由于山药是利用块茎繁殖,其发芽温度要求较低,有的品种在 9 ℃即可萌动。不过在低温下,山药的萌动比较缓慢,而且出苗率低。块茎萌芽的适温为 15 ℃,较高的温度可以促进呼吸和各种酶的活动,因而出土快,幼苗壮。在有限的季节内,要安排好山药的茬口。只有将播种期提前,但最低地温也应稳定在 10 ℃以上,否则播种质量没有保证。

山药幼苗的适温范围较广,适宜的温度为 15～20 ℃。但如在短时间的低温 5 ℃以下,甚至是 0 ℃,也不至于冻死苗子。地上部茎叶的生长适温为 25～28 ℃。超过 30 ℃,呼吸便会同化上升。到 40 ℃,茎叶基本停止伸长。到 45 ℃,出现日灼,导致叶脉和幼嫩组织变色坏死。在 5 ℃低温出现时,茎叶停止生长。昼夜温差是必要的,尤其是在进入块茎形成期后,昼夜温差最好保持在 5～10 ℃为宜。

山药块茎形成和肥大的最适气温是 20～24 ℃,适应范围很窄。在 20 ℃以下时,生长缓慢。在 24 ℃以上时，由于呼吸作用不能得到有效的控制，消耗养分过多，影响同化物质的运转和储存，致使块茎肥大受阻。温度在 3 ℃以下时，块茎很难忍耐，1 ℃的低温要尽量避免。块茎到了肥大后期，尤其是进入休眠期以后，应通过降温，抑制消耗养分，以延长储存时间。

山药属于要求强光照的植物，在低光照条件下，光合能力显著降低。在一定的范围内，日照时间缩短，花期提早。在春季长日照下播种的山药只能在夏、秋季短日照下开花。短日照对地下块茎的形成和肥大有利，叶腋间零余子也会在短日照条件下出现。

第三章

山药常规栽培技术

一、品种的选择

根据科学研究和栽培实践，我国适用常规技术栽培的山药主要有20个品种可供选择。

(一)太谷山药

太谷山药(图3-1)原为山西省太谷县地方品种，随后被引种到河南、山东等地区。太谷山药是中国重要的起源地原始山药。该品种植株生长势中等，茎蔓绿色，长为3～4 m，圆形，有分枝。叶片绿色，基部戟形，缺刻中等，先端尖锐。叶脉7条，叶片互生，中上部对生。雄株叶片缺刻较大，前端稍长；雌株叶片缺刻较小。叶腋间着生零余子，形体小，产量低，直径为1 cm左右，椭圆形。块茎圆柱形，不整齐，较细，长为50～60 cm，直径为3～4 cm，畸形较多，表皮黄褐色、较厚，密生须根、色深。栽子细短，肉极白，肉质细腻，纤维较多，黏液多，有甜药味，烘烤后有枣香味，易熟，熟后性绵。太谷山药的品种优良，食、药兼用，以药为主，太谷中药的主要原料。但太谷山药的加工损耗率较高，质脆易断。太谷山药每亩可产1 500～2 000 kg。

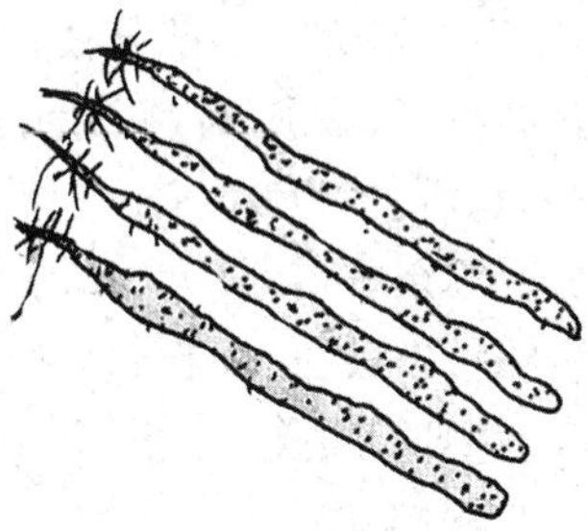

图3-1 太谷山药

(二)河南怀山药

河南怀山药(图3-2)原为河南地方品种，又分为普通怀山药和铁棍山药2种。在河南省温县、博爱、沁阳、武陟和陕西省华县等地区种植较多。普通怀山药品种植株生长势强，茎蔓右旋，紫色，圆形，长为2.5～3.0 m，多分枝。叶片比普通山药小一半以上，绿色，基部戟形，缺刻小，先端尖，叶脉7条，基部4条，有分枝。叶片互生，中上部对生，叶腋间着生零余子。块茎圆柱形，栽子粗短，一般长为10～17 cm，表皮浅褐色，密生须根，肉白，质紧，粉足，久煮不散，并有中药味。最长的可达80～100 cm，直径为3 cm以上。单株块茎重0.5～1.0 kg，重者为1.5～2.0 kg，适宜做山药干用。每亩可产鲜山药1 500～2 500 kg，挖沟栽培的适宜密度为每亩4 000～4 500株。

铁棍山药的植株外形和栽培要点与普通怀山药近似，铁棍山药的地下块茎明显细瘦。近年来铁棍山药在市场上受到追捧，实际其药用价值和食用口感与普通怀山药没有差别。由于其地下块茎细瘦，收获采挖比较困难，容易折断，破损率较高。铁棍山药的种薯选育目标是培育地下块茎较短、直径较大的粗铁棍山药。

普通怀山药　　铁棍山药

图 3-2　河南怀山药

(三)梧桐山药

梧桐山药(图 3-3)原为山西省孝义市梧桐乡地方品种，后来传入河南、山东等地。该品种植株生长势强，茎蔓右旋，多分枝，紫绿色，蔓长为 3.0～3.5 m。叶片绿色，较小，基部心脏形，缺刻大，先端长而尖。叶柄较长，叶脉 7 条，基部有 2 条分枝，叶片互生，中上部叶对生，间有轮生。块茎圆柱形，表皮褐色，栽子细而短(8～13 cm)。块茎长为 50～80 cm，直径为 4～6 cm，瘤大而密、黑色，须粗而长，较坚韧，不易拔掉。零余子多，较大，长为 1.5～2.0 cm，直径为 0.8～1.5 cm，带甜味。肉极白，质脆，易熟，黏质多，黏丝不易拉断，带甜药味，食、药兼用，品质优良。适宜在沙壤中种植，黏壤土也可种植。每亩可产 2 000 kg。

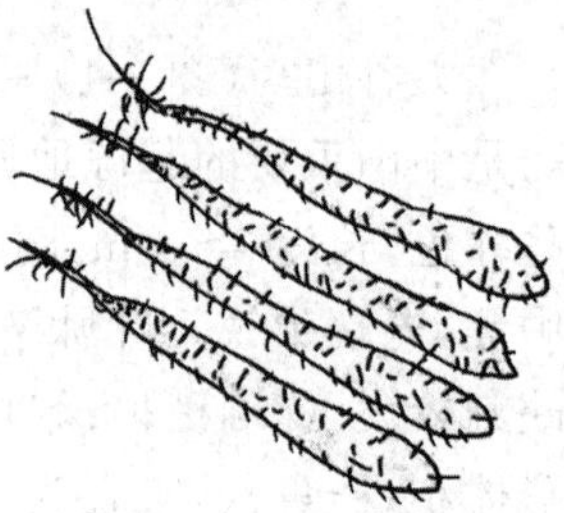

图 3-3　梧桐山药

(四)嘉祥细毛长山药

嘉祥细毛长山药(图 3-4)原为山东省济宁地区的地方品种，当地称为明豆子。该品种茎蔓紫绿色，蔓长为 3.5～4.5 m；叶片卵圆形，先端三角形，尖锐，绿色。叶腋间着生零余子，深褐色，椭圆形，长为 1.5～2.5 cm，直径为0.8～1.2 cm。每亩可产零余子 250 kg。花为淡黄色，块茎棍棒状，长为 80～110 cm，直径为 3～5 cm，单株块茎重1 kg，黄褐色，有一至数块红褐色斑痣。毛根细，外皮薄，肉质细而面，甜味适中，菜、药兼用。每亩可产山药 1 500～2 500 kg。挖沟栽培的适宜密度为每亩 3 500～4 000 株，沟距 100 cm，宽为 20～25 cm，深为 80～120 cm，株距为 15～18 cm。

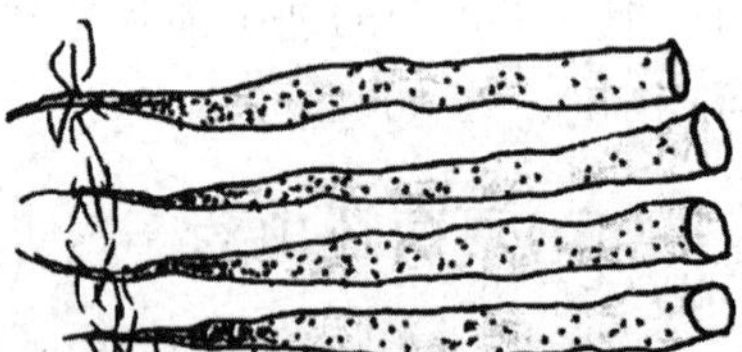

图 3-4　嘉祥细毛长山药

(五)水山药

水山药(图 3-5)原为江苏省沛县、丰县地方品种，又名花籽山药，或称杂交山药，是由当地农民于1965年从毛山药中一株不结零余子的变异株选育而成的。

水山药是江苏北部的特产，含水量在86%，品质脆而略有甜味。虽然水山药品质一般，但它是做菜的好材料，所以又叫“菜山药”。目前，在江苏西北部一带发展很快，据统计，仅丰县一地，菜山药种植面积已达4 000多 hm^2（60 000多亩）。每公顷产值达到了7.5万元以上。水山药的植株生长势强，蔓长为3～4 m，圆形，紫色中带绿色条纹。主蔓多分枝，除基部节间分枝较少外，每个叶腋间均有侧枝。叶片小，黄绿色，戟形，缺刻大，先端长而尖，叶柄较长，叶脉5条，基部2条多分枝。叶片互生，中上部对生，间有轮生，一株产2 kg山药的单株，约有叶片1 800张。单叶面积为长宽乘积的25%～30%，平均单叶面积为5 cm^2，单叶鲜重0.137 g，单株累计叶面积0.9 m^2，单株鲜叶总重240 g，单株地上部最大鲜重为380～400 g。每克地上部鲜茎枝叶的光合产物可供给地下部5 g左右，其中每克鲜叶光合作物产物供给地下可生产鲜山药8 g以上，光合效率很高。一般田块每公顷产量为45 t，高产的田块为60 t，产量最高的田块可达75 t以上。

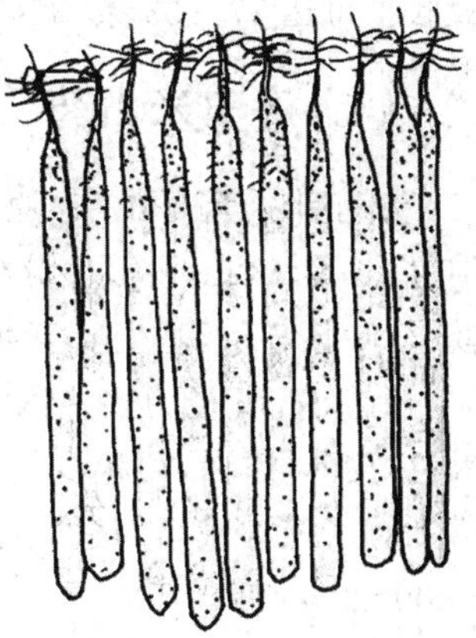

图3-5　水山药

水山药为穗状花序，花小，黄色，单花，花被6个。蒴果三棱状，不结种子。块茎圆柱形，栽子细而短，10～15 cm长。表皮黄褐色，瘤稀，须根少且短。肉白色，稍带玉青色，光鲜质脆，黏液汁多，块茎直径为3～7 cm，长为140～150 cm，最长可达170 cm；单株块茎重1.5～2.0 kg，最重者可达6.8 kg，每亩可产块茎3 000 kg，丰产田可超过5 000 kg。挖沟栽培的适宜密度为每亩3 000株。水山药因为年年用块茎繁殖，又不长零余子，种性容易退化，因此，也有人担心苏北山药产区的水山药会被其他品种所取代，不过有的山药不结零余子也存活下来了。应注意观察，水山药退化的标志是山药嘴变成紫红色，且逐渐向下发展。水山药栽培选用块茎近茎端长20～25 cm的一节切下是比较可靠的。随后将其切口蘸生石灰后晒一天，即进行贮藏，第二年清明前15 d栽植。

（六）群峰山药

群峰山药（图3-6）属于长山药变异的一个新品种。该品种生长势强，主蔓2～4个，侧蔓8～15个，块茎短而多，长30 cm左右，单株块茎重1.0～2.5 kg，重者可达3.7 kg，每亩可产3 000～4 000 kg。辽宁省沈阳市八家子村一户农民用塑料大棚栽培，亩产达5 100 kg。但因有的植株分枝过多、过细，块茎太短，从而影响商品质量。虽然群峰山药可食用，但更适宜用于加工。一株可长好几个山药块茎。从分枝部位和分枝特点来看，与普通长山药遇有硬土或石块所造成的分杈截然不同。在1975年，由辽宁省鞍山市千山区农技站从一株块茎中部侧面有10多个分枝的长山药植株上选择培育而成，它是长山药演变来的一个新品种，可供食用和加工。群峰山药可亩栽2 900株。当地在温室或火炕上用沙床催芽育苗，温度保持在17～25 ℃，湿度保持在30%～40%，20 d后即可出苗移栽。要求土壤耕层50 cm左右。辽宁省南部地区亩施圈粪5 000 kg、酒糟3 000 kg、二铵或复合肥30 kg，另外，还

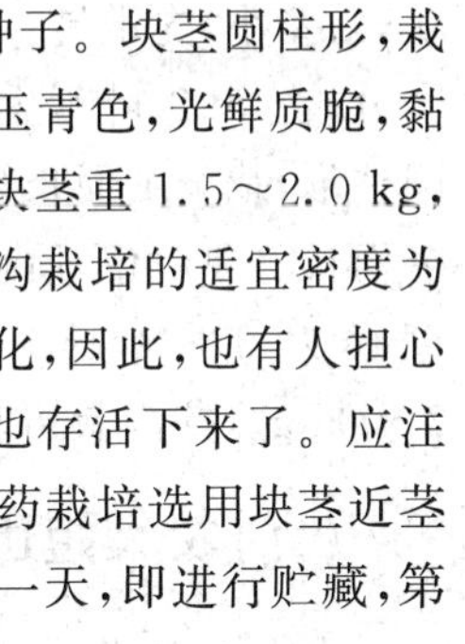

图3-6　群峰山药

需追施尿素30 kg。群峰山药的产量较大，且需山药栽子少，所以育苗较为有利。群峰山药的吸收根可达17～33条，有的吸收根长达60～76 cm。

(七)济宁米山药

济宁米山药(图3-7)原为山东省济宁地区品种。该品种生长势中等，长2～3 m，主蔓多分枝。叶腋间着生零余子较多。叶片较小，戟形，叶脉7条，基生叶互生，中上部对生或轮生。块茎圆柱形，长80 cm左右，直径为2～4 cm，粗的可达5 cm。栽子短而细，表皮浅褐色，皮薄，瘤稀，须根少，肉白，黏质多。单株块茎重0.5 kg，重的达1 kg。挖沟栽培的适宜密度为每亩5 000～6 000株。每亩可产2 000～2 500 kg。

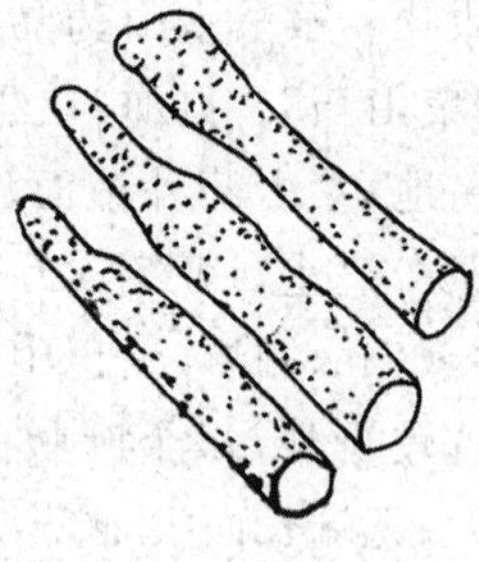

图3-7 济宁米山药

(八)细毛鹅脖子山药

细毛鹅脖子山药(图3-8)在江苏省北部、河北省南部和山东省西南部种植较多。该品种植株生长势强，蔓长3 m以上，紫绿色，分枝多，叶腋间生零余子。叶大而厚，深绿色，基部戟状，缺刻小，先端钝。叶柄长，叶脉7条，基部两条叶脉各有一个分枝。基生叶互生，分枝上的叶片多对生，穗状花序。块茎圆柱形，栽子细而长(可达25～30 cm)，表皮褐色，瘤多，须根多而长。肉白色，质地紧实，黏质少。块茎长为100～140 cm，直径为3～4 cm。单株块茎重1 kg，每亩可产2 000～2 500 kg。挖沟栽培时适宜密度为每亩3 000～4 000株。

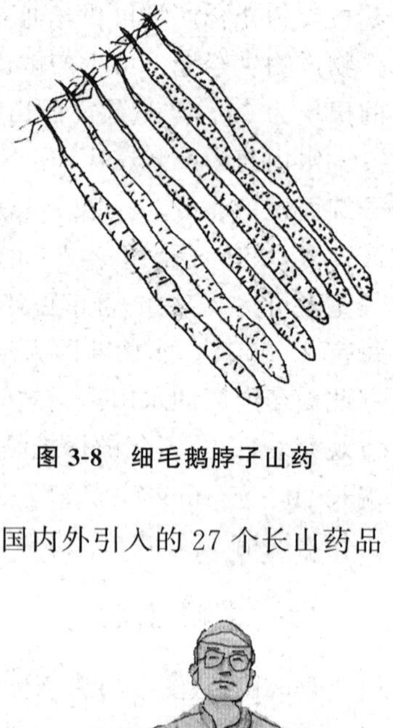

图3-8 细毛鹅脖子山药

(九)农大短山药

农大短山药系列品种(图3-9)是中国农业大学山药课题组从国内外引入的27个长山药品种中，经过10多年的现代优化设计试验，所选育出的一个新品种系列(已获得国家发明专利，专利号:03109078.8)。该品种系列包括农大短山药1号(菜药兼用型短山药)、农大短山药2号(菜用型短山药)、农大短山药3号(药用型短山药)等3个新品种。短山药用大零余子播种，必须催芽播种，单个种子5 g以上，间苗后保留每亩8 000～9 000株。短山药用头年1～2 g小零余子繁殖的小整薯做种薯亦可。短山药用山药段子制备种薯，可将山药块茎按5～6 cm分切成段。在分段时要将每段上端和下端统一用墨汁做好记号，以保证摆种时分布均匀。每块段子重50～60 g。在分切时应注意保留每块段子上的皮层，否则将来不能萌芽。

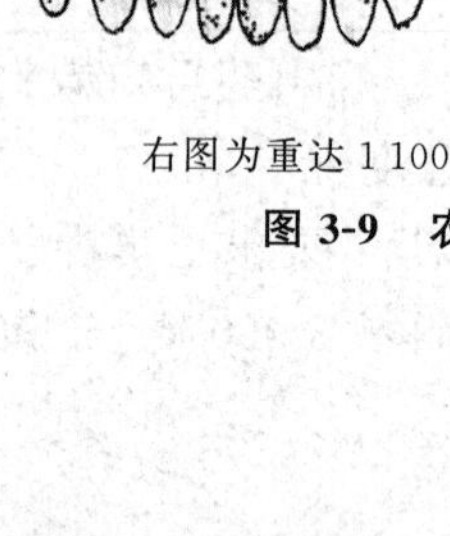

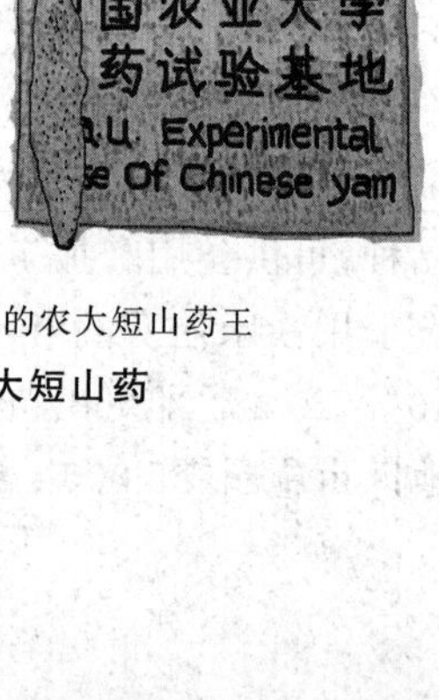

右图为重达1 100 g的农大短山药王

图3-9 农大短山药

种薯在切块后可埋在湿沙(不可带水)里催芽。种薯排列一层，铺一层湿沙，湿沙每层厚 2～3 cm，总厚度在 30～40 cm 即可。最外层用薄膜覆盖好。待芽吐出 1～2 cm 时，即可取出栽种。一代零余子收获后用麻、布袋盛种，7～10 ℃下保存，来年催芽播种为佳。分切山药段子必须选在晴天进行，一般在播种前 1 个月进行为好。使用分切的刀具要消毒，分切后将段子切口处蘸一层石灰或多菌灵粉剂，以减少病原微生物侵染。种薯在切块后要经过日晒 3～4 d，每天翻动2～3 次，当种薯断面向内收缩干裂时即可开始催芽。

1. 农大短山药 1 号(菜药兼用型短山药)

其性状表现为块茎质硬，雪白，粉性足，药性好，黏液汁较多，烘烤后有枣香味。新鲜块茎中的含水率为 80%，粗蛋白质含量为 2.39%，黏度为 164 mPa·S，锌含量为 2.7 μg/g，锰含量为 3.6 μg/g。生食、熟食、加工制药皆宜，尤其适合小孩和老人冬春两季作为补品食用。该品种植株生长势中等，茎蔓长为 3～4 m，断面圆形，绿色。基部叶片较大，互生，上部叶片对生，也有轮生的，叶长为 7～15 cm，叶宽为 3～5 cm，三角状卵形，尖头，叶色较深，叶质较厚，缺刻较浅，叶柄较长，叶脉 7 条。叶腋间着生零余子。一代零余子呈椭圆形，长为 1.6 cm，直径为 1.1 cm，表皮褐色。块茎长棒形，长为 35～45 cm，直径为 3～4 cm，单重 250～300 g，每亩产量为 1 500～2 000 kg，特别适合北方的黄棕壤以及石灰性土壤种植，病虫害极少。该品种是雄株，穗状花序，每个花序有 16～18 朵雄花。雄花无梗，乳白色，有 6 个雄蕊、花丝和花药，中间有残留的子房痕迹，在晴天傍晚开花。块茎表皮褐色。有吸收根 9～15 条，须根较多，较细，一般应搭架栽培。该品种掘沟浅，深度不超过 50 cm，省工效果明显，易于管理，非常适合山药高品质栽培。

2. 农大短山药 2 号(菜用型短山药)

其性状表现为块茎肉色雪白，粉性足，黏液汁很多。新鲜块茎中的含水率为 82%，粗蛋白含量为 2.01%，黏度为 158 mPa·S、锌含量为 1.5 μg/g，锰含量为1.2 μg/g。生食熟食皆宜，熟食口感发面发沙，味道微甜，适合小孩和老人食用。该品种植株生长势中等，茎蔓长为 3～4 m，断面圆形，绿色。基部叶片较大，互生，上部叶片对生，也有轮生的，叶长为 7～15 cm，叶宽为 3～5 cm，三角状卵形，尖头，叶色深绿色，叶质较厚，缺刻较浅，叶柄较长，叶脉 7 条。叶腋间着生零余子。一代零余子呈椭圆形，长为 1.8 cm，直径为 1.2 cm，深褐色。块茎长棒形，长为 40～45 cm，直径为 3～5 cm，单重 300～400 g，每亩产量为 1 600～2 200 kg，适合沙壤土和壤土种植，病虫害较少。该品种是雄株，穗状花序，每个花序有 15～18 朵雄花。块茎表皮灰黄色，吸收根 7～11 条，须根较少，较细，一般应搭架栽培。该品种掘沟浅，深度为 50～60 cm，省工效果明显，易于管理，非常适合山药高品质栽培。

3. 农大短山药 3 号(药用型短山药)

其性状表现为块茎质硬，雪白，粉性足，药性好，黏液汁较多，有甜药味。新鲜块茎中的含水率为 75%，粗蛋白含量为 2.93%，黏度为 231 mPa·S，锌含量为3.9 μg/g，锰含量为 1.8 μg/g。该品种植株生长势中等，茎蔓长为 3～4 m，断面圆形，绿色。基部叶片较大，互生，上部叶片对生，也有轮生的，叶长为 6～13 cm，叶宽为 3～4 cm，三角状卵形，尖头，叶色较深，叶质较厚，缺刻较浅，叶柄较长，叶脉 7 条。叶腋间着生零余子，一代零余子呈椭圆形，长为 1.5 cm，直径为 0.9 cm，深褐色。块茎长棒形，长为 35～44 cm，直径为 2.5～3.0 cm，单重为 200～300 g，每亩产量为 1 200～ 1 800 kg，特别适合壤土种植，病虫害较少。该品种是雄株，穗状花序，每个花序有 13～15 朵雄花。雄花无梗，乳白色，有 6 个雄蕊、花丝和花药，中间有残留的子房痕迹，在晴天傍晚开花。块茎表皮浅褐色，吸收根为 7～9 条，须根较多，较细，一般应搭架栽培。该品种掘沟浅，深度为 40～50 cm，省工效果明显，易于管理，非常适合山药的高品质栽培。

（十）麻山药

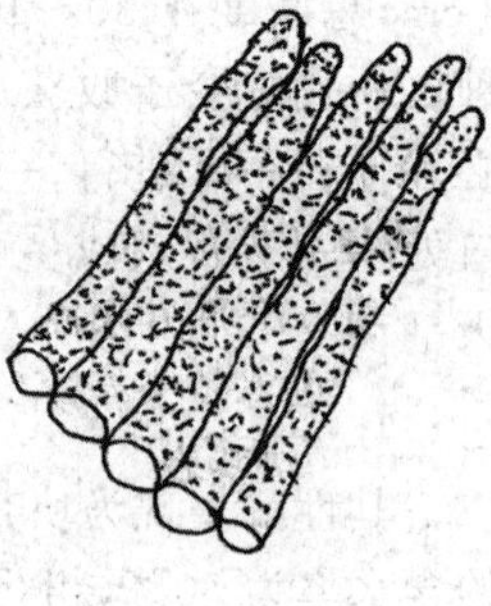

图 3-10　麻山药

麻山药系河北省蠡县地方品种（图 3-10），在河北高阳、安国县亦有大量栽培。茎蔓细长，绿色或紫绿色。叶片对生或三叶轮生，叶片三角状卵形，绿色。叶腋间生零余子，大而多。块茎圆柱形，长为 60～70 cm，最长可达 80 cm，直径为 7～8 cm。表皮暗褐色，粗糙。须根较长，粗而密。块茎单重 280 g，整形好，皮厚，质地细软，含水分多，肉白，品质好。生长期 180 d 左右。不宜在盐碱地栽培，喜疏松肥沃土壤。每亩产量为 2 200 kg。4 月上旬切段播种，每段长 15～20 cm。栽培前，施足底肥，作畦，行距 60～80 cm，株距 15～20 cm，开沟后将种薯放入沟内，覆土，苗高 15 cm 时插架。7 月上旬开始增加浇水次数，追肥 1 次。10 月中、下旬刨收。

（十一）农大长山药

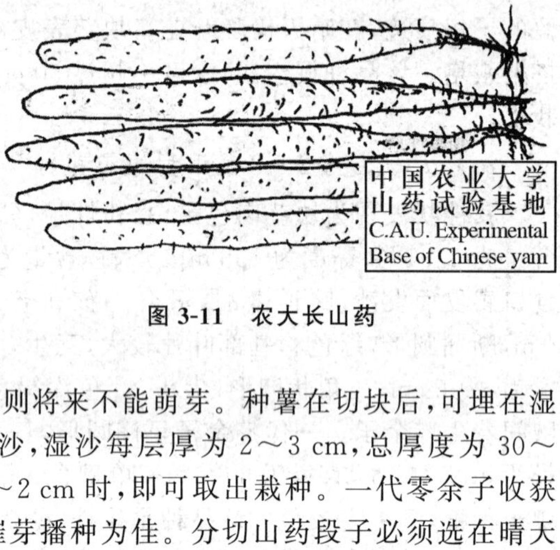

图 3-11　农大长山药

农大长山药系列品种（图 3-11）是中国农业大学山药课题组经过多年系选试验，所选育出的菜药兼用型山药新品种系列（国家发明专利号：200410037596.9）。该品种系列包括农大长山药 1 号、农大长山药 2 号、农大长山药 3 号 3 个新品种。农大长山药用山药段子制备种薯，可将山药块茎按 7～8 cm 分切成段，分段时要将每段上端和下端统一用墨汁做好记号，以保证摆种时分布均匀。每块段子重为 60～70 g。在分切时应注意保留每块段子上的皮层，否则将来不能萌芽。种薯在切块后，可埋在湿沙（不可带水）里催芽。种薯排列一层，铺一层湿沙，湿沙每层厚为 2～3 cm，总厚度为 30～40 cm 即可。最外层用薄膜覆盖好。待芽吐出 1～2 cm 时，即可取出栽种。一代零余子收获后用麻、布袋盛种，7～10 ℃的温度下保存，来年催芽播种为佳。分切山药段子必须选在晴天进行，一般在播种前 1 个月进行为好。使用分切的刀具要消毒，分切后将段子切口处蘸一层石灰或多菌灵粉剂，以减少病原微生物侵染。种薯切块后，要经过日晒 3～4 d，每天翻动 2～3 次，当种薯断面向内收缩干裂时即可开始催芽。农大长山药用头年 1～2 g 小零余子繁殖的小整薯做种薯，同样进行催芽处理。

1. 农大长山药 1 号

其性状表现为块茎质硬，雪白，粉性足，药性好，黏液汁较多，有甜药味。新鲜块茎中的含水率为 76%，粗蛋白质含量为 2.95%，黏度为 237 mPa·S，锌含量为 4.9 μg/g，锰含量为 2.8 μg/g。该品种植株生长势中等，茎蔓长为 3～4 m，断面圆形，绿色。基部叶片较大，互生，上部叶片对生，也有轮生的，叶长为 6～11 cm，叶宽为 3～4 cm，三角状卵形，尖头，叶色较深，叶质较厚，缺刻较浅，叶柄较长，叶脉 7 条。叶腋间着生零余子。一代零余子呈椭圆形，长为 1.1 cm，直径为 0.7 cm，深褐色。块茎长棒形，长为 75～80 cm，直径为 4～5 cm，单重 900～1 000 g，每亩产量为 3 000 kg，特别适合壤土种植，病虫害很少。该品种是雄株，穗状花序，每个花序有12～15朵雄花。雄花无梗,乳白色,有6个雄蕊、花丝和花药,中间有残留的子房痕迹,在晴天傍晚开花。块茎表皮浅褐色。有吸收根7～9条,须根较多,较细,一般应搭架栽培。生产小山药用一代零余子播种,生产商品山药需用小山药或山药栽子、山药段子播种。该品种高产优质,易于管理,非常适合山药高品质栽培。

2.农大长山药2号

其性状表现为块茎肉色雪白,粉性足,黏液汁很多。新鲜块茎中的含水率为82%、粗蛋白质含量为2.09%,黏度为169 mPa·S,锌含量为3.5 μg/g,锰含量为1.9 μg/g。生食熟食皆宜,熟食口感发面发沙,味道微甜,适合小孩和老人食用。该品种植株生长势中等,茎蔓长为3～4 m,断面圆形,绿色。基部叶片较大,互生,上部叶片对生,也有轮生的,叶长为8～15 cm,叶宽为3～5 cm,三角状卵形,尖头,叶色深绿色,叶质较厚,缺刻较浅,叶柄较长,叶脉7条。叶腋间着生零余子。一代零余子呈椭圆形,长为1.2 cm,直径为0.9 cm,深褐色。块茎长棒形,长为80～85 cm,直径为4～5 cm,单重1 000～1 100 g,每亩产量为4 000 kg,适合沙壤土和壤土种植,病虫害很少。该品种是雄株,穗状花序,每个花序有15～18朵雄花。块茎表皮灰黄色。有吸收根7～11条,须根较少,较细,一般应搭架栽培。生产小山药用一代零余子播种,而生产商品山药需用小山药或山药栽子、山药段子播种。该品种高产优质,易于管理,非常适合山药高品质栽培。

3.农大长山药3号

其性状表现为块茎质硬,雪白,粉性足,药性好,黏液汁较多,烘烤后有枣香味。新鲜块茎中的含水率为81%,粗蛋白质含量为2.02%,黏度为174 mPa·S,锌含量为2.4 μg/g,锰含量为2.6 μg/g。生食、熟食、加工制药皆宜,尤其适合小孩和老人冬春两季作为补品食用。该品种植株生长势中等,茎蔓长为3～4 m,断面圆形,绿色。基部叶片较大,互生,上部叶片对生,也有轮生的,叶长为5～10 cm,叶宽为3～5 cm,三角状卵形,尖头,叶色较深,叶质较厚,缺刻较浅,叶柄较长,叶脉7条。叶腋间着生零余子。一代零余子呈椭圆形,长为1.3 cm,直径为0.8 cm,表皮褐色。块茎长棒形,长为75～85 cm,直径为4～5 cm,单重1 000～1 200 g,每亩产量为3 500 kg,特别适合在北方的黄棕壤以及石灰性土壤种植,病虫害极少。该品种是雄株,穗状花序,每个花序有16～18朵雄花。雄花无梗,乳白色,有6个雄蕊、花丝和花药,中间有残留的子房痕迹,在晴天傍晚开花。块茎表皮黄褐色。有吸收根9～15条,须根较多,较细,一般应搭架栽培。生产小山药用一代零余子播种,生产商品山药需用小山药或山药栽子、山药段子播种。该品种高产优质,易于管理,非常适合山药高品质栽培。

(十二)汾阳山药

汾阳山药为中国山药之乡——山西省汾阳市冀村乡地方品种。汾阳山药历史悠久,在民间就有仙童献宝的传说(图3-12)。该品种生长势强,茎蔓右旋,多分枝,紫绿色,蔓长为3.5～4.5 m。叶片绿色,较小,基部心形,缺刻大,先端长而尖,叶柄较长,叶脉7条,基部有两条分枝。叶片互生,中上部叶对生,间有轮生。块茎呈扁圆柱形,表皮褐色。栽子细而短,一般长为8～

图3-12　汾阳山药

13 cm。块茎长为 50～80 cm，直径为 4～6 cm，生长期为 160 d。须根粗而长，较坚韧，不易拔掉。零余子多，较大，长为 1.5～2.0 cm，直径为 0.8～1.5 cm，带甜味。块茎黏液多，黏丝不易拉断。肉极白，质脆，易熟，带甜药味。品质优良，绵中带沙，药食兼用。每亩产量为 2 000～2 300 kg。在当地，4 月上中旬播种，10 月中下旬采收。畦宽为 130～150 cm，每畦种两行，行距为 60～70 cm，株距为15～20 cm。

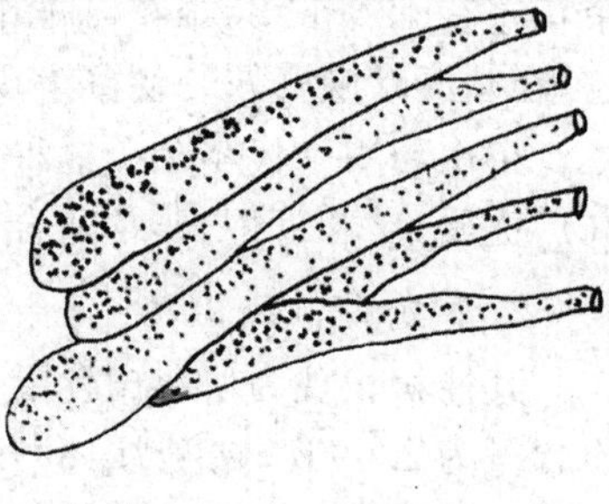

图 3-13　华蓥山山药

(十三)华蓥山山药

华蓥山山药系四川省华蓥山地方品种(图 3-13)。该品种植株生长势强，块茎呈长圆柱形，长为 100～130 cm，直径为3～5 cm，单株重 1～2 kg。肉白，质紧，久煮不散，有醇香味。最重的单株可达 8 kg，每亩产量为 2 500～3 200 kg，被当地誉为药参，食用后可光泽肌肤，焕发容颜。这种山药喜肥沃疏松沙壤土。

(十四)盐城兔子腿山药

盐城兔子腿山药(图 3-14)是江苏省中北部盐城、淮阴一带的地方品种。茎蔓粗壮，分枝多。叶片大，深绿色，先端纯，缺刻小。叶脉大部 7 条，也有 9 条的，基部 4 条叶脉有多个分枝。基部 1～2 片叶互生，其余对生。块茎呈棒槌形，长为 50～60 cm，直径为 3 cm 左右。栽子粗短，长为5～10 cm，表皮褐色，瘤密。肉白，质紧而有韧性。单株重 0.25～0.5 kg，每亩产量为 1 500～2 000 kg。深翻培垄栽培，适宜密度为每亩 6 500～7 000 株。

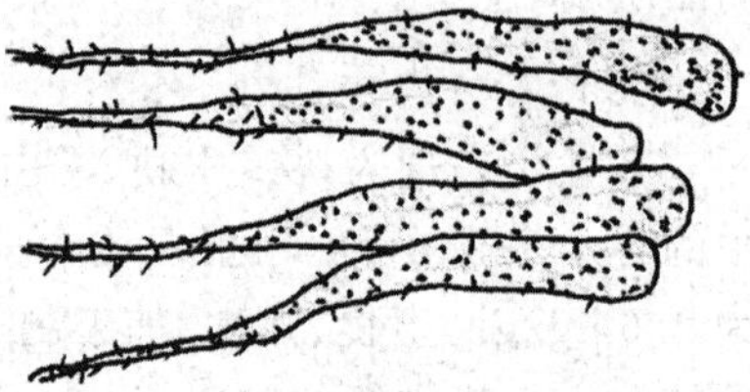

图 3-14　盐城兔子腿山药

(十五)淮山药

淮山药是江苏省淮北地区栽培的传统品种(图 3-15)，它被俗称为毛山药。淮山药的肉质绵软，品质优良。块茎呈长圆柱形，长为 80～100 cm，直径为 3～4 cm。植株生长势中等。蔓长为 3 m，叶片较大，缺刻小，叶脉 7 条，基部叶片互生，其余对生，间有轮生。块茎颜色较深，深褐色，须根较多。淀粉含量较高，瘤密。肉白，质紧。叶腋间着生零余子。每公顷产量为 25～30 t。淮安市灌南县等地栽培面积较大。晚熟，生育期为 220 d。

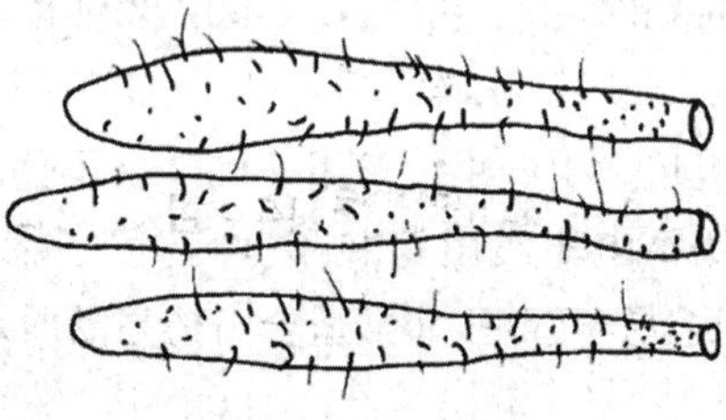

图 3-15　淮山药

(十六)双胞无架山药

双胞无架山药是江苏省启东市农民许兆康育成的一个短蔓山药品种(图 3-16)。当主蔓长到 40 cm 左右时，嫩梢自然萎缩，逐渐团伏地面，进行爬地生长，无须搭架栽培。主蔓萎缩后，很快分生侧枝，并旺盛生长。共有侧枝 7～8 条，蔓长为 50～60 cm，仅为普通山药蔓长的1/6。匍匍地面生长，不仅抗风，而且保墒，在我国东部沿海地区很适应。该品种的另一个特点是"双胞"生长，一株山药结两根块茎，80%的植株都能结成两根山药块茎。块茎长为 50～65 cm，圆柱形，单重 500～1 000 g，最大的达1 500 g。有 10%的植株只结一根山药，偶有结 3 根、4 根山药的。正常年景，每亩产量为 2 500～3 000 kg，高产者达 3 500 kg 以上，每亩产值达 5 000～10 000 元。

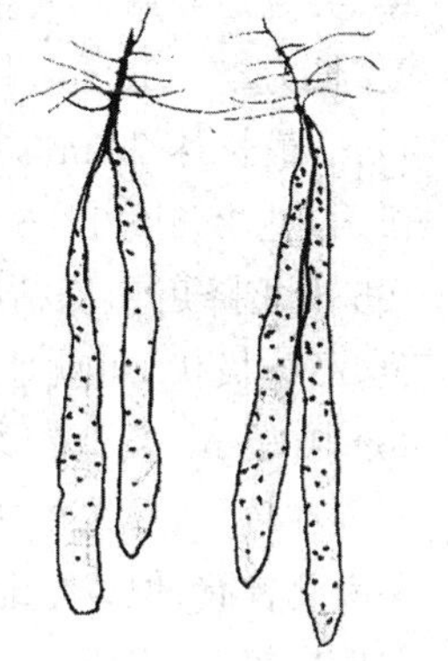
图 3-16　双胞无架山药

该品种适于间作套种，不仅可以和冬春蔬菜套种，也可以和棉田间作。经过套种间作后，双胞无架山药经济效益更好，作种出售也很合算。种植时因块茎较短，无需深挖，收获也较容易。宽行种植，不要搭棚，该品种既省材料，又省人工，成本大为节省。节省成本等于增收，而且还没有风险。该品种属于绵山药类型，品质较好，块茎肉质细腻黏滑，刨皮后自然存放，其雪白肉质数天不变色。蒸煮易酥而又不烂，宜做山药泥、山药糕、油炸品和汤等，也可加工山药片、山药精、山药酒、山药酸奶等系列饮料。

值得注意的是，有些地区无架栽培效果较差，引种时需要小面积试种。

(十七)牛腿山药

牛腿山药(图 3-17)是辽宁省农业科学院园艺所从 17 个引进的山药品种中，经辐射处理培育后筛选出的一个品种。蔓长为 2.35 m，呈圆形或四棱形。叶片对生，箭形，基部叶片大，叶腋间对生零余子。有侧根 12～16 条，侧根长为 35 cm。块茎短而粗呈纺锤形，表皮褐色，长为 51 cm，单重 670 g，干物质基础含量为 17.5%，适于加工山药粉。每亩产量为1 700 kg，高产者达 4 200 kg，适合于东北地区栽培。该品种耐寒性强，已在北纬 45°的黑龙江省中部寒冷地区种植。要特别注意防治地下虫害，这是该地区该品种提高块茎商品性状和经济效益的关键性措施。一般宜选择土层深厚和地势平坦的沙质壤土，并实行催芽移栽，中耕宜早宜浅，大垄栽培对田间管理有利。只是该品种的植物学形状有些特殊，茎蔓为四棱形，这在山药中，特别是长山药中是很少见到的。它与大薯(热带山药)的亲缘关系较近。

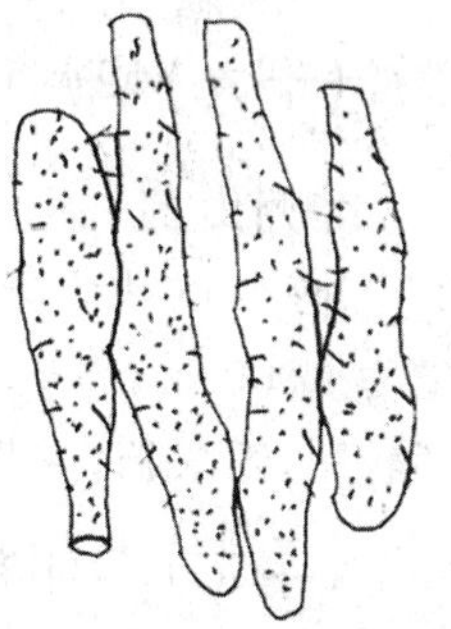
图 3-17　牛腿山药

(十八) 瑞昌山药

瑞昌山药(图 3-18)是江西省瑞昌罗城山地方品种。据明代隆庆年间《瑞昌》记载，山药已是该县特产之一。本地老人患尿频或儿童遗尿者，常用山药炖肉食用，数次即可见效。新中国成立以后，年收购量在 50 t(1 000 担)以上，栽培面积为 133.33 hm^2 (2 000 亩)，每亩产量为 1 000～2 000 kg。地上茎蔓呈圆形，主蔓长为2.85 m，基部茎粗为 2.2 cm，共 45 节，节间平均长度为 5～6 cm，有 4～6 个分枝。茎下部叶片互生，中上部对生叶渐多。叶长为 6～8 cm，宽为 3～4 cm，全

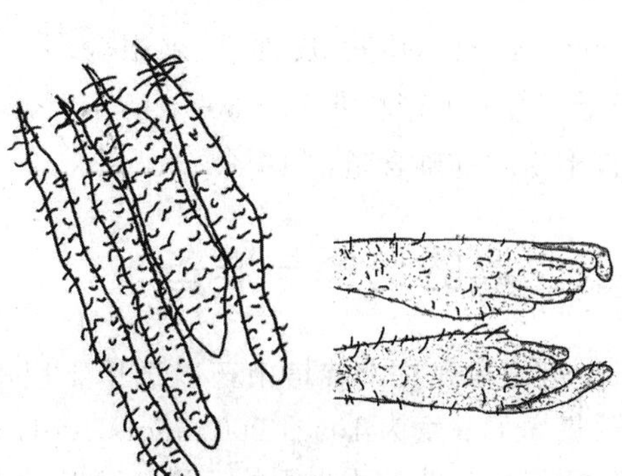
图 3-18　瑞昌山药

缘，尖锐。叶腋间着生零余子，9月中下旬脱落。地下块茎呈长棒形，淡黄色或浅棕黄色，多异型，长为25～50 cm，粗为3～7 cm，单重0.5～1.0 kg，上部皮孔多，须根密生，较长，一般为4～5 cm，最长达7 cm。水平方向生长，中下部表皮光滑，皮孔较稀，须根少而短。颈部灰棕色，细长，长达8.5～12.8 cm，粗为0.8～1.5 cm，密生棕褐色细根，细根长4～5 cm。全生育期195 d，霜降后植株枯萎。块茎组织致密，淀粉含量高，黏液汁多，久煮不烟，清香爽嫩，风味鲜美，品质极优，可就地贮藏或窖贮到第2年的5月。适合于红石灰质泥土种植，土层厚度为80～100 cm，质地较黏重，紧实，且夹少量砾石。

在瑞昌，多选择在海拔为60～300 m的低中丘陵棕石灰泥土种植。山药田多为水平梯田，坡向南北皆有，但以坐北向南者为优，地势高燥，排水良好。多用大垄高垄栽培，垄高35 cm左右，如地块较大，应隔3 m远挖一条畦沟。用山药段子繁殖，每亩用种量为150～200 kg，每段3.3 cm长，切口拌和草木灰，稍经日晒，2～3 d切面愈合后即可播种。每亩栽3 500～6 000株，最多可达8 000株，冬播或春播，可多行春播。冬播应在冬至前进行，春播在立春后种植。行距为35～40 cm，株距为24 cm，播种深度为15 cm。幼苗出土后搭架，架高为1.3 m，4～5根小山竹搭一架，上用稻草绑扎在一起。雨季注意排水。秋旱时，应盖10 cm厚的葛藤、茅草或细竹叶等，以保水防旱，抑制杂草生长。山药田要年年轮换，也可和油菜、小麦轮作。

（十九）华州山药

华州山药（图3-19）主产于陕西省华县，古称骊姬山药，已有2 500多年的栽培历史。据《华州志》记载，称它是天下之异品，每亩产量为2 000 kg，高产者可达3 000～4 000 kg。品质优良，药食兼用。块茎较粗，须根长，皮薄，质细，味浓，最适于鲜食和加工干制。

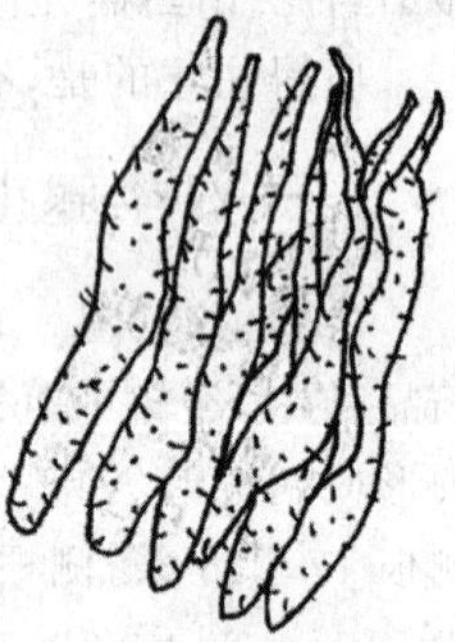

图3-19 华州山药

（二十）大和长芋

大和长芋是日本品种（图3-20）。该品种植株生长势强，茎蔓呈圆形，右旋，长为2.5～3.5 m。叶片大，戟形，缺刻小，单株叶面积为1.2～1.5 m^2，叶厚为0.3～0.35 mm，单叶重0.6～0.8 g，单株鲜叶重500～600 g，地上茎枝叶总鲜重1.2～1.4 kg。叶腋间着生零余子。每公顷产零余子3.75 t。块茎呈长圆柱状，长为0.5～0.9 m，直径为3～5 cm。肉白色，质紧，皮褐色，须根较多。宜鲜食和作药，也可加工山药干。每公顷产块茎22～30 t，高产者可达45 t左右。品质好，绵软香甜，干物质基础含量占16%～18%。

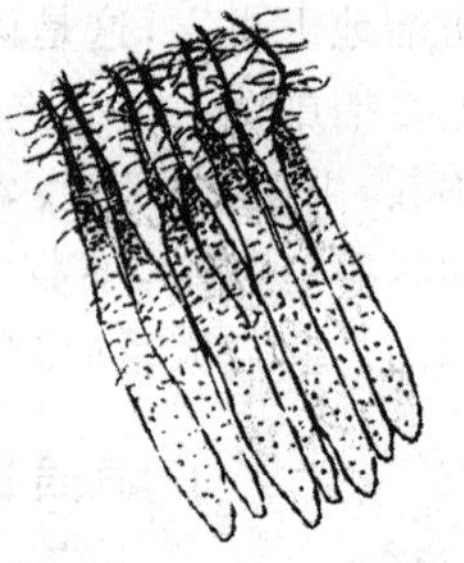

图3-20 大和长芋

二、土壤的选择与准备

运用常规技术栽培山药以选用土层深厚、疏松肥沃、向阳、排水流畅、地下水位在1 m以下、氢离子浓度为10～1 000 nmol/L（pH 6.0～8.0）的沙质壤土为好。采用壤土和黏壤土栽培，所产山药的品质也很好。要注意整地，土壤中不能混杂直径为1 cm以上的石块，否则山药块茎分杈严重，根形不美，会降低商品价值。整地时，可将土壤过筛，筛子孔径以0.5～

1.0 cm 为宜。挖沟回填土时，将筛后的土重点填实在块茎生长区。种植山药的土壤不宜完全采用沙土，否则漏水漏肥严重。沙土土层松弛，易塌陷，导致山药块茎生长变形，影响商品价值。氢离子浓度为 10 000 nmol/L(pH 5.0)以下的酸性土壤(如我国南方的红壤)，不宜种植山药，块茎易生支根和根瘤，影响正常生长。山药生长在氢离子浓度超过 10 nmol/L(pH 超过 8.0)的土壤上，其块茎下扎困难，对产量影响很大。针对近年来农田生态环境日益遭到破坏的情况，应确保栽培土壤不受有机废弃物和有害重金属元素(如铅、镉、汞等)的污染。

山药块茎具有下扎特性，入土可达 30～100 cm，因此，需要将生土深耕，改善土壤结构，降低土壤紧实度，以利于块茎下扎生长。一般在冬前深翻土地，挖土时将表土和底土分开堆放(图 3-21)，经过冬季日晒风化后，于翌年春天下种前施入基肥。亩施充分腐熟的厩肥、堆肥约 5 000 kg，并注意将肥料施匀，不能施入未捣碎的肥料块，那样会引起烧根或导致块茎畸形。然后，将施好肥的土壤回填山药沟内，注意先填入底土，再填入表土，分层用石础或脚踩实(图 3-22)。土壤太疏松，容易造成土壤塌坑，损坏块茎和根系。

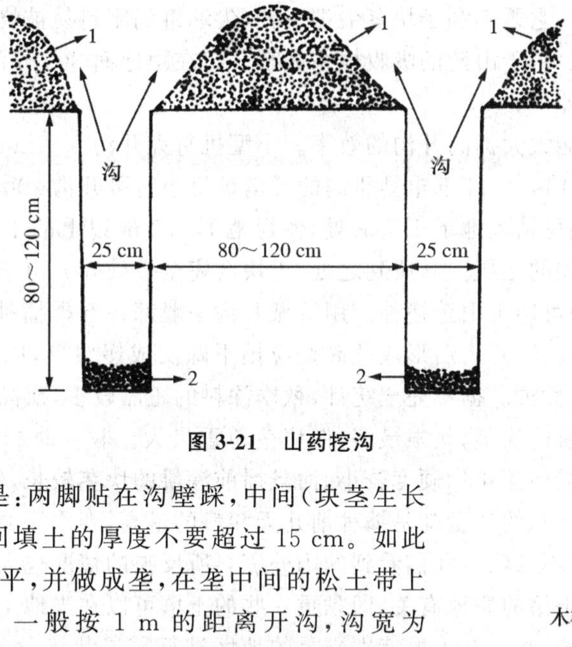

图 3-21　山药挖沟

用脚踩实的方法是：两脚贴在沟壁踩，中间(块茎生长区)留一条松土，每次回填土的厚度不要超过 15 cm。如此分层踩实，直至将沟填平，并做成垄，在垄中间的松土带上做好标记，等待播种。一般按 1 m 的距离开沟，沟宽为 25 cm，沟深为 0.6～1.0 m。近年来，有些地方将开沟距离缩减为 60～70 cm，增加了栽植密度。其缺点是田间管理和收获时比较困难，需要有多年种植经验者才能操作，初种者不宜采用。在土壤回填完成以后，如果土墒不足，需要浇透水一次(播种时不再浇水)。套种间作的开沟距离，按间作物的畦宽和山药支架高矮而确定，以保证山药同间作物的生长互不干扰，一般按 2～3 m 距离开沟(图 3-23)。

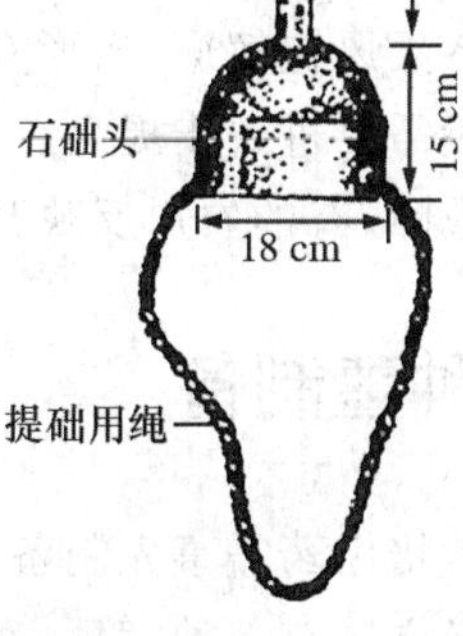

图 3-22　打实松土所用石础头

我国南方习惯于将山药地做成高垄，在垄上栽培山药，这与南方湿涝多雨的气候相适宜。当雨水来临时，可以排水迅速，不会造成土地湿涝。在北方将山药地做成平畦，这样可以省工，同时因北方少雨，也不会造成土地湿涝。但当地下水位低于 1 m 时，也应采用高垄栽培。

如果工时紧张，冬季前不能耕翻土壤，则开春整地也是可以的，但这样一来，栽培土壤未能充分风化，易生病虫害。另外，如果栽培土壤质地黏重（如黏土或黏壤土），则一定要在冬前开沟耕翻土壤，以使土壤在冬季受冻后变松，否则栽培出的山药块茎很短，外形粗糙弯曲，影响产量，降低商品价值。

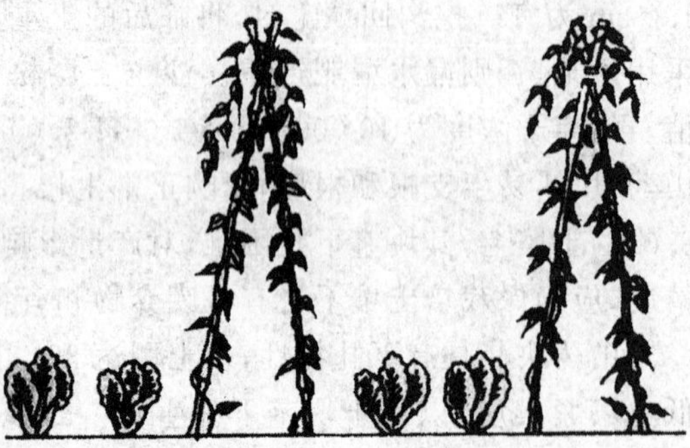

图 3-23　山药支架与套菜栽培

栽培长山药宜按南北向开挖深沟。栽培扁山药对沟向无严格要求，而且沟深要求较浅，一般为 30～50 cm，即可满足正常生长。过去习惯于在回填土时，随土施入基肥，施肥深度与沟深基本一致。近年来，许多地区的栽培试验表明，这种做法并不科学，它既不利于块茎尖端下扎（尖端碰到肥料易被烧坏，而且会造成组织汁液外渗），也浪费肥料。由于山药的吸收根系大都分布在距地面 30 cm 深的土层内，因此，只需在这一土层施入基肥即可。

使用山药开沟机能大大提高开沟的效率。小型机每天开沟 0.1 hm^2（1.5 亩），拖拉机牵引机每天开沟 0.2 hm^2（3 亩）。江苏丰县研制的开沟机每小时可开沟 200 m 左右，也是用手扶拖拉机作动力，开沟螺旋可钻入地下 1.7 m 处，使得地下 1.7 m 以上的土层变得疏松，而且旋转前进时并不会改变原先的土层。其所到之处，土块会完全被破碎。由于土层变得疏松，上面便会形成一条高垄，正好可用于山药播种。用机械开沟一般都在春季播种前 15～20 d 进行。如果开沟后离播种时间较长，开沟后形成的高垄应拍平踩实成馒头形，以防下雨塌沟，也可以盖上地膜防雨保墒，等待播种。据不完全统计，秋季深耕的正品较多，次品较少；春季深耕的块茎较粗，也较长；播前深耕的块茎，歧根最多，但块茎单重最大。收获时的土壤硬度，秋耕和春耕的土壤硬度差不多。播前深耕的硬度较小，而且播前深耕的块茎较长，但直径较细。人工挖沟和机耕的效果差不多。总的产量却是播种前几天深耕的最高，春季深耕的次之，冬季深耕的最少。当然，这种差别并不悬殊。我们看到的国外资料所反映的情况也大致如此。

挖沟的时间也和土壤的质地有关，即黏重一些的土壤可以在当地土壤冻结之前进行，让土壤风化熟化，变得疏松一些。在土壤特别黏重的地区进行零星栽培、小菜园栽培，冬前挖沟也是可以的。但需要注意的问题是大面积的山药生产多集中在沙性土壤地区，若在冬前挖沟，经一个冬天风化解冻，沟形实在是难以保持，因而也就没有必要在冬前挖沟。当然，山药开沟机的质量需要进一步提高。现在的山药开沟机多是乡镇企业初级产品，在实际使用过程中很容易出故障，有的农户反映开 1～2 亩地就要进行维修，这样就得不偿失了。

三、种薯制备

栽培山药需事先制备种薯，种薯的质量好坏直接影响山药块茎的产量和品质。常规的种薯制备方法有 3 种：第一种是使用山药栽子；第二种是使用山药段子；第三种是使用山药零余子。

(一)使用山药栽子制备种薯

山药栽子,也叫山药嘴子。在山西、河南产区又叫芦头、龙头或山药尾子,也有叫凤尾或尾栽子、种栽、毛栽子的。因为它是山药块茎上最细长的部分,向前看是龙头,朝后看又似凤尾。山药栽子是山药块茎上端有芽的一节,在收获山药时获取。作为山药栽子的块茎要求颈短、粗壮、无分枝和病虫害。山药栽子一般长为 17～20 cm,太短会影响产量。

一个完整的山药栽子应该包括三部分。最上面一个突起的小瘤就是山药嘴,也叫山药嘴子。这个部位地方不大,却连接四方,看上去并不起眼,作用却非同小可。山药嘴既是山药植株地上部茎叶和地下部块茎的联结部分以及养分与水分运输的必经之处,也是种薯向山药植株提供营养的通道,这里还有最具活力的隐芽。山药一生仅有的 10 条左右的吸收根,也是从这里出发伸向四方的。用放大镜看这个 1 cm^3 甚至不到 1 cm^3 的地方,可以看到正上方是地上部茎蔓在秋冬枯萎后断离留下的主茎遗痕,大小约为 4 mm^2。主茎遗痕的一侧就是隐芽的部位,稍具营养,略微突出,来年春暖后萌发成苗。同时,还有零余子或是山药栽子等种薯留下的斑痕,然后就形成了较为膨大而又粗糙的山药嘴,七扭八歪,斑痕累累。山药嘴是山药栽子的重要部位,在山药收获、运输和贮存过程中,都应重点保护,不得伤害。山药栽子年龄越大,嘴部斑痕也越盛。

山药嘴的下边一节细长的部分,叫二勒,也叫栽子颈部或颈脖子、细脖子、长脖子等。这部分约占山药栽子长度的 1/2,一般长度为 10～15 cm。二勒部分越细长,下面较粗的块茎部分越需要留得长一些,长度应较二勒部分略长。二勒下边较粗的部分一般称为底肚,也就是山药栽子的基部,其长为 10～17 cm,这是山药栽子养分最多的部位(图 3-24)。

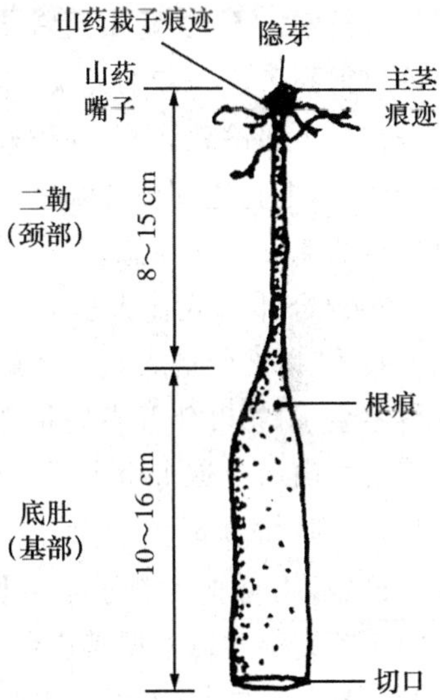

图 3-24　一年生山药栽子

制作山药栽子首先是掰栽子,掰栽子一般与山药的收获同时进行。10 月下旬,山药地上部茎叶萎黄时开始挖掘山药。在山药挖起时选择脖颈短粗、芽头饱满、健壮无病、无虫、无分杈、色泽正常的山药块茎,将栽子掰下,长度各地不一,一般长为 17～20 cm。太短了会影响产量和品质。多数人是在收获时将其用手掰下,故名掰栽子,也可用刀把它切下,就叫切栽子。

栽子掰下后,晾晒 4～5 d,下面铺上高粱秸笆,不可放在土地上。这么做的目的是让栽子表面的水分蒸发,加快断面伤口愈合。在北方大部分地区都是这样晒干的。在我国南方一些地区则是在截取栽子后,放在室内通风处晾一周左右,栽子稍干燥后妥为贮藏。

山药栽子被截取后,存放到来年种植。按 4 月下旬播种时算起,相隔 6 个月。在这半年内必须对山药栽子妥为保存,避免腐烂变质,影响来年的山药栽培。在山西、河北等地多用沙贮存。在贮存时,一般在室内铺一层河沙,最好铺得厚一些,约为 15 cm,在沙上铺一层栽子,然后铺一层沙子,放一层栽子,如此反复,直至放到 80～90 cm 高为止。最后,在顶上盖一层稻草,即可过冬。有地窖的家庭可以将山药栽子入窖。在我国南方可将其放在干燥的屋角保存。

但均需一层栽子一层较为潮湿的河沙交替存放 2～3 层，并在最上部盖上草苫等物，以防冻保湿。同时，应注意使温度保持在 0 ℃以上。在贮藏过程中还要经常检查。如发现河沙过干或过湿，均应及时调整。山西一些地方只用干沙，不用湿沙，以防腐烂。

第 2 年春暖终霜后，开始栽种。最简单的办法是先将栽子拿出去晒太阳催芽，待全部萌动后即可栽种。在栽种时，行距为 1 m，株距为 20 cm，沟深为 6～7 cm，将种薯朝着同一方向，摆在沟底，覆土后在外表上再盖一层厩肥，然后浇水，也可在摆栽子前在沟中先浇小水，水渗后将栽子按规定距离压入土中。栽子种毕，在沟两边用锄开两条深 10 cm 的沟，施上肥料，然后覆土。

在一般情况下，山药栽子的截取与山药收获同时进行。秋冬收的山药，其栽子在秋冬切；春季收的山药，栽子在春季截，从冬前到暖春，随收随掰，但切记要在收刨时防冻。特别是在进行集团收刨出售时，如果组织不周，只顾了刨山药、装山药、卖山药，对切取的山药栽子保护不够，使栽子受了冻，则会影响下一年的山药栽培。

另外，要注意消毒卫生，最好在切取的时候，用草木灰或生石灰黏住切面，以防病菌感染。生产再忙，也不能忘了在切取山药栽子时要消毒，保护栽子，当然，也不能冻坏了山药块茎。有些地方为了安全起见，在冬前收山药时，不切下栽子，该栽子连同山药块茎一起入窖贮存。这样可以没有断面，减少病菌感染的机会。但是山药块茎过长时，运输、装箱和贮存都不方便，很容易被折断。不过，论山药栽子的质量肯定是春季截取的最好。因为经过一冬春的田间贮存，块茎也得到了进一步的充实，重量可以提高 10%左右，山药栽子当然也比冬前的要充实得多。只是在冬季寒冷地区，要保护好田间的山药嘴部分，避免它受冻。在冬前收获块茎时，不要将栽子切下，把它连同山药块茎一同贮存。这样做对山药栽子的充实和保护也有不少好处，可使第二年的播种安然无恙。

2002 年中国农业大学山药课题组在对山药的规范化种植方案中提出了山药高产栽培都用大栽子，以 3 年的大栽子为最好(图 3-25)。从零余子开始算起，第 1 年从山药地上部茎枝上获得零余子，第 2 年开春后将零余子播入田中，秋后收取小山药。第 3 年将小山药播下去，就会获得大山药。这个小山药一般就叫 3 年的大栽子。因为第 2 年的小山药色泽鲜艳、微红、且较长、较细，长为 30～40 cm，养分贮藏少，生长力弱，块茎也小，很少食用，但作为山药栽子却效果最好。3 年的大栽子是生长势最强的栽子。山药栽子的年龄完全可以根据其皮色和山药嘴的粗糙斑痕状况判断。第 4 年的栽子就不如第 3 年，第 5 年的栽子就不如第 4 年，栽子的颜色也逐渐由微红变成褐色，再变成深褐色，颜色一年比一年深，长势却一年比一年弱，到了第 6 年栽子就不好用了。不仅栽子的块茎小，产量低，长出的零余子也少，整个植株都显出了衰老多病的态势，这就必须再用零余子复壮更新。这里的第 6 年实际上是使用 3 年栽子的第 4 年，也就是说，隔上三四年就要用零余子重新播种，以恢复其生长壮势。

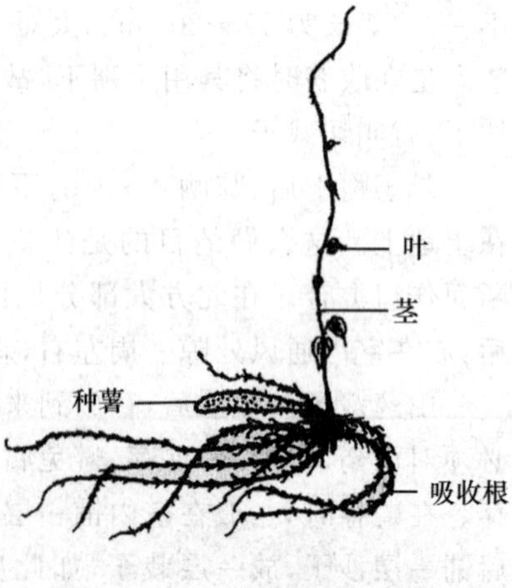

图 3-25　有顶芽的山药栽子发育情况

有一些品种在使用有顶芽的山药栽子时，由于生长势头很强，常会出现几个芽子挤在一起长成几根细瘦山药的现象。于是有些地方常采用削去顶芽的山药栽子进行播种。

在山药产区，尤其是山西、河南一带的药农常提到鹰嘴芦头和虎脖芦头。芦头就是山药栽子，也称种栽。鹰嘴芦头指芦头细长似鹰嘴的山药栽子，一般嘴处须根痕迹较大且凸起。而虎脖芦头则短粗似虎脖，表皮光滑，须根痕迹细小不凸起。虎脖芦头因为发育好，芦头充实，营养足，生长势强，根长叶茂，山药产量高，品质好。鹰嘴芦头因为发育稍差，在同样留栽法的情况下，所撅出的栽子重量小，体内营养物质贮量少，因而生长势较弱，其产量和品质也比不上虎脖芦头栽培后的产量高和品质好。

对于不同重量、不同生长年限以及不同类型的山药栽子，综合考虑其对于山药产量和品质的影响，可以将其分为 4 个等级，具体如下。

①一级山药栽子：重量为 100～120 g，年限为 2～4 年生，类型为虎脖芦头，顶芽健全，表面光滑，无病斑虫眼。

②二级山药栽子：重量为 100～120 g，年限为 2～4 年生，类型为鹰嘴芦头，顶芽健全，表面光滑，无病斑虫眼。

③三级山药栽子：重量为 40～50 g，年限为 2～4 年生，类型为虎脖芦头和鹰嘴芦头，顶芽健全，无病斑虫眼。

④四级山药栽子：使用 5 年以上的山药栽子。

在山药栽子的 4 个等级中，以一级山药栽子为最好，仅适用于一般的绵山药栽培。水山药的栽子可稍大一些，特产山药的栽子可适当小一些。

(二)使用山药段子制备种薯

在几千年的山药栽培中，都是"用芦头(栽子)来生产山药，珠芽(零余子)用来育苗"。山药段子只在山药栽子不足时才使用。因为只有山药栽子才有顶芽，也叫定芽，而山药段子只有侧芽，也叫不定芽。顶芽的优势和作用是侧芽无法相比的。定芽只有一个，这是山药取得优质高产的可靠保证。但是一个山药只有一个定芽，因而也就只能有一个山药栽子。这就势必限制山药的大面积发展。再说，山药的不定芽也有一定的强势，只要利用得好，其产量和质量也非同一般。尤其是水山药，由于其块茎个大、体粗，一根山药的长度为 1.5 m 左右，其不定芽的饱满程度绝非一般的绵山药所能相比的。再加之优越的地理和肥水条件，其不定芽的发育是相当好的。像江苏省丰县的山药种植者用山药开沟机旋耕 1.7 m 深的疏松土层，用 200 g 重的大块山药段子作种，施入足够的优质基肥，又定期在叶面喷施生长调节剂和各种微量元素肥料，并采取综合有效的防治病虫害等技术措施，因而取得了非常可观的栽培效果。仅丰县的山药栽培面积就达 4 000 hm^2，几乎和日本总的长山药栽培面积相当，而且每公顷取得了 45 t 的高产，最高的每公顷可达 75 t。

水山药适宜用山药段子繁殖播种。据一些栽培者反映，只要土层深一些，段子大一些，肥料多一些，病害轻一些，绵山药用山药段子繁殖播种，其表现也相当不错。只要栽培措施跟得上，就能在很大程度上减少用山药段子播种所带来的不利影响。要正确对待和利用山药块茎客观存在的顶端优势，这对提高山药段子的利用价值也是大有好处的。

山药段子都是在春季播种前一个月左右准备好的。所谓山药段子就是山药块茎按 8～10 cm 的长度切成的小段，小段也可以长一点。每块段子重 30～40 g，也可以再重一点。

分切时，应注意保留每块段子上的皮层，以免损伤不定芽，导致将来不能萌芽。山药段子不宜切得太小。切小了不但容易腐烂，不出苗，而且即使出了苗，所形成的块茎也形体偏小，产量很低，但也不能切得太大。切得太大了不仅增加种薯的用量，也会使山药生长前期枝叶过于繁茂，影响后期结薯，降低商品质量。

从大体上讲，在沙性土壤、水山药、温度偏高的地区，高产品种等在种植时所使用的山药段子可以大一些，一般以120～150 g为宜。以用来保养身体、喝山药粥、做山药泥为目的种植地宜为黏重土壤区、温度偏低的北方和一些特产区、绵山药产区等。在种植时，其所用的山药段子不能太大，以50～80 g为宜。这样有利于保持其特有的风味。山药段子不能太细，其直径最好为4 cm左右，最细也不能低于3 cm。所取用的段子，不能离茎端太远，最好是靠近山药栽子的部分。山药段子不能带病、有虫、有伤。要选择经过冬贮、粗壮，能表现品种特色的优良健康的山药块茎用来截取山药段子。

切断和截取山药段子的办法，各地不一。用刀切断的办法较为普遍，断面最小，又较为平整，很少伤皮，效率也高，消毒彻底，污染也少。虽用手直接掰断可在块茎周围事先用指甲刻痕，但容易伤及皮层，断面也不太平整，不过可减少和避免使用铁器的麻烦。利用竹片切段，竹片要坚硬锋利整齐，以免使黏液汁流出过多，增加污染机会。

不管怎么切段，均需在截断时立即给断面消毒。较冷凉或传染病少的地区可以用草木灰作断面消毒。病害严重的田块和染病较多的地方多用石灰粉作切面消毒，不过，生石灰应尽量粉碎得细一些，以使整个断面均匀消毒，但又不能蘸得太多。石灰粉蘸多了，常使断面开裂，甚至出现烂种。水山药产地可使用高效低毒的70%代森锰锌超微可湿粉蘸种。因超微粉剂颗粒极小，断面可全面触及粉剂，杀菌效果好，也很少开裂，比较安全，另外，也可以用药剂浸种的方式给山药段子消毒，但是在进行断面消毒时，应严格掌握药液浓度和浸泡的时间。使用多菌灵消毒时可在40%的多菌灵300倍液内浸种15 min。山药段子切好后，立即将其断面浸一下药液，这样药液会在断面形成一层药膜，还可以用75%的超微代森锰锌5倍液浸种，而且其成本比粉剂还低。不管用粉剂蘸种，还是药液浸种都会使种薯断面向内凹陷，这是正常现象，不必在意。

山药段子准备好以后可以直接播种。但是山药段子播种后才发生不定芽，而且其出苗要比山药栽子出苗晚半个多月，山药的品质和产量都受影响。因此，最好在切面消毒后立即进行晒种20～30 d。在晒种时，下面铺些草，在草上面摆放山药段子。经过晒种后，发芽的一端呈现浅绿色，播种时也较容易认出段子的上端和下端，这就有利于摆成一个方向，做到安全播种。

山药栽子的顶芽是山药块茎的最顶端，其顶端优势是不言而喻的。虽然山药段子的顶端优势不如山药栽子的顶端优势明显，但若前后比较一下，其悬殊也是很大的。日本人中西秀夫将去掉山药栽子的山药块茎分成8段，每段长为8 cm，重为56 g，同时播种后进行观察和比较。结果表明(图3-26)，越是上端的即离茎端越近的山药段子，发芽越早，最前边的一个段子要比最后边的一个段子早1个月发芽，即第1段发芽是4月28日，第8段发芽则迟了近1个月，在5月26日才开始发芽。同是一根块茎上的段子只是前后部位不同，其发芽始期就有1个月的差距。再看相邻的2段，第1段和第2段的发芽始期先后也差了10 d，第1段是4月28日，第2段到5月8日才开始发芽。第3段是5月12日发芽，比第2段差了4 d，比第1段则差了

14 d。从 80%已发芽的情况看，第 1 段在 6 月中旬已齐苗，第 2 段到 6 月下旬才齐苗，晚了 10 d。第七段到 7 月中旬才齐苗，比第 1 段整整晚了 1 个月，而最后一段到 7 月下旬才能使大部分苗子出齐，整整晚了 40 d(表 3-1)。

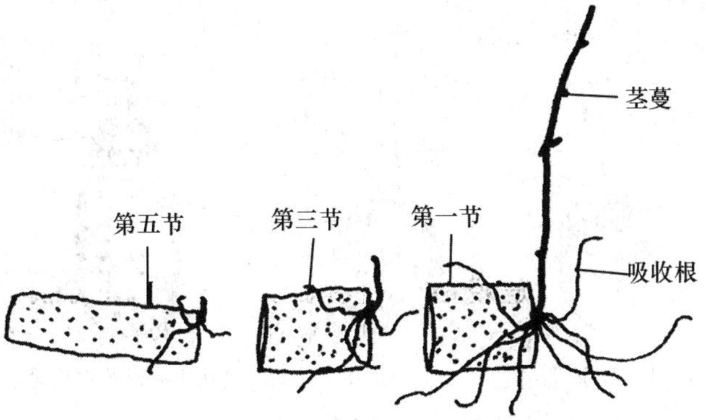

图 3-26　不同部位的山药段子发芽速度不一

用山药段子作种薯催芽后定植是比较先进的栽培方法。这种栽培方法不但能够提高出苗率和出苗质量，而且由于催芽是在早春室内温床或暖炕上或小拱棚进行，因此，能够缩短山药块茎在田间的生长周期，增加块茎的最终产量。山药种薯的催芽应选择在地势高燥、背风向阳、无病虫害的地方进行。一般当薯块上有白色芽点出现时(长度不超过 1 cm)，即可定植。

表 3-1　不同部位的山药段子对生长和产量的影响

部位	发芽期		主蔓长/m		根长/cm	根最大直径/cm	重量/g
	开始日期	80%发芽日期	6 月 15 日	6 月 30 日			
1	4 月 28 日	6 月中旬	1.4	2.5	78.5	4.6	887.7
2	5 月 28 日	6 月下旬	1.2	1.8	65.3	4.6	849.4
3	5 月 12 日	6 月下旬	1.1	1.8	70.5	4.7	799.5
4	5 月 18 日	6 月下旬	0.6	1.5	61.0	4.6	713.6
5	5 月 25 日	6 月下旬	0.6	1.4	63.3	4.0	682.1
6	5 月 23 日	6 月下旬	0.5	1.3	57.1	3.9	554.3
7	5 月 26 日	6 月下旬	0.5	1.2	54.9	3.2	495.4
8	5 月 26 日	6 月下旬	0.3	1.2	63.8	4.2	566.6

注：4 月 2 日播种，行株距为 66 cm×49.5 cm。

(三)使用零余子制备种薯

零余子是由山药蔓的腋芽肥大而成的珠芽，常呈不规则的圆形或肾脏形，小者如玉米粒，大者似拇指(图 3-27)。秋末成熟后摘收，除可食用外，零余子也是栽培的良种。尤其是当山药栽子连续种植 3～4 年后，逐渐发生退化，产量和品质均明显下降，不宜再作繁殖材料，这时候就必须采用零余子进行更新复壮。

可以说山药最初的种薯来自零余子，零余子是山药特殊的种子。在第 1 年秋季收得零余子后，选择大型的健康的零余子沙藏过冬。在第2年开春后，霜冻结束前半个月播种。当年秋季，收取小块茎供来年作种用。作种的块茎一般称为“3年大栽子”。因为带有顶芽，又不切段，因此，不能说是段子而是栽子。这些新栽子是用来更换老栽子用的，每隔3～4年就得更换一次，以便复壮更新，防止品种退化。

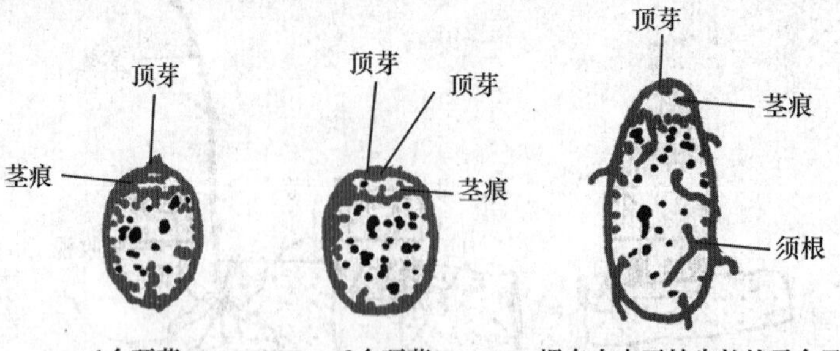

图 3-27　零余子的构造

如果注意观察的话，人们就会发现零余子是在枝蔓下垂的叶腋间较多，而且在遮光的情况下叶腋间较多，也较大型。在植株发芽甩蔓一直向上旺盛生长的时候不会有零余子。6月下旬以后，茎叶繁茂生长，昼间的光合作用在叶中生成的同化产物一部分供给地上部发育消耗，一部分在夜间积蓄在地下块茎中，同时还会促进垂下来的茎蔓开始产生零余子。实践证明，在茎蔓向上生长的时候，重力会促进同化产物的移动，而茎蔓垂下来时，同化产物的转移明显受到抑制，然后就会在下垂的茎叶中蓄积，这就是叶腋间产生零余子的原因，而枝叶下垂和遮光有利于零余子的形成。

在每年的8—9月零余子成熟后，选择外形端正、粒大粗壮、毛孔稀疏、光泽的零余子作种用，在晴天进行选采。应仔细剔除退化的长形种豆，特别要除去毛孔外凸者。然后用桶或箱等容器将零余子和细沙混合贮存。零余子的皮色一般应选赤褐色，肉色则应选洁白的。因为零余子多为不规则的圆块状、四棱形、肾脏形、三角状等形状，以饱满一些为好，稍有萎缩就应剔除。擦破皮、有病斑和被虫食过的零余子也不能选用。在贮存期间，应注意保持一定的温度和湿度。在大量贮藏时，最好在不加温的房间、门道和过道，其环境温度一般不要低于0 ℃。当温度太低时，四周要围好草席，上面也要盖上秸草或其他的草。但是有经验者多是将它和细沙一起混合贮存。这样较易保持一定的温度和湿度，也很少出现烂种。

零余子打落收获后必须经过5～6个月的休眠才能成熟，才具有生根发芽的能力。因为零余子中含有山药素。山药素只有在零余子的皮中才有。它可以抑制生长，促进休眠。刚刚采收的零余子的山药素含量最多，这时必须经过一个漫长的层积期或贮存期，完全休眠的零余子才能逐渐减少山药素的含量，从而达到完全成熟的程度，萌发新的植株。也曾有人试验，人为地打破零余子的休眠期，缩短零余子繁育山药的年限，希望在当年内产生植株，但很难突破。

零余子育苗的面积依大田需要决定。一般情况下可采用1∶6或1∶8，也有人采用1∶10。具体面积的确定可视零余子质量与育苗条件灵活掌握。在同样情况下，长山药育苗面积可大一些，扁山药的育苗面积可适当小一些。比如，长山药的育苗面积是25 m^2，而作为扁山药有15 m^2 的育苗面积就够了。

在进行零余子播种育苗时，1 m 畦子种两行，行距为50 cm，株距为8～10 cm，也可以

50 cm 的畦子种 1 行，也有的是行距为 66 cm，株距为 33 cm，1 穴种 3～4 粒，还有撒播的畦宽为1.2 m。多数的做法是在整好畦后施以稀薄的人粪尿，播种以后覆土 5 cm，并行镇压。大量的基肥应在土地耕翻前撒铺在田中，然后全田翻耕 20～30 cm，将土肥混合后，晾晒土壤，使其透气增温。肥料要全部施用腐熟的有机肥，每亩用量为 3 000～4 000 kg。播种零余子的田块一般都在开春后、播种前一个月翻耕土壤。

播种前先挖播种沟，沟宽为 30 cm，沟深为 50 cm，将挖出的土堆在沟的两边。然后，分层回填，每次填 15～20 cm，回填后用脚踏实，最好两脚贴着沟壁踩，使沟中间可留一条松土带，以利于播种和块茎生长。在播种前一天，将整个田块浇一次大水或稀人粪尿。在播种时，沿沟的方向每隔 20 cm 左右挖一个深 6 cm 左右的小坑，每坑放 2 粒零余子，然后覆土，轻踩压紧。

北京地区，在 4 月上旬播种的零余子在 5 月上旬即可出苗。当苗高为 20 cm 左右时，要注意浇水、搭架，随时除草。零余子的茎蔓较细，且较脆弱，应及早将架搭好，以防折断，影响生长。一般都用 1～2 m 长的竹竿搭成"人"字形支架。搭架时，将架材插入土中 20～30 cm 深。在苗茎长为 20 cm 左右时(图 3-28)，浇第一次水，也可浇稀薄的腐熟人粪尿。之后湿度掌握的原则是见湿见干即可，一般都浇小水，在生长盛期可酌情加大水量。在采收前一周，可停止浇水。中耕除草宜浅，杂草尽量用手小心拔除，以免伤害根系。一般 10 月下旬采收，收得的块茎，长的块茎为 30～40 cm，短的块茎为 14～16 cm。然后将其放入冷室或地下窖中，按大小长短分类贮存，也可以在田中选排水良好的干燥地方，开挖深为 50 cm 的沟，将采收的块茎放在沟内摆好，然后盖土贮存。

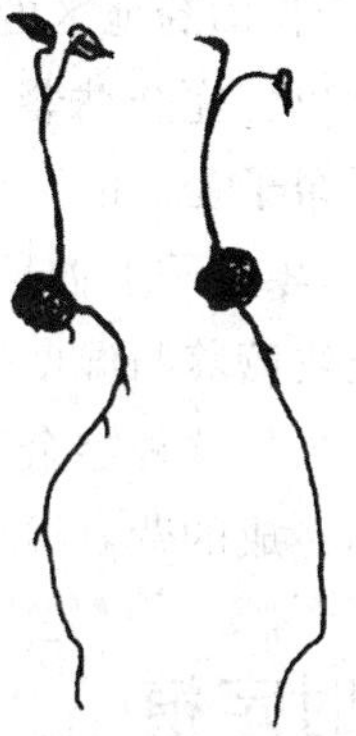

图 3-28 零余子生长初期发芽状态

如果将零余子和山药段子同时播种，则零余子出苗迟缓。在均未进行催芽处理的情况下，零余子比山药段子迟出苗 5 d，这就应引起注意，不要随意践踏田中，以免影响零余子出苗。一般条件下，北京地区播种后 45 d 才能齐苗(表 3-2)。同时，茎叶生长的先后也不同，用零余子播种所长出的幼苗，先展叶，然后茎蔓才逐渐伸长。而用山药段子播种所长出的幼苗在出土后幼茎迅速伸长，然后才展开叶片。

表 3-2 零余子初生幼苗地上部生长状况

项目	日期								
	5 月 25 日	5 月 28 日	5 月 31 日	6 月 3 日	6 月 6 日	6 月 9 日	6 月 12 日	6 月 15 日	6 月 18 日
株高/cm	3.8	8.5	16.1	28.4	—	—	—	—	—
叶片展开数/个	1.0	1.0	2.0	3.0	4.0	6.0	8.0	11.0	16.0
最大叶处面积/cm^2	—	9.8	30.7	36.0	38.8	41.1	41.8	41.8	41.8

注：①4 月 7 日播种；②品种：日本大和黑皮；③1999 年 4—10 月；④中国农业大学山药课题组。

中国农业大学山药课题组在 2001 年的试验中，以一代零余子为播种材料所产的山药块茎，单根鲜重多为 105～205 g，平均鲜重为 191 g，从一代零余子长成植株所生产的二代零余子情况来看，有 16%的二代零余子粒径为 1.5～2.5 cm，可作为正常播种材料，有 39%的二代零余子粒径为 1.1～1.4 cm，尚需进一步选育。另有 45％的零余子粒径为 0.5～1.1 cm，予以淘汰。

生长在山药植株上端茎枝的零余子有时候由于茎蔓下垂，零余子被埋入土中，零余子迅速肥大，比其在外露条件下要生长得快得多(图 3-29)。体重 1 g 的零余子很快就会变成 10 g，甚至更重。埋入土中的零余子长得又肥又长，白胖白胖，像是在土中生长的山药一般。皮色由褐色转为白色，毛根伸长。只是这种零余子不会发芽，当然也不可能无限肥大。此时已是秋末冬初，生产长山药地区的自然条件已很严峻，长山药地上部茎叶也已完全枯萎，地下的零余子只能是一个由小小的零余子变成的一个长大了的带根零余子。

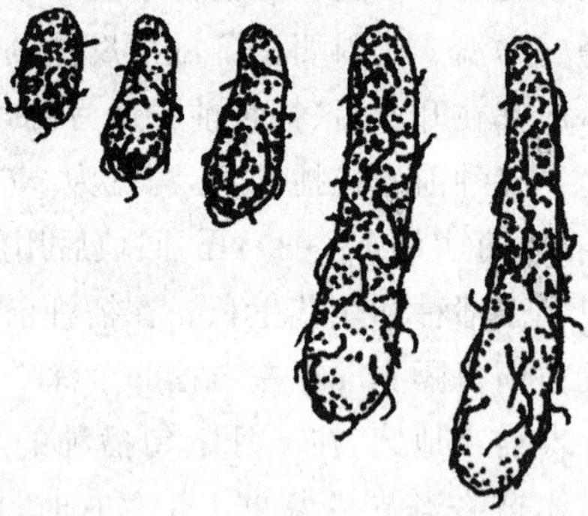

图 3-29　肥大的零余子

不过，零余子上伸长了的根也不是真正的吸收根，须根在土壤营养与湿度适宜状况下伸长对水分和养分的吸收作用甚微。零余子靠植株不断生长肥大。虽然这种零余子埋在地下，但它还是长在原来的植株上，依靠吸收原植株上枝叶的光合作用制造成的营养继续生长，当然也是依靠原来根系继续吸收水分和营养。

四、适时定植

山药的定植期因各地气候条件不同而有差异。一般要求地表地温(距土面 5 cm 以内)稳定在 9～10 ℃后即可定植。春暖较早的地区，如闽南及两广可在 3 月定植，四川一般在 3 月下旬至 4 月定植，华北大部分地区在 4 月中下旬定植，东北地区一般在 5 月上旬定植。各地普遍认为，只要地表不冻，定植越早越好。早定植可使山药根系发达，生长健壮，块茎产量增加。山药地下部在初期的生长情况如图 3-30 所示。

传统的山药定植方法是用锄头沿深沟的标记开浅沟，浅沟位于山药垄(畦)的中央，深 8～10 cm，将种薯纵向平放在沟中，以芽嘴为准均匀铺开，间隔 25 cm 左右。如果是熟土，可适当再缩小间隔，最小间隔可为 15 cm。然后，覆土填平，轻踩，这样便于生根发芽。在定植前，一定要保证土壤底墒充足，定植后不再浇水，以促进山药幼苗的根系下扎。

根据吉林省药农的栽培经验，从种薯催芽至幼芽长至 3～5 cm，可于晴天将装有种薯的育苗箱搬出室外炼苗 5～7 d。当室外气温达 8～10 ℃，幼苗呈深紫绿色时，再进行定植。经过抗寒锻炼的山药幼苗，定植后缓苗快，成活率高，遇到一般轻霜冻不致影响生长。采用这种方法定植时，幼苗可部分露出土面，不必全部埋住。如果提早定植，则扣上地膜为好，产量可以提高 10％～30％及以上。在扣地膜时，要注意给山药苗预留空间位置。

我国江苏、广东、广西等地区在种植山药前，还要在山药地周围深挖围沟，沟深为 1 m 左右，宽为 0.6～0.8 m，并与外沟相通，以保证雨季迅速排水，避免淹涝山药块茎，防止造成腐烂。

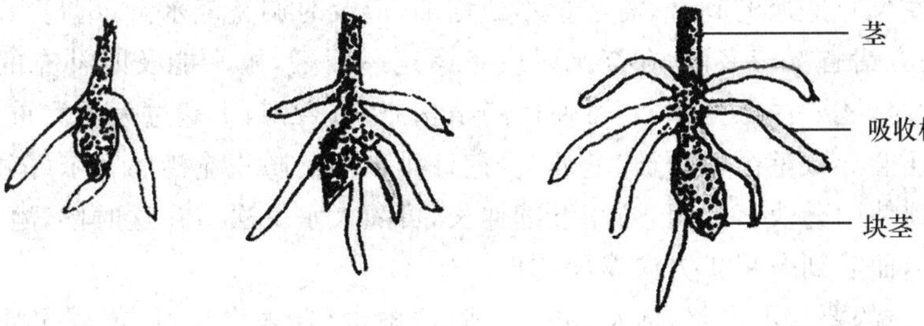

新山药块茎形成与吸收根

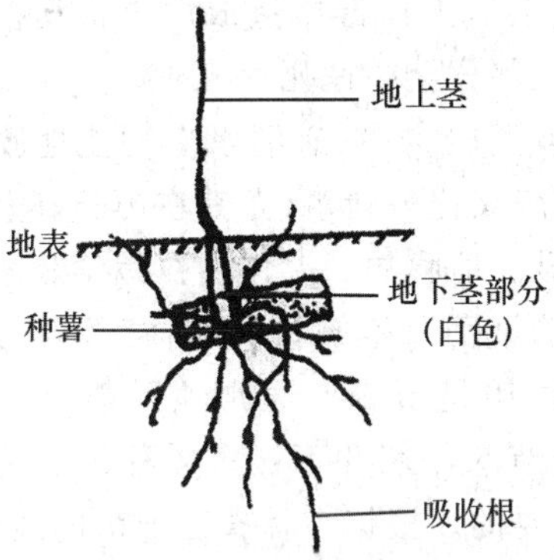

出苗18 d的山药植株

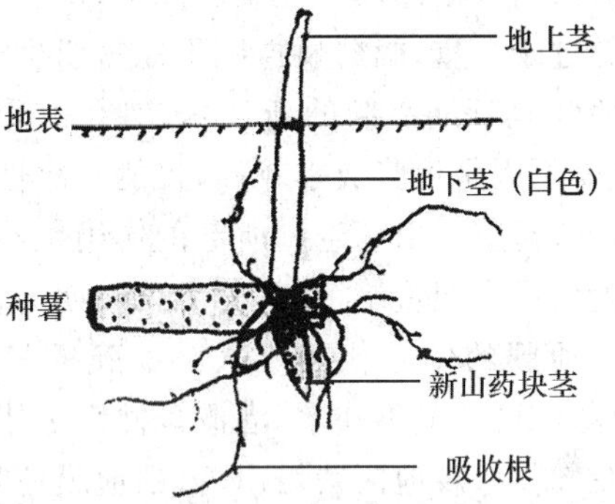

出苗40 d的山药地下部分

图 3-30 山药地下部初期生长情况

五、适量浇水

由于山药叶片正反两面均有很厚的角质层，所以比较耐旱，抗蒸腾作用比较强。一般在山药定植前浇一次透水后，定植覆土后就不用再浇水，直到出苗后 10 d 左右再浇定植后的第一水，这次浇水的水量要小，不能大水漫灌，俗称“浇浅水”。由于各地土壤质地和气候条件不一致，浇第一水的时间可以灵活掌握，原则上出苗长度不足 1 m 不宜浇水，这样有利于山药根系向下伸展，增强抗旱力。有些地方习惯在浇第一水时，随水施肥(施“粪稀”)，但这种做法并不可取。据试验表明，这时候的山药苗需肥量小，如再进行追肥，不但效果不好，还容易烧伤幼嫩的根系，可谓“费力不讨好”。浇第一水时可用锄或耙在垄(畦)上开一条小沟，在沟中浇水，使水逐渐下渗。有的地方在整地时如已预留畦(垄)沟，就不必再另开小沟，在原畦(垄)沟内浇水就可以了。虽浇第一水的时间不宜过早，但也不能太晚。山东省泰安地区种植长山药有句农谚：“旱出扁，涝出圆”。尽管山药比较耐旱，但要获得好的收成，其土壤也不可过于干旱。尽管土壤过分缺水，山药也能存活，但所产块茎为扁形，商品价值较低，而且产量也要下降。如果有良好的灌溉条件，长出来山药块茎为圆柱形，产量和商品价值都比较高。

在浇完第一水后，山药植株便生长很快，待 1 周以后浇第二水。第二水亦不能浇大水，也要“浇浅水”。在这个时期，日照比较充足，气温比较高，蒸发量大，浇水以后的土壤容易板结，因而要用浅齿耙等工具将板结的土面耕成虚土，否则土壤板结既不利于保水，也易造成幼嫩的根系绷断。一般在浇第三水时，可以加大水量，并在以后注意保持土壤见干见湿的状态。总之，随着山药植株生长旺盛期的到来，需水量不断增加，应及时调整浇水量，满足山药生长对水分的要求。我国南方诸省湿涝多雨，在浇水时应考虑这一因素，雨水能及时补充的，则不再另行浇水。在雨量大时，还要注意排水，不可使山药植株淹涝，否则，水量过大会严重影响植株的正常生长，有时候还会导致整个植株被"泡死"。挖好排水沟是防止淹涝的一个好办法，不可忽略。立秋以后，为促使山药块茎增粗，防止继续伸长，可灌大水一次。在这时候，灌大水就具有抑制块茎继续下扎，而起到向粗犷方向发展的作用。

山药生长对水质的要求不严格，河水、井水、湖水、雨水、自来水均可，但要保持水质清洁。工厂排出的污水等不能作为灌溉用水。据有关试验表明，施用富含有害重金属元素的排污水会显著增加山药块茎体内的重金属元素含量，而重金属会对人体健康造成严重损伤。如果水质被污染得过于严重，山药植株则不能完成生长周期，大部分会中途死亡。

覆盖地膜是近期兴起的新技术，但在山药栽培中使用较少（只有灌水多功能地膜效果较好）。其主要原因是地膜成本较高，仅能一次性使用，铺膜又比较费事（尤其在山药高垄栽培中不容易铺膜），对整个山药生产所起的作用也不十分明显。地膜的保温作用在蔬菜栽培中的效果明显。山药是高架栽培，大部分生长时期的枝叶繁茂，地面基本被枝叶遮住而不能透光，在栽培山药中地膜的保温作用不大。地膜的另外一个作用是节水。通常地膜能节水10%～30%，但山药产区一般不缺水，灌溉条件都不错，地膜的节水作用并不被多数种植山药的农民所欣赏。在气候寒冷地区栽培山药，铺地膜还是十分必要的。根据吉林省白山市的栽培经验，山药定植后扣上地膜能使块茎的产量增加30%以上。其主要增产原因是地膜起到了提高地温的作用，另外也兼具保水保肥的功效。此外，在炎夏季节还可以铺黑色薄膜可以降低块茎生长土层的地温，促进块茎正常肥大。然而在实际生产中，由于各种条件经常有较大的变化，需要灵活掌握，摸索出一套适于当地条件的灌水方式。总之，在沙壤土上栽培山药，浇水要少而勤；在黏壤土上栽培山药，由于其保水性好，在满足山药正常生长的前提下，采用任何一种方式浇水皆可。

六、合理施肥

（一）施用厩肥等有机肥

施用厩肥等有机肥主要是采用土面铺粪的办法。这种有机肥具有降低土温、保持墒情、稳定土壤透气、防除杂草的效果，而且能给山药生长提供较长时期的营养。

铺粪应采用充分腐熟的人畜粪，掺土施用。充分腐熟后的人畜粪能够将作物不能直接吸收的有机态养分转化为无机态养分，从而容易被作物吸收。充分腐熟后的人畜粪还能有效杀除病菌和虫卵。目前，应该注意的是，人畜粪的腐熟须采用科学的方法，否则会带来各种各样的问题。比如，在华北某些地方习惯采用所谓"晒粪干"的方法就很不科学。因为在晒制粪干的过程中，不仅肥料中的氮素损失很大，而且影响环境卫生。这里介绍2种比较科学的人畜粪腐熟方法，具体如下。

1.圈内堆积法

圈内堆积法，即在圈舍内挖深浅不同的粪坑，堆制人畜粪腐熟肥。其可分为深坑式、浅坑式、平底式等方式。

(1)深坑式堆积法是我国北方大多数地区养猪所采用的积肥方式,但在南方较少被采用。深坑式一般坑深为 60～100 cm,经常保持潮湿,垫料在积肥坑中经常被牲畜用脚踩踏,经过 1～2 个月的嫌气分解,然后起出堆积,腐烂后即成优质有机肥。畜舍内垫料可采用秸秆、杂草、泥炭、干细土等。一般南方用草作为垫料的较多,北方用土作为垫料的较多(所以也称为土粪)。深坑式积肥法是在紧密、缺氧的条件下堆制而成。在发酵过程中,有机质一方面矿物质化,一方面腐殖质化。矿物质化后所产生的养分可被土壤胶体等垫料吸附,不易损失;腐殖质化所产生的腐殖质和垫料充分混合以后可使垫入的生土成为肥沃的熟土。深坑式堆积法有利于保肥,肥料质量较高,但圈内的二氧化碳或其他臭气较多,这样会影响家畜健康和环境卫生,所以应该综合考虑后使用。

(2)浅坑式堆积法是在圈内挖 15 cm 左右深的坑积肥,并开挖排水沟通至粪尿池。在坑内铺草或其他垫料以吸收牛、猪等牲畜粪尿,并随时更换垫料或褥草,以保温吸湿。由于肥料在圈内积沤时间较短,腐熟的程度较差,所以在堆制到一定规模时,还须经过圈外堆积发酵,以达到完全腐熟。浅坑式堆积法最合乎环境卫生的要求。

(3)平底式堆积法是在畜舍地面用石板或水泥筑成平底积肥(也有用砸实的土底的)。垫料的方式一般分为 2 种:一种是每日垫料,每日清除,将肥料运到圈外堆沤发酵;另一种是每日垫料,隔几日清除一次,使肥料在圈内堆沤一段时间后,再移到圈外堆沤发酵。第一种方式适用于牛、马、驴、骡等牲畜的积肥;第二种方式适用于养猪积肥。在地下水位较高、雨量较大、不宜采用深坑式积肥法的地区可采用平底式积肥法。采用平底式积肥法在圈内堆沤时,也可利用牲畜的踩踏,让垫料与粪尿充分混合而进行发酵。但这种方式必须垫入较多的稻草或干土,圈内不能过于潮湿。

2. 圈外堆积法

圈外堆积法因堆积松紧程度不同,可分为紧密式堆积、疏松式堆积和疏松与紧密交替式堆积 3 种方法。

(1)紧密式堆积法是将混有垫料的肥料从畜舍内取出后,在 2～3 m 见方的土地上层层堆起,并随即层层压紧,直到堆至 1.5～2.0 m 高为止。待堆积完毕后,即用泥炭、泥土、碎草将堆肥封好,以免雨水淋溶。用这种方法堆制肥料,其堆肥内的湿度变化较小,温度一般能维持在 15～30 ℃。经过堆制以后,堆肥体内在嫌气条件下产生的二氧化碳能与分解后产生的氨化合形成碳酸铵,从而能有效减少氮素和有机质因挥发等而造成的损失。采用紧密式堆积法,腐殖质积累较多,但所用时间较长,一般需 2～4 个月达到半腐熟状态,经 6 个月以上才能完全腐熟,若采用此法,应提前制备。

(2)疏松式堆积法与紧密式堆积法大致相同,其区别在于在疏松式堆积过程中不压紧,一直保持好气状态。堆肥在高温条件下分解不但能使肥料在短期内腐熟,而且能有效杀灭堆肥中的病菌、寄生虫卵和杂草种子。这种堆肥法的缺点是肥料中氮素和有机质损失较大。除非山药的病害严重需要采取积极防治措施,一般较少使用这种堆积法。

(3)疏松与紧密交替堆积法是先将肥料疏松堆积,以利分解,同时浇粪水来调节分解速度。一般经 2～3 d 后,堆肥内部温度可达 60～70 ℃。在这样高的温度下,大部分病菌、虫卵和杂草种子可以被杀死。待温度稍降后,踏实压紧,然后再加新鲜堆肥,如前处理。这样层层堆积,一直堆至 1.5～2.0 m 高为止。然后,用泥土将堆肥封好,以达到保温和防水作用。2 个月后一般即可达到半腐熟状态,4～5 个月后即可完全腐熟。这种堆积法的腐熟时间较短,有机质和氮素的损失相对较少，急用肥料时可以采用此法。山药铺粪大多采用这种堆积法制备而成。

3. 提倡施用有机肥

在山药栽培中施用腐熟后的有机肥具有多方面的效能。其不仅能大量供给山药生长所需的氮、磷、钾、钙、镁、硫等元素，还能供给山药铁、锰、硼、锌、铜、钼等微量元素，因此，这种有机肥被称为“完全肥料”。这种有机肥既可作为山药基肥施用，又可作为山药追肥施用。①施用厩肥等有机肥不仅能供给山药无机营养，而且能供应山药可溶性的有机化合物，如氨基酸、酰胺、磷脂等。②施用厩肥等有机肥还能促进微生物的活动，从而产生生物活性物质，如维生素B_1、维生素B_6、维生素B_{12}、生物素、泛酸、叶酸、对氨基苯甲酸以及生长素等。其中维生素B_1、维生素B_6能促进山药根系生长，使山药能更好地利用土壤中的有效养分。③施用厩肥等有机肥既可提高土壤中各种难溶性养分的溶解度，增加土壤中有效养分含量，又能改善山药地的土壤物理性、化学性和生物活性，使土壤因子——水、肥、气、热等得以协调，从而更好地满足山药植株生长的需要。据试验表明，在细沙壤土中加入5%的马厩肥后，土壤容重由1.43下降到1.20，土壤变得更加疏松透气。④施用厩肥等有机肥还能增加土壤持水量。在沙质土壤中加入10%的牛厩肥或马厩肥后，其持水量可分别增加8倍和9倍。黏土壤本身持水量较高，当加入10%的牛、马、猪、羊等厩肥后，它的持水量能增加1.9～2.0倍。⑤厩肥等有机肥中含有的大量腐殖质胶体能够胶结土粒，形成土壤团粒结构，可改善土壤的通气性、透水性，提高保蓄水、肥的能力，以利于山药根系的伸长和对养分的吸收。⑥施用厩肥等有机肥还能改善土壤热量状况，从而使土壤温度变幅小，以利于山药根系的正常生长。

山药生长期较长，也可以施用半腐熟的厩肥（尤其是在湿润的南方地区）。厩肥等有机肥的施用量并不是固定的。其本身所具有的良好的缓冲特性，施用量的多少对山药的生长均不会产生负面的影响。在给山药种植土地铺粪时，将地面盖住一层即可。如厩肥量足，也可铺得厚一些，这对于将山药生地改为熟地，很有好处。

（二）施用化学肥料

虽然厩肥等有机肥料具有很多优越性，但随着现代畜牧业的快速发展，粪便收集处理形式逐渐改为水冲式，使得传统的厩肥等有机肥的产量大幅度减少，因而现在大部分山药产区施用化肥的越来越多。

在施用化肥为山药追肥时，第1次应该在山药出苗1个月后，每亩施用尿素15 kg；第2次在山药植株现蕾时，每亩施用氮、磷、钾复合肥40～50 kg；最后一次追肥在收获前40 d进行，每亩施用磷酸二铵10～15 kg。根据江苏省栽培山药的经验，追施化肥比追施有机肥可提高山药块茎的产量，但出干率（干物质含量）有一定程度的下降，块茎含水量较高，不宜作药材加工。以上仅作为山药追施化肥的基本依据。由于全国各地山药产区的情况不大相同，所用化肥种类变化较大，所以应该根据当地条件和山药的实际生长状况，灵活运用。为了便于操作，这里对不同种类化肥对山药生长的作用，分别介绍如下。

1. 氮肥的施用

当山药缺氮时，蛋白质形成少，导致细胞小而壁厚，特别是因细胞分裂减少，使山药生长缓慢。同时，缺氮会引起叶绿素含量降低，叶片绿色转淡；严重缺氮时，叶色变黄。氮素化合物具有高度的移动性，它能从老叶转移到幼叶，所以山药缺氮症状通常先从老叶开始，逐渐扩展到上部幼叶。这与山药受旱时的叶片变黄不同,在受旱时同株上下叶片同时变黄。如果追肥时施用氮素过多,则山药茎叶容易徒长,叶片大而薄,块茎生长量减少,抗病性减弱。因此,追施氮肥的数量要适当。国内目前常用的氮肥品种大致可分为铵态氮、硝态氮和酰胺态氮。

(1)铵态氮肥:在铵态氮肥中,常用的有碳铵、硫铵、氯化铵。

①碳铵含氮量为17%左右,为白色细粒结晶,有强烈的氨臭味,易溶于水。碳铵施入土中后,能很快地溶于水,被山药根系吸收,在土壤中不残存任何成分,长期施用也不会对土壤性状造成不良影响。碳铵适宜作为山药的追肥。需要注意的是,碳铵施入土壤后,应立即盖土,以防氨的挥发,造成肥料浪费。碳铵一般采用沟施或穴施,深度以 6～9 cm 为宜。

②硫铵含氮量为 20%～21%,为白色晶体,有极少量的游离酸存在,易溶于水,吸湿性小,有良好的物理性状,便于贮存和施用。硫铵施入土壤后,能很快溶解成铵离子和硫酸根,两者均可被山药根系吸收。由于硫铵属生理酸性肥料,长期施用会增加山药地土壤的酸度,所以应配合其他肥料共同施用,以中和其酸性。硫铵的施用方法与碳铵相似。

③氯化铵含氮为 24%～25%,为白色结晶,吸湿性比硫铵稍大,容易结块,易溶于水,肥效迅速。氯化铵可作为山药追肥施用,施用方法与硫铵、碳铵的施用方法基本相同。由于氯化铵中的氯离子对山药块茎的品质有不良影响,而且氯化铵是生理酸性肥料,它使土壤变酸的程度比硫铵还要严重一些,因而应尽量少施或用其他氮肥代替。

(2)硝态氮肥:硝态氮肥中常用的有硝酸铵、硝酸钠、硫硝酸铵、硝酸铵钙、硝酸钙。

①硝酸铵含氮量为 33%～34%,白色结晶,其中硝态氮和铵态氮各半,两者均能被山药吸收利用。硝酸铵在土壤溶液中可很快解离成铵离子和硝酸根,铵离子在土壤中的变化和铵态氮肥中的铵离子相同,而硝酸根不能被土壤黏粒吸附,易随水分运动而流失。所以在沙质土壤以及多雨地区种植山药时,应少用硝酸铵作为追肥。

②硝酸钠有天然矿产和人工制造 2 种。天然矿产硝酸钠一般含硝酸钠15%～70%,经加工精制后可得到较为纯净的硝酸钠,其含氮量为 15%～16%,含钠量为 26%。硝酸钠施入土壤后,能迅速溶解成硝酸根离子和钠离子,因而肥效迅速。但硝酸根在土壤中也容易淋失,所以只宜作山药追肥施用,并要掌握少量分次施用的原则。同时,钠离子与土壤胶体上的阳离子进行代换后,使胶体分散,土壤结构被破坏,容易形成板结,所以硝酸钠要与含钙的肥料配合施用。硝酸钠是生理碱性肥料,植物吸收硝酸根离子多于钠离子,这样经过与土壤反应,能够生成碳酸氢钠而使土壤变碱,所以在用硝酸钠给山药追肥时,应考虑到栽培土壤不是只有盐碱性土壤才行。此外,由于钠离子会对山药块茎的品质造成一定影响,故不宜多施,以配合其他种类的氮肥施用为好。

③硫硝酸铵是将硫酸铵与硝酸铵按一定的比例混合,在熔融的情况下制成的,总含氮量为 25%～27%,淡黄色颗粒。硫硝酸铵中有 1/4 为硝态氮,3/4 为铵态氮,故其吸湿性比硝铵小,硫酸根的含量比硫铵低。硫硝酸铵的性质介乎硫铵和硝铵之间,可用作山药追肥,施用方法与硫铵相同。

④硝酸铵钙是由硝酸铵与一定量的白云石粉末熔融而制成的,含氮量为 20%～21%,一般呈灰白色、淡黄色或绿色的颗粒或粉末。其中,含 60%左右的硝酸铵和 40%左右的白云石。它比硝酸铵具有良好的物理性质,吸湿性小,分散性好,不易结块。由于它含有大量碳酸钙,所以在酸性土壤上施用具有良好效果。在给山药追肥时,可在施用时掺些干细土,以使施用均匀。施用方法可参照硝铵的用法,其用量可适当增加。需要注意的是,硝酸铵钙不能与过磷酸

钙混用,否则会减低过磷酸钙的肥效。

⑤硝酸钙是用石灰中和硝酸而制成的,它也可以是制造硝酸磷肥的一种副产品。每生产1 t氮素的硝酸磷肥,可以获得0.5~1.0 t氮素的硝酸钙肥料。硝酸钙的含氮量仅为13%,吸湿性很强,容易结块,应在干燥处贮存。硝酸钙为生理碱性肥料,它所含的钙离子对土壤物理性质的改善具有正面作用。用硝酸钙作为山药的追肥,效果很好。南方地区湿涝多雨,硝态氮容易淋失,所以应避开雨季施用。

(3)酰胺态氮肥:酰胺态氮肥主要是尿素。它是用氨气和二氧化碳在高温高压下直接合成的有机肥。尿素含氮量为46%,是固体氮肥中含氮量最高的一种。它为白色结晶,在常温下的吸湿不大,但当温度超过20 ℃、相对湿度超过80%时,其吸湿性也随之增强,因而要存放在阴凉干燥的地方。尿素易溶于水,其溶解度较硝铵小,但远比硫铵高。因为山药叶片的角质层很厚,因而尿素作叶面施肥时,被山药吸收的比例较少。尿素施入土壤后,需要经过微生物的作用,转化为碳酸铵,才能被山药吸收利用,所以肥效速度不及其他氮肥快。由于尿素是中性肥料,不含副成分,其中的铵离子和碳酸氢根离子均能被山药根系吸收,所以作为山药的追肥具有良好的效果。但用尿素追肥应提早一些,以便给微生物的转化活动留出时间。尿素一般不容易被雨水淋湿,所以在多雨的南方地区施用,效果也很好。

2. 磷肥的施用

磷是植物体内核酸的基本构成物质,它参与植物体内的能量代谢。当山药缺磷时,其叶片发暗,叶脉略现紫红色,根系发育不良从而影响块茎膨大。但如果施用磷素过多,也会对山药的生长造成负面影响,并可导致植株矮小,早衰,块茎品质变劣。国内目前常用的磷肥品种有磷矿粉、过磷酸钙、重过磷酸钙、钙镁磷肥、钢渣磷肥等。

(1)磷矿粉由磷矿石直接粉碎而成,是一种难溶性磷肥,一般不作为山药的追肥施用。如果是富矿制成的磷矿粉,当其含磷量为30%以上时,可与生理酸性肥料(如硫酸铵等)混合施用,以促进磷矿粉的溶解,便于山药吸收利用。

(2)过磷酸钙简称普钙,国内生产最多的化学磷肥品种。它由磷矿粉与硫酸反应以后制成,属于水溶性磷肥。其主要成分为水溶性的磷酸钙和难溶于水的硫酸钙,磷酸钙占总重量的30%~50%,硫酸钙占40%左右。过磷酸钙主要供应磷营养,同时也提供硫营养,还具有改良土壤的作用。由于过磷酸钙施入土壤后,水溶性的磷酸钙易被土壤固定,移动性小,因此,在用过磷酸钙作为山药的追肥时,应采用近根系条施或穴施的方法,但注意不能损伤根系。过磷酸钙与有机肥混合施用,可以提高肥效。

(3)重过磷酸钙又称重钙,一种高浓度的磷肥。它是由硫酸处理磷矿粉制得磷酸,再以磷酸和磷矿粉作用后而制成的。其成品为深灰色颗粒状或粉末状,主要成分为水溶性的磷酸钙,含磷量为40%~52%,不含石膏。重钙在作为山药追肥时,与普钙的施用方法基本相同,但用量须适当减少。重钙作山药追肥的效果,略好于普钙。

(4)钙镁磷肥是将磷矿石和适量的含镁硅矿物质,在高温下共熔而形成的玻璃状碎粒,也有磨成细粉状的。其成品颜色不一,呈灰绿色或灰棕色,含磷量为14%~19%,属于弱酸溶性磷肥,国内生产的主要磷肥品种之一。钙镁磷肥被施用后先溶解,然后才能被山药根系吸收,所以其颗粒越细,则肥效越好。用作山药追肥时,宜早施用。钙镁磷肥在不同的土壤中均有肥效，在偏酸性土壤中的肥效更好一些。钙镁磷肥的肥效不及过磷酸钙迅速，但后效持久。钙镁磷肥可与厩肥混施，这样可进一步提高其肥效。

(5)钢渣磷肥是炼钢工业的副产品，呈深棕色，粉末状，强碱性，弱酸溶性，磷酸含量为7%～17%。钢渣磷肥作为山药追肥的效果不佳，但可在山药生地上做基肥施用。

3. 钾肥的施用

钾是植物体内不可缺少的营养元素，它与氮、磷不同，不参与植物体内有机物的构成。钾主要以离子态存在，容易移动。山药缺钾时，老叶叶尖有发黄症状，叶片上多出现褐色斑点。山药缺钾的情况一般较少，缺钾的症状也不如其他植物明显。但在北方某些山药产区，由于土壤钾的有效性较低，仍要重视钾素的补充，以增强山药的抗逆性和抗病能力。目前国内常用的钾肥品种有氯化钾、硫酸钾、草木灰。

(1)氯化钾是溶于水的速效性钾肥，含钾量为60%左右，呈白色、淡黄色或紫红色结晶，物理性状良好，属生理酸性肥料。在作为山药追肥时，宜与石灰质肥料配合施用，或与厩肥混合施用，否则易引起土壤酸化。由于氯离子对块茎的形成不利，因此应少施氯化钾肥，或用硫酸钾肥代替。在山药生长后期，尤其注意不要用氯化钾作追肥施用。

(2)硫酸钾呈白色结晶，溶于水，含钾量为50%～52%，物理性状较氯化钾为好，属于生理酸性肥料。硫酸钾在土壤中的转化与氯化钾相似，但对土壤脱钙程度相对较小，对土壤的酸化速度比氯化钾缓慢。硫酸钾可作为山药的良好追肥，应采用集中条施的方法。

(3)草木灰是植物体燃烧后残留的灰分，通常以稻草、麦秸、玉米秆、棉花柴、树枝、落叶等燃烧而得其灰，它是国内农村长期使用的土制钾肥。燃烧完全的草木灰呈灰白色，燃烧不完全的呈灰黑色。草木灰中含有多种营养元素，但以钾元素最为重要。它主要是以碳酸钾的形态存在，也存有少量硫酸钾和氯化钾。草木灰中的钾素有90%能溶于水，是良好的速效性钾肥。在作为山药的追肥时，不能与铵态氮肥和厩肥混施，否则会影响肥效，并造成氨的挥发。

4. 微量元素的施用

微量元素俗称微肥，它是植物生长不可缺少的营养物质。植物缺乏微量元素会引起品质差、产量低、花而不实等症状。常用的微肥有硼砂、硫酸锰、硫酸锌、硫酸亚铁、硫酸铜、钼酸铵等种类。硼砂为白色结晶或粉末，溶于水，含硼量为11.3%；硫酸锰为粉红色结晶，溶于水，含锰量为26%～28%；硫酸锌为白色或淡橘红色结晶，溶于水，含锌量为24%；硫酸亚铁为淡绿色结晶，溶于水，含铁量为19%；硫酸铜为蓝色结晶，溶于水，含铜量为25.5%；钼酸铵为青白色结晶或粉末，溶于水，含钼量为49%。山药生长中一般不缺乏微量元素主要是因为在施基肥时施入了大量养分比较全面均衡的厩肥等有机肥。虽然山药一般不缺乏微量元素，但通过采用叶面喷施的方法追施微肥，可明显提高山药块茎的品质。在山药生长期，每隔1周喷1次硫酸锌溶液，连续喷施7次，可使山药块茎的含锌量提高1倍以上，大大增强其药性。需要注意的是，在采用微量元素作叶面追肥时，其喷施溶液的浓度不能超过1‰，否则会灼伤山药叶片。

5. 复合肥料的施用

复合肥料一般是指肥料中同时含有氮、磷、钾3种要素，或只含有其中任何两种元素的化学肥料。与单元肥料相比，复合肥料的优越性主要表现在养分总量高，副成分少，储运费用低，肥料的理化性状好。但复合肥料也有一些缺点，如养分的比例是固定的，不易满足复杂的施肥技术的要求等。在山药追肥中，经常采用的复合肥料有磷酸铵、硝酸磷肥、磷酸二氢钾、硝酸钾等。

(1)磷酸铵简称磷铵,用氨气中和浓缩的磷酸而制成。它是山药追肥中最常采用的优质复合肥料。国产磷酸铵实际上是磷酸一铵和磷酸二铵的混合物。磷酸一铵比较稳定,呈酸性反应,氢离子浓度为 39 810 nmol/L(pH 为 4.4);磷酸二铵稳定性稍差,呈碱性反应,氢离子浓度为 10 nmol/L(pH 为 8.0),在高温高湿条件下常有氨气挥发。纯净的磷酸铵为灰白色,由于在制造过程中磷酸往往含有杂质,故商品肥料多为深灰色。磷酸铵溶于水,水溶液的氢离子浓度为 63～100 nmol/L(pH 为 7.0～7.2),呈中性。磷酸铵含氮 18%,含磷 46%,而且氮、磷养分都是速效的,易被山药植株吸收。

(2)硝酸磷肥是用硝酸分解磷矿石粉,再经氨化而制成的复合肥料,适用于多种土壤和作物,对山药也很适合。在用作山药追肥时,应采用挖穴深施法,深度应为 10 cm 以上,但要注意不能挖断山药根系。

(3)磷酸二氢钾属于优质复合肥,它是用硫酸钾加生石灰生成氢氧化钾,再用磷酸酸化而制成的。其纯品为白色结晶,含磷量为 52.2%,含钾量为 34.4%。商品肥料一般含磷 50%,含钾 30%,易溶于水,呈酸性反应,氢离子浓度为 500 000 nmol/L(pH 为 3.5)左右,吸湿性很小。由于磷酸二氢钾价格较贵,一般采用叶面喷施的办法作山药追肥用,喷液浓度不能超过 2‰。

(4)硝酸钾是用硝酸钠与氯化钾一起溶解后再结晶而制成的,白色结晶,含氮量为 12%～15%,含钾量为 45%～46%,易溶于水,吸湿性小,物理性状良好,可作山药良好的追肥。由于硝酸钾易燃、易爆,生产成本也高,所以使用时应格外注意安全,并减少无效损耗。

七、支架、理蔓和整枝

山药茎不但长,而且纤细脆弱,容易被大风吹折,所以在搭立支架时应力求稳固。支架的取材应立足本地条件,我国北方产区可用结实的树枝、刺槐条、粗紫穗槐条等削制而成,南方产区可用拇指粗的竹竿加工而成。架高一般不应低于 1.5 m。支架的形式多种多样,比较常用的为"人"字形架,每株 1 支,在距地面 1.5～2.0 m 处交叉捆牢。一般在苗高为 30 cm 以上时,即可搭立支架。在搭架时,应注意不能损伤幼苗,支架插入土壤的深度以 20 cm 为宜,最深不要超过30 cm,否则会影响到根系的正常生长,有时还会捅伤种薯。有些地区习惯采用四角架,即每 4 株山药苗各插入 1 根支架,支架与地面垂直,在支架上端再横架 4 根架材,然后用绳捆牢。搭立四角架还可以在横架中端拉上几根塑料绳,以增加茎蔓上架面积和受光面积,同时也有利于通风,并能防止山药蔓缠绕成团,避免互相影响生长发育。如果山药是作为地边围栏栽培,则可在山药生长的一侧搭立一层篱笆,供山药茎蔓攀爬,篱笆可搭绑成斜方块形,以增加美化效果(图 3-31)。

图 3-31　山药作为篱笆美化庭院

如果工时允许,山药上架时,可以顺势理蔓,引导茎蔓均匀盘架,避免互相搅团。近年来,有些山药产区提倡高架栽培,支架搭立的高度可达 3～4 m,这样可以增加受光面积，加强茎蔓间的通风。不过由于长架材料制备困难，增加经济开支，所以不必一味强求。在搭立之前，架材可先将入土部分用火轻微炙一下，这样可避免腐朽，延长使用寿命。一般架材可连续用 3～4 年，保养好的能用 5～6 年。架材的粗度以 3～4 cm 为宜，如用竹竿则可细一些，但也要在 1 cm 以上，否则牢固性不够。架材也不能太粗，否则搭立困难，也会影响通风透光。绑缚架材用塑料绳为好，细麻绳也可，但不能用铁丝和铁钉绑缚架材，以利于支架搭卸方便和安全。目前，有的大型庭院用山药作观赏篱笆，并不搭架，只是在山药出苗后从屋顶斜拉一排塑料绳到地面，以供山药茎蔓攀爬，这种搭架方式的观赏效果很好。不过要注意的是，塑料绳一定要牵紧，防止大风吹坏。目前普遍使用的竹架模式由于成本高、用工量大，正逐渐被尼龙网架模式所取代(图 3-32)。

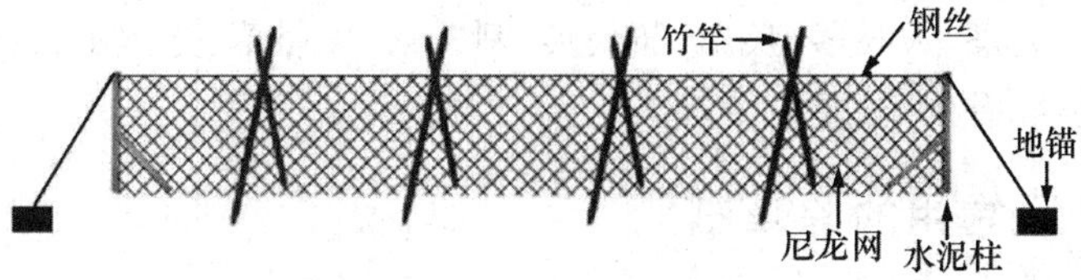

图 3-32　山药尼龙网架搭设

中国台湾地区种植山药时由于岛上经常有台风袭击，所以对搭架的牢固性要求很高，特别提倡 1 m 高左右的网格支架，否则当大风袭来时，会将山药连根拔起，从而造成山药大面积绝收。当地有的干脆不立支架，任凭山药在地面上匍匐生长。虽然这样对山药块茎的产量有一定程度的影响，但省去了搭立支架等繁重劳动，在工时紧张时也可考虑采用此法。在山药不立支架栽培时，应注意减小栽培密度，以增加地面上山药叶片的受光面积。

在山药栽培中，多数不进行整枝。但如果出苗后有数株幼苗挤在一起，应该及时间苗，只留下一株强壮幼苗。此外，在山药进入生长盛期后，可适当摘除基部的几条侧枝，这样做的目的在于尽量集中养分，促进块茎的生长。如果在生长后期发现零余子生成过多，也应及时摘除，否则会与地下块茎争夺养分，从而影响块茎的膨大。根据有关试验表明，如果零余子的亩产量达到 300～350 kg 及以上，则会相应减少山药块茎的产量，所以除采种外，一般零余子的亩产量要求控制为 100～150 kg。

八、中耕除草

山药出苗后生长很快，中耕除草只在早期进行。中耕要求浅耕，只将土壤表面整松即可。在山药生长过程中，一般杂草的生长也会很旺盛。为避免杂草争夺养分，应及时拔除，但不要损伤块茎和根系。现在有的山药产区在定植后用喷洒除草剂来灭除杂草，效果不错。施用除草剂适于大面积的山药栽培。江苏农民在山药播种后至出苗前，趁雨后土壤墒情较好时，每亩用 48%氟乐灵乳油 150～200 g 兑水 50 kg，均匀喷洒土面，喷后浅耧，效果很好。中国台湾地区的农民习惯用 34%施得圃(Stomp)乳剂 250 倍稀释液，喷洒土面，每公顷用药量为 4 kg，效果也很好。需要注意的是，应该根据杂草发生种类，选择合适的除草剂。以禾本科杂草为主的发生地区可采用氟乐灵、地乐胺和除草通；以荠菜、灰草为主的杂草可用利谷隆和除草醚。不管采用哪一种除草剂，都必须在杂草萌发前或杂草刚萌发时施用，这样除草效果才有保证。如果用药偏晚，杂草大量出土，则影响除草效果。在沙性土壤上栽培山药时，禁止使用扑草净，否则易对山药产生药害。现在的除草剂良莠不齐，所以在正式使用前必须做小面积试验，观察其除草效果。需要特别强调的是，如果是进行有机山药栽培，在整个栽培过程除草剂是严格禁止使用的。为了确保正确使用除草剂，这里将山药地中常见的杂草以及经常使用的除草剂，分别介绍如下。

（一）山药地中常见的杂草

山药产区分布在全国各地，杂草的种类比较多，常见的有近 30 种，如灰菜、小藜、灰绿藜、马齿苋、反枝苋、凹头苋、小喇叭花、菱角菜、打碗花、野稗、绿狗尾草、抓地草、碎米莎草、蟋蟀草、铁苋菜、猪芽菜、龙葵、大马蓼、蒺藜、蒲公英、刺儿菜、虎尾草、菟丝子、白鳞莎草、米米蒿、看麦娘、星星草、小鸡草、香附子、千金子等。

（二）山药产区常用的除草剂

由于我国山药产区分布较广，从东北到华北一直到江南均有栽培，山药地中的杂草多种多样，所以应根据杂草类别，正确施用除草剂。另外，特别重要的是，必须在大面积喷洒前做一个小面积除草剂试验，以确保除草剂对山药苗无害。目前，国内常用的除草剂大约有 17 种，分述如下，供参照使用。

1. 除草醚

除草醚的纯品为淡黄色针状结晶，工业品是黄棕色固体，不溶于水，易被土壤吸附，向下移动和向四周扩散能力小，在土壤表面维持药效为 20 d 左右，对人、畜、鱼的毒性较低，杀草范围较广。除草醚可防治苋、藜、马齿苋、狗尾草、牛筋草和旱熟禾草。它对 1 年生单双子叶杂草的防治效果很好，对多年生杂草的防治效果较差。商用剂型为 25%可湿性粉剂、35%乳油、40%乳粉。除草醚在低温条件下用药的效果不好，喷药时一定要均匀喷洒。

2. 杀草净

杀草净又称异丙净，为白色粉末，易溶于有机溶剂。杀草净可防治野苋、马齿苋、龙葵、牵牛花、藜、苍耳、兔针草、稗、马唐草、蟋蟀草、龙爪草。商用剂型有：80%或 50%可湿性粉剂、50%胶悬剂。在土壤潮湿时施用，可增强除草效果。

3. 杀草丹

杀草丹纯品为淡黄色油状液体，微溶于水，易溶于乙醇、丙酮等有机溶剂，对酸碱比较稳定。杀草丹可防治稗、牛毛草、三棱草、日照飘拂草、马唐草、牛筋草、狗尾草、看麦娘、蓼、小花千屈草、水马齿苋草、狼把草、马齿苋、藜、瓜皮草、鸭舌草、回草萍、眼子草、香附子等杂草。商用剂型为 70%可湿性粉剂、50%乳油、10%颗粒剂、杀草丹-S 颗粒剂、杀草丹-P 乳油。

4. 异丙隆

异丙隆为无色无臭粉末，可溶于大多数有机溶剂，对光、酸、碱比较稳定，具有内吸和触杀作用。异丙隆可防治马唐草、藜、看麦娘、黑麦草、野燕麦、早熟禾、牛筋草、马齿苋等杂草。商用剂型为 15%或 75%可湿性粉剂。

5. 氟乐灵

氟乐灵又称茄科宁，为橙黄色结晶体，具有芳香族化合物气味，溶于大多数有机溶剂。制剂为橙红色液体，可与许多杀虫剂和液体肥料混合施用，低毒性。氟乐灵可防治画眉草、千金子、狗尾草、稗、马唐草、早熟禾、藜、看麦娘、马齿苋、野苋等杂草。商用剂型为 48%乳油。氟乐灵施用后，应及时混土，防止挥发和光解。

6. 都尔

都尔又称异丙甲草胺，为黄棕色液体，在水中可乳化成乳状液，为低毒除草剂。都尔可防治狗尾草、稗、画眉草、马唐草、牛筋草、早熟禾等杂草。商用剂型为 72%乳油。都尔不宜在沙土地上施用。

7. 胺草磷

胺草磷纯品为白色或淡黄色结晶，难溶于水。胺草磷可防治马唐草、稗、狗尾草、莎草、藜、苋、马齿苋、铁苋菜等杂草。商用剂型为 25%乳油。在干旱时，用胺草磷喷雾效果，优于毒土法。

8. 拉索

拉索又称甲草胺、草不绿或杂草锁，为乳白色、无味、非挥发性结晶体，能溶于乙醚、丙酮、苯、氯仿、乙醇等有机溶剂，在强酸强碱条件下可水解。拉索为低毒除草剂，可防治马唐草、狗尾草、稗、藜、苋、马齿苋、菟丝子等 1 年生杂草。商用剂型为 48%乳油。在湿度大或降雨后施用，可提高除草效果。

9. 地乐胺

地乐胺又称双丁乐灵，为橙色固体，能溶于二甲苯、丙酮等溶剂。地乐胺是高效、低毒、低残留和应用较广的除草剂，可防治马唐草、狗尾草、稗、野燕麦、苋、藜、马齿苋等杂草。商用剂型为 48%乳油。

10. 苯达松

苯达松又称灭草松或噻草平，纯品为白色结晶。苯达松可防治鸭舌草、苍耳、马齿苋、问荆、荠菜、曼陀罗、猪殃殃、野生萝卜、莎草、蒺藜等杂草，但对禾本科杂草无效。商用剂型有 25%、48%、50%可湿性粉剂、乳油和液剂。在干旱和过湿土壤上不宜使用，还要防止药液溅入眼内。

11. 扑草净

扑草净的纯品为白色结晶，工业品为米黄色粉末，有臭鸡蛋味。在常温下比较稳定，在酸碱、紫外光照射及高温条件下易分解，是选择性内吸传导型除草剂。扑草净可防治 1 年生单、双子叶杂草。商用剂型为 50%可湿性粉剂。扑草净不宜在沙土地上使用。

12. 恶草灵

恶草灵又称农思它或恶草酮，为无臭不吸湿的白色结晶，可在碱性溶液中分解。它是一种在芽前或芽后使用的除草剂。恶草灵可防治鸭舌草、稗、雨久花、水马齿、马齿苋、蓼、千金子、毛马唐、牛筋草等杂草，对旋花属杂草更为有效。商用剂型为 2%颗粒剂，12%、25%乳油。恶草灵不能在土壤干旱时施用，不能喷在山药苗上，否则会产生药害。

13. 除草通

除草通又称二甲戊林、胺硝草，纯品为无臭橙黄色结晶，溶于多种有机溶剂，在碱性和酸性条件下均较稳定，无腐蚀性，具有挥发和光解的特点。除草通可防治大多数禾本科杂草及某些双子叶杂草，它与氟乐灵除治对象基本一致。商用剂型为33%乳油、50%乳油。

14. 利谷隆

利谷隆纯品为白色结晶，不溶于水，易溶于丙酮、乙醇、苯等有机溶剂，在水中稳定，遇酸、碱则会慢慢分解，高温下迅速分解，毒性小，对人、畜安全，具有内吸和触杀作用，有选择性。利谷隆可防治马齿苋、藜、苋、荠菜、稗、马唐草、狗尾草、叶筋草等多种单、双子叶杂草，尤其对阔叶杂草防治效果更好。商用剂型为50%可湿性粉剂。在沙性土壤上若用药量过大，或施药后降雨，易伤山药苗。

15. 毒草胺

毒草胺为淡褐色固体，微溶于水，易溶于一般有机溶剂，对人畜毒性较低。它是一种选择性触杀型芽前除草剂。毒草胺可防治狗尾草、稗、灰菜、野苋、草木樨、龙葵、马齿苋、马唐草、野苏子等杂草，但对多年生杂草无效，有效期为1个月左右。商用剂型为10%、20%可湿性粉剂，30%乳油。药效较短，应在杂草未出土前施用，最好在芽前3～5 d施用。在土壤干旱时施用，会影响除草效果。

16. 草枯醚

草枯醚为淡黄褐色结晶状粉末，溶于水。它是触杀型除草剂。草枯醚可防治马唐草、稗、狗尾草、瓜皮草、鸭舌草、苋、藜、马齿苋等杂草。商用剂型为7%颗粒剂，20%粉剂，15%、20%乳油。

17. 豆科威

豆科威又称草灭平，纯品为白色晶体，工业品为紫色粉末，微溶于水，易溶于乙醇和丙酮，在酸、碱介质中水解。它是一种选择性芽前除草剂。豆科威可防治马唐草、野苏子、稗、夏草、看麦娘、苋菜、藜等1年生单、双子叶杂草。商用剂型为20%水剂和乳油。

九、精细采收

食用农作物中收获时间最长的庄稼。有的地方一到8月就收山药，有些地方则在第2年4月才挖掘，这中间相差了8个月。在这段时间内，可以根据市场需求、气候状况、劳力条件、合同期限、自家食用需要等以及贮存设备的多少和大小，随时收获山药。按收获集中时间的不同，一般可分为夏收、秋收和春收。收获时，要认真仔细，既要将山药挖收干净，防止遗漏，又要使山药完好无损，不受伤害。真正做到丰产丰收，收尽收好。

一般山药栽种在当年的10月底或11月初，当地上部分发黄枯死后，即可开始收获山药块茎。山药收获的一般程序是：先将支架及茎蔓一齐拔起，接着抖落茎蔓上的零余子，并将地面上掉落的零余子收集起来，然后就可以收获山药块茎了。

扁形种和块状种的山药块茎较短，比较容易挖收。长山药的块茎较长，难以采收，如果采收技术不熟练，块茎的破损率会很高。华北地区采收长山药的方法是：从畦的一端开始，先挖出 60 cm 见方的土坑来，人坐在坑沿，然后用特制的山药铲（图 3-33），沿着山药生长在地面上 10 cm 处的两边侧根系，将根侧泥土铲出，一直铲到山药沟底见到块茎尖端为止，最后轻轻铲断其余细根，手握块茎的中、上部，小心提出山药块茎。一定要精细铲土，避免块茎的伤损和折断（图 3-34）。另外，还要准备洛阳铲（圆弧状的铁锹）用来挖不小心折断的山药。收获脚板苕的方法是：在挖出 60～70 cm 见方的土坑后，再向下挖 30～40 cm，即可把比较长的脚板苕完好无损地挖取出来。不论挖收哪一种山药，一定要按照顺序，一株一株挨着挖，这样既能有效减少破损率，又能避免漏收。近年来，日本采用"水掘法"收获山药，即采收前向山药地灌水，然后用力拔出山药。但这一方法只适用于沙地土壤，对黏壤土则效果不好。

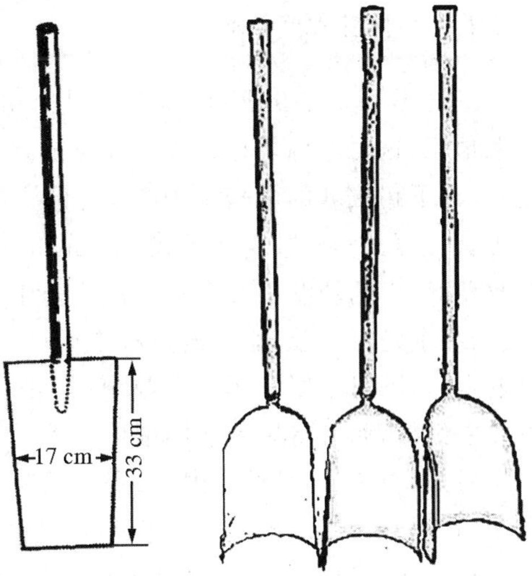

图右侧圆弧状的铁锹是洛阳铲，
主要用来挖已折断的山药。

图 3-33　山药铲

图 3-34　坐在坑沿采收山药

一般认为，收获山药块茎晚一些为好。华南地区不要早于 7 月，长江流域不要早于 8 月，华北地区不要早于 9 月中旬，东北不要早于 9 月底。总之，各地均应掌握在山药块茎生长盛期的后期收获。如果早于这个时期，山药的基本产量还没有完全形成，而且对收成的影响比较明显。但为了满足淡季市场的需要，山药也可在生长盛期的中期收获，这时收获的块茎虽然未充分长大，但售价较高，其经济效益还是不错的。在江淮流域及其以南地区，山药块茎可以留在地里，一直延至翌年 3—4 月采收。华北及东北地区一定要在初霜前采收完毕，否则受冻后的山药块茎将严重影响其品质，商品价值也会大大降低。

(一)山药的夏收

8—9 月挖起的山药,特别是 8 月上旬收得的山药都还没有完全成熟。在我国气温较高的华东地区,这时的山药也还没有完全成熟。所收获的新山药,水分大,干物质率低,碳水化合物比 10 月下旬收获的山药少 10%,而且从土中挖起后最怕太阳直晒,再加之 8 月的太阳光照还很厉害,山药一晒,其块茎就萎蔫。最好是预先联系好市场和买主,做到随要随收,随收随卖。在收获时,山药块茎上应多带些泥土防干保湿,以免失水萎蔫,降低质量。在收获后,也需注意保护,特别是在包装、运送的过程中要小心,可以将枝蔓围在山药四周或盖在上面,一次性送到收购点,切不可来回倒腾。在收获时,细根不要去掉。越是早收的山药,细根越是存有活力。不要去细根,而应将块茎连同细根泥土一齐上市,以便保证质量,不致因失水而下降。

另外,在 8—9 月的高温期,所提前收获的山药只能煮着吃,蒸着吃,也可以做拔丝山药、山药扣肉、红烧山药、蒜苗炒山药、罗汉排骨、喇嘛素糖醋三样等,但最好不要做山药元宵、山药饼、山药豆馅蒸糕、山药玉米油炸糕以及扁豆山药粥、山药汾阳山药粥、山药豆沙包子、山药汤圆、山药泥和山药糊等。因为这时山药的含水量大,干物质含量少,质地脆嫩,吃起来不太面,口味差。

最为忌讳的是,在这个时期收获的山药不能用来加工山药汁、山药酸奶、山药蜜汁、山药果酱、山药清水罐头和山药饮料等制品,特别是不能制作山药干和山药粉。不能做山药汁、山药饮料的原因是这个时期收获的山药所做出的饮料产品,很容易变成红色、褐色或是紫褐色,这都是由山药的褐变而引起的。8—9 月收获的山药褐变最甚,收得越早,褐变越多。用这时收获的山药水加工饮料,其品质将受到严重的影响。不能做山药粉和山药干的原因主要是这时收获的山药水分多,干制太不合算,粉制营养较差。

早收的山药是不能制药的。药性差的山药将会降低所有用山药配伍的中成药的药性,所以药厂的收购员绝不会在 8—9 月到产地去收购现采的山药。这不仅是因为这时候采收的山药,皮不硬,色不白,质地脆,一碰就断,既不好装,又不好运,更为主要的是这时收获的山药,水分多、干货少、药性差、药味不浓。其他的条件即使可以对付,但药性差是不能含糊的。8 月山药的块茎正处于充实的关键时期。虽说这时候的山药的外形已经长得很像个山药了。无论长短,还是粗细,似乎都已经长到了标准规格,但其表皮的颜色,肉质的颜色、硬度和风味,与 10 月底收获的山药都相差甚远,不能比拟。除了水分多了 10%～15%之外,淀粉的含量、蛋白质的含量,糖蛋白和维生素的含量,钾、钙、铁、锌、铜、锰、锂、锶等矿质元素的含量,尤其是山药皂素、多巴胺、多酚氧化酶、尿囊素、碘质、胆碱以及脱氢表雄酮等多种延缓衰老、恢复青春、根治疾病的重要成分几乎都未达到固有的含量,所以山药的夏收一定要慎重。

(二)山药的秋收

山药的秋收是传统中普通的收获,一般从 9 月下旬以后到 11 月进行。这时的山药植株地上部已渐枯萎,霜冻将至,应该在地冻之前将其收获完毕。这个时候收获的山药主要应注意防冻,尤其是东北和内蒙古等地,冬季温度偏低,更应注意防冻。在初霜来临较早的北方应在初霜前将山药收获完毕。

山药收获是先将支架和枯萎的枝蔓一起拔掉,接着抖落茎蔓上的零余子,并全部收集起来。再将绑架中的架材抽出,整理好,消毒后进行贮存,以备来年使用。将拔起的枯萎茎蔓和地上的落叶残枝，全部清理干净，集中处理，以免茎蔓和残枝落叶所带病菌扩大感染。尤其是连茬种植山药的田块，更需谨慎行事，消除病原。

地面清理干净之后，开始挖沟收获山药。在收获之前，将山药铲、箩筐、绳子、石灰等应该准备的工具用品全部备好。自家的小块山药地可以选晴天，全家出动，一次收完，或是按计划收完。商品基地大面积栽培的山药在收获前应与收购单位、挂钩市场或外销部门联系好收购事宜，并准备好汽车和马车，以便收获作业开始后，人到车到，紧密配合，统一指挥，分工协作，各负其责。根据商家或商量好的意见将若干根山药扎作一捆，或若干根山药装作一筐，也可以将所收获的山药直接贮藏入窖，或就近上市。在收获中，要特别注意的是，千万要保护好山药嘴子。不要只顾挖山药、装山药、卖山药，而忽略了要正确地截下山药嘴子。山药嘴子一经切下，就应在断面上蘸好石灰粉，或者是70%代森锰锌超微粉，及时进行杀菌消毒。

如果在山药收获适期，没有合适的客商配合收购，或是因为价格谈不拢，不合算，北纬40°以南地区就可以暂时不收，等待机会再说。收获长山药是很费力且需要技巧的劳动，尤其在较为黏重的土地上收获，一个人一天只能挖20 m长的沟，即使沙土地也不会超出30 m。在收获适期，劳力不足时，也可以暂时不收，仍将山药留在田间，只是在冬前应用土将山药沟盖上。盖土应依地区的不同而采用不同的厚度。如在山东济宁一带，盖土厚度为15 cm左右，也可以盖草保温，还可以盖上塑料薄膜。这样做的目的主要是保护山药嘴子不受冻害。山药的食用部分在地下30 cm以下的深土层内，一般是不会受冻害的，可以安全度过整个冬天。

在济宁地区，收获山药的方法是“白露打，寒露刨”。即在白露节气时，先打落山药豆，寒露到了便收挖山药。山药豆比山药整整要早收一个月，这样做可以使生长在地下的块茎更为充实。但是寒露时，块茎的含水量很多，非常嫩脆，收获时块茎极易折断。提前一个多月打落零余子，也会影响枝叶生长。因此，一般认为还是在霜降以后，茎叶枯黄时收获为好。当然，为了早收抢市场，或是土壤湿度比较大的山药地块，可以早收。沙地山药进行水掘法收获的湿水面积也不能太多，应该一株一株地进行湿水冲沙疏土，将山药拔出。

块茎深入地下较长的山药品种一开挖就应把深度挖够。比如，1 m深或1.5 m深，60 cm见方。空壕挖好后，根据山药块茎和须根生长的分布习性，挖掘山药。山药块茎在一般情况下都是与地面垂直向下生长的，不拐弯。所有的侧根则基本上和地面平行生长，而且，离地面越近，根越多，颜色越深，根越长。根据这些生长特点，在挖掘时先将块茎前面和两侧的土取出，直到根的最顶端，但不能铲断块茎背面和两侧的大部分须根，尤其是不能将顶端的嘴根铲下。一旦铲断嘴根，整个块茎则失去支撑，随时都有断裂成段和倒下的危险。因此，一直要等挖到根端后，才能自下而上，铲掉块茎背面和两侧的须根。在铲到嘴根处时，用左手握住山药上部，右手将嘴根铲断。接着左手往上一提，右手则要握好块茎中部，以免折断。挖上几根后就能掌握规律了。

人工挖掘山药使用山药铲进行作业。好劳力一天能挖起200根就不错了。这也许是多少年来，不少农户只种植百十株山药的原因之一，实在是太费工了。虽然水掘法能提高3～4倍的效率，但只能在透水性和排水性绝好的沙丘地上才能采用。采用这种方法收获的效率是提高了一些，可因注水收获却使沙土与块茎结合得更紧密了，本来准备第2年不深耕的地块也就必须重耕了，这便增加了翌年的麻烦。用水掘法收获的山药，其块茎外表干净，因而很受用户的欢迎。但山药带些土不易干裂，且容易保存；不带土就不好保存了，而且水掘收获的山药块茎最怕暴露在太阳光下，可见这种方法也不是十全十美。

山药收获的机械化作业至今并不完善。一般只是用小型拖拉机带一个挖掘机(图3-35)，从山药沟一边开始，向前推进。机械手一边操作机械，一边将挖出的山药拔出，每天可以收获200 m左右。这比人力要快得多，但是山药的创伤折断率也高了不少。

用小型拖拉机改装的山药收获机

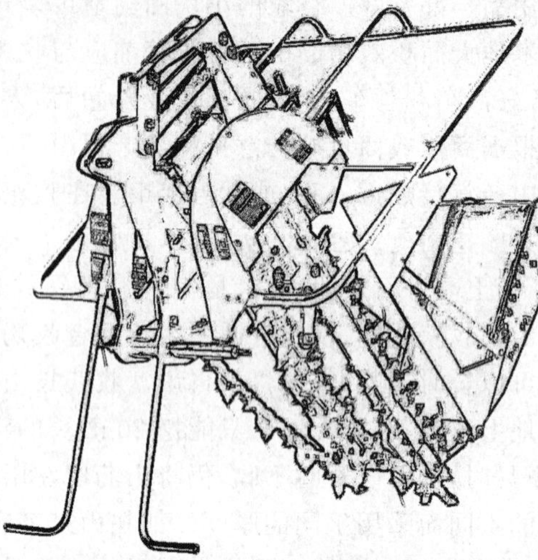

独立式山药收获机

图 3-35 山药收获机

从山药的品质来考虑，晚收比早收好，下午收比上午收好。即使是在叶片枯凋期再延后一些日子收获，也会使块茎更为充实，块茎表皮也会变得更硬一些，收获中的伤害会减少。再者是秋冬时日，天气已经很冷了，如果人力不足或者组织不好，山药易受冻害。而山药在深土层中不去动它，冻害是很少有的。如果要将山药用来加工山药汁和山药糊，或作切片处理，则应该晚一些收获，最好是在翌年春暖花开时再收获。这时收获的山药，品质好，变味少，变色的也少。而早收的山药却经常出现品质受损害的现象，比如，山药肉变成褐黑色或褐色，且收获越早，褐变越多。

在收获山药时，应尽量避开高温和日晒，即使是下午也要注意。收获后，应立即盖土防晒，而且进行水洗和装箱等活动，均需选在温度较低的地方进行。温度越高，变色越多，而在5 ℃以下的低温环境下，山药变色很少。

(三)山药的春收

山药的春收是指在翌年3—4月的收获。依地区的不同，收获时间前后有一个月的时差，但最晚收获也不能影响春天的播种和定植。如果收获太晚了，会因为地温达到了10 ℃左右，山药块茎已经过5个月的休眠，在湿度适宜的条件下就会萌发新芽。

春季收获具有很多优点。例如，春天收获的山药品质好，不仅营养好，风味好，加工产品质量更好，褐变非常少。夏收的山药不成熟，其优点是能提前收获，提前供应市场。所收获的山药只能食用，不能药用；只能熟食，不能加工。秋收的山药食用和药用都很适合，灵气已足，完全可以满足老年人一冬春食补山药的需要。因此，只要有市场，就应该在冬前一次性收获。收购单位不要求其所收购的山药为生产者自己贮藏的，生产者就应在留下种薯后，将所收山药全部出售。如果市场销售不是很好，当地冬季又可以将山药留在田中越冬，就不要急于秋收或冬收。据我国和日本的一些山药加工部门反映，秋收的山药不如春收的好。好坏的标准是有无对加工产品影响最大的褐变的存在。春季收获的山药发生褐变的情况会少得多，或者就没有，而且春季收获的山药营养多。

春季收获的山药更有利于山药的夏季贮藏。春季收获的山药可以一直供应到8—9月，接上新山药上市，这样一年四季都有山药出售，做到了供应均衡。因为山药的冬季田间贮藏利用了天然的菜窖既不受损失，也不受损伤，内容充实了，皮层加厚了。等到春暖后收获时，人们也不感到天冷，挖起山药来再不会缩手缩脚，非常顺手利索。比起秋冬山药来，这时的山药既不容易折断，也不容易伤皮。收获中，当用手截下山药栽子时，也不觉手冷，而且切面也容易蘸上消毒的石灰粉，因为这时山药中的含水量相对减少了。另外，对这时所收获山药进行分类、装筐、运输、出售或贮藏，也方便得多，比起上年10月收获的山药要一直贮存到翌年9月，要容易得多。因为春季收获的山药完全省去了5个月的冬季贮藏，而且分量没减少，质量有提高，也无须进行冬藏和夏藏温度和湿度的调节。因此，在气候较为温暖的山药产区，山药种植者都不进行秋收，或者只收一部分，而将多数山药留在田中，等到翌年春季才收获，尤其是一些排水好的沙壤地块。在秋冬市场需求山药较少，贮藏设备又不多的地方都是春收或随收随上市。只是冬季寒冷和降雪较厚的地区(一般指黄河以北地区)不能等到翌年春季收山药。因为经过一个冬天容易引起山药块茎的冻害和腐败以及在野鼠猖狂活动的地方，山药在整个冬季都埋在田中损失太大，也最好在秋冬季节将山药一次收获完毕。

准备春收的山药最好也在秋冬山药地上部枯萎后，将枯死茎蔓和落叶一起割下，集中处理。架材要抽去，经消毒后整理贮存，以备来年再用。春收时，由于冬季将植株地上部已处理干净，加之又经过一个冬天的刮风下雪，就使得山药块茎的位置不好辨认。春收的山药要特别注意不要漏收。收获时一定要按照顺序，从头到尾，一株挨一株，一行挨一行，细心作业，逐一收获。尤其是在人多时，更要加强组织指挥，做到严密分工，责任到人，严格检查，保质保量，防止漏收。另外，收获作业要谨慎小心，防止山药受损伤。虽说山药到了春收的时候，块茎已完全成熟，表皮木栓化程度很高，内容物也很坚实，与夏收、秋收山药比较起来，不易折断，但它的强度毕竟有限，总体上是脆嫩的。在收获时同样要格外小心，挖掘用力要适当，动作要准确，避免损害块茎，尽量提高山药完好率，把损失减少到最低，提高山药的商品率，这样更加有利于市场出售或进行夏季贮藏。

第四章

山药套管栽培技术和盆式栽培技术

长形山药生长在地下 1 m 左右。种植山药的农民要在冬前挖掘 1 m 深的土层，翌年开春将山药种上，秋天又要挖掘 1 m 深的土层将山药收上来，劳动量很大，十分辛苦。近年来，推广的山药套管栽培技术在一定程度上解决了这个问题，当然还有不少问题需要进一步探索改良。

一、山药套管栽培技术

简单地说，山药套管栽培技术就是将山药块茎引入套管中生长的技术，即根据长形山药的长短和粗细设计的一种套管(套管也叫栽培管)，并将这种管子埋入地下适当的深度，然后人为地引导新生的山药块茎进入管道中生长。

最早使用的是竹管。用竹套管进行山药栽培可以就地取材，成本较低，而且耐湿耐压。但是打通竹子中的竹节比较费事费工，还很难修理平整。由于新生山药非常娇嫩，遇到不平整的竹茬或竹瘤，便会变形生长，难以保证长山药产品的整齐平直。

后来塑料套管的出现才使山药套管栽培成为现实。我国台湾地区采用一般居民用于屋檐的导水管道制成的山药栽培套管。我国华北、华东、东北地区也相继用 PE 制造出各种形状与材料各具特色的山药栽培套管。

使用套管使山药块茎可以按照人们的意志固定在一定的位置生长发育，从而促成了山药栽培技术的变革。这种技术更趋节约化和现代化，省时省力，高档药食兼用的山药产品质量也更高，一级品率显著增加。

二、土壤的选择与准备

(一)套管内的土壤选择

山药套管内的土壤选择是套管栽培成功与否的关键所在。装上好土，长好薯；装上劣土，长劣薯。在山药套管栽培初期，人们往往只是想到就近取土，随便装入一些栽培田的土壤，山药生长就很不整齐，病虫害也相当严重，山药的产量、质量都受到影响。通过不断研究探索，我们了解到套管内的土壤选择是非常讲究的。

①表土不能进入套管。由于表层土壤中线虫、褐腐病菌等土壤病虫害很多，一旦将这些含有病虫害的土壤装入套管内，管内幼嫩的山药块茎很易感病受害。

②有机物不能进入套管。因为有机物分解时的气体会侵害幼薯生长点，使块茎变形、发黑。同时，施入的有机肥越多，病虫害也越多。

③化学肥料不能进入套管。若有化学肥料接触到山药块茎(尤其是接触到生长点)，则块茎生育就会完全停止。在套管装土时，切忌装入有化肥的土壤。

④旧废土壤不能进入套管。山跟、道旁等处的旧废土壤常有褐腐病菌感染，存有很多不干净的物质，不能轻易使用。

山药栽培套管内应装入没有栽培过作物的新土，也可用除去表土的山地土，以求尽量消除一切污染。这是因为套管中只有块茎，而供给山药土壤营养的吸收根系都长在套管外面，套管内若有营养成分，反而会使块茎腐烂或停止生长。就新土来说，以沙壤土最好，黏性土壤应绝对免用。沙壤土形成的空气、压力和水分条件对山药块茎的生长最为理想。

(二)套管外的土壤选择

山药栽培套管内装入完全清洁、无病虫害的沙壤土的心土基本上与大田土壤隔绝，这就为幼薯的形成和肥大创造了有利条件。同时，也要重视套管外的土壤选择。一是套管内山药块茎的生长要靠套管外的土壤供给营养。虽山药块茎生长在套管中，但套管中没有营养，营养物质就需要山药的吸收根来供应，而吸收根的营养又来源于套管外面的土壤。只有具备良好的土壤，山药的吸收根才能形成庞大根系供给山药地上部充足的营养，促使茎叶旺盛生长，正常进行光合作用，才能有更多光合产物的形成。光合产物转移到套管内的块茎中，使块茎正常肥大。二是套管内外的土壤互相接触，互相影响。山药栽培套管并非完全密闭，套管两端有不小的开口与大田土壤接触，管壁上也有不少小孔与大田土壤相通。虽然套管外面的土壤不直接接触块茎，但也有一定影响，特别是在种薯播种后的萌发阶段和生长阶段。因此，对套管外面的土壤也要有所选择。

选择山药栽培套管外的土壤一般以沙壤土或壤土为宜，这便于套管的安装和耕作，而黏性土壤则较差。地下水位高的地方和湿地不适宜进行山药套管栽培，尤其不能在湿土地上用套管种植山药。虽然块茎在套管中，但过湿的土地仍会妨碍块茎生长，并使块茎发生畸形。

三、套管的制作与规格

实施山药套管栽培必须将山药块茎全部引入套管，而且进入套管的角度和松紧度要适宜。经历30多年的科学试验和实践改进，逐步使山药栽培套管走向合理化。目前，普遍采用的套管规格和制作方法如图4-1所示。

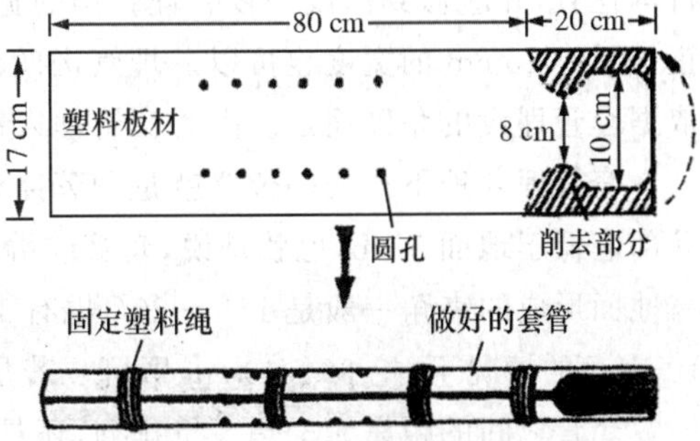

图4-1　山药套管制作方法

依品种类型略有差异，一般长为100～130 cm。有的长山药块茎长达120 cm，有的山药块茎长仅为50～60 cm，要相应设计不同长度的套管。

(一)套管的直径

依山药品种有所不同,一般圆周长为 18～22 cm。在套管上方需要纵切开口,宽约为 3 cm(即指套管平放下的位置上方开口 3 cm,顺管长纵切)。

(二)套管的前端与后端

套管的前端,即接近苗茎基部的一端。要将这个部位的套管展开成圆匙状,装置时使前端正好对准幼苗,以接受幼小块茎顺着管壁进入套管生长。因此,这一部位也叫受部。受部的长度一般为 20～22 cm,展开的最宽处为 16～18 cm。套管的另一端称为后端,套管后端一般都要开口,不能堵死。这样一方面可改善管内的湿度和气体状况,另一方面也可使一些过长的块茎有伸长的余地。

(三)套管的圆筒部分

套管的圆筒部分,即指套管的管身,共开有 4 排圆洞(或称圆孔),每侧两排,圆洞孔径为 1.0～1.2 cm。从套管前端约 35 cm 处开始打孔,两排圆孔应错开排列,即上排 6 孔,下排 7 孔。上排距上方纵切口边缘约 2.5 cm,上下两排孔口之距离约为 2.4 cm,同一排圆孔之间距离约为 7 cm。

(四)制造套管的材料

制造套管的材料可以专材专用,专门设计制造一定规格的塑料管或 PE 管,也可以就地取材,利用一些相似的圆筒状塑料管改装。我国台湾地区曾用当地居民半圆形的屋檐导水管改制成山药栽培套管,既降低了成本,又简化了制管程序。

四、套管的田间布置

(一)挖好埋管沟

一般按 1.2 m 行距埋一行套管。用铁锨或小型掘沟机挖出深为 50 cm、宽为 25 cm 的埋管沟。沟的长度最少应有 10 m,沟的方向可依土地的具体状况而定,东西向或南北向均可。要将沟挖直,并应做到深浅一致。埋管沟的宽度也可按照掘沟机的规格进行,比如,一次挖过去正好只有 15 cm 的宽度也可以。埋管沟的深度则以 50 cm 为宜,也有的埋管沟深挖至 60 cm,依据套管埋设的角度而定。因为套管埋入地下不是平放,而是有一定倾斜角度的。

套管埋入地下最浅的位置就是种薯播种的位置,这个深度是固定的。根据多年试验,套管受部应低于地面 5 cm,也就是说,套管前端埋入地下 5 cm 处,中后端套管便要逐渐向下倾斜,与地面形成的夹角一般是 15°～20°,也有 10°夹角的。夹角度越大,要求埋管沟挖得越深。在 10°夹角的情况下,挖 30～40 cm 即可。若是 20°夹角,则应挖得更深一些。

套管之间的距离无论是一行排列,还是错开排列都是一样的。在多数情况下,套管之间的距离为 30 cm,实际上这就是山药植株的株距。山药套管种植的行距则为 1.2 m。在 20°夹角以下埋管沟，一般都要错开排列套管，但两行不能错得太远，稍错开一些就可以了。操作技术好的错开 25 cm 左右即可，初次进行山药套管种植恐怕连 30 cm 也很难保证，因此，也可放宽到40～50 cm(图 4-2)。

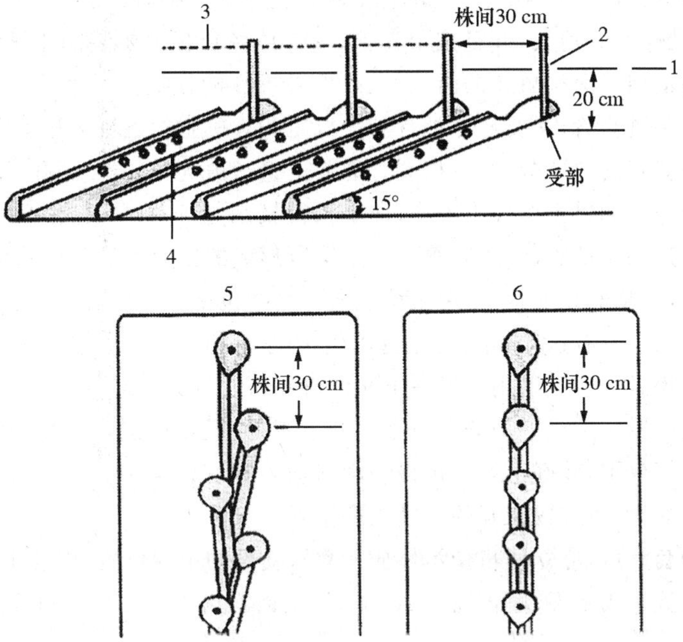

1. 山药种薯位置；2. 指示棒；3. 最后覆土位置；4. 套管位置；
5. 10°夹角的套管田间排列俯视图；6. 15°夹角的套管田间排列俯视图。

图 4-2　山药套管田间埋设

需要强调的是，埋管沟不能挖得过浅，深度必须达到 40～50 cm。因为只有达到这样的深度，才能保持山药块茎肥大所要求的适宜地温。据我们在山西省中部地区测试，当夏季高温时，地下 10 cm 的地温为 35 ℃，地下 20 cm 的地温为 26 ℃，地下 30 cm 的地温为 25 ℃，地下 40 cm 的地温为 25.5 ℃，地下 50 cm 的地温为 24.5 ℃，地下 60 cm 的地温低于 25 ℃。根据山药生长特性，地下 20～50 cm 的土层可保持山药块茎肥大所要求的 24～26 ℃的最适地温，20 cm 以上的土层则是接近或超过 30 ℃的高温。当地温超过 28 ℃时，山药块茎就会停止生长，表皮变色而形成龟甲状，严重时全薯腐烂。地下 20～50 cm 是山药块茎肥大最适宜的土层。

(二)埋管沟不能积水

虽然山药要求高温多湿的环境，但湿度过大时则有害无益。尤其是进行山药套管栽培，如果湿度过大时，不仅影响块茎正常肥大，而且容易畸形生长，形成细而长的次品块茎。因此，一般不要利用水田种植山药。如果要利用水田种山药，首先要在水田周围修好排水沟，并能进行大畦排水和高畦排水，以保证套管沟里没有积水。在平地进行山药套管栽培也需要修建高畦，使套管底边高于排水沟，以利于及时排水。为了避免水流停滞，在山区斜坡地用套管栽培山药应顺坡修建田畦。总之，用于山药套管栽培田地的地下水位最好为 80 cm 以下较为安全。套管山药最怕积水、泡水，连阴雨天就会因缺氧停止细胞活动而腐败。同时，栽培沟不能过早挖掘，最好是边挖沟，边埋管。

（三）套管的安装

套管沟挖好后，应立即安装套管，装上套管后随即就应播种。为此，两件事情必须预先做好：一是将套管及时运到地头，并且按距离排好；二是将套管中要装的土壤备好。套管内装什么土呢？最好装清洁的无病虫害的新土，尤以不黏不沙的沙壤土最为适宜。既要避免将土块石块和粗枝烂叶装进套管，又要避免把含有无机肥和有机肥的土壤装进套管。

装土量占有套管的 2/3 即可，一根套管的装土量一般为 4～5 kg，山药块茎的生长肥大需要适度的土壤压力。如果土壤压力太小，块茎长得又细又长；如果土壤压力太大，块茎肥大又会受到限制。经过多年试验，装入套管 2/3 土壤所形成的压力正适于山药块茎的正常肥大。

套管装土后，要将套扣上紧，以免土壤溢漏。套扣也是一个标志，装土不能触及套扣，不能挡住最上一排孔洞。只有这样，才能防止套管中的净土和外部的土壤直接接触，以免污染。装入套管内土壤的松紧度一般以用手抓一下又可自然松开较为合适。

装入套管的土壤一定要平均分布在套管的下半部，既不能忽高忽低，也不能集中在底部。这就需要先将套管放平，装好土壤后再慢慢倾斜埋入挖好的沟中。同一沟中的套管要向同一方向倾斜，错开排列的也应按错开的角度顺序排开。

在埋好栽培套管后，应立即将指示棒插入套管受部的中线位置，以便于播种。指示棒一般用 30～40 cm 的竹竿或木棍，埋入地下 20 cm，地上面露出 10 cm 左右即可。

五、作畦播种

栽培套管埋设完成后，可用挖出的土壤作畦。畦的宽度就是套管之间的行距，一般为 1.2 m，或者为 1.5 m。畦长一般为 10 m 左右，或者为 8 m。大多采用高畦，畦高一般为 15 cm。作畦要充分考虑排水，务必不使畦面出现积水现象。

作畦前应先施基肥，每亩可施腐熟的堆厩肥 5 000 kg，并与土壤充分混合。也可每亩施入腐熟优质饼肥 150 kg，过磷酸钙 70～80 kg，硝酸钾 25～30 kg。施用基肥既是为了供给山药生长所需要的营养，又是为了调节土壤水分，补给土壤氧气。施用堆厩肥对于黏性土壤效果更好，可使山药产量大幅度提高。

田畦做好后，除了将掺有基肥的土壤盖在套管上面外，还要在两行套管之间挖出约 10 cm 深的排水沟，从外观上看沟底也是畦底。套管前端高出沟底 5～10 cm，距畦的最高处达 30～35 cm，在高畦面上只能看见几个厘米长的指示棒。

播种时，按指示棒的位置，挖开 5 cm，将种薯埋入即可。套管前端的上沿距畦面约为 25 cm，套管前端沿离畦面约为 30 cm。种薯萌发生长后，块茎生长约为 10 cm 后，才能触及套管受部的底面，逐渐进入套管而继续生长。

种薯的选择、切割、摆置方法等均与长山药的普通栽培法相同。套管栽培山药的关键在于对准受部位置。有的地区在整畦的同时，已将种薯摆好种下，上面覆土即可。在整薯栽植时，要将顶芽部分对准受部，中下端平摆，一般都是顺着套管装置的方向摆放。催芽的种薯切忌干燥。指示棒千万不可弄掉或折断，以免给播种造成困难（图 4-3）。

六、田间管理

(一)科学施肥

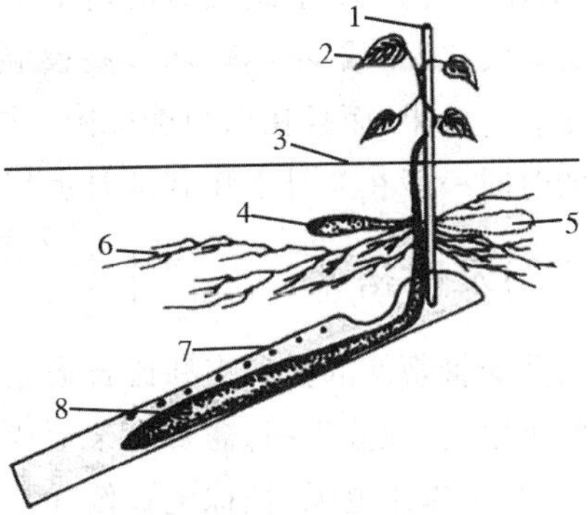

1. 套管埋设指示棒;2. 地上部茎叶;3. 畦面;
4. 正确定植种薯方向;5. 错误种薯位置;
6. 吸收根系;7. 套管;8. 套管内新生块茎。

图 4-3　长山药在套管内生长情形

长山药的播种位置在土层下 5 cm 处,吸收根多在 10 cm 左右土层里向四周伸长,因此,施肥需集中在浅土层内,而且最好分次施入肥料,不要一次施用过多。

施用基肥可以在作畦前普遍施用 1/2,另外的 1/2 在播种后施用。施肥的位置应离开种薯 15 cm 的距离,围绕种薯施在 20～30 cm 宽的圈带上,可将全部肥料的 1/5 在播种时集中施于种薯周围或两边;当茎蔓长到 1 m 时,再将 1/5 的肥料在畦中撒施;在覆盖地膜或稻草前,将 2/5 的肥料在全畦施用;剩下的 1/5 肥料在 6 月底或 7 月初施用。施肥方法一般结合灌水和中耕除草进行。

有的山药农户将 1/2 肥料作为基肥施于种薯两侧,剩下的 1/2 肥料作为追肥,在中耕除草时种薯位置的 20 cm 处,施于两侧。覆盖地膜的长山药田块可施肥于畦间,覆盖稻草的长山药田块可在地上撒施。施用氨肥应该谨慎,因氨肥易诱生畸形薯。

(二)适度灌水

山药套管栽培对水分的要求较为严格。当水分不足时,块茎长得又细又长,有的块茎甚至肥大不足,没有商品价值。在干旱土地和降水量少的年份,山药产量会减少 1/2;在雨水适量的年份,其产量则明显增加。与此相反,在湿润的土地上种植山药,降水量少的年份可获丰收,而降水量多的年份却几乎没有收成。

山药套管栽培不宜进行大水漫灌。因为漫灌时泡田时间长,畦底过湿,套管中水分过多,可使山药块茎停止生长,或形成畸形薯,甚至造成块茎腐烂。同时,漫灌还可能使病菌、小虫进入套管,引起严重的病虫害。

山药套管栽培最好采取喷灌的方法,水量不能太大。喷灌时要避开植株基部,起码要离开植株 20 cm 左右的距离。同时,还要注意及时培土,将植株基部培成馒头形,避免灌水和雨水从植株基部进入套管。这是保证山药套管栽培,保持适宜湿度和减少病虫害的主要措施之一。

(三)适时覆盖地膜

在山药套管栽培中,可适时覆盖地膜(图 4-4)。地膜盖在畦与畦间的沟上,植株生长的畦上只盖麦秆或稻草。在高畦的中间于植株基部插入铁丝或竹片,用绳子将 1 m 多宽的塑料薄膜拉开,长度依畦长为准,一般 8 m 为一块。地膜下面要横支一根棍子,四周压紧,防止大风吹起,多采用黑色塑料薄膜,并加入 30%的铝箔。

覆盖地膜后可起到显著的遮光降温和灭草的作用,据测定,遮光率达 95%。在炎夏气温达 30 ℃左右时，在覆盖地膜后的地下 10 cm 处的地温仅为 26～27 ℃。同时，覆盖地膜还可改善土壤通气状况，减少杂草，调节昼夜温差，有利于山药植株的生长。覆盖7～8 cm 厚的稻草也有很好的效果，而且在山药植株附近覆盖稻草有利于进行插架作业。覆盖黑色地膜或麦秆、稻草的时间一般在 6 月下旬到 7 月上旬，不能过早覆盖。

（四）及时搭架

山药套管栽培的搭架支柱比普通栽培重要得多。这是因为套管栽培的新生块茎生长在比较浅的土层内，地温很高，需要搭架形成凉棚以降低地温。同时，搭架后山药叶片展开，受光面积增大，光合作用增强，植株生长健壮，有利于提高产量并减少病虫害。

通过多年试验，以 1 m 高的棚架效果最好（图 4-5）。具体操作方法是：每隔 2 m 左右埋 1 根立柱（埋入地下 40 cm 左右），架高 1 m 左右，长度依栽培畦而定，上面绑好骨架，中间用网套连接即可，也可一米一柱，或一畦一架，高度都为 1 m 左右。茎蔓长起之后，就会自然爬网，稍加整理即可将整个畦面遮成凉棚。在地上部茎叶充分生长之后，地下块茎才进入肥大盛期，这时叶片正好爬满棚架，密密麻麻，强光基本照不到畦面，降温效果很好。

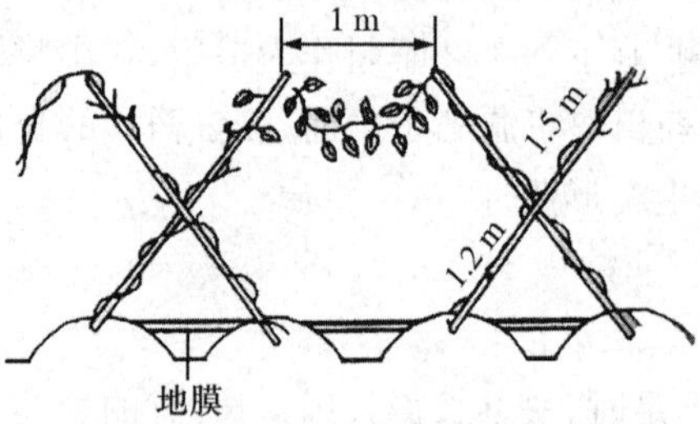

图 4-4　山药覆盖地膜

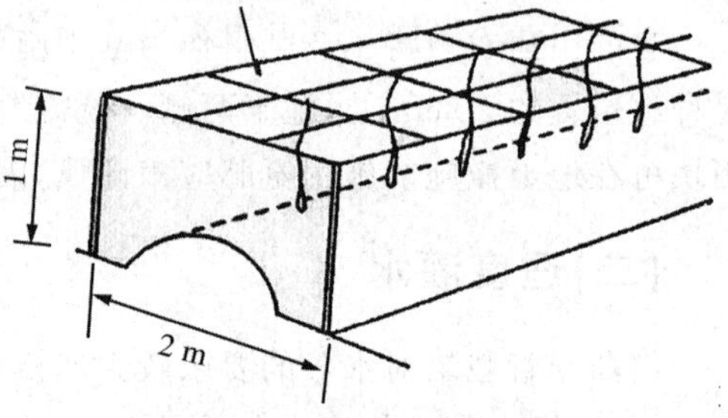

图 4-5　可抗台风的山药棚架

七、收获方法

山药套管栽培的收获比较容易，省时省工。普通栽培长山药收获一亩需要 140 人/h，套管栽培收获仅需 24 人/h，可节省 5/6 的劳力。在套管栽培收获时，其块茎很少会断裂、损伤，茎棒很直，薯形整齐，颜色美观，投放市场备受欢迎。

收获套管山药一定要一个一个地进行，防止漏挖。由于在收获前已将地上部残枝枯蔓和架材等全部清理除掉，指示棒也早已拔除，因而很容易漏挖。挖取套管应从一头做起，将套管周围的土壤小心翻起，堆在高畦两侧，待套管露出 1/2 时，用手一抽便会拔出。拔出套管后，随即将套扣松开露出山药。被塑料绳绑结套管的山药可将塑料绳割断，以便取出山药。取出山药后，可将套管清洗存放，来年再用，以降低成本，增加效益。保存与使用得当的套管可连续使用 10～15 年。

八、套管栽培山药的利与弊

套管栽培山药看起来麻烦费工，实际上其主要优点是省工省力。经测试，种植一亩山药，用普通栽培法需用 40 个人工，而用套管栽培法只需 20 个人工。套管栽培山药的另一个优点是可以明显减少病虫害。用套管栽培法仅在山药上部（露在套管之外）10～15 cm 的位置发现少许线虫危害症状，而进入套管后的主要食用部位，则几乎看不到病虫害现象。

山药套管栽培的主要缺点是技术性较高，一次性投资较大。一亩地需要 2 600 个套管，一个套管按 10 元计算，每亩投资约需 26 000 元。若大面积种植，套管单价可降低到 5 元以下。由于套管的耐用年限一般为 10～15 年，山药种植者还是可以承受的。另外，套管埋设不当，也很容易造成山药块茎呈扁圆形（指横截面），而且单株块茎的个头偏小，产量较低。

九、台湾山药套管栽培实例

近几年来，福建省上杭县套管栽培台湾山药的面积逐年扩大，且取得了一定的成绩。现将台湾山药以及上杭县的套管栽培方法介绍如下。

（一）什么是台湾山药

台湾山药（*D. japonica* Thunb）野生于我国各地的山坡和灌木丛中。在我国北方、江南和台湾等地均有其野生种，因此也叫野山药。日本也有这种野山药，叫自然薯。其别名很多。20 世纪 80 年代后期，我国对市场上的商品进行实地调查和鉴定，认为除了山药、褐苞薯蓣、山薯和大薯以外，台湾山药也在很多省内，被民间所种植、食用和药用，但栽培面积很小。在台湾，又称其为台湾淮山，近一些年利用套管栽培的面积较多。

台湾山药属于薯蓣科薯蓣属中的一个种。它和其他山药相同或相似的地方很多，味道也差不多，有的台湾山药比其他山药还要好吃，干物率高，黏度强。经栽培以后，台湾山药中钙和铁的含量显著提高。一般野生台湾鲜山药的含钙量为 9.5 mg/kg，含铁量为 0.8 mg/kg；在栽培后，它的钙含量为 20.2 mg/kg，铁含量为 2.0 mg/kg。它的淀粉含量很高，还有 0.4%～0.5%的淀粉酶以及氧化还原酶、尿素分解酶等。蛋白质含量达到 2.3%，还有 66.2 mg/kg 的磷以及维生素 B_1、维生素 B_2 和 14.2 mg/kg 的维生素 C。台湾山药营养丰富，食用药用都很好，价格也高出一般山药 20%～30%。

台湾山药的茎叶发青发绿，很少紫色，茎蔓很长，全长约为 13 m。一般山药的茎蔓约为 9 m 长。台湾山药的吸收根可深入地下较深的土层，且在吸收根附近的一段块茎上还有辅助吸收根。块茎一般长为 1.5 m 左右，有的块茎长可达 2 m 多，但较细，直径为 2～3 cm，弯弯曲曲，不整齐，下部极易分杈。一般山药则是块茎上端易分杈。台湾山药块茎的形成比一般山药迟一个月，易干燥，也易腐烂，而一般山药既不易干燥，也不易腐烂。台湾山药雌雄异株，雌株结实，有很多种子。它容易自然杂交，很难得到纯种，在商店就更难买到品质优良的种子。据栽培者说，最好到山野去找，找到的种子可能还比较纯一些。野生种一般生长在山坡的阴面，在昼夜温差大的高原较多。地温越高，其块茎长得越是歪歪扭扭。台湾山药不容易栽培，也较难贮藏。只有在套管中栽培时，下部很少分杈，块茎可长得很长，品质也相应提高。据上杭县测产计算，台湾山药套管栽培每亩产量为 3 500 kg 以上，块茎平均长度达 1.16 m，最长的块茎达到 2.15 m，块茎单重平均为 4.52 kg，最重的达 8.75 kg，轻的也有 3.15 kg。栽培用工比挖沟栽培节省 2/3 以上，经济效益显著。

(二)适时催芽播种

福建省上杭县位于福建省南部龙岩市以西北纬 25°左右处，台湾山药和淮山山药都是一种温带适应型的薯蓣类植物。它在上杭的播种期是 3 月上旬，采用地膜栽培时，还可以提前。播前 15～20 d 进行催芽。选在晴天将种薯切成 40～50 g 重的小段，使切面蘸上草木灰，再晒 1～2 d，然后催芽。每亩用种量为 60～65 kg。催芽的办法，多是将切好的小段种薯层积在细沙堆里。沙积时要用干沙，不要用湿沙，因为湿沙容易引起腐烂。堆高应控制在30～40 cm，并在上面覆盖塑料薄膜以保温保湿。一般情况下，每 5 d 应翻堆一次，经过 17～18 d 即可出芽。种薯上出现白色芽点即可播种。

(三)套管的选择与安装

套管需预先选购备好，塑料管或竹管都可以。PVC 塑料管一般选的管径为 11 cm，竹管的内径应在 8 cm 以上。根据台湾山药生长的要求，将所选管材制成 2 m 长的栽培用套管。安装套管，要选择土层深厚肥沃的沙质壤土。播种前，犁翻晒白，精细整地，并完善田间排灌水系统，做成 2.5 m 宽，且有 15°～20°斜坡的畦子。然后，按株距 30 cm 的标准开好套管沟。继而将套管置于沟内。套管内盛上 1/3 的细沙后，再盛满栽培土，将种薯芽点向上埋入套管高端 10 cm 处，盖土 5 cm 厚，最后覆土作畦。在覆土时，要求套管高端离畦面 5 cm 以上，套管低端管面离畦面 10 cm 以上。种好后，随即喷除草剂灭草(栽培有机山药禁用除草剂)。在播种过程中，切忌使种薯与肥料接触，以防烂薯。

(四)肥料施用技术

台湾山药靠嘴根吸收营养。无论基肥，还是追肥，都应施于山药主茎周围的上半畦，尤其是追肥更不能离得太远。基肥以农家肥料为主，辅以少量复合肥，每亩用腐熟猪牛栏粪 500 kg，或蘑菇下脚料 1 000 kg，拌入三元复合肥 15 kg。然后，将肥料撒施于上半畦，并与表土混匀。当苗蔓长到 20～30 cm 时，要重施追肥，每亩用三元复合肥 40～50 kg，或腐熟农家肥 500 kg 加三元复合肥 30～40 kg，撒施于主茎四周，随即培土。以后可看苗追肥。

(五)搭架技术

当苗高为 20～30 cm 时，按两畦搭一个拱形大棚竹架设计，一株插一根竹片，用塑料绳或铁丝绑好，将苗蔓松绑在竹片上，使之顺势上攀。棚中心高度为 2 m 左右，30 cm 立一根，跨度为 5 m。这和竹架拱形大棚完全一样，只是不覆盖塑料薄膜而已。这样搭架不仅架形牢固，而且便于茎蔓攀缘，还可在盛夏时遮阴降温。一些侧枝藤蔓也可以用塑料绳牵拉，使其有依附牵挂之处。苗蔓分枝一般任其生长，不做整枝。只是在幼苗期留一根强壮的主蔓，而将其余的一概抹去。

(六)浇水与病虫害防治技术

套管栽培的台湾山药的块茎是在耕作层中形成和膨大，但又不是完全与土壤接触。块茎对水分的供应很敏感，多了不行，少了也不行。若在膨大伸长期间遇旱，块茎就会畸形或分杈；水分过多，块茎又常会染病，甚至腐烂。

灌水的原则在福建省上杭地区和其他地方都是差不多的。在块茎生长期，应保持土壤见干见湿。而在块茎开始膨大后的中后期，则应保持沟底见湿，畦面见干。在遇到干旱时，要及时灌水，保持土壤湿润；若遇涝害，则应及时排水，以防淹水，影响生长。另外，在炭疽病和褐斑病发生时，可用70％甲基托布津800倍液，或65％代森锌可湿性粉剂500倍液防治。虫害有斜纹夜蛾、红蜘蛛、天蛾和毒蛾幼虫，可针对其发生情况，及时进行防治。所选用的药剂要符合生产用药的要求。11月底以后采收。

十、套管栽培山药根系吸收养分的特性研究

(一)研究目标

通过研究山药在套管栽培条件下的根系分布状况和根际养分亏缺动态，揭示山药不同功能根系(吸收根、细根)在套管栽培条件下的养分吸收特性和植株源库关系的协调和变化，提高套管栽培条件下山药的养分吸收效率，增加块茎发育膨大程度提供理论依据。

(二)研究内容

①在套管栽培条件下，山药植株源库之间的关系、不同功能根系(吸收根和细根)在土壤不同层面的分布状况和根际养分亏缺动态。

②不同施肥位置、不同生长时期对设定套管栽培条件下山药地上部茎叶和地下部块茎生长发育的影响。

③套管材料、粗度、管壁打孔数量、套管内预装土量和套管安装方式对山药块茎发育膨大的影响。

(三)研究方法

①用网膜分室根箱种植山药，设套管栽培方式和对照(非套管栽培方式)，定期从根箱观测面记录、拍照、观察山药根系和新生块茎的生长情况，并通过定期植株采样、切取距山药根面不同距离的土壤层，测定分析植株不同部位(叶、茎蔓、根系、块茎)和不同土层的养分含量。

②通过定期测定植株不同部位内源激素(生长素、脱落酸)含量的变化，定期测定根系数量、粗度和长度等有关参数，来比较和确定套管栽培山药和对照在植株源库关系、根系分布状况和养分吸收方面的差异。

③用网膜分室根箱法研究不同施肥位置(套管外近畦面施肥、套管外深层施肥等)、施肥种类及数量、不同套管结构、套管内预装土量和套管安装方式对套管栽培条件下的山药块茎发育膨大的影响。

(四)技术路线

套管栽培山药的具体技术路线如图4-6所示。

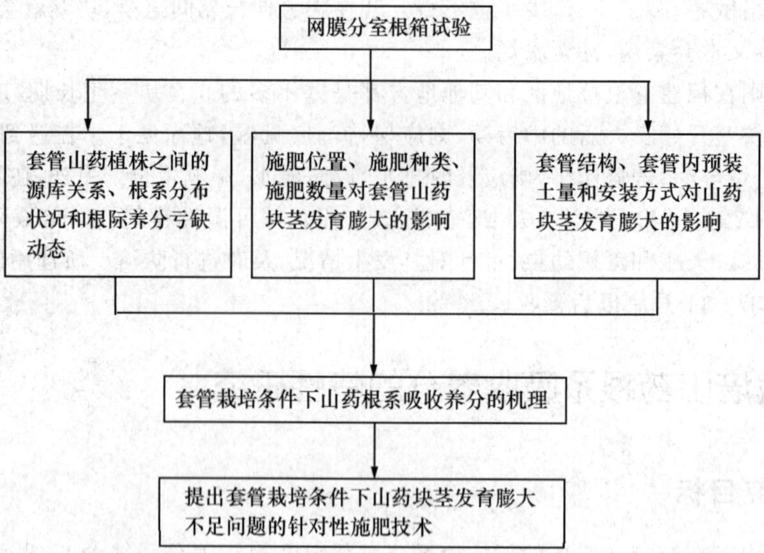

图 4-6　套管栽培山药的技术路线

十一、山药盆式栽培技术

本发明技术(中国发明专利号:ZL03136589.2)能够最大限度地打破地域限制,在不同环境条件下进行山药工厂化的高效优质栽培,达到山药品质的标准化、该技术也能实现在城镇居民楼的阳台等地方进行山药观赏栽培。通过山药盆式栽培方法,能减轻劳动强度 60%～80%,并且降低了收获难度,有效控制了山药块茎的破损率。所产山药色质好,薯形整齐,无病虫害。

(一)技术背景

山药作为食、药兼用的典型保健作物既是一味十分重要的中药材,同时也是营养价值非常丰富的名贵蔬菜和重要粮食。山药在国内外市场越来越受到欢迎,市场容量逐年增加,但目前山药生产存在的问题是山药生产时期长,栽培劳动强度大,栽培技术落后,主要以挖深沟的传统栽培技术为主,也有少量打洞栽培、套管栽培、窖式栽培。但这些栽培技术均受到一定条件的限制,不能大面积用于工厂化生产。在这种形势下,迫切需要推广山药盆式栽培技术,该技术能够最大限度地打破地域限制,在不同环境条件下进行山药工厂化高效优质栽培,达到山药品质的标准化。该技术也能实现在城镇居民楼的阳台等地方进行山药观赏栽培,解决了多年来不能在阳台等地方栽培山药的难题,山药由此成为阳台蔬菜的重要成员(图 4-7)。

图 4-7　山药阳台盆栽

(二)技术方案

1.山药盆的规格与制作要求

山药盆的规格与制作要求如图 4-8 至图 4-10 所示。

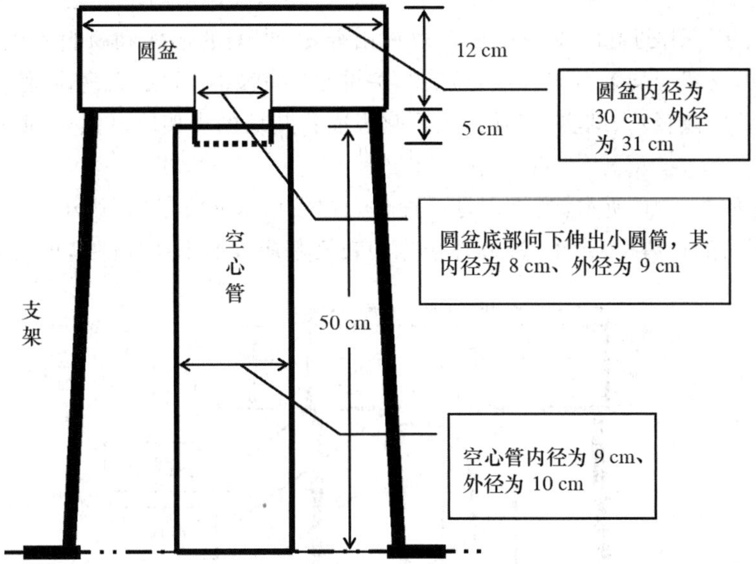

图 4-8　山药盆结构正视图

2.山药盆式栽培规程

(1)种薯制备　采用粒径(零余子直径,以下同)在 2 cm 以上的健康饱满无病虫的零余子,或者采用农大短山药(中国发明专利号:03109078.8)品种的零余子作为种薯。种薯要求在收获后休眠 4 个月,播种前 2 周进行催芽,催芽要求同山药常规栽培技术。

(2)基质装填　如图 4-8 所示,栽培基质采用山药专用栽培基质(中国发明专利号:03109079.6),装填前先在圆盆底部铺一层地膜,将地膜展平,然后小心铺上混入山药专用复合肥(中国发明专利号:03120792.8)的栽培基质,并使之达到 9 cm 的规定装填厚度,用小铲刮平。每 1 kg 栽培基质混入 20～30 g 专用肥。圆盆底部插入空心管,空心管与地面持平。空心

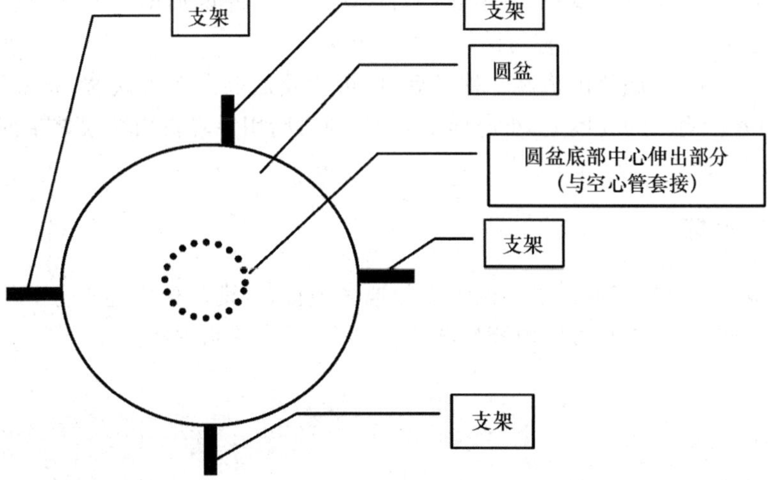

图 4-9　山药盆结构俯视图

管外壁应为白色，以达到反射日光，降低空心管内的气温，确保山药块茎正常生长的作用。

(3)支架固定　山药盆的支架要便于取放山药盆，支架的形式和材料不限，可由钢筋、竹木、砖石等制成，支架应均匀分布在圆盆底部，关键是要能支撑、固定圆盆，不使其倾倒。阳台、庭院栽培的支架应该轻巧、结实、美观。工厂化大面积栽培的支架应高强度、低成本，能够多年重复使用。

(4)播种　如图 4-10 所示，当年 4 月播种时先把栽培基质浇足水，用小铲在圆盆中央挖一个小洞，将催芽后的种薯(零余子)准确埋设到距栽培基质表面下 4 cm 处，再刮平表面。

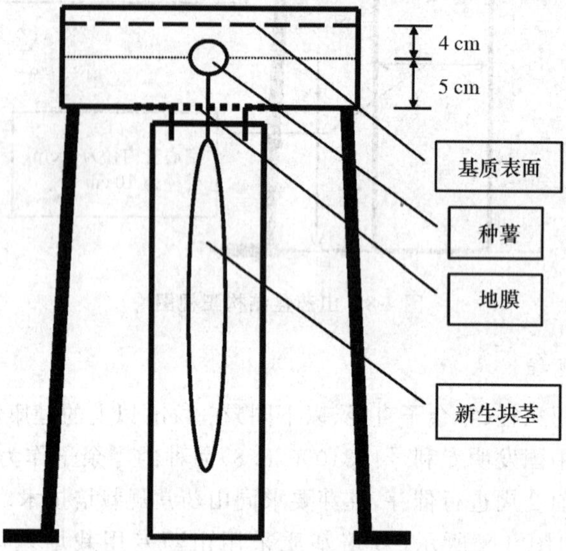

图 4-10　山药盆式栽培

①生长期管理。在山药出苗以后，需设立茎蔓支架，一般要求比山药盆高出 50 cm，材料可用竹木制成，使用前应统一消毒灭菌。如果山药盆底部(空心管底部)已经高出地面 30 cm，可不设立茎蔓支架，任其下垂生长，将茎蔓均匀理顺到山药盆四周即可。在出苗以后，每个山药盆每隔 1 d 浇透水 1 次。病虫害防治同山药常规栽培。

②收获。当年 10 月底待山药茎叶枯黄后，即可收获山药。在收获时，先将枯黄的茎叶除去，然后将山药盆抬高 60 cm 以上，小心向下卸下空心管，用手轻折山药块茎基部(与山药圆盆底部连接处)，即可取下山药。

(三)注意事项

山药盆式栽培不宜在气候特别酷热高温的地区进行，否则山药块茎不易下扎；山药盆底部的空心管必须严密遮光，否则影响山药块茎伸长膨大，导致栽培失败。

第五章

山药其他栽培技术

一、山药打洞栽培技术

打洞栽培也叫孔洞栽培，又叫孔洞悬空栽培。这是根据不同品种的山药块茎伸入地下的长度，打一个与其相应的洞穴，让山药块茎悬吊生长于该洞穴中的一种栽培方式。经过了长期的田间试验，山药打洞栽培技术更为完善、多样和适用，其栽培效果也更加显著。

山药打洞栽培技术是根据山药生长发育和生理生态的一些特殊习性而形成的。比如，长山药具有自然垂直，向地心伸长的天性。无论有土壤，还是无土壤，都会一直向下生长。因此，人为地打一个洞，让其伸入洞中，并在洞中向下延长。再如，山药的根是生长在山药块茎的上端，长在茎的基部，即生长在土壤的表层。而山药块茎周围的毛根并不是山药真正的吸收根，它与山药对土壤中养分、水分的吸收基本没有关系。在孔洞中，山药块茎一直向下延伸，山药的吸收根会源源不断地吸收并为块茎供给养分和水分，这样可以使山药地上部的茎叶和地下部的块茎能正常地生长发育，以此方式可以取得可喜的栽培成果。

打洞的工具一般是用环形土铲，铲头用薄钢板圈成1个直径为8～10 cm的半圆形，半圆底部截成3个三角形小缺口，以使入土阻力减小，盖土利落，铲土锋利。一般铲头长为20 cm。在铲头上安上木柄，木柄长为180～200 cm，然后根据不同品种所应具有的株行距离，在田中一个一个地打洞。打洞一般在冬、春农闲时进行。小面积的地块多是采用人工打洞，而大面积的地块则需要用机械化工具来打洞。有些地方用石匠打石头的铁钎打洞，也可就地取材，用其他工具打洞。不管用什么办法打洞，打出的洞一定要结实、可靠、周壁光滑、不塌不陷，保证质量。由江苏省农民创造的山药打洞栽培技术已进行了10多年的田间试验，并取得了较好的效果。

(一)打洞要求

打洞栽培山药对土壤类型要求不严，在地势高燥、地下水位低、排灌方便的田块上均可打洞种植。但有4种土壤不宜进行打洞栽培：第一种是沙丘地；第二种是过于坚硬的土壤；第三种是土壤中有较大的砂石类夹层的土壤；第四种是容易塌陷的土壤。第三种土壤不能进行打洞栽培是因为黏土成分太少，不足5%，95%的成分是粗砂和细砂，这种质地的土壤在打洞后容易塌陷，打洞的成本也比较高；第四种土壤不宜进行打洞栽培是因为打洞太费劲，或是打洞后不易保持洞形，也不适宜进行山药打洞栽培。比较寒冷的地区、过湿的田块和排水不良的地方均不宜进行打洞栽培山药。

在秋末或冬初，每亩施腐熟后的厩肥 5 000 kg 作基肥，接着耕翻整平土地。然后，在冬季至翌年春季农闲时打洞。在打洞前，按行距为 70 cm 放线，并在线上挖深为 6～8 cm 的浅沟，再用打洞工具在浅沟内按 25～30 cm 的株距打洞。一般以洞径为8 cm，洞深为 100～150 cm 为宜，具体规格依照所选用山药品种的粗度和长度而定。若山药块茎较短(如太谷山药)，洞深可为 80 cm 左右，但最浅不要小于60 cm。打出的洞要结实，并保持洞壁光滑(图 5-1)。

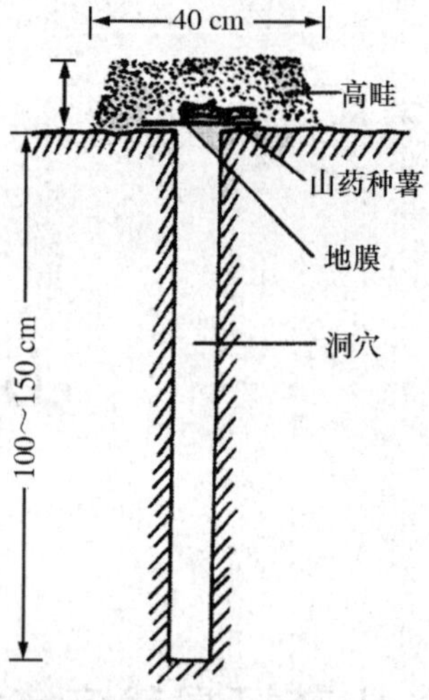

图 5-1　山药打洞栽培

(二)定植方法

平常打洞栽培所使用的山药段子多选用直径为 3 cm 以上的健康块茎。山药段子大小不一，小块山药段子重 20～40 g，大块山药段子重 80～120 g。河南省鹤壁市农科所在试验时将种薯按 10 cm 长的标准分切成段，每块重 30～40 g。在山药段子切割过程中，应严格消毒杀菌，并注意保护每块山药段子上的皮层不受损伤，以免影响出芽。因为一般只要损伤了外皮都会涉及隐芽。分切山药段子要选择晴天进行。多数分切山药段子在播种前一个月左右进行，分切后的段子切口可以蘸一层草木灰，也可用 40%的多菌灵胶悬剂 300 倍液浸种 15 min，捞出后晾干，以便减少病菌的侵染。

利用打洞栽培山药，在定植前一般要进行催芽，催芽方法与山药常规栽培方法相同。将山药栽子或段子催好芽后，即可定植。在定植时，先用地膜覆盖在洞口上，四周用土压实，随即把种薯放在地膜上，将芽对准洞口，以便块茎入洞生长，然后用土培成宽为 40 cm，高为 15～20 cm 的垄(畦)，结合培垄，可每亩再施入饼肥 100 kg、尿素 10 kg、磷酸二铵 15 kg，并与土壤混匀。由于种薯具有向地性，一般无须在地膜上划口破膜，山药块茎可自动钻破地膜，进入洞中生长。

山药打洞栽培主要是利用洞的有利条件进行山药生产，其他的栽培技术措施也应该为在洞中生长的块茎创造条件，准确定植是其中最重要的技术措施之一。种薯必须摆在洞上，芽点也必须对准洞口，这样才有利于块茎入洞，并可避免长到其他地方，造成不必要的损失。

没有经过催芽的种薯用于打洞栽培是不合适的。其原因有 2 点：一是无法确定芽点。即使按一般的方法能确定种薯的上端就是最好的不定芽，但也没有十分的把握，一旦种薯的上部受伤或受害，其发芽的位置就会发生变动。二是用山药段子直接播种，其出芽和出苗都会很迟，出苗率和出苗质量也会受到不利因素的影响，产量会减少 10%左右。

目前，利用打洞栽培山药还采用另一种方法，即将洞打好后，往洞内填入无粪、潮湿的虚壤土或者粉碎的稻草树叶等，这样就不必在洞口覆膜。但采用这种方式栽培的山药在收获山药时比较费劲，块茎出洞的阻力较大，地洞的使用年限也会缩短。这种打洞栽培法对山药的品种要求不严，几乎适用于所有长山药品种，其技术要求相对简单，容易掌握。对于以上 2 种打洞栽培方法，我们可根据具体情况分别采用。

(三)打洞栽培的效果

据在江苏、河南等地区进行打洞栽培山药的实践表明,打洞栽培最适宜水山药的种植。对绵山药,打洞栽培的效果则不如水山药明显。江苏是水山药特产区,当地山药农户也多采用打洞栽培技术种植水山药。河南省鹤壁市农业科学研究所于2000年和2001年连续2年进行了水山药与怀山药打洞栽培的对比试验,其结果显示水山药的效果为最好,而怀山药打洞栽培的效果却很不理想。

水山药含水量大,也较耐水湿,块茎棒直,生长势强,很适应洞中的小气候环境,其块茎极易入洞,在洞内垂直向下,很少形成分枝。由于洞内已打空,没有土壤的阻力更有利于水山药的延伸和肥大。因此,打洞栽培的水山药的产量远远超过了普通栽培的水山药的产量。供试用的河南怀山药、太谷山药、绵山药等进行打洞栽培的结果都不理想。绵山药因生长势较弱,又常因块茎顶端分枝,结果坐口不入洞,似乎很难顶破盖在洞口的塑料薄膜。即使入洞,因不适应洞内的潮湿环境,其生长也不正常。因而山药的产量、品质都受到不利的影响,再加之绵山药块茎较短,不是很直,如果利用打洞栽培技术,也不太合算。

根据试验结果可知,通过打洞栽培的水山药,块茎比较光滑平直,畸形薯块很少,病虫害少,质韧,耐贮运。同时,打洞栽培山药可明显增加栽培密度,大约能增加1/3的栽培密度,每亩可栽培3 500～4 000株,而山药块茎的单株重并不下降,因此,比用传统技术栽培的山药,打洞栽培的山药可增产30%及以上。

打洞栽培山药比传统常规栽培省工,它避免了挖深沟这一繁重劳动,而且打1次洞可连续使用3～5年。如果地洞被保护得好,使用年限还可更长一些。地洞使用的年限越长,省工的效果越明显。同时,打洞栽培的采收比较省工、高效,对块茎的破损率也较低,这个破损率接近于用套管栽培山药的效果。

山药打洞栽培的管理方法与山药常规栽培技术相同。

(四)五寨打洞栽培实例

北方绵山药栽培区能否进行打洞栽培呢?对于某些品种而言是可行的。山西省农业科学院五寨农业试验站的科技人员利用小型地质文物钻孔机,选用适合本地生长的白山药品种,进行孔悬栽培,也取得了显著的成果,其单产量为6万 kg/hm^2 以上,除去投入3万～3.75万元/hm^2,每亩净收入可达万元,其收入是种植当地粮食作物的几十倍。因此,山药进行打洞栽培成为当地农业种植结构调整中的最佳选择。

晋、冀、鲁、豫以及我国北方浅山区有深厚的土层,其土壤疏松,地势高燥,排水便利,通气性良好,石块胶黏土很少,非常利于进行机械或人工打洞。这种地质条件下打好的孔洞很容易固定,不易塌陷,可以连续使用3年。五寨农业试验站的科技人员选择无病、健壮的绵山药品种,将其切成长为1.5 cm的山药段子或用蒂以下长15 cm的山药栽子,作栽培种用。种薯被切好后,先用农用青霉素和赤霉素稀释液喷洒,然后进行催芽。床土选用湿砂细土,床温为25 ℃左右,经过2周即可出芽。当地温达到10 ℃时,进行播种,也可采用地膜覆盖技术在早春提前播种,以延长山药生育期,并能提早上市,调节市场淡季,实现增产、增收。

在播种前,将基肥混匀施于土壤表层,重施基肥。基肥的种类和数量分别是:腐熟的农家肥7.5万 kg/hm^2 以上、饼肥1 500 kg/hm^2、灰肥7 500 kg/hm^2,配合碳铵450～600 kg/hm^2。采用宽窄行打洞定植，宽行行距为 80 cm，窄行行距为 40 cm，株距为 28 cm，孔径为 10 cm，洞深为 170～180 cm。在孔洞钻成后，用塑料薄膜将地上孔口覆盖好，防止雨水向孔内灌入泥土，造成孔眼报废。在种植时，将催好芽的山药段子放在混合有机肥料和肥土的薄膜孔口处，新生出的小块茎能对准划破薄膜下的孔眼，让新山药悬空在孔洞中生长膨大。在苗高 30 cm 左右时，用架材搭成“人”字形架或三脚架。在植株生长旺盛期，侧枝发生较多时，及时摘去基部侧枝，以减少养分消耗，增加通风、透光，提高光合效率。

(五)打洞又填洞的栽培技术

有些山药产区采取了另外一种山药打洞栽培的方法。洞还是照样打，洞的深度依山药品种而定，洞的直径为 7～8 cm，只是洞壁并不要求那样光滑。在洞打好以后，还要专门向洞内填入无粪、潮湿的虚壤土。这种方式的打洞栽培既有优点，也有缺点。

其优点有 3 个方面：一是对栽培品种要求不严，甚至更适于栽培水山药以外的绵山药品种。比如，河南怀山药、太谷山药等。因为洞中有虚土，不是空洞，只是土壤少一些，这种形式实际上是介于开沟栽培和孔洞悬空栽培之间的一种中间的栽培形式。二是不需要在洞口另外盖地膜。盖膜是为了避免土壤进入洞中，但有时不小心，常在盖膜的时候将不少的土有意无意地推到了洞中。洞中有土，且一直到洞口，在栽山药时，种薯放在洞口上，所生出的新块茎很容易顺利入洞生长，幼芽也就无须再穿透薄膜，块茎分杈的情况也相应减少。三是技术要求比较简单。水山药打洞栽培无论是洞深，还是洞浅都要求必须到位。理想的洞穴必须是在生长的过程中，山药块茎下不碰洞底，四周不触洞壁，洞壁愈光滑愈好，洞中最好没有土，这样才能做到真正的空洞，也才是真正的悬空，也更有利于生产高品质的水山药。虽然后一种打洞栽培也打了洞，但并不要求洞中无土。有人说，若能在冬、春季将大地已经风化好的虚土自然地刮到洞中也是可行的。

此法栽培的缺点也是明显的，其缺点有 2 个方面：一是对山药的收获不利。拔不起来，块茎出洞的阻力明显增加。如果是真正的虚土还稍好一些，如果是不那么虚的土就更费劲，最终导致的结果是山药块茎被折断损伤的比率增加，这样就影响了山药的品质。如果有时在洞中填虚土时的方法掌握不好，或被踩实，在起山药时就更为困难。二是大大缩短了洞穴的使用年限。因为其打洞的方法既填虚土，又没有保护，收获时还费工。各地可根据具体情况灵活地选择使用。

二、山药窖式栽培技术

山药窖式栽培技术是近年来江苏省沛县农民创造的新技术。它适于庭院栽培，而且试验效果良好，可以大面积推广。山药窖式栽培技术的一大特点是可以一次种植，多次采收，一般可采收 2～3 年。但这项技术的一次性投资较大，同时入窖内进行采收存在一定的危险，例如，有可能遇到塌窖及窖内毒气的危害，这项技术需进一步完善。它可分为沟窖栽培技术和地窖栽培技术。

沟窖栽培技术是根据短粗的双胞山药品种而创造的一种浅沟小窖栽培技术，其他的短粗山药也可以试行。双胞山药块茎长为 50 cm，所挖沟窖也只需深为 50 cm，宽为 12～14 cm，长为 1 500～3 000 cm，沟与沟间隔为 100 cm，然后在挖好的沟上横搭预制的网眼稀疏的帘子，也可在废网条上加一层旧报纸替代。最后将从沟中挖出的泥土铺堆在网上，初步培成高垄，垄高为 12～20 cm，宽为 50～60 cm。沟中仍留厚为 5～10 cm 的松土碎泥。

在培垄的时候，每亩可撒施饼肥和硫酸钾复合肥各 50 kg 左右，与垄土混匀，然后再浇施适量的人、畜粪尿，垄土经过一个冬季的严寒熟化便能成为培养土。

在地温稳定在 10～12 ℃时栽植。种薯为山药段子，切成每块为 30 g 重左右大小，每亩用种量为 150 kg，栽植 4 500～5 500 株。其田间管理方法同双胞山药常规栽培一致。在收获时，先将山药两旁的垄土剖开，使网条露出，然后从沟窖一端顺沟揭起网条，将山药逐株从网条上拉出来。

山药地窖栽培技术在我国由来已久，且南、北方地区皆有。华北地区和华南地区的地窖各有特色，土窖、砖窖和石窖，但基本上是依山药块茎的长短设置，如长形山药的地窖深一些，短形山药的地窖浅一些。土窖多在不易塌陷变形的黏壤土或黏性土壤区出现，使用时间较短。在土性好的地方，如果保护得好，可使用 3～4 年也不坏。当然，在每年播种前，均应将窖底的碎土收拾干净。使用砖窖的地方较多，一经砌好，可多年使用，播种和收获也较方便，但是也需注意保护。如果维护不好，也容易踩塌，缩短其使用年限。石窖有大石窖和小石窖之分：一是窖的大小不一；二是使用的石块大小不同。这里的石窟主要是指在同砖土窖相同规格的情况下，用小石子还是用大石块垒成的。用小石子垒成的石窖为小石窖，用大石块垒成的石窖为大石窖，与窖本身的大小无关。在土石山区，石块较多，且有高超的砌垒石子的技术才能用小石子砌成牢固的山药种植窑。

地窖的做法一般是先设计画线，按要求挖沟。比如，如果希望山药沟为 15 cm 宽，在挖沟时，就需加上沟两边砌砖或垒石子的宽度，一块砖的宽度为 10 cm，两排砖宽度就是 20 cm，沟需要挖宽为 35 cm，两边砌砖后剩下的就是 15 cm 的山药沟宽度。在砌砖时，要退着走，砖砌好了，沟就形成了，砌石子墙也是同理。沟的深度也要按标准要求办理，种植长山药的沟的深度为 150 cm，还是100 cm 或 200 cm，随品种不同而定。不过地窖不适于块茎太长的品种，因为沟深了，易塌沟。沟的长度可根据地形设计。沟的方向多为南北向，也有的山药沟较宽，一沟栽两行山药，然后在上面盖好预制板。

地窖种植山药一般可增产 33%，种好了可增产 50%。根据地窖种植山药的特点，增产是肯定的，只是费工、费材，难以应用于大面积生产。但对于我国南、北方地区的小块地山药而言，零星栽培比较适宜，这些地区的山药农也陆续采用地窖来种植山药。

（一）建窖方法

山药窖式栽培对土壤类型要求不严格，只要土壤有充足的养分即可。窖址应选择在地势高燥、地下水位低、排水方便、通风向阳的地方，以便栽培和采收。挖窖前，先在地面上划线，一般要求窖宽为 100～120 cm，窖长为 1 500～3 000 cm，南北走向，然后挖出深度为 140～150 cm 的坑，每条坑要间隔 150 cm 左右。

挖好窖坑后，在坑上面横搭上水泥柱，水泥柱长度为 150～180 cm，各根水泥柱间隔 60～80 cm。然后在水泥柱上平铺混凝土栅栏板，放置方向与水泥柱垂直。栅栏板宽为50～60 cm，长度为 120～160 cm，各个栅栏板的排放间隙为 3～4 cm（图 5-2）。

在搭好栅栏板后，在板上铺一层麦秸、稻草等秸秆，以防碎土漏进窖内。有的药农试着在

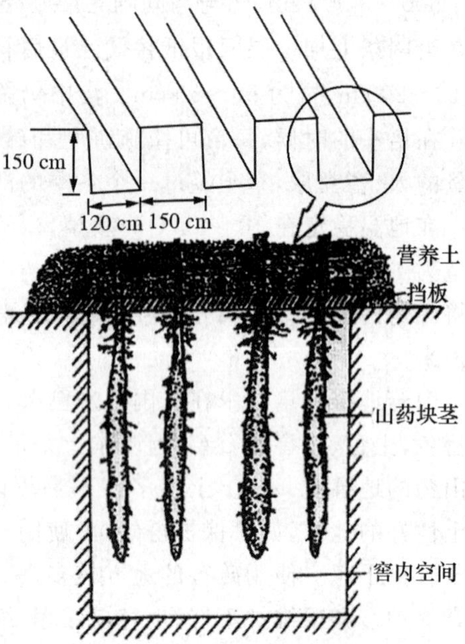

图 5-2　山药窖式栽培

栅栏板上铺一层较厚的薄膜，并在预定块茎下用刀破膜，然后再在膜上铺堆营养土，种植山药。这样做的效果不错，但要求栅栏板的栅栏较密，以便承受堆土的重压。

栅栏板上铺堆的营养土，其配法按 5∶1或 6∶1将一般的园土与充分腐熟的厩肥等有机肥混合拌匀，同时在每立方米营养土中再混入磷酸二铵100 g、尿素 50～60 g、硫酸钾 100～120 g。

在营养土配好后就可铺堆在栅栏板上，一般要求堆成高为 25～30 cm 的高畦。在窖的一端要留一个出入口，出入口应不小于 50 cm 见方，在口上盖木板封严，保持窖内黑暗状态。在出入口处不铺水泥板和营养土。在窖建好后，应在四周挖排水沟，防止雨季窖内积水。如果窖顶不用水泥板承重，也可就地取材，用细木棍、高粱秆、玉米秆等紧密地铺在栅栏板上，然后再铺堆营养土。秸秆容易腐烂，窖的使用寿命为 1 年左右，容易漏土，有时还可能塌窖。

(二)定植方法

种薯应采用长柱形山药(长山药)，在定植前先进行薯种催芽。其催芽方法与常规栽培方法相同。定植应于地温稳定在 12 ℃以上时进行，最低温度不能低于 10 ℃。在建好的窖面畦上放线栽植，一般每窖沿窖长方向种 4 行山药，按大、小行距排列，大行距为 50 cm 左右，小行距为30 cm 左右，中间为大行距，两边为小行距。在放好的线上开挖深为 6～8 cm 的浅沟，将种薯按株距为 20～25 cm 顺沟平放在沟内，然后用土盖平，并轻压。一般长为 3 000 cm 的窖可栽山药 450～500 株。

(三)采收方法

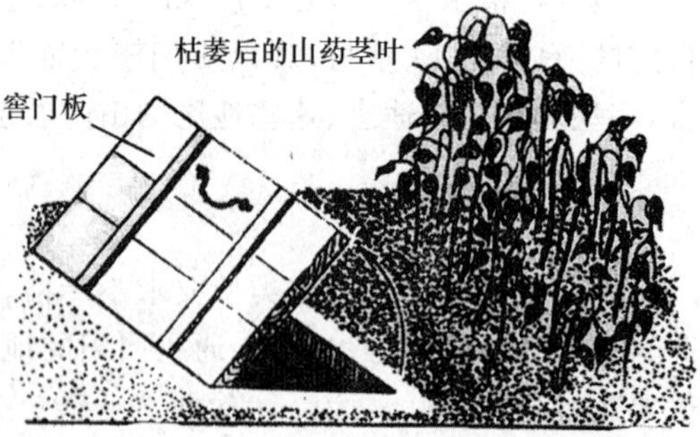

图 5-3　采收山药块茎前，先打开窖门进行通风

待山药地上部的茎叶枯黄干死后，即可开始采收山药块茎。在采收时，要先把窖门板掀开，为其通风 2～3 h(图 5-3)，待窖内积存的废毒气体排出后，再进去采收。人进入窖内时，应随身携带手电等照明工具，并要戴上头盔等防护设备。进窖后，要先检查一下近处的窖顶是否牢固，然后才可采收山药。

在采收时，一般是用手抓住山药块茎，在距离水泥栅栏板 4～5 cm 处将块茎折断，取下。要注意不可用力摇晃和下拉，否则会引起土块大量漏入窖中，影响采收和安全，而且要注意在采收中不能碰伤留在窖顶的山药栽子。待人出窖后，即敞开窖门通风，以降低窖内湿度，促进山药栽子的伤口愈合。

待寒流来临前，要把窖门重新封好，防止冷风进入窖内冻坏栽子。同时，在窖顶外面，要用稻草、麦秸等铺盖在畦面上，一般厚度为 5～10 cm，这样可确保山药栽子在窖中安全越冬(图 5-4)。在第 2 年春季的 4 月初，将覆盖物取走，并在土畦上每平方米追施腐熟的厩肥 5～10 kg、磷酸二铵和尿素各 50 g。其余的田间管理工作与第 1 年相同。这样到了 9 月，即可采收第 2 季山药。如果田间管理适当，追肥充足，无明显病虫害，窖式栽培法可连续 3 年采收山药块茎。在采收三茬后，需要更换种薯和营养土，否则会严重影响山药产量。山药窖式栽培技术一般不用零余子做种薯。南方雨水多的地区应随时注意排除窖内积水，并防止塌窖。在每茬采收完后，要及时清出窖内的积土，否则将影响后季山药的生长。窖式栽培技术的一个好处就是可随需随采山药块茎，可以从 8 月一直采收到 10 月底。

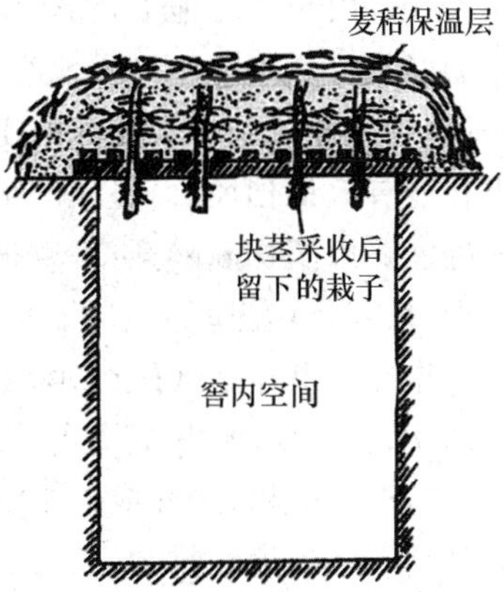

图 5-4　山药窖式栽培采收后的情形

窖式栽培山药的其他管理工作与常规栽培山药相同。

三、山药地爬栽培技术

(一)品种选择

在我国的山药类型中，扁山药、圆山药和长山药中的双胞山药实行地爬无支架栽培。因此，地爬栽培的山药要求蔓短。短蔓品种才适于地爬栽培，不过有的短蔓品种进行地爬栽培的效果也很差。

(二)开沟技术

江苏省启东市育成的双胞山药就是很有特色的短蔓品种，比较适合地爬栽培。这种短棒形的山药品种在种植开沟时只需两铲土。第一铲将厚为 20～30 cm 的表土层挖成大块，放在行间晾晒，最好将余土铲平，也放在行间，然后再挖第二铲。第二铲下去又入土 20～30 cm，但不能铲成大块土，而需铲得薄一些，一片的厚为 2～3 cm，一层一层、一片一片地原地不动，挖好了就放在沟内，让其冻松熟化，山药沟就这样挖好了，比起深挖 1 m，甚至 1.5 m 的沟，省去了许多的麻烦。

开沟的时间在冬前或初春都可以。一般沟宽为 22～35 cm，沟深两铲，达 50 cm 左右即可，有的沟也可深到 60 cm。在挖沟前后，要注意将砖瓦、石块剔除干净，以免山药分杈畸形。在整地时，再将所挖出一铲土的 2/3 耙入沟中，整成宽为 22～25 cm、深为 7 cm 的播种沟。土质最好选择地势高燥、排灌方便、土层深厚、肥沃疏松的沙质壤土。对于块茎长度为 50 cm 左右的双胞山药而言，这样的种植沟是非常理想的。

(三)与棉花套作

山药爬地栽培不搭支架，套种棉花能使山药和棉花出现双赢局面，这是最为理想的一种栽培模式。山药长在地下，棉桃结在地上，山药植株爬地生长，棉株直立分布，这对于不搭架的山药无疑是有了立架。虽说地爬生长无须搭架，但枝蔓也不能杂乱无章地乱窜。对于地爬山药来说，理蔓是一个不可缺少的工序，尤其是在顶风伸蔓时，茎蔓容易被吹成一团。棉株秆直立生长能有效地挡风，而坚硬的棉花秆又是山药自然理蔓的绝好依托。相隔一定距离的棉花株正好能将山药株蔓隔开，可以把山药株蔓相对固定在一定的范围之内，并且完全可以对其不加管理，任其自然甩蔓。

据启东市合作镇农业创新技术及名特优新品种示范基地洋桥村范仲先介绍，洋桥村采用多秆棉立体化栽培模式，棉花行距为 270 cm，株距为 33 cm，品种选用杂交抗虫棉“南抗 3 号”，每亩栽植近 800 株，单株成铃 100 个以上。在多秆棉大宽行中，种一行地爬双胞无架山药，播种沟分上、下层，地翻耕 50 cm 深，并施入基肥。山药株距为20 cm，每亩种 1 000 株，用种60 kg，产量为 1 200 kg 以上。其产值是棉花的 6～8 倍，极大地提高了多秆棉种植的经济效益。

在种植地爬山药地时，还可以套种冬春蔬菜。仅山药产值就可以达 5 000～10 000 元/亩，产量可在 4 000 kg 以上。如果加上套种作物，其产值和产量就更加可观了。各地都可以根据自己的实际情况调整种植结构，进行山药地的间作套种，使地爬山药更能适应不同地区的实际，从而取得良好的经济效益。

(四)双膜保温催芽

为了延长山药的生长期，实现早熟、高产的栽培目标，在地爬山药播种前 25～30 d 多进行催芽。双胞无架山药利用山药段子进行繁殖，每年在惊蛰到春节之间进行催芽。一般在催芽前半个月，先将准备切段播种的山药块茎晾晒 4～5 d，然后切段，每段长为 5～6 cm。山药段子被切好后，使其断面沾上石灰粉，再晾晒 2～3 d，但不可暴晒。随后将其移至通风良好的干燥地面上存放 7～10 d。待切口愈合后，再放到多菌灵泥浆中浸 15 min。取出后，再晾晒 1 d，然后准备进行催芽。

多菌灵泥浆的使用就是 500 g 25%多菌灵，加水 40～50 L，再加细泥 10 kg 配制而成，将山药段子放入其中浸泡 15 min，使山药切口均匀地被消毒杀菌。用这种方法消毒杀菌，整个切块就可以安然无病，但需将泥浆搅拌均匀。进行种薯催芽时，上面要盖土 3 cm 厚，并铺一层薄膜，再加一小拱棚保温，这种措施被俗称为双膜保温。经过 26～27 d，当山药幼芽长到 1 cm 时，即可播种。在播种时，选留一个壮芽，而将其余的芽全部抹掉。

(五)定植及其以后的管理

地爬山药定植的具体时间一般在播种后，幼苗出土时，以当地的无霜期为宜。这样做能让小苗不会受冻，且能正常生长。播种沟内先施适量腐熟人、畜粪，然后在播种沟两边施入氮、磷、钾三元复合肥，施量为每亩 100 kg，施肥处应离开沟中心 10～12 cm。基肥施好后，顺着播种沟的中心播下已发芽的种段，然后覆土 8～10 cm 厚，并起垄拍平，保墒防渍。然后，在垄背，再施以鸡棚灰或羊棚灰，施用量为每亩 750～1 000 kg。到了小暑节气前后的山药初花期，在山药行间根际再追施三元复合肥，施用量为每亩 50 kg。同时，加施中等浓度的人、畜粪和适量尿素。在立秋前，可在叶面喷施 0.3%磷酸二氢钾溶液 2～3 次，相隔 7～10 d 喷 1 次，以促地下块茎迅速膨大。如果有蔓叶徒长现象可在现蕾开花期，即 7 月上、中旬，喷施多效唑溶液，防止蔓叶徒长，以利于块茎膨大。

在整个生育期，山药田中的杂草要求采用人工方式除草。种植地爬山药的田块应注意排水，做到沟沟相通，雨停田干。种植地爬山药要控制病虫危害，也要控制氮肥的施用量和施肥的次数。在6月中旬到7月中旬的发病初期，可连喷2次70%甲基托布津可湿性粉剂700倍液，每隔6～7 d喷1次，也可用对疑难病虫有特效的50%消菌王药液，进行喷雾防治。一般到10月即可采挖山药去上市销售，但准备留作种薯用的山药应在霜降后起挖。其用种量一般为每亩200～250 kg，可按此标准进行预留。

第六章

扁山药栽培技术

扁山药的块茎扁平，形如脚掌，连接地上部的茎端窄，下端渐宽，最下边因多处生长出指状脚板形的纵向褶襞，因而又称脚板薯或脚板苕。因扁山药又像银杏叶片状，故而又叫银杏薯。扁山药的变形很多，有的像手掌或像脚掌；有的像八字或像长棒（图 6-1、图 6-2）。我国栽培扁山药的历史悠久，其主要分布在山东、浙江、湖南、江西、台湾、四川、贵州、福建等地区。扁山药的生产比较稳定，意外灾害较少，栽培用工较少，很容易大面积栽培。但栽培扁山药所用的种薯较多，种薯费约占整个生产费用的 40%。同时，扁山药一年一作，占地时间较长，容易被线虫寄生。

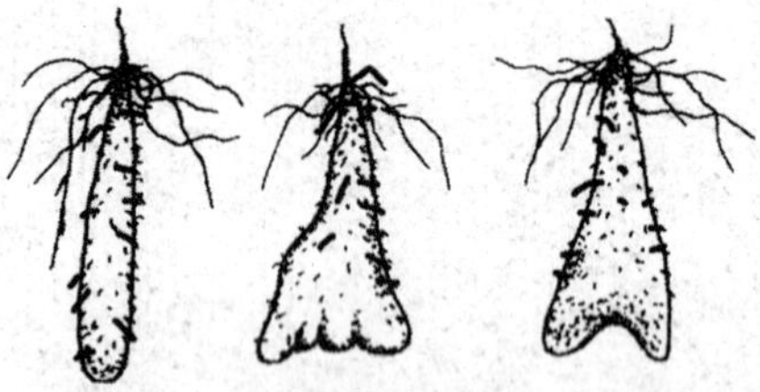

图 6-1　扁山药地下块茎的主要形状

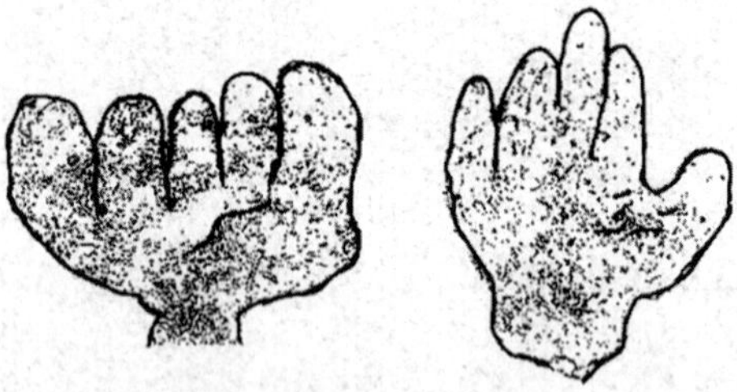

图 6-2　巨手形扁山药

扁山药多以食用为主，营养价值不亚于其他类型的山药，水分含量比长山药少，粗蛋白质和可溶性无氮物质多于长山药。在市场上，扁山药属于高档品种，可作为糕点的加工原料，也可做饮料。同时，扁山药的药用价值也很高。

一、扁山药的生育特点

扁山药在 10—11 月收获后便进入冬季休眠期。经过几个月的贮藏休眠后，翌年春天才能发芽。扁山药只用块茎繁殖，一般不用顶芽繁殖。在切块前，扁山药首先要被切除顶芽，然后分别被切成 80～90 g 的薯块，最后靠着不定芽的形成，发育长出新的块茎。不定芽的发芽较慢，需要 40～50 d。不带顶芽薯块的种植形成根系约需 3 周，其吸收根的数目都是在发芽初期确定的，以后增加的数目只是根的长度和重量。

扁山药萌芽发根的速度受到土壤种类和播种深度的影响，沙地要比黏重的土壤早发育 20～30 d。须根在 5 月上旬缓慢增加，6 月上旬达到极限，即从 5 月上旬至 6 月上旬是须根等器官增长最快的时期，80％的种薯的营养物质将在这一时期被消耗掉，但种薯的作用还能维持到7月底。

在种薯发芽后，主蔓伸长很快，一般到6月中旬可以达到长为3～4 m。主薯生长初期的叶片很小，其间主要是茎蔓的伸长。经过一段时间后，随着叶片的增加和展开，叶片的作用显著加大。种薯的地下根部也在6月下旬发育到应有的长度和数量，后期多以充实和增粗为主。6月上、中旬，由于茎蔓和根部都已长到一定的长度，种薯中的绝大部分营养物质已被消耗掉，于是自体营养迅速起动，便迎来了茎叶的繁茂和地下块茎的肥大，从这时起侧枝开始出现，到7月中旬，茎叶也已长足。6月下旬以后，块茎增长加快，7月中旬现蕾，这一时期的营养生长与生殖生长同时并进。9月下旬，块茎已基本长足，后期只能进一步充实了。9月下旬到10月下旬的日照时间逐渐缩短，气温日趋下降，茎叶变黄，吸收根的活动越来越弱，须根枯萎化，种薯的外皮硬化，种薯逐渐停止生长。

二、扁山药的品种选择

（一）大久保德利2号

该品种是日本北海道札幌市于1997年推出的扁山药新品种(图6-3)从大久保德利品种的单株中选育而成。大久保德利是雄株，大久保德利2号则是雌株，除了这一点不同外，其茎蔓叶片、块茎味道和形状以及其他的植物学性状，在两者之中则很难区别。实际上，很多的扁山药都是雌株。

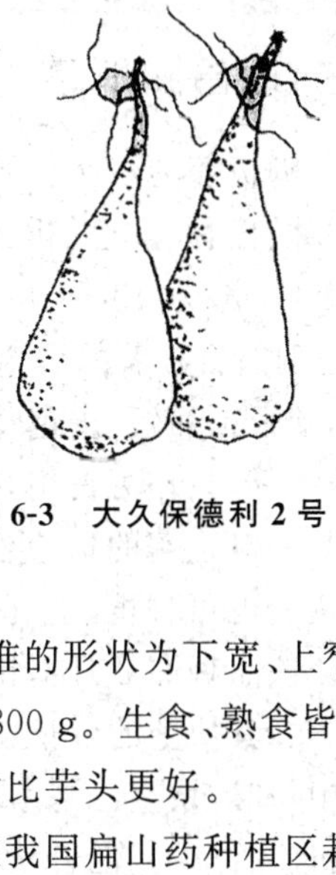

图6-3　大久保德利2号

大久保德利2号的植株生长势强，叶色浓绿，下部节位的叶片为短心脏形，上部节位的叶片稍长，叶腋间着生零余子较多。它不仅耐寒，也相当耐热，还抗病。它在全日本均可栽培，块茎肉质细腻，白色，外皮淡黄褐色，须根很少。大久宝德利2号是一个早、中熟品种。其外形变化较多，标准的形状为下宽、上窄，嘴部又稍突起的中国酒壶状。其一般长度为20～30 cm，单重为400～800 g。生食、熟食皆宜。大久保德利2号做成山药汁时，比长山药更有甜味，黏液汁较多，煮食比芋头更好。

近几年，大久保德利2号被引入我国后表现很好。它很适合在我国扁山药种植区栽培，也适于在我国长山药区栽培，只要地温稳定在10 ℃即可定植。其具体定植时间：南方大部分地区在4月中旬，福建省在3月中旬；北方在5月中旬，东北地区在5月下旬。叶片变黄时，即10—11月收获。它对土壤没有特殊要求，只需要具备30 cm以上的耕土层。一般在栽植时，畦宽为72 cm，株距为25～30 cm，应设立支架。施用的肥料应充分腐熟，数量可参考长山药的施肥量。及时除草对该品种的栽培来说最为重要。

(二)安砂小薯

安砂小薯是福建省永安市的地方品种(图 6-4),因它盛产于安砂而得名。据福建永安市农业局的熊太兰等 2002 年在《长江蔬菜》第 8 期上介绍,安砂小薯有以下特点:一是性喜高温。二是茎圆无棱翼。三是块茎短粗。四是不结零余子。该品种是永安市的地方特色品种,栽培历史很长。由于永安地区处在福建省内陆的丘陵山区,该品种本身也具有一定的耐寒性能,温度太高也不适应。在土温为 10 ℃时,它开始萌芽,生育适温为 25～28 ℃,遇霜后地上部茎叶枯死,块茎可在地下安全过冬。在 3 月上、中旬定植,9 月开始采收供应市场,11 月收获的块茎,品质最好。留种的安砂小薯最好在第 2 年播种时采收。

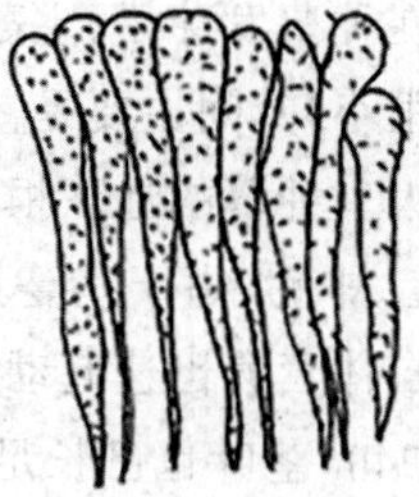

图 6-4 安砂小薯

安砂小薯的植株生长势强,茎蔓长达 3 m 以上。茎断面为圆形,无棱翼。叶片互生,三角形。叶腋间无零余子着生,雌雄异株。块茎棍棒状,表皮赤褐色,长为 33 cm 左右,横径为 3～6 cm,上部须根多,下部须根少,单重为 0.5～1.2 kg,每亩产量为 2 000～3 000 kg。安砂小薯的肉色雪白,质地细腻,黏液汁多,韧性较强,香味浓,口感好,削皮后久放不变色,而且耐贮耐运,品质较好。

(三)瑞昌脚板薯

瑞昌脚板薯为江西瑞昌的地方品种(图 6-5),在南阳上坂、严坂、护林、桂林、穴合、洪山和严坪较多。它的块茎扁平脚掌状,多皱褶,长为 18～26 cm,宽为 16～25 cm,厚为 2.5～5.2 cm。瑞昌脚板薯的颈部较短,一般长为 4 cm 左右。其表面皮孔少,须根稀而短,皮色黄褐,肉质白,黏液汁略少,含水量略多,品质中等,只作为食用,鲜炒、红烧均宜,较耐贮藏。

图 6-5 瑞昌脚板薯

该品种对土壤的适应性较广,在较浅薄、松散或肥沃性较差的土壤上也可种植,但在较为疏松、肥沃的土壤上种植易获得丰产。该品种在 2 月上旬到 3 月中旬播种,5 月中旬萌芽,夏至前苗齐。其块茎的生长期为 7 月中旬到 10 月下旬,但 7 月中旬到 9 月中旬为生长最旺期,在 9 月中旬时,块茎已基本成形,但组织尚不充实。在霜降后,其地上部枯萎,寒露后,块茎成熟,此后进入休眠。但若秋冬和早春不挖起,到了翌年的 5 月中旬,其便又继续萌发和生长,所以将其作二年生栽培,产量可增加二三成,品质也可提高。

三、土壤的选择与准备

我国扁山药集中在东南和华中地区栽培,在华北地区、西北地区和东北地区基本没有栽培。以前不少地区种植扁山药是一年一作,连年栽培,但植株生育一年不如一年,块茎也越来越小,畸形薯越来越多,产量和质量都受到影响。自实行轮作制度后,扁山药的栽培才有起色。扁山药的种植多和水稻轮作,有的扁山药也和甘蔗、花生等轮作。扁山药的前作和后作均以普通栽培作物为佳。其前作应避开土壤线虫容易寄生的作物，因为扁山药最易受到线虫的危害。而栽培了多肥的果菜类前作就不适用于栽培扁山药，因为极易引起扁山药的茎叶徒长，从而使块茎过大或长得奇形怪状。

选好扁山药的种植地块后应注意深耕和施肥，并要尽量使用腐熟的有机肥料。土壤耕层以深厚为宜，并把土壤碎细化，造成较为松软的土层，创造团粒结构，提高地力。这样土壤层不仅有很好的通气性，但还有较强的保水能力和排水能力。由于扁山药组织比较柔软，自动排除障碍物的能力很差，遇到坚硬的土质便会抑制生育或改变形状，降低产量和品质。因此，种植扁山药的土层一定要松软。

扁山药对土壤酸性的适应能力较强，但酸性过强也会使生育变差。在冲积土上栽培扁山药，缺镁的现象较多，同时不同土质也会影响扁山药的长短和产量。在沙性土壤上栽培的短粗的扁山药不仅产量高，而且品质也好。而在河海沿岸的冲积土和黏性壤土上栽培长形的扁山药也可取得较为理想的结果。

要测定土壤中主要元素的含量，做到科学施肥。一般情况下，每亩应施入腐熟的堆厩肥4 000～5 000 kg。施用家畜粪时应了解其性质，并与堆肥、钙肥、镁肥、磷肥等作为基肥施入。可施入钙镁肥 50 kg、磷肥 50 kg，作为基肥。在前茬多施一些有机肥，以使其能更好地腐熟和利用，同时土壤的酸碱度应保持在 pH 为 6.0～6.5。由于扁山药的块茎一般都集中在深50 cm 以内的土层，根群多集中在深 30 cm 左右的土层，因而耕作深度应为 40～50 cm。

要认真进行土壤消毒，防止土壤线虫病和块茎褐腐病。这些病害如不及时防治，轻则降低山药品质，重则块茎将全部腐烂。土壤消毒的常用药剂是氯化苦，一般采用注入法。每隔30 cm，用土壤注入器集中注入一穴浓度为 80% 的氯化苦药液（每亩需注入 15～20 L）。注入的深度应在地下的 20～30 cm 处，注入后要把土壤填压整平。线虫密度高的土块每 15 cm 就应注入一穴。

四、种薯制备

（一）种薯的选择

在扁形山药的栽培中，选择优良种薯十分重要。这是因为扁山药是用块茎进行无性营养繁殖，杂交很少，遗传性单一，新块茎可将老块茎的性状保留下来“种什么种子，结什么果”。如果在扁山药生产基地，对块茎反复进行个体精选，即使在栽培后期遇到不良的气候环境，也很少会改变块茎形状。扁山药优良的遗传素质集中在上部接近茎蔓部的部位，即脚板薯的近茎上部。不同的块茎的长短、宽窄就有其不同的适应性和遗传性。短粗的块茎类型，肉质厚，在疏松的土壤中易取得高产，遗传率高，形状整齐。长形的块茎则遗传性稍差，产量偏低，多出现棒形山药。因此，种薯应选择上部断面圆形或椭圆形的块茎，肉质要厚，且较坚实，毛根细而少，无病虫害。单个块茎重应为 200 g 左右，100 g 以下的小块茎多发育不良，200 g 以上的块茎又过大。在切割时，如果断面太多，很易造成外伤，也不容易贮藏。有线虫寄生的薯块，或有其他病虫害的薯块一概不能留作种薯。

(二)种薯的切割

扁形山药的种薯切割不同于长山药,也不同于圆山药。这是因为扁山药既不像长山药那样一长条,也不像圆山药那样可以分瓣切割。由于种薯各部位的优势不同,切块时应有所区别。顶端,即靠近茎的基部的一段优势明显,切块可小一点,一般单重为 50 g 左右;顶端往下的块茎,即中间部位,切块单重应为 60～70 g,最下端的部位因块茎不够充实,切块的单重一般为 80 g 左右。

如果种薯为棒形,可以将其从上到下进行切割,上部每块单重为 40～50 g,下部每块单重为 70～80 g。对八杈形种薯,在切割前要把比例算好,做到切割合理。对脚掌形种薯更要注意科学切割(图 6-6)。

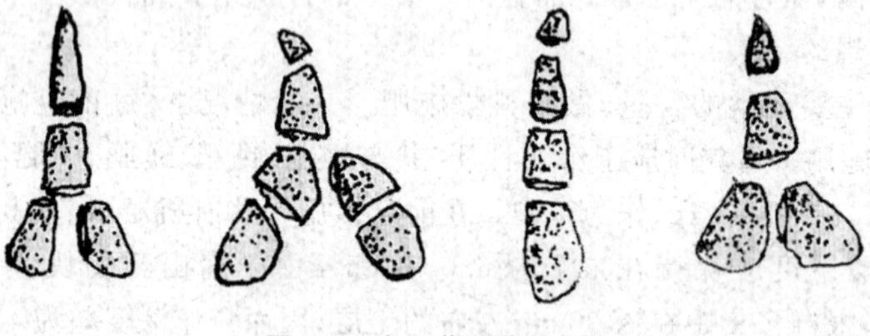

图 6-6　扁山药种薯的切割

从产量衡量,种薯的上部薯块产量高,越到下部产量越低,上部产量比中、下部产量平均可增多 10% 以上,单个块茎重量也大。这主要是因为上部块茎充实,营养含量充足以及它的顶端优势等(图 6-7)。为了扁山药生长一致,产品整齐,切割的下部薯块要相对大一些。目前在生产中多不去顶芽,有顶芽的薯块发芽快,生长快,结薯快。下部的薯块发芽慢,出土慢,生长发育慢,产量小,质量差,在栽培中造成诸多不便,不易管理。

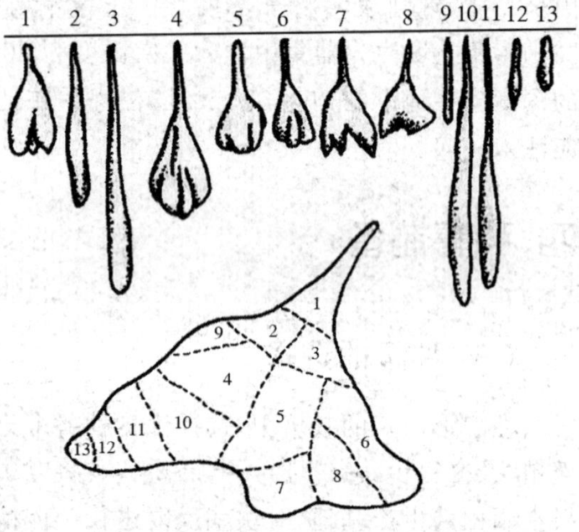

图 6-7　不同部位的扁山药所形成的薯块形状

切割种薯的时机应在种薯的休眠期,一般在 12 月至翌年的 1 月最为合适。切割器具要保持清洁卫生。用竹片切割时,一定要使片刃锋利,做到 1 次切好,不要留下很多伤痕,以便很快形成木栓层,以保护创面,使伤口很快愈合。在用菜刀切割时应找一块木板,在木板上面垫一层有弹性的橡胶制品,一刀切块,切好后放入干净的容器中,防止感染病虫害。切薯地点应在贮藏窖附近,以减少病虫害感染。每年不要在同一处或用同一套工具切割,以防止传染病虫害。若用同一套工具切割,则必须经过消毒。据经验表明,把好切割薯块消毒这一关非常重要,而且也是防治病虫害的重要措施。所选用的种薯也要先用 80 倍的福尔马林液浸泡 20 min,以除去种薯表面细菌,然后放在一块干净的席子上晾 2～3 h,接着置于室内暗处继续晾 1 d。在薯块被切好后,用 80 倍的福尔马林液消毒20 min,置于阴凉处散发水分,然后,涂上草木灰或消石灰进行贮存。

(三)种薯的贮藏

在切好种薯后,离播种还有3～4个月,因此,必须对种薯进行安全贮藏。扁山药一般都在室外贮藏,也可挖窖贮藏。一般窖宽为100 cm,窖深为15 cm,可摆薯块2层,先摆好1层,铺上1层厚为2～3 cm的土再摆第2层,在摆好第2层后,在上面盖厚为30 cm的土层,也可挖成窄窖,即窖宽为50～60 cm,窖深为12～20 cm,可以摆3层,摆法与上面一样。土壤轻松干燥的地方可采用后一种贮藏窖,土质黏重的地方可选用前一种贮藏窖。

隔层贮藏主要是防止病虫害传染。在我国扁山药栽培地区用挖窖贮藏法可将种薯贮藏到4月播种期。在贮藏中,应注意防止种薯干燥,维持适温和适湿。在干燥时,可用塑料薄膜包裹种薯。

五、科学播种

(一)适期播种

扁山药播种的地温应稳定在11～12 ℃,这样的地温在我国华东及沿海各省正值4月,有些地区到4月中旬才能达到扁山药播种对地温的要求。同时,播种适期还有观看种薯表面是否出现毛根,播种一定要赶在毛根活动之前。此外,要严格掌握种薯贮藏的温度,如果地温过高,则会在贮藏期间出现萌动的现象。

扁山药播种适期很重要,既不能过早,也不能过迟。4月下旬到5月上旬的气温和地温都已升高,种薯很容易萌芽发根。如在这时再播种,不是伤芽,就是碰根,从而造成缺苗断垄。若播种时地温过低,种薯长时间埋在土中不能发芽或发芽时间过晚,不仅让发芽率大大降低,而且使其产量明显减少。

(二)播种深度

扁山药播种适宜深度为10～15 cm。沙性土壤以深度以13～15 cm为宜,这种深度不仅发芽出土整齐,且产量最高,块茎生长整齐。如果深植到深为20 cm的土壤,产量和质量都会明显下降。在壤土或较黏的土壤上播种则要浅播,深度可控制为10 cm左右,但不能浅于5～7 cm,否则极易受到干旱威胁。

扁山药生长在深度为30 cm以内的土层,在土层10～30 cm处肥大,生长在土层10 cm以上或30 cm以下都属不正常深度。按照标准深度10 cm播种,8～10条吸收根便在10 cm深的土层中辐射展开,幼茎向上通过10 cm的土层出土,向上争得阳光,块茎向下深入到30 cm以内的土层中肥大,整个植株就能正常发育。若播种深度少于7 cm,则吸收根在这样浅的土层中不能正常伸长,或由于表层土壤干燥而停止发育。土层过浅,幼茎没有用力便能出土,苗株不甚固定,左右摇摆,地下块茎有相当大的比例不能深入土壤下层,在表层长成畸形山药。

在播种深度超过15 cm时,吸收根在地下15 cm处展开,和地面距离较远,气候条件抑制幼根的生长,使幼根的数目、粗度和长度都受到影响。同时,土层较厚,幼芽要通过15 cm的土层才能伸出地面,消耗营养过多导致延迟出土,植株生长不壮,分枝较少,块茎较小。

(三)栽植距离

扁山药的栽植距离依不同品种、地域和栽培目的而不同,也受种薯大小和用种量的影响。一般情况下,其行距为 60~70 cm,株距为 20~25 cm。这种栽植间距下的总产量和单个重量都比较理想,其中优良品种单重可以达到 300 g 以上,用种量也较节省。距离再大或种植过密,均无必要。需要注意的是,扁山药的种植距离应该均匀一致,以保证出芽整齐,便于管理。在摆薯时不能乱丢,一定要将种薯的皮层部分摆在下面,使其多接触土壤,便于吸水萌发。同时,要按照深浅要求,摆在同一水平上。覆土也要均匀一致,且应适当镇压。若土壤过湿或播种较深时,则不要镇压。

六、田间管理

扁山药从播种到幼苗出土需经过 40~50 d,最迟不能超过 60 d。扁山药从出苗到蔓长为 1 m 主要依靠种薯的养分。自此以后,植株的生长发育就要靠自己从土壤中吸取养分。在扁山药的生长发育期,要加强田间管理,供应充足的营养,及早消除杂草,积极防治病虫害,及时灌水,保证秧苗正常发育,促成块茎肥大。

(一)肥料的供应

除了冬前施入足量的基肥外,在翌年春季播种前,还应结合整地、做畦施入一定的肥料。提倡施用有机肥料,一般以施用腐熟的堆厩肥或家畜、家禽肥料为好。每亩施堆厩肥 2 000 kg 或化肥 50~70 kg。

追肥的原则是在需肥的时段,提前施用以保证在不同的生育阶段都有足够的营养。在前期多施有机肥料或缓效的化学肥料,在后期则以施化肥为主。在整个生育期间,化肥的 70% 宜作基肥施用,化肥的 30% 作为追肥施用。磷肥要早施,追肥以氮肥和钾肥为主,并应多使用复合多元肥料。6 月上、中旬可施 1 次化肥,7 月下旬重点施肥,每亩每次可施尿素 30 kg。追肥应尽量在雨前施用,晴天追肥需及时灌水,以便及时溶解化肥。施肥应避开植株茎叶,撒在畦间。追肥可结合中耕除草将肥料混入土中。追肥数量和次数可根据植株生育情况决定。虽肥足可增产,但肥料过多则会使茎叶生长过旺,影响地下块茎的形成和成熟,使产量降低,畸形薯增多。

(二)水分的供应

扁山药根群较浅,若水分不足,不仅影响根系的生长和发育,而且会影响植株对肥料的吸收。从块茎形成到膨大期是需水量最大的时期,如果在这个时期缺水,则生长不良。因此,6 月下旬到 9 月中旬要水分供应,绝对避免土壤干燥。在山药肥大时期,每 5~7 d 最少灌水 1 次,每次灌水 30~50 mm 即可,要避免大水漫灌,最好进行喷灌,这样做既省水、省工,又均匀,并有利于山药的正常肥大。

(三)地面覆盖

为保持山药田的适宜湿度,避免水分蒸发,防止土壤干燥,进行地面覆盖很有必要。在北方地区多使用通气良好的麦秆覆盖，1 亩田约需麦秆 500 kg。在我国南方地区多使用稻草覆盖，效果也很好。

近年来，随着塑料薄膜的普及，采用地膜覆盖山药田的方法也越来越多。尤其是采用黑色塑料薄膜覆盖既可抑制杂草生长，又可防止土壤干旱，保持土壤适湿，降低地温，还可防止茎叶污染，并有利于提高产量。用塑料薄膜覆盖全部山药田，容易使地下块茎形成不整齐的形状。因此，一般不采取全面覆盖的方法，而是隔畦覆盖在畦间。在覆膜时要一次盖好，四周用泥压实，使薄膜紧贴地面，这样才能起到灭草的作用。覆盖麦秆、稻草，则要盖在种薯上面。从山药播种到幼苗出土需要很长时间，在 6 月中旬覆盖即可。再早覆盖没有必要，而再晚覆盖，茎蔓已经伸长，则极易伤害茎蔓，作业也不方便。对覆盖后长出的杂草除用除草剂灭除外，应尽早用手拔去。由于山药生长在浅土层，在拔大草时极易将苗株带起，因此，应一手压住山药植株，一手轻轻拔掉杂草，防止将种薯和山药苗拔掉。

(四)爬地栽培

许多地区对扁山药实行爬地栽培，其优越性主要有以下 4 点：一是简便、省工。只要播种良好，即可任其爬地生长，最多调整一下茎蔓，使其均匀布满地面。比起支架栽培，爬地栽培操作简便、省工、省时。二是有利于保持土壤适湿、适温。保持土壤适湿、适温是扁山药栽培成败的关键。爬地栽培有利于抗旱，保证稳产、高产。三是有利于抵抗风灾。在扁山药栽培地区，一年四季都有大风。尤其在其生长季节的台风常将高大的立架一扫而走，或把茎蔓折断，植株光合作用不能正常进行，而爬地栽培基本可避免风灾。四是可以减少投入。支架栽培需要投入成本较大，而爬地栽培几乎不需花钱，因此，不少地区至今仍沿用爬地栽培。

(五)支架栽培

从综合效益衡量，支架栽培优于爬地栽培。经实践和试验证明，运用支架栽培的扁山药的产量比运用爬地栽培的扁山药的产量可提高 40%～60%。支架栽培扁山药的优越性主要有以下 2 点：一是光合作用明显得到改善。由于立有支架，茎蔓顺支架形成立体布局，受光面积要比爬地栽培大得多。二是通风条件良好。茎蔓起架后，植株与枝叶以及株型内部都形成了良好的通风环境，地面的通风环境也有改善，这样有利于植株的正常生育和减少病虫害。

七、精细采收

扁山药的收获一般从 10 月中、下旬茎叶变黄一直延续到翌年的 5 月。在收获时，先将枯枝黄叶集中起来烧掉，然后从畦的一侧用铁锨挖沟，露出块茎后用铁锨挖出，同时将稻草、麦秆填压在沟中。

第七章

圆山药栽培技术

圆山药多是圆筒形、圆形和椭圆形，或呈团块状。其长度为 15 cm 左右，横径为 10 cm 左右(图 7-1)，分布在我国南方的福建、台湾、浙江、广东等黏湿土地等区域。我国栽培圆山药历史悠久，品种很多，但圆山药的具体品种一直缺乏整理。目前在我国的少数地区引进了日本的新品种“丹波圆山药”(图 7-2)，栽培效果良好。据日本一家研究所的人员测定，圆山药是供试山药中品质最好的品种，其粗黏物质、淀粉等都超过了普通长山药和扁山药，而且不易变色，可做高级饮料，市场价格较高，种植效益较好。当然，也有学者提出不同意见，他们认为还是长山药的品质最好。

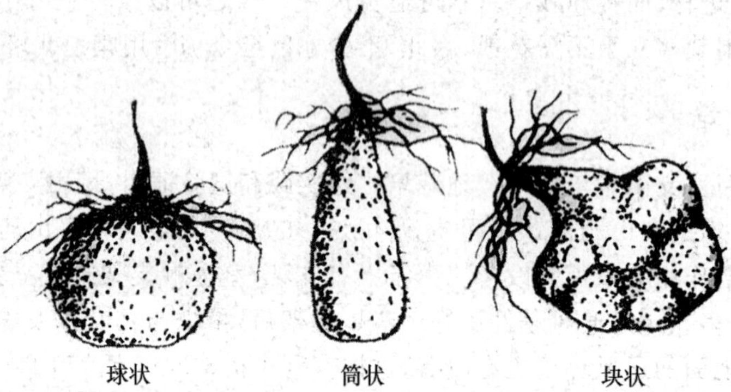

图 7-1　圆山药的主要形状

一、圆山药的生育特点

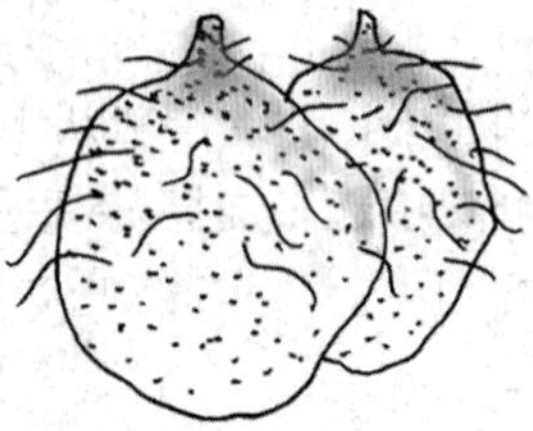

图 7-2　日本丹波圆山药

圆山药一般在 10—11 月成熟，然后便进入休眠期，翌年的 3—4 月，在平均气温达到 12 ℃时，开始萌芽生根。在气温达到 20 ℃左右时，茎蔓迅速生长，并进行分枝，子蔓与孙蔓攀卷右旋着向上生长。

虽然圆山药短圆，但仍具有明显的顶端优势。由种薯分割的每个小块都可以萌芽生长，但发芽最快、芽条最壮的仍是顶芽，其次是顶芽附近的芽子。

在种薯埋入土壤后，遇到适宜条件，表皮会立即发生很多小突起点。其中只有最优秀的一个突起点能正常发育，进行细胞分裂，发生吸收根和新芽，并继而出土，而其他的突起点则会自生自灭。倘若已长出的芽子遇到变故，立即会被另一个突起点取代，发育成新芽，同时发生两个壮芽是极少见的。

在块茎萌芽后，吸收根从茎基部所生新块茎的上端发生，一般有 8 条左右。圆山药的吸收根主要分布在土壤表层 30 cm 以内，水平方向伸长可达 90～100 cm。地下部分吸收根的生育和地上部茎叶的增长同步进行。在萌芽期，根的数量和长度都是有限的，在地上部主茎长到 2 m 左右，并开始发生侧枝时，吸收根才开始迅速生长，并且旺盛分枝。这时已进入 7 月，种薯自身贮藏的养分已被消耗完毕，此后就要靠吸收根从土壤中吸收营养了。随着吸收根的发展壮大，气温的升高，水分和养分的充足供应，地上茎蔓很快就会伸长到足够的长度，同时子蔓与孙蔓发展到 10 多条。

地下块茎在 6 月初开始萌发，但在地上部茎叶生长盛期并不肥大，直到 8 月进入开花期后，才开始迅速膨大。经过 30～40 d，大约在 9 月，地下块茎即可长成固定的大小和形状，此后则是不断充实其内容。当气温平均降到 20 ℃时，茎叶开始变黄，气温降到 12～13 ℃时，茎叶枯萎。圆山药比长山药要求有更高的温度，在旺盛生长期需保持 25～26 ℃的气温，气温降到 12 ℃以下，生命活动即行停止。圆山药的叶片、主茎的最初 10 节多是互生，以后的叶序都是对生。子蔓多在主蔓第 4～5 节上发生(在生长旺盛时期，子蔓在主茎第 21～28 节上发生)，每节都发生 2 条。子蔓的第 7～15 节，每节发生 2 条孙蔓，并可长到 1 m 以上。这时正值现蕾开花，但花而不实，只在开花后期，子蔓或孙蔓接近先端的叶腋间着生少数零余子，并且长成得不多。

二、土壤的选择与准备

多生长在浅土层的圆形山药无须进行 1 m 深的耕作，最好选用沙壤土或壤土种植。圆山药的适宜温度为 20～33 ℃，因此，应该选择日照量较多的土地栽培。圆山药生长需水较多，种植土地应有较好的保水性，同时又要具有良好的排水条件。

在秋冬季节，要抓紧时间对种植土地进行深翻和晒垡，争取在冬季使土壤熟化。圆山药田块要做成畦子，畦宽为 120～150 cm，一畦可栽 2 行，也可做成 90～100 cm 宽的畦子，只栽 1 行。在病虫害严重的地区，可结合整地，使用氯化苦进行土地消毒，每隔 30 cm 注入 3 mL，其土壤消毒的深度应为 20～30 cm。

据试验显示，深 50 cm 的土层水位的圆山药比深 25 cm 的土层水位的圆山药的产量提高了 1 倍。这是因为地下水位低的田块中的根的生长旺盛，块茎生长时间长，叶片到 10 月才会变黄。而在地下水位高的田块，不仅圆山药的根数少，而且分布范围小，在 8 月叶片即开始变黄，块茎生长时间较短，还会发生腐烂现象。因此，应尽量选择在地下水位较低的土地上种植圆山药。

三、种薯制备

如前所述，在种薯发芽后的 2 个多月内，茎叶株蔓基本依靠种薯中贮藏的养分生长。选择优良的种薯，科学分割薯块对圆山药的生长和产量影响很大。

(一)种薯分割

1. 种薯切割方式

很多地方对圆山药种薯的切割不甚重视,随意切块,或太大,或过小,七棱八瓣,很不整齐,这种切割方法严重影响了圆山药的产量和品质。近几年,圆山药种薯的切割逐步推行了先进的柑橘式分切法,并取得了较好的效果(图 7-3)。

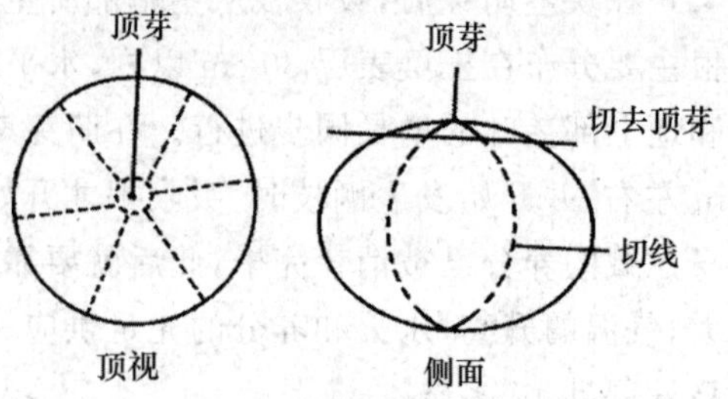

图 7-3　圆山药的柑橘切割法

虽然顶芽具有先端优势,但种薯只有 1 个顶芽。将 1 个种薯切成多块,只能依靠其他不定芽,不能只靠顶芽,而且顶芽贮藏养分少,从而影响新薯肥大,顶芽发芽早,也会使薯苗生长不一致。因此,为了提高整个圆山药种薯薯田的产量和品质,应避开顶芽部,即在切块时先将顶芽用刀削去,然后从上到下如同剥柑橘一样分成几瓣切割。种薯上部,即接近顶芽部分,容易发生不定根,这部分应平均切分给各个薯瓣。据试验表明,这样的切法会使圆山药生长整齐,总产量较高,品质较好。

2. 分割薯块的时机

一直以来,大家对切割薯块的时机看法不一,有的人认为应在冬前切割,有的人认为应在种植前 1 个月切块,有的人认为则应在种植前切薯。在种植前分切可避免贮存,减少病害感染,但常使发芽推迟,而且发芽很不整齐。这就给以后的栽培管理造成了很多困难,其产量和品质都受到了影响。

近几年的试验结果表明,早切的薯块比晚切的薯块发芽早,薯苗整齐,产量高,3 月切割的薯块明显优于 4 月切割的薯块。但在早切后,断面容易被细菌侵入,薯块的腐败率较高。

在早切割的同时,要采用长山药的断面愈伤法避免腐烂,即在温度为 30 ℃、湿度为 55%～60%的条件下,对 11—12 月早切块的种薯进行处理,10 d 后断面可形成木栓层而不再腐烂。

3. 种薯的切块大小

种薯的切块大一些,产量相对高一些,但所需种薯量很大。种块太小了,产量也上不去。因此,种薯切块大小既要考虑收成与品质,又要兼顾种薯用量和来源。标准的种块是每个重量为 50 g,大的种薯切块重量可达 60 g,小的种薯切块重量应不少于 40 g。

药农往往认为小块种植最合算,用种少,每块只切成重量为 30～40 g。但这样不仅会直接影响产量,而且会使种薯退化。若连年使用过小的薯块种植,即使其为最优良的品种,也会逐渐失去其优良特性。这是因为种块太小了,断面相对增加,种皮部分就相对变小,这就影响了其优良性状的遗传性,从而使种薯个体越来越小。优质品种的种薯重量应为 400～500 g,至少重量应为 300 g。大薯可切成 8 块,小薯可切成 4 块。

(二)种薯消毒

圆山药的褐腐病、炭疽病、叶锈病、蔓割病等病菌多附着在种薯上越冬。为了防止病害的发生,应对种薯进行消毒。否则,病菌很容易从切割的断面侵入,造成腐烂和缺苗。

在一般的情况下，种薯应原封贮存越冬。在春季栽植前进行种薯切块时，除保持菜刀、箩筐、席子、菜板、盆子等器具的清洁卫生外，可将种薯放入福尔马林 80 倍液中浸泡 20 min。然后，将种薯放在席子上晾 2～3 h，再搬到室内暗处放 1 d，以蒸散多余的水分。

在切割种薯时，应尽量多带种薯皮层，避免伤害皮层，以求发芽整齐一致。在种薯切块后，再放入福尔马林 80 倍液中消毒 20 min，然后置阴凉处散去水分。最后，在断面涂草木灰或消石灰。这样在种薯切割前后，用福尔马林消毒 2 次，也可进行热处理消毒，即在 48 ℃（最高不能超过 50 ℃）的温水中浸种 40 min，可使线虫等害虫死亡。

四、科学播种

（一）催芽播种

近几年，圆山药的催芽播种发展很快，方法简便、易行。选一块背风、向阳和地下水位较高的场所，挖成阳畦或温床（也可利用现成的阳畦、塑料棚、日光温室），即可进行块茎催芽。

摆放块茎要整齐，各个块茎不能相互接触，上面先覆土，然后再覆盖塑料薄膜。在催芽期间，要注意给水，保持土壤湿润。当露出新芽或新根 1～2 cm 时，即可播种。芽子不能太长，长了影响播种质量。若不能马上播种，应设法降低温度，以抑制幼芽伸长。带芽播种一定要细心，不要伤及芽子。同时，灌水要及时，进行适湿管理，避免芽根干燥。催芽播种可以随时进行，4 月上旬到 5 月下旬都可播种，在这个时间段播种出土快，缺苗少。早熟栽培或保护地栽培均可采用催芽育苗。

（二）适时播种

圆山药的播种期主要依据 2 个因素来确定：一个是块茎的萌芽期；另一个是外界的温度条件。在块茎收获后很快会进入休眠，当春天气温达到 13～14 ℃时，块茎即会萌动，新的植物体开始生长，这时就是播种适期。播种过早不会发芽，或是发芽时间过长；播种过晚，芽子太大，播种困难，而且晚种晚收影响块茎肥大，降低品质。有些地区平均气温达到 12 ℃时就可播种，有条件的地区也可以提前到平均气温达到 11 ℃时播种。我国华中地区一般在 4 月中旬播种。

（三）播种深度

圆山药生长在浅层土壤不宜播种过深，穴深 7～8 cm 即可。穴中土壤一定要细碎，在播种时切块断面向上，让块薯表皮层尽量接触土壤。这样不仅利于生根发芽，还可以避免干旱。有人提出切口向下，皮层向上，这样能使幼芽直接向上生长。但根据科学试验显示，皮层向下接触土壤有利于造成生长萌发所需的温度条件，不会影响向上出芽。因此，提倡使用切口向上，皮层向下的播种方法。

摆好薯块后，轻轻覆土 1 cm，再在上面撒上腐熟的堆厩肥。覆土厚了，发芽不整齐，且易造成腐烂。覆土 1 cm，加上堆肥、坑土等可达到厚为 2～3 cm 的土层，这是较为理想的播种深度。

(四)栽植密度

圆山药分为支架栽培和爬地栽培,它们分别有不同的栽植距离。从各地现行的栽植密度来看,一般每亩栽植 3 000~4 000 株为宜。1.5 m 的畦子栽 2 行,1 m 的畦子栽 1 行,株距以 30 cm 为宜。同时要掌握以下原则:一是支架栽培较密;二是爬地栽培较稀,肥沃土壤较密,瘠地较疏;三是留种栽培较稀。

五、田间管理

(一)肥料管理

4 月播种直至 6 月底的圆山药的植株生育主要靠种薯贮藏的养分,7 月以后则要依靠吸收根从土壤中吸取人工供应的养分。追肥时间不能等到 7 月,而应在 6 月上、中旬追施。此时植株还在萌发阶段,吸收根尚未伸长,地上部茎蔓仍在伸长初期,追肥作业较为简便,既不会断根,又能保证及时供应营养。

追肥方法多是在畦中开沟进行沟施,然后覆土。在结合施肥的同时,在畦间和畦面普遍撒用除草剂来防止和杀灭杂草。冬前主要施堆厩肥,在播前整地做畦时可施鸡粪,但还是以施化肥为主,每亩可施尿素 15~30 kg,同时要注意施用钾肥,以满足块茎肥大的需要。一般在 6 月追肥 1 次即可,如果不足,还可再追肥 1 次,但到 8 月上旬应停止追施。给肥太晚不仅对块茎肥大作用不大,还会使块茎变得七棱八瓣,严重影响商品价值。追肥应在雨前进行,尽量避开茎叶,在施肥后应及时灌水。

(二)水分管理

圆山药入土不深,怕土壤干燥。如果在块茎肥大期遇到干旱,不仅影响圆山药肥大,而且其表皮也粗糙,块茎也会变形,从而降低商品质量。如有积水,对植株生育也很不利,会造成缺氧腐败。

一般在 7 月下旬进入现蕾期后,地下块茎开始肥大,需水量不断增加,9 月下旬茎叶开始变黄时都应注意供水。第 1 次浇水多在 7 月,以保持土壤表层湿润为宜。此后,应根据土壤墒情,及时供水。在浇水时,切忌大水漫灌,不能一次浇水太多,且应在夜间或清晨浇水,避免上午或下午浇水。要维持土壤表层的适宜湿度,土壤表层不能过干或过湿。夏日多雨,应注意排涝,做到田无积水。

为了保持土壤适湿,可在 6 月下旬以后进行地面覆盖。一般以覆盖稻草为宜,覆盖塑料薄膜也可。覆盖黑色薄膜还可以有效防止杂草,降低地温。覆盖塑料薄膜不能过早,一般在 6 月底芽子已经出齐时再覆盖。

(三)植株管理

一块种薯植入土中只准有 1 个芽子形成 1 个植株,若出 2 个或 3 个植株,应将多余的及时除去。否则一个薯块维持 2~3 个植株,会影响块茎肥大,经济效益很差。

为了避免出现 2 个芽或 3 个芽,在栽培上应使土壤细碎。据观察,1 个芽在萌发中如遇有硬物便会死亡，并会从旁长出2个芽或3个芽。覆盖塑料薄膜过早，芽子出土时无孔便会死去，旁边也会长出几个芽子。在种薯上用刀切开1 cm深的裂缝，也可避免出现多个芽子。

圆山药搭架栽培有利有弊，其优点是作业便利，通风良好，受光面大，有利于块茎肥大；其缺点是搭架费工、费钱，若搭架被风吹倒则使茎蔓折断，而且畦面裸露，土壤极易干燥，容易形成块茎畸形。

搭架栽培多实行小架支柱，一般架高都在1 m以下。支柱埋在畦的中间，2行苗子埋1排，5～6株苗子埋1根，在块茎发芽前埋好。

强风和干旱地区应实行爬地栽培。植株覆盖畦面既可保持土壤湿润，又可防止折断茎叶，还能提高块茎品质。在有些地区和有些田块，爬地栽培可获得比搭架栽培更好的效果。

(四)病虫害防治

圆山药的主要病虫害有炭疽病、叶锈病和山药叶虫、红蜘蛛等。

1. 炭疽病

炭疽病发生在茎和叶。从6月中旬开始，以叶脉为中心周围出现褐色的凹陷小斑点，且不断扩大成黑褐色的不整齐斑点。黑褐色的小斑点散生，雨多时呈轮状，并有黏液发生。在茎部多从基部开始出现黑褐色的斑点，中部凹陷，重者枯死。此病多以菌丝在被害株上越冬，第2年由分生孢子传染病，对此病应采取水稻轮作等办法进行预防。在播种前，严格进行种薯消毒。一旦发病后，应立即摘除病部茎叶，烧掉。

2. 叶锈病

叶锈病主要发生在叶片上，在6—8月为害。病斑黄色，多角形，中心有黑色小粒点散生，后变成红白粉状小点，老斑暗褐色，可穿孔。叶锈病严重时，在茎部和叶柄也有发生。最后导致全株落叶枯死。此病以菌丝形式在被害部位越冬，第2年分生孢子飞散，并蔓延成传染病。与水稻进行2年轮作，可减轻病害。播种前进行种薯消毒，也很有效。发病后，应立即摘除病叶病株，烧掉。

3. 山药叶虫

山药叶虫的成虫为6 cm长的甲虫，除头部和前胸为红褐色外，全身为黑色。6月可看到成虫，6—8月以幼虫和成虫形式危害叶片，叶片到处穿孔。

4. 红蜘蛛

红蜘蛛呈橙黄色，它是0.4 mm的小虫，多在叶背上吸食叶汁，主要在8—10月为害，开始为叶片褪色，随后叶片变成黄褐色，直至叶片枯死。

六、精细采收

(一)收获

圆山药可同期1次收获，也可分期收获；可在冬前收获，也可在翌年春天收获。圆山药一般在茎叶枯死、块茎充分肥大后进行1次性采收。我国福建、台湾等地多从10月底开始采收，11月中旬1次收完。为了提早上市，可提前在9月下旬到10月上旬收获。有些地方考虑到贮藏条件和土地利用情况,也可到翌年 3 月再进行收获。圆山药耐寒性较强,可在田中越冬而不受冻害。

一般多用铁锹收获圆山药,深挖 10～20 cm,一株一株地收取。在采收中,要防止切破或碰伤块茎。同时,应将腐败枝叶集中烧毁,以消灭病虫。

在收获后,应尽快运入屋中,以免干燥,并小心除去根部,分级堆放贮藏或运销市场。如果利用挖掘机收获,则播种时就要使畦的宽窄一致。否则,块茎损伤太大。机械收获省工、省力,1 h 可收获 10～20 亩,很有发展前途。

(二)贮藏

在冬前收获的块茎可供应 1 年,接上翌年 9 月下旬上市的新圆山药。圆山药块茎较好贮藏,2～5 ℃的低温是最佳贮藏温度。当气温在 0 ℃以下时,块茎必然受冻、腐烂;当气温在 7 ℃以上时,则会发芽,气温为 7 ℃左右也会发芽。

选好贮藏窖址,其要求排水条件好,任何情况下都不能进水。窖内块茎堆积不能太高,一般保持在 50 cm,上面覆土 10 cm。要保持一定湿度,防止干燥。在 12 月到翌年 3 月严寒期,要增加覆盖,保温防寒,以免受冻。

在入窖前,要认真清选 1 次,带伤、带病的块茎严禁入窖,避免 1 个病薯染烂全窖。有条件的可以在入窖前对块茎进行消毒。用温度为 50 ℃(不能高于 50 ℃)的蒸汽或温汤进行消毒,时间控制在 60 min 以内,可防止贮藏中的腐烂现象。

圆山药也可放在贮藏库贮存,但要严格控制其相应的温度和湿度,在需要时还要用塑料薄膜包盖以保持适湿,可在 3 月中旬到 4 月上旬,块茎尚未开始萌动时入库。一直放在冷库中贮存的圆山药就没有必要入库。4 月之前,圆山药还是放在室外的窖中贮藏为好;4 月以后,圆山药入库贮存可安全过夏。

第八章

热带山药栽培技术

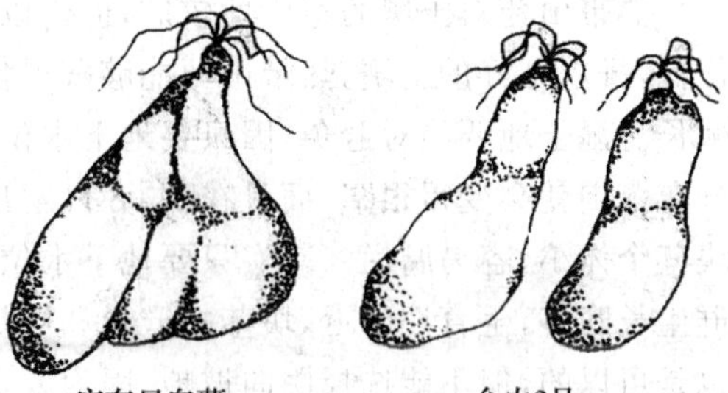

图 8-1 热带山药的外形

热带山药也叫田薯、大薯(图 8-1),我国台湾地区则统一称作山药。实际上,它是由野山药和褐苞薯蓣共同进化而来的一个栽培种,属于山药的近缘植物,不过它的性状、品质都与山药十分接近。一般在民间都把它当作山药来进行栽培,其中也选育了很多优良品种,如广东早白薯、台农 2 号等。热带山药主要分布在我国南方沿海诸省的温暖地带以及印度尼西亚诸岛,另外,在非洲中部也有大面积的栽培,而在非洲主要是作为粮食作物栽培。热带山药的营养价值也相当高,接近于普通山药的水平,其中的淀粉和黏蛋白的含量还要略高一些。它非常适于食用、药用和加工。由于受到栽培环境和土壤条件的影响,热带山药的主要形状有纺锤状,也有块状和扁块状,其他的变异形状也很多。

一、热带山药的生育特点

热带山药生长在热带和亚热带地区,喜欢高温、多湿,不耐寒冷。如果贮藏块茎的温度低于 12 ℃,热带山药则会发生寒害。在我国广东省和台湾地区栽培热带山药的早熟品种从播种到收获最短只需要 150 d,3 月中旬播种后,9 月即可挖收块茎上市。热带山药的中熟品种的生长期约需 250 d,一般到 12 月才开始采收块茎。

收获不久的块茎即进入休眠期,休眠期为 1—3 月。热带山药不经过休眠是不能萌芽的。在休眠期结束后,当外界气温达到 20 ℃左右,地上部茎叶便开始迅速生长,从 3 月下旬种薯萌发到 6 月下旬茎蔓生长盛期到来之前,植株生长主要是依靠种薯中贮藏的养分,但栽培上必须提前 20 d 左右追施肥料,也就是在 6 月上旬就要进行第 1 次追肥。

热带山药的吸收根在种薯萌发后就开始向四周水平辐射伸长,每条根的长度最终可达 90～100 cm,根系大都集中在距土面 10 cm 以下、30 cm 以上的浅土层中。热带山药的吸收根有 10 条左右,从萌芽一开始就长出来,然后不断地伸长和增粗。

随着新植株的生长,新的块茎也在 6 月初开始发育生长,但由于此时主要是地上部茎蔓的生长，养分消耗也集中在此。因此，地下部的新薯的肥大还很缓慢，一直到 8 月茎叶已经长足，其养分供应转到地下部，新薯才开始迅速膨大，9 月底长到应有的大小和形状，然后逐步充实和增重。

热带山药的茎蔓表面看起来似乎与普通山药没什么区别，但细看是不同的。热带山药的茎断面多呈四角形或四棱形，而普通山药都是圆形的。热带山药的茎还长有翼翅，它可辅助茎蔓的直立，普通山药没有。热带山药的叶片形状与山药一样，但比其他山药大。热带山药块茎的肉色有多种颜色，尤其以白色和红色居多，另外，还有灰白色、紫红色、红黑色等山药块茎的肉色一般都是白色，没有其他颜色。热带山药的块茎也比较大，小的块茎重为 1～2 kg，大的块茎重为 5～10 kg，甚至还有长达 3 m，重几十千克的带热山药，而普通山药很少有这么重的块茎。

二、土壤的选择与准备

热带山药对土壤的适应性较广，但仍以沙壤土最为适宜，尤其是在土层深厚、肥沃，地下水位低，排水良好的土壤，热带山药能够获得优质高产。土壤的 pH 为 6 左右最适合热带山药的生长。湿土地要绝对避免，因只要地下水位在 30 cm 以内的田块，栽植的热带山药吸收根系的分布范围就会变得很窄，而且在 7—8 月常出现烂根现象，茎蔓枯黄期会提早近一个月，收获的块茎个体小，容易腐烂。其实只要地下水位低于 45 cm，情况就彻底改变了。热带山药不仅根群生长旺盛，生育期延迟，块茎的产量和质量都有显著提高。栽培热带山药的地点选择山坡地也是可以的，但不能选择阴向坡地，因为要保证充足的光照时间。

热带山药在同一地块只能进行 2 年连作，第 3 年则病虫害严重，并可导致薯形不齐，因此，要再隔 2 年才能重新栽植热带山药，所以不如事先做好轮作计划。其一般可与瓜类、茄果类、花生和水稻轮作，效果都不错。热带山药的栽培田耕深度应达到 40 cm，最好能达到深 50 cm，这样可充分发挥热带山药的生长特性，保证块茎膨大拥有足够的空间。另外，要保证种植热带山药的土壤细碎，没有硬土石块混杂。为了消灭土传病害，避免土壤风化，可以在冬前深耕晒垡。热带山药提倡机耕。机耕既深又快。耕前每亩栽培田要施入腐熟的堆厩肥 4 000～5 000 kg 与土壤混匀，也可先在冬前施入一半的肥料，另一半肥料在翌春整地做畦时集中施入。热带山药栽培田可根据地势做成高畦或平畦，做成宽为 1.2 m 的畦子，栽 2 行；做成宽为 60 cm 的畦子，栽 1 行，株距一般为 20～30 cm，随栽培品种而异。

三、种薯制备

热带山药栽培怎样制备种薯呢？原来热带山药都是利用块茎进行营养繁殖，没有杂交种，因此，它的遗传性比较稳定。多年种植热带山药的农家或农场完全可以自己选种，选出适合当地栽培的优良品系。在选择时，一定要注意热带山药上部，即首部的形状和充实度，因为这部分是块茎遗传性最强的位置，要确保这部分的截断面是圆形或椭圆形，而且肉厚充实，毛根细而少，无病虫害侵染，个体大小适中。个体太小，生长发育不良，个体太大，遗传性不强。

种薯的分切除了应注意上端切小，下端切大以外，还应要多带皮层，尽量不使皮层在种薯分切时损伤过多，另外，也要注意在贮存、运输过程中不伤皮层。圆块状或不规则团块状的热带山药在分切时应采用柑橘式分切法，从上到下，分瓣切割。小的种薯切成 4 瓣，大的种薯切成 8 瓣，也可以切成 18 瓣，但每瓣重量不能低于 40 g，也不要高于 80 g。这样分切可以使每一瓣薯块都带有一部分上端的顶端优势，在播种后就会出芽整齐，生长势强，而且对块茎最终产量和质量均有较好的保障。在切割种薯时，应使切断面尽量小一些，而且要一刀切下（刀具应锋利），以减少病菌侵染。切割种薯所用的刀具、切割板以及种薯自身都必须事先消毒（切割板可垫上一层有弹性的无毒橡胶皮）。种薯消毒的方法可参照圆山药栽培技术进行。

分切后的种薯要进行催芽处理。经多年试验的表明，经过催芽的热带山药在播种后出苗率高，出苗整齐，生长势强，产量和品质均可得到保证。热带山药的催芽方法可参照圆山药的栽培技术。

四、科学播种

热带山药的播种深度一般要求为 10～15 cm，最浅不能少于 8 cm。但在沙性土壤上播种应稍深一些，应达到 13～15 cm；墒情好的壤土或黏壤土可以在 8～10 cm 处播种。播种过浅，热带山药的吸收根极易受到干旱的威胁，从而抑制生长，而且播种过浅，热带山药植株扎根不稳，苗株摇摆不定，生长势弱，容易死秧。播种要掌握在当气温稳定为 13～14 ℃时播种，在我国南方一般为 4 月初，最早也在 3 月下旬。在播种时，一定要将种薯切断面向上，皮层向下摆好。种薯皮层向下接触土壤有利于种薯生根发芽，出苗生长势好，且易保持适湿。株行距可以为 100 cm×30 cm。爬地无支架栽培要把行距放宽 1 倍，即为 200 cm，株距可保持不变。播后所覆盖的土壤要求无病虫污染，土壤不能太干，也不能覆盖泥涝土，这些均不利于出苗。

五、田间管理

热带山药的第 1 次追肥应在 6 月上、中旬进行，每亩施入硫酸铵 10 kg；7 月下旬开始第 2 次追肥，每亩施入硫酸铵 10 kg 或氮磷钾复合肥 10 kg。第 2 次追肥是最重要的一次，以后一般不需再进行追肥。热带山药根系较浅，不耐干旱，土壤水分不足时块茎就会紧缩变细，如果出现细长茎腰，缺水严重的热带山药还会导致块茎停止发育。如果这时供水时断时续，热带山药块茎就很容易长成肥瘦相间的畸形薯块，失去商品价值，所以在栽培上就要保持土壤连续适湿状态，一般在无降雨情况下，最少每隔 5～7 d 浇 1 次水，不能进行大水漫灌，而要进行田间喷灌。田间喷灌既省水又省力，对保持土壤适湿的效果良好，对其他作物的轮作栽培也很有利。

有条件的热带山药畦面应尽量进行覆盖，一般可采用麦秆覆盖、稻秸覆盖或塑料地膜覆盖。麦秆覆盖具有通气良好，保持土壤适湿，降低地表温度，防除杂草等优点，一般每亩需要覆盖麦秆 500 kg。由于我国南方很多地区不生产小麦，因此，也可采用当地资源丰富的稻秸覆盖。稻秸覆盖同样具有保持土壤适湿，降低地温，防除杂草的作用，不过稻秸的通气性不如麦秆好。近几年，热带山药产区还流行采用地膜覆盖，一般都是用黑色塑料地膜，效果也不错，尤其对杂草的防除效果良好，另外，保湿降温的效果也可以。在覆盖时，应注意将稻秸盖在栽培畦面上，黑色地膜铺盖在栽培畦间。有的地方将稻秸覆盖与黑色地膜覆盖结合进行，这样既能降低一些生产投入，又可进一步提高地面覆盖的效果。不论哪一种覆盖方式，覆盖地面的时间均应在 6 月下旬。覆盖早了或晚了对热带山药的生长都不利。

在热带山药播种出苗后，如果发现同一块种薯上同时生长出 2～3 株苗子，应只保留其中一个长势最好的苗子，其余都应及时去除。在热带山药茎蔓的长度达到 80～100 cm 时，可在栽培畦面上设立支架，这个步骤一般在出苗后 20 d 进行。沿海地区以高为 1 m 的棚架为宜，一柱为 3 m，比较结实。这样做既抗强风，又有利于通风采光，降温效果明显，施肥灌水也较便利，对地下块茎的形成非常有好处。搭立支架要特别注意不能扎伤种薯。如果当地经常有台风袭击，又无合适的搭立支架材料，可采用无支架的爬地栽培。按距离栽好种薯后，可任其在地面上匍匐生长。进行爬地栽培技术种植热带山药应注意把栽培行距加大 1 倍，一行为 2 m 比较适宜。

六、精细采收

热带山药的收获一般在当年 10 月下旬开始，可以 1 次收获，也可以分期收获，一直可以采收到翌年 5 月为止。收获前要先将地上部的枯枝败叶集中处理烧毁或异地深埋，防止病虫害蔓延。在挖薯时，应先从栽培畦一侧开始，挖出一个深为 50 cm，宽为 60 cm 的土炕，然后用铁锹先横向将热带山药植株两侧的根系挖出，逐渐围拢下挖，最后小心将薯块取出，不可碰伤薯块，否则极易在贮存中受病菌侵染腐烂。挖薯要一株挨一株地挖，防止漏收，一行挖完后，再挖相邻一行。采用机收的热带山药必须在播种时将株行距对齐，不能歪斜，否则机器容易碰伤薯块或掉行漏收，影响热带山药的产量和质量。

第九章

有机山药栽培技术

中国有机农业是指在动植物的生产过程中遵循有机农业标准，不使用基因工程的生物及其产物，不使用化学合成的农药、化肥、生长调节剂、饲料添加剂等，而是遵循自然规律和生态学原理，采用一系列可持续发展的农业技术，协调种植业与养殖业的平衡，维持持续和稳定的农业生产体系。

通常有机食品是来自有机农业生产体系，根据国际有机农业生产要求和相应的标准生产加工，通过独立的有机食品认证机构认证的一切农产品及其加工品，其包括粮食、蔬菜、水果、畜禽产品、奶制品、水产品等。有机山药需要符合以下的标准。

①山药原料必须是来自已经建立或正在建立的有机农业生产体系或采用有机方式采集的野生天然产品。

②山药产品在整个生产加工过程中必须严格遵守有机食品的生产、加工、包装、贮藏、运输的标准。

③在有机山药食品的生产、流通过程中，生产者应有完善的追踪体系、质量控制体系和完整的生产、销售的记录档案。

④必须通过独立的有机食品认证机构的认证，并允许使用有机食品标志。

⑤有机山药的生产基地应具有良好的生态环境。

⑥在整个生产过程中，应积极保护和改善环境，不应对生态环境造成负面影响。

一、有机山药的认识误区

虽然“有机农业”这个概念已经提出好些年，但许多人对有机山药的了解仍只停留在初步认识阶段，而且还存在一些认识上的误区，具体表现在以下几方面。

(一)有机山药是“纯天然、无污染”食品

自然界中不含任何污染物的食品是绝对不存在的，有机山药也不例外。“纯天然、无污染”这是一个相对概念，只是其污染物含量比一般食品要低很多。有机山药的整个生产过程都应进行质量控制，并不是只要环境和终产品符合有机农业标准即可，所以在有机山药的出售过程中，不能过于强调有机食品的无污染性，绝对不可以标注“纯天然、无污染”字样，以免误导人们。

(二)发展有机山药就是走回头路

尽管有机农业与传统农业在土地耕作、种植制度、肥料使用等很多方面相似,有很多生产技术和措施可以应用到有机农业中,但是其在理论水平、技术手段、生产工具等方面比传统农业要进步得多。它遵循自然规律和生态学规律,集生物学、生态学和环境知识等为一体,保护生态环境,使其实现可持续发展的一种现代农业方式。与传统农业相比,它有更先进的技术手段,如科学选育的各种抗病、抗逆品种,用频振式杀虫灯、黑光灯、性诱导素等杀灭害虫,微生物农药的利用等。另外,现代化的农业机械、水利设施和运输工具都体现了有机农业与传统农业并不等同。

(三)有机山药的生产方式就是不使用化学合成物质的栽培方式

如果把有机农业简单理解成“在生产过程中不使用人工合成的肥料、农药、生长调节剂和饲料添加剂的农业”是不正确的。不使用化学合成的物质,同时也不采用科学管理措施的农业生产体系是不能持续发展下去的。有机山药栽培不施用化学肥料,也禁止使用化学农药,但会使用一些植物性农药、天然杀虫菌剂以及某些化学物质,如石硫合剂、波尔多液等。

(四)有机山药的生产必须在无污染的地区才可以进行

有机基地也可以建立在以前使用过化肥、农药的土地上,只是需要经过一个转换期。一般由常规生产系统向有机生产转换的时间一般为 2～3 年,通常一年生蔬菜为 2 年,多年生蔬菜,如山药为 3 年,新开荒地要经过至少 12 个月的转换期,在转换时间过后,生产的山药才能作为有机产品。

(五)有机山药的产量肯定比现代方法种植的常规农业产量要低

一般在有机转换期内或是有机农业生产体系刚建立时,山药产量通常比常规农业生产的产量要低。一旦建立良性的有机农业操作体系和生产环境,有机生产体系的生产力就会高于常规农业的生产力,其产量不比常规农业的产量差。

(六)有机山药投入多,成本高,回报少

有机山药所需的锄草、杀虫、捉虫等劳动力的投入,再加上每年的有机认证费用及农业的病虫害、草荒等风险方面的投入比常规农业投入要多得多。但是有机山药的生产充分利用农业系统内的废弃物,降低了化肥、农药的投入,减轻了对环境的污染以及由于环境污染对人体健康和社会造成的直接经济或间接经济损失。从长远来看,这是降低全社会的生产成本。

二、有机山药种植的基本要求及管理

有机山药从基地建设到生产再到上市必须建立在严格的生产、质量控制和管理体系上,不使用任何化学合成的农药、肥料、植物生长调节剂以及基因工程生物及其产物。它是一种与自然相和谐,集生物学、生态学和环境知识等为一体的现代农业方式。在整个生产、加工和消费过程中,有机山药更强调环境的安全性,突出人类、自然和社会的持续协调发展(图 9-2)。

(一)有机山药基地建设的必要性

有机山药基地是有机山药生产的基础，其良好的生态环境是保证有机山药质量的前提和关键。

在基地的建设过程中，要建立良好的生态循环系统，即在山药的生产过程中不能对环境和生态系统造成污染和破坏，且自身的生态系统需具有很强的自我调节、自我恢复和抗干扰能力，在封闭系统中尽可能进行有机物质和营养元素方面的循环利用。在生产过程中，有机山药需要进行完整的生产档案记录，并要求进行全程的质量控制和跟踪、审查。

图 9-2　沙壤土栽培的有机山药收获

(二)有机山药基地的选择

1.基地的完整性

有机山药基地的土地应是完整的地块，其间不能夹有进行常规生产的地块，但允许夹有有机转换的地块；有机山药基地要求附近没有污染源，水量充足，水质好；有机山药基地与常规地块的交界处必须有明显标记，如河流、山丘或人为设置的隔离带等。

2.产地的环境选择

有机山药基地的环境条件主要包括空气环境质量、水环境质量和土壤环境质量。首先，基地周围不得有大气污染源，产生空气中的总悬浮颗粒物、氮氧化物、二氧化硫和氟化物等大气污染物。其次，有机地块排灌系统与常规地块应有有效的隔离措施，且水质的 pH、总汞、总镉、总砷、总铅、六价铬、氟化物、总大肠菌群等 8 种污染物必须符合 GB 5084—2021《农田灌溉水质标准》。最后，土壤耕性良好，36 个月内未使用违禁物质，不含重金属汞、砷、铅、镉、铬、铜等有毒、有害物质。

3.转换期

有机山药的转换是指通过各种有机农业生产技术，使非有机地块在一定的时间内达到有机生产的标准和要求。在转换期内，土壤中的化肥、农药和有害物质的残留物不断进行分解，并培肥地力，而且使生产者在转换期内初步掌握有机农业的生产技术，逐步建立生产基地良好的生态环境，保证以后有机农业生产的顺利进行。

由常规生产系统向有机生产转换的时间一般为 2～3 年，山药为 3 年，新开荒地要经过至少 12 个月的转换期，在转换期完成后生产的山药才能作为有机产品。转换期开始的时间从向认证机构申请认证之日算起，生产者在转换期间必须完全按有机农业的基本原则，即 3 年内不得使用化学肥料、农药，同时对土壤中铁、镉、铬等微量元素、盐酸饱和度及磷、铜、铅等矿物质进行分析，使有机基地符合有机山药的生产要求，让有机基地尽可能成为一个封闭、系统内各部分稳定、平衡发展的循环运动系统。在经过 1 年的有机转换后的田块中生长的山药可以作为有机转换产品销售。

4.缓冲带

如果基地的有机地块有可能受到邻近的常规地块的污染影响，则必须在有机地块和常规地块之间设置过渡地带，即缓冲带，来防止污染物质通过水的渗透及空气的流动对有机地块造成污染。不同认证机构隔离带的要求不同，我国 OPDC 认证机构要求隔离带为 8 m，德国的 BCS 认证机构要求隔离带为 10 m。

(三)有机肥料标准

①厩肥或人粪尿等有机肥必须符合《有机食品生长技术准则(试行稿)》。

②沼气肥和硫酸钾的质量应符合 NY/T 394—2000《绿色食品　肥料使用准则》附录 A 中 A2 和附录 B 中 B2 的技术要求。

③复合微生物肥料应符合 NY 227—1994《微生物肥料》中 4.1 与 4.2 的技术要求。

④叶面肥的质量要符合 GB/T 17419—1998《含氨基酸叶面肥料》和 GB/T 17420—2020《微量元素叶面肥料》的要求。

⑤最后一次追肥要离采收间隔 30 d 以上。

(四)有机肥料种类

适合种植有机山药的肥料种类有：①农家肥。如堆肥、厩肥、沼气肥、绿肥、作物秸秆、泥肥、饼肥等。②绿肥作物。如草木樨、紫云英、田菁、柽麻、紫花苜蓿等。③有机认证机构认证的有机专用肥和部分微生物肥料。如磷酸一铵、磷酸二铵、磷酸二氢钾以及活性(生物)有机肥等有机专用肥，腐殖酸类肥料、根瘤菌肥料、磷细菌肥料、复合微生物肥料等生物菌肥。④矿物质。如钾矿粉、磷矿粉、氯化钙等。

这些肥料的使用需要注意如下几点：①自制有机肥、堆肥和沤肥要经过彻底腐熟，通过发酵杀灭其中的寄生虫卵和各种病原菌。②在有机肥堆制过程中，添加的微生物一定不允许是基因工程产物，它们必须来自自然界。③制取沼气肥时要严格密闭，添加适量水分进行发酵，注意调好温度与碳氮比。沼渣经无害化处理后方可施用。④种植绿肥一般都在花期翻入土壤，翻压深度为 10～20 cm，每亩翻压 1 000～1 500 kg，可根据绿肥的分解速度，确定翻压时间，也可进行堆肥。⑤矿物源肥料中的重金属含量应符合有机农业的标准，且施用时要注意避免元素间的影响、制约及拮抗关系。

(五)有机山药病虫、草害防治技术

有机山药在生产过程中禁止使用所有化学合成的农药、除草剂、生长调节剂等，也不允许使用基因工程生物及其产物，所以病虫害的防治是有机山药种植中的难点和重点。有机山药病虫害的防治要坚持“预防为主，防治结合”的原则，遵守《有机食品生产技术准则(试行稿)》，通过选用抗病、抗虫品种、高温消毒、合理的肥水管理、轮作、多样化间作套种、保护天敌等农业、物理与生物的综合措施，防治病虫、草害。

第十章

山药灌水多功能地膜栽培技术

一、灌水多功能地膜

灌水多功能地膜(国家发明专利号 96103374.6)由张朝兴、张勇飞、赵冰等发明,它的主体为塑料薄膜。以平行于膜纵平分线的沟底线及分别在其两边的棱线将膜面规划为地面膜和沟面膜,以平行于沟底线的覆土线将沟膜划分为清膜和覆土膜。清膜开单面阻塞土壤毛管吸水孔,覆土膜开双面阻塞土壤毛管束孔。

灌水多功能地膜单面阻塞土壤毛管吸水孔的孔径取值范围为 0.4~1.2 mm,双面阻塞土壤毛管束孔的孔径取值范围为 1.3~3.0 mm,单面阻塞土壤毛管吸水孔和双面阻塞土壤毛管束孔的孔距应不小于 1.0 mm,见图 10-1。

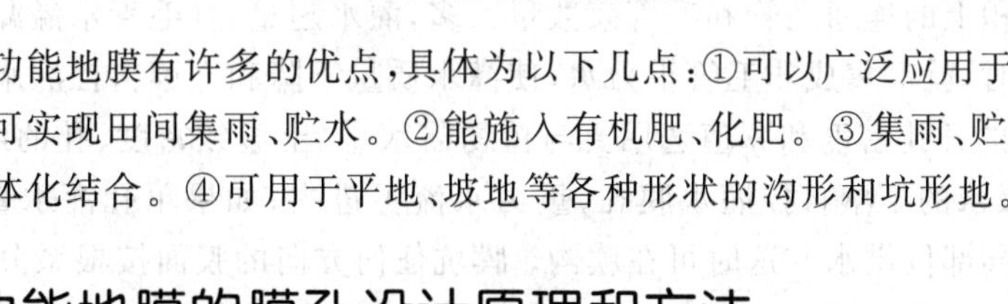

图 10-1 灌水多功能地膜

这种灌水多功能地膜有许多的优点,具体为以下几点:①可以广泛应用于不同地区多种山药的种植,抗风,可实现田间集雨、贮水。②能施入有机肥、化肥。③集雨、贮水、灌水、施肥和地膜覆盖有机一体化结合。④可用于平地、坡地等各种形状的沟形和坑形地。

二、灌水多功能地膜的膜孔设计原理和方法

目前,灌水多功能地膜需要多种设施和多项作业共同完成,以实现山药栽培的多功能效果。有些功能和作用是其他技术现阶段难以达到的。这主要取决于灌水多功能地膜上的膜孔,清水膜 S 开单面阻塞土壤毛管吸水孔 X_1^n,n 是 X_1 开孔选用的孔径值,取值范围为 0.4 mm $\leqslant n \leqslant$ 1.2 mm;覆土膜 F 开双面阻塞土壤毛管束孔径 X_2^n,n 是 X_2 开孔选用的孔径值为 1.3

mm≤n≤3.0 mm。X_1^n和 X_2^n孔距均≥1 cm。

(一)设计原理

清水膜 S 上的 X_1^n的入膜流量很小,它的土壤阻塞微面不会有重力水可进入的大空隙,仅有为数极少的连通水源与土壤内千百万毛管的连通毛管。土壤吸水力使连通毛管把进入不了土壤的重力水源抽吸进土壤内的千百万毛管中。土壤吸水力产生于土壤微粒吸附力和毛细管力,所以毛管水不进入无吸水力的非毛管孔隙,而沿着相互连通的毛管运行扩展,使越来越多的毛管充水。当土壤含水量逐渐增多时,吸水力逐渐下降,连通毛管吸入水源的速率也相应逐渐降低。当有吸持力的毛管充水后,如果继续给予加水,毛管水就会向非毛管孔隙溢漏,使土壤仍维持微弱的吸水力;若不继续给予充水,已吸持的毛管水就难以溢漏,土壤近于失去了吸水力,虽 X_1^n连通毛管极少,但当土壤干燥时,它的吸水力很强,靠着极高的吸水速率,在短时间内就可给土壤的大部分毛管充水。

吸水速率达到田间持水量时,吸入的水量就会变少。对与它连通的千百万毛管来说,等于已得不到补充的水分了,毛管水满难溢漏,仅连通毛管和距它很近的毛管能得到水分补充而溢漏,但其量甚微,在实践中对提高土壤吸水力没有作用,连通毛管就近于停止吸入水分。当山药植株把土壤中的毛管水逐渐吸去时,土壤吸水力又逐渐恢复,连通毛管也随之吸入水源并逐渐加快吸入速率。通过土壤吸水力的强弱变化,一定数量的连通毛管吸水速率与植物水量保持平衡。这样,X_1^n不仅向土壤提供了毛管水,阻止非毛管水重力水的形成,而且实现了土壤自控水源进入,灌水速率和灌水量的土壤自控灌水。虽然孔径(1.2～2.0 mm)还有一定的毛管灌水与自控效果,但 X_1^n的 n 值越小效果越好,并且 1.2 mm 的 n 值与开孔密度配合可满足各种山药植株的需水量,又使灌水质量和土壤自控灌水效果向优质靠近。

覆土膜 F 上的 X_2^n,由于被细土层覆盖,土微粒壅塞 X_2^n内,阻塞面非毛管孔隙被土粒填塞,X_2^n内形成一束土壤毛管束并与阻塞面连通的毛管,于是土壤吸水力把膜上覆土层的毛管水从毛管束吸入到膜下土壤毛管中,覆土层有缓解吸水速率的作用,因此,X_2^n的 n 值大,但至 3.0 mm 即可满足灌水量的需要,再大不利于保墒防漏。X_2^n与 X_1^n的目的和灌水原理相同,而其灌水质量、土壤自控灌水功能优于 X_1^n,但不可开在不能覆土的膜面,也就是覆土膜下要规划在保证能覆土的膜面,同样,X_1^n不能覆土,但如被土覆盖了,也没有破坏作用,只是灌水量大为减少,无 X_1^n的清水膜 S 允许覆土。

如果单位面积上的连通毛管和毛管束数量太多,灌水超量,且毛管水溢漏增多又不能及时再转化为毛管水时,就汇集成非毛管重力水,使灌水质量下降和土壤自控灌水功能降低甚至丧失。所以 X_1^n、X_2^n的开孔密度和 n 值选用要与植物需水量、土壤致密度、孔的组合布局等协调。X_1^n和 X_2^n是毛管吸水的土壤自控灌水膜孔,重力水流不进去;如果单孔灌水量少,一株植物则需多个膜孔从不同部位供水。这时可在膜沟、膜坑任何方向的膜面按根系分布,分部位开孔,根多的部位多开孔或开 n 值大的孔,根少的部位少开孔或开 n 值小的孔,没必要灌水的部位不开孔,这样就能实现按根系分布部位和以每个部位所需水量配水的多面多向立体灌水。

(二)具体方法

灌水多功能地膜是在膜面开孔的灌水地膜。其特征是以棱线 3、棱线 4 和沟底线 2 将膜面规划为地面膜 A、地面膜 B 与贮水沟膜 C、沟膜 D,以覆土线 5、覆土线 6 将沟膜 C、沟膜 D 划分为清水膜 S 和覆土膜 F，1 为地膜中心线，见图 10-2 至图 10-5。清水膜 S 开单面阻塞土壤毛管吸水孔 X_1^n（以下简称 X_1^n），n 是 X_1 开孔选用的孔径值，取值范围为 0.4 mm≤n≤1.2 mm；覆土膜 F 开双面阻塞土壤毛管束孔径 X_2^n（以下简称 X_2^n），n 是 X_2 开孔选用的孔径值，取值范围为 1.3 mm≤n≤3.0mm。X_1^n 和 X_2^n 孔距均≥1 cm。棱线以外的地膜覆于地面，需兼用为集雨面时，稍有内倾，棱线以内的沟膜 C、沟膜 D 铺入按膜面规划开挖整好的沟或坑内，沟底线在沟最深处或坑底周边，覆土膜 F 上均匀覆 1 cm 以上细土，即是可集雨、贮水，施入有机肥和无机肥以及灌水的膜沟或膜坑。其内覆土，风吹不动，宜于露天田野应用，发挥集雨作用，使集雨成为贮水，肥料沉在覆土层上或浮在水面，养分溶于水中，毛管仍可吸水，贮积立体水与分布在它各个面上的具有供给土壤毛管水和土壤自控灌水功能的 X_1^n、X_2^n 构成多面多向立体灌水，土壤自控灌水，使贮水成为可能。贮水能给土壤自控灌水随时提供水源，有灌溉水源条件的地方可引入人工贮水窖。

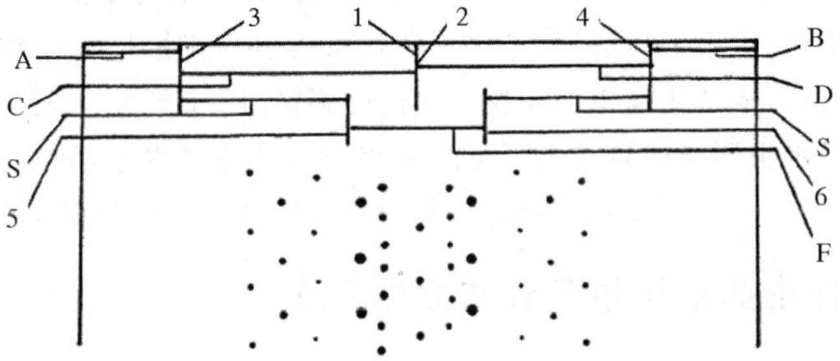

A、B. 地面膜；C、D. 沟膜；F. 覆土膜；S. 清水膜；
1. 地膜中心线；2. 沟底线；3、4. 棱线；5、6. 覆土线。

图 10-2 平地通用灌水多功能地膜应用平面图

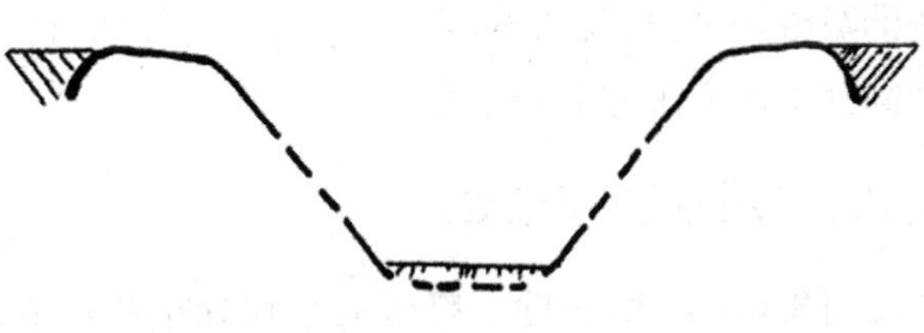

图 10-3 平地通用灌水多功能地膜应用横剖面图

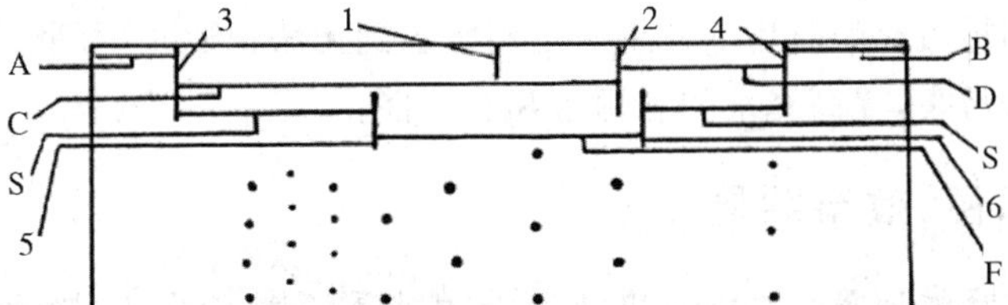

A、B. 地面膜；C、D. 沟膜；F. 覆土膜；S. 清水膜；
1. 地膜中心线；2. 沟底线；3、4. 棱线；5、6. 覆土线。

图 10-4 平地偏沟灌水多功能地膜应用平面图

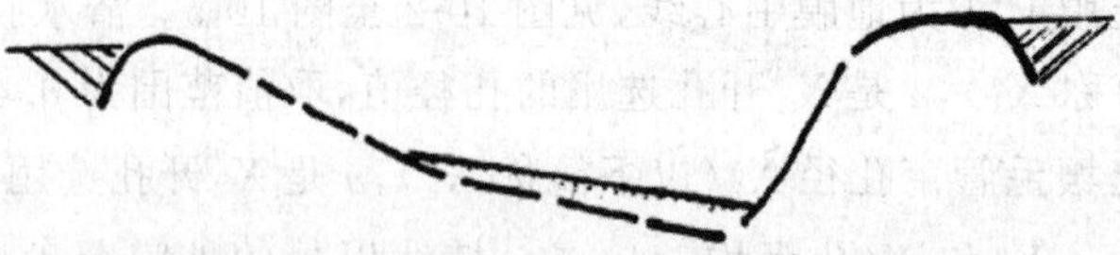

图 10-5　平地偏沟灌水多功能地膜应用横剖面图

三、山药灌水多功能地膜栽培的优点

(一)实现了土壤毛管自控灌水

灌水多功能地膜与现有灌水设备喷灌、滴灌、渗灌相比,其优点为以下几点:①土壤自行吸入毛管水,消除了土壤非毛管重力水,避免了出现土壤水饱和、不板结,把保持土壤结构和土壤的水气协调和提高到了前所未有的新水平。②土壤自控灌水,使水源进入、灌水速率、灌水量达到准确、自控、自动化,克服了目前灌水速率、灌水量难以与土壤所需一致的技术问题,免去了人为操作的高难度化、复杂化技术。在技术先进的国家,用计算机和先进测试技术配套以现有灌水设备来控制灌水也还未达到与土壤所需一致的自动控制水平,灌水多功能地膜轻易就解决了这个问题。

(二)实现了按山药植株根系分布立体灌水

灌水多功能地膜实现了按山药植株根系分布直接适量配水的立体灌水与地膜覆盖相结合的功能,免除了在未覆膜地面浇水。在中耕后灌水多功能地膜能长期保持干细土层,与地膜配合共同形成了全方位防蒸发、保墒体系,克服了单面、单向或深层土双向灌水造成的蒸发、无用水、重力渗透水等方面的浪费,克服了水量过于平均或过于集中的两极化灌水的害处以及灌水部位的不合理和供水量的分配不准确,对一点一滴的水做到了合理、精准、科学地利用,把水的利用率和有益效果也提高到了前所未有的新水平。

(三)提高了降水的利用率和有效性

灌水多功能地膜在田间集雨、贮水,消除了降水的平均分布和从地面渗入,克服了强降水的危害,有效地消减了径流和保持了水土,使降水以合理、科学的方式进入土壤。在土壤自控灌水的配合下,过量的降水不会立即进入土壤形成涝害而造成大量重力水的渗透流失,反而起到了把涝害珠时间推后至旱时用的效果。当雨水多到无法积贮时,可通过排水沟流到贮水窖,这样能有效地减轻涝害,提高降水的利用率和有效性。

(四)使用简便,效果明显

在利用灌水多功能地膜灌水施有机肥时,有机肥养分溶于水中,随水进入土壤,残渣经分解,下次又可被利用。一次施肥,多次可用,肥随水行,合理分布,宜于山药植株生长需肥特征,简便、省工;灌水与长时间贮水适当结合可提高山药作物生长层的空气湿度;全覆盖灌水多功能地膜能一次覆盖,多年使用,且能消除膜下杂草,既省膜又免去劳作之苦;多种功能有机结合，使多项任务在一张简单经济的灌水多功能地膜上以自动化流水作业的形式高质量地实现，省去了庞杂和高难度技术设备，也节约了劳力和能源投入；制造简便，在制膜机上加一个适于需要的开孔设备即可；覆盖方法易学易懂，使用简便，人为放入贮水时，落水点放一个缓冲垫即可。缓冲垫可用一把茅草扎成，也可用一块塑料膜，只要不把覆土层冲开即可，可迅速推广；增强山药植株抗病、抗灾力，并能显著提高山药的产量和质量。

第十一章

山药良种选育技术

一、选育目标

山药栽培有它的特殊性，农家制种仍然是山药生产的主流，因此，农户有必要掌握其关键技术。由于山药一般为雌雄异株，种子多具不稳性，有些品种还不易开花，搞杂交育种十分困难，所以多年来，有关山药的选育都集中于山药良种的收集和筛选上。如今我国已筛选出一批具有产量高、品质好、抗逆性强，适于多种加工的优良山药品系。如长山药中的农大短山药、农大长山药、太谷山药、孝义山药、汾阳山药、牛腿山药、双胞无架山药、群峰山药和淮山药等。总体来说，山药良种的选育大致有 3 项目标。

(一)环境适应能力强

优良山药品系应具有高适应力和高稳定性，适合生长的环境范围较宽，对不良环境的敏感度较低，并能维持一定的生育表现。在比较合适的环境条件下，各项生育性状及产量均有较好的表现。

(二)高产及稳产

优良山药品系不但要求获得较高的产量，而且必须具有比较稳定的产量，受环境条件的影响较小。这就要求山药品系不但抗逆性强，而且品系应不易退化，遗传性稳定，更新、复壮的周期较长。

(三)适合多种加工的需要

从国内外使用山药的发展趋势来看，山药直接食用的比例正在不断下降，越来越多的山药被用来进行深加工，从而获得各种中药制剂、化工原料和保健食品。所以筛选不同品质的山药品系需要根据山药块茎的不同色度和黏度以及微量元素含量等定向选出适合不同加工需要的优良山药品系。

二、选育方法

（一）品种选育试验

山药良种选育离不开品种选育试验。品种选育试验包括品系观察试验、品系产量比较试验及区域试验。

1. 品系观察试验

品系观察试验是将各处收集来的山药种薯，栽培于试验地中。试验设计采用随机区组为好，至少要进行3次重复。小区面积不小于4 m^2，行距为100～120 cm，株距为30～35 cm。在各个小区间设立标牌，注明山药种薯的名称、编号、试验地点等。试验地中的肥力、光照、供水排水、防风等条件应该保持均衡，否则易使品系观察出现偏差，妨碍得出正确的结论。

山药品系观察试验的主要数据包括山药株高、分蘖数、节数、茎叶干重、单株块茎鲜重及干重、亩产量等。其中株高、分蘖数、节数等应定期观察，以获得整个生育期的动态数据。在试验中，各品种山药的生育期要求一致，如统一观察7个月（从出苗开始）等。

2. 品系产量比较试验

试验设计以随机区组为宜。小区面积保持在4 m^2 左右，至少进行4次重复，行距为100～120 cm，株距为30 cm左右。在各个小区挂牌标明各山药品系。试验地中的肥力保持中等偏上水平，其余试验条件也应尽量一致。品系产量比较试验应在同一地点，连续进行3～5年。

这项试验需要获得的主要数据包括山药地上部茎叶的干重、株高、分蘖数、节数，地下部单株块茎的长度及鲜重、干重、亩产量，气生块茎（零余子）的数量、大小、个体平均干重与鲜重、亩产量。数据可用方差分析比较不同山药品系的产量差异。

3. 区域试验

一个地区的山药良种引种到另一个地区，其生育会表现出不同程度的差异，因而需要用区域试验来验证，这是山药异地引种的重要前提条件，否则会出现由于盲目引种，造成大面积减产的情况。区域试验的选择应有较好的代表性。

区域试验一般采用随机区组设计，进行4次重复。小区面积以12～15 m^2 为宜，行、株距一般为100 cm×30 cm。区域试验需要获得的主要数据包括山药株高、分蘖数、植株茎叶鲜重及干重、单株块茎长度及直径、单株块茎的鲜重和干重、单一气生块茎（零余子）的鲜重和干重、每株气生块茎的数量以及亩产量。区域试验应连续做3年以上，从中筛选出适合不同地域的山药良种。

（二）栽培试验及品质分析

1. 肥料种类及用量试验

肥料种类及用量试验主要进行氮肥、磷肥、钾肥的使用试验。试验设计以随机区组为宜，进行3次重复。小区面积不小于12 m^2，行、株距为100 cm×30 cm，同时还应进行施用有机肥的对照试验。通过试验，明确不同山药品系对不同肥料种类及用量的基本需求。

2. 行距与株距试验

通过试验,确定每种山药最适合的行距和株距。一般将行距设计为 80 cm、100 cm、120 cm,株距设计为 20 cm、25 cm、30 cm,每个小区的面积设计为 24 m^2,要求重复进行 3 次。

3. 种植期试验

山药播种期(或定植期)试验一般设计为 4 月、5 月、6 月 3 种种植期,我国南方地区可设计为2 月、3 月、4 月、5 月、6 月 5 种种植期。要求随机区组设计,重复进行 3 次。一般小区面积为 12～24 m^2,行、株距为 100 cm×30 cm。种植期试验一般要进行 2～3 年,在第 2 年和第 3 年可将种植期处理的时间间隔缩短至 10～15 d,如可进行 4 月 1 日、4 月 10 日、4 月 20 日、4 月 30 日等 4 种种植期处理,进一步研究适合山药生长的准确种植期。在前述山药品系几种选种试验的基础上,通过种植期试验筛选出山药良种,进一步确定其在特定生产地域的最佳生长日期。

4. 块茎贮藏试验

山药块茎的贮藏试验主要是要搞清适合不同山药品种贮藏的外界温度和湿度。试验设计要求重复进行 3 次,一般温度的试验处理设计较多,每个处理所含块茎数量应不少于 5 个。普通山药的温度处理可按 0 ℃、3 ℃、6 ℃、9 ℃、12 ℃进行设计,相对湿度处理可按 60%、70%、80%进行设计。

5. 品质分析

块茎贮藏试验主要是对山药块茎和零余子的成分、个别品系,也对茎叶进行成分分析。在一般成分分析中,对水分以普通常压干燥法定量;对脂肪以石油醚萃取法,求得粗脂肪数值;对粗蛋白质通过分解、蒸馏及滴定等步骤,测定出总氮量,乘以系数 6.25,再换算成蛋白质含量;对粗纤维通过弱酸、弱碱及酒精处理后,经灰化后失去的重量即是粗纤维量;对于灰分的处理,先将样品在温度为 600 ℃的条件下灰化,去除有机物,留下的绝大部分无机物就是灰分;对矿物质元素含量的测定,要先将样品用三酸混合液(硝酸∶高氯酸∶硫酸＝4∶1∶1)浸提并加热分解,或加入 1 mL HCl 静置 24 h 后过滤,并定容至 50 mL,然后以火焰光度计分析 K(钾)含量,以原子吸收分光光度计测定 Ca(钙)、Mg(镁)、Fe(铁)、Mn(锰)、Cu(铜)、Zn(锌)以及 Pb(铅)、Cd(镉)、As(砷)的含量;对氨基酸的测定,要先将块茎洗净、去皮、烘干、研粉,并经水解、过滤,稀释成 1 mL,然后从中取 5 μL 注入氨基酸自动分析仪分析,把所得数据与定量标准品比较,即可获得氨基酸组成及含量;对山药块茎的黏度分析,可用 100 g 去皮山药块茎加入 3.5 倍水后,用果汁机打汁 1 min,利用黏度计测定,在 10 min 后计算相关值,即可获得黏度数值;对山药块茎的色度,可用色差仪测定。以上所有分析的样品均从各处理中随机取样,经 3～4 次重复,取平均值作为最后数据,同时还要进行方差分析和显著性检验。

山药从品质大类上分为药用型、食用型和食药兼用型。在当地特定的自然环境条件下,这些各地不同品种的山药经过数十年、数百年甚至更长时间的自然生长或人工栽培,各自形成了各自独有的特点。有的山药最适合药用(如野山药),有的山药更适合食用(如沛县水山药),也有的山药是食药兼用型(如农大短山药、农大长山药、怀山药、太谷山药)。因此,如果仅用一个入药标准去衡量山药的品质,势必以偏概全,造成大量食用型和食药兼用型优良品种的遗漏。因为这些品种既然拥有了普通蔬菜的用途,在入药的有效成分(主要是植物次生代谢产物)数量上会或多或少地受到一些影响,而在常规营养价值方面(淀粉、蛋白质、纤维素、矿质元素和各类维生素的含量)则各有其特点。中国农业大学山药课题组利用 HPLC(高效液相色谱法)

指纹图谱技术建立了一套评价各类山药的品质技术体系，在这一问题的研究上取得了初步的成功(图 11-1)。

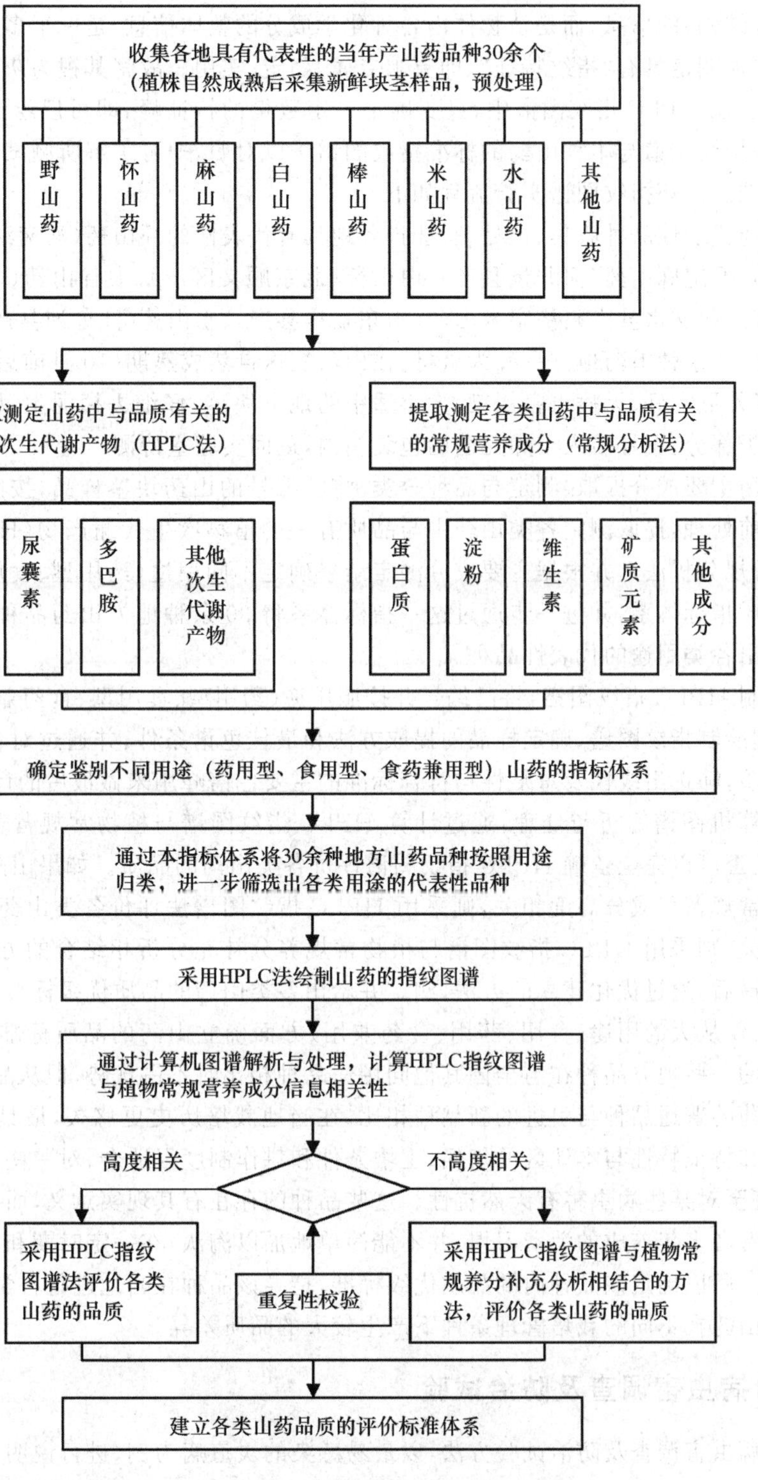

图 11-1　以 HPLC 指纹图谱法评价山药品质技术体系

指纹图谱包括光谱法、色谱法、X射线衍射法、分子生物学方法等，又因色谱法中的HPLC分离效果好、紫外检测灵敏度高、定量精密度高，组分收集容易，最适合绘制指纹图谱。采用指纹图谱评价山药品质的优势在于没有必要明确山药内含的全体化学成分，它反映的不是单一化学成分（结构）的信息，而是植物体内各种化学成分的整体信息，是一个多变量多指标的复杂体系，只要求图谱具有“指纹特征”，即要求专属、稳定、实用。故将其视为灰色系统或模糊系统是可取的。在HPLC指纹图谱中，只要确定一定数量的特征峰，即可以绘制该种山药的指纹图谱，将该指纹图谱与本种山药的标准指纹图谱予以对照，即可了解所测试的山药是否达到规定品质标准。山药指纹图谱实验流程如下。

①山药代表性品种收集、预处理：选择各地具有代表性的怀山药（河南温县产）、野山药（河南温县产）、保定麻山药（河北蠡县产）、白山药（北京顺义区产）、太谷山药（山西太谷县产）、文水棒山药（山西文水县产）、济宁米山药（山东嘉祥县产）、水山药（江苏沛县产）、绵山药（山西孝义市产）等30余种山药地方品种为试材，在山药植株自然成熟期（10月前后）采挖块茎的新鲜样品，选择外形完好、无病虫害侵染、大小适中的地下块茎，仔细去掉泥土，用已消毒的不锈钢刀切去栽子部分，编号装入干燥无菌的包装箱内，运回实验室待测。

②山药主要成分提取、测定与品种分类：将已编号的山药块茎样品，按照所测定成分的具体要求做前处理，提取测定各类山药中与品质有关的植物次生代谢产物（HPLC法）和常规营养成分（常规分析法），并根据主要成分测定结果确定不同用途（药用型、食用型、食药兼用型）山药的品质指标体系，并进一步通过这一指标体系将30余种地方山药品种按照用途归类，进一步筛选出各类用途的代表性品种。

③绘制HPLC指纹图谱：将已编号并按照用途（药用型、食用型、食药兼用型）归类的山药块茎，分别绘制指纹图谱，确定样品的提取方法和最佳色谱条件，并通过对色谱峰进行线性及精密性试验，筛选出线性及重复性均符合标准的主要色谱峰用来做最后的计算分析。

④计算机图谱解析与处理：通过计算HPLC指纹图谱与植物常规营养成分信息的相关性，确定是否可以完全依赖HPLC指纹图谱评价各类山药的品质。如果山药的HPLC指纹图谱与植物常规营养成分高度相关，则采用HPLC指纹图谱法评价各类山药的品质；如果不是与高度相关，则采用HPLC指纹图谱与植物常规养分补充分析相结合的方法，评价各类山药的品质。最后，通过优化建立的方法，测定并给出各类山药的品质优级标准。

另外，仅从大的用途（食用、药用、食药兼用）方面确立山药的品质标准也是远远不够的。虽然山药的一些地方品种在与全国其他同用途品种相比时不占优势，但从品种多样性来看，这些当地山药的普通品种与引进的新品种相比，在当地栽培历史更悠久，最具有当地风土特点，生长发育和特征特性与本地区的气候、土壤条件和耕作制度很适合，对一些不利因素具有较强的抗性，甚至对某些病虫害有天然抗性。这些品种的存在有其现实意义，而且其口味通常更适合当地消费者多年养成的消费习惯，并不能简单地加以淘汰，在一定时期和范围内仍然具有不可替代性。所以确定该品种内的品质优级标准，指导该品种在当地进行科学栽培和加工，避免同一品种山药在不同的栽培管理条件下产生较大的品质差异。

（三）病虫害调查及防治试验

山药病虫害调查及防治试验方法，以最易感染的炭疽病为例，进行说明如下。

1. 病害概述

(1)普通名　炭疽病(Anthracnose)。

(2)寄主　山药各品系(Dioscorea)。

(3)重要性　本病为各山药品系最易感染的病害,发病率可达100%。植株患病越早,对产量影响越严重。早期感染此病可致全株枯萎死亡,造成绝收。

(4)地理分布　各山药产区。

(5)病症　蔓的表面形成不规则形黑褐色斑点,并沿蔓的纵轴方向扩大,顶梢受害可使生长停止,导致全株焦枯死亡。叶面初呈圆形或不规则形褐色病斑,并随叶片的生长而日渐扩大。典型病斑为黑褐色,中央呈灰白色,有些病斑周缘有黄色晕环。

2. 病原菌

(1)拉丁学名　*pathogenic bacterium*。

(2)形态　本菌的分生孢子(Conidia)产于孢子盘(acervulus)上,孢子盘上有刚毛(setae);分生孢子呈短杆状,两端呈钝圆形。本菌未发现有性世代的子囊孢子。

(3)病害情形　本病于每年4月山药开始萌芽时发生,并随植株生长发病率逐渐增加,采收前达到最高峰。

(4)病株取样　从每块山药田随机选定10个点,在每个点中1 m^2 的范围内,任意选取50个叶片计算发病度,并检验病原菌种类和形态。

(5)发病度标准　发病度标准,以发病指数表示。每片山药叶的病斑数表示如下:0代表无病斑,1代表1～5个病斑,2代表6～10个病斑,3代表11～30个病斑,4代表31～60个病斑,5代表61个以上病斑。

(6)患病率的计算方法　每个调查小区的患病率 $= \sum$(指数 × 该指数患病叶数)5 × 全部调查叶数 ×100%　(每块山药田的患病率,以10个调查小区患病率的平均值表示)。

(7)防治措施　首先,进行药剂筛选,查明各种备选药剂对山药炭疽病菌分生孢子的杀菌效果。其次,选出的药剂在大田实地喷施,进一步验证该药剂对山药炭疽病的防治效果。

三、良种繁育

经过选育获得的山药良种需要采用正确的繁育技术来保证种性不退化,然后再进行大面积繁殖,以提供生产用种。因此,有必要建立分级繁育的制度,设置专门的山药留种田,逐步扩大繁殖,确保种薯的质量不致降低。当生产上发生品种退化时,要及时采用高质量的原种种薯加以更新,必要时也可以采用经过审定适合当地推广的山药新品种加以更换。

正规的山药种薯生产程序是:由原原种产生原种,再由原种产生良种。原原种是由育种工作人员直接生产和控制的质量最高的繁殖用种,原种是与原原种亲缘关系最近、质量仅次于原原种的繁殖用种;良种就是生产用种。由育种工作人员提供原原种,并实行严格的良种繁育程序,这是提高种薯质量的重要保证。山药种薯生产程序如图11-2所示。

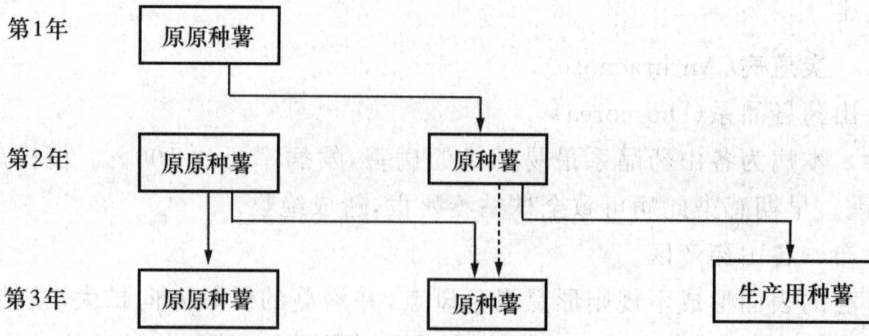

面积	1 000 m²	5 000 m²	50 000 m²
种薯用量	4 000株	20 000株	170万株
淘汰率	30%	25%	40%
实获种薯	2 800株	15 000株	102万株

图 11-2　山药种薯生产程序

原原种薯由育种单位提供，这样可以防止“种出多门”而造成种薯杂乱。因为只有育种工作人员最熟悉原原品种的特征特性，育种技术最好，育种单位的场地和设备条件也最优越，因而才有可能培育生产出高质量的原原种薯。原种薯的繁殖应由各级原种场和授权的原种基地负责。原种薯的质量一般略低于原原种薯，其生产方法与注意事项与原原种薯相同。生产用种薯也应由专业化的制种单位或有条件的专业农户来生产繁殖。山药的良种繁育的生产要点主要有以下几个方面。

(一)生长特性

总体来说，山药生长要求温暖、无霜的气候。由于各地气候不同，山药的生长周期也不相同，生长期的长短对山药块茎的大小有着重要影响。作为采种栽培的山药，应尽量延长其生长期，以便获得较大的薯块，这有利于第 2 年扩大繁殖量和提高种薯质量。如果当地气候寒冷，无霜期较短，可考虑选择气候温暖、条件适宜的异地进行良种繁育。

山药发芽的适温为 17～18 ℃。当年收获的山药必须经过冬季休眠，在第 2 年春暖时才能萌芽。开春 4 月将种薯播入土壤中后，初期植株生长所需养分均由母薯供应。待山药出苗甩条、生长出茎叶后，逐渐由新生茎叶和土壤提供养分，山药生长的前期和中期，以地上部茎叶生长为主。到了山药生长的中期和后期，地上部茎叶已基本停止生长，地下块茎开始迅速生长膨大，地上部茎叶的养分不断向薯块转移。山药茎叶生长的适温为 25～26 ℃，地下块茎的发育适温为 22～23 ℃。这些温度要求在山药采种栽培中需要格外注意，否则不易获得良好的种薯。

在整个山药生长期，温度太高和干旱过久都不利于其生长发育。作为山药采种栽培，当地年降水量应为 600～3 000 mm。雨量的多少与山药茎叶重成正比，与山药地下薯块重量也成正比。山药对日照长短的感应与马铃薯相似，日照超过 12 h 有利于茎蔓及叶的生长，少于 12 h 的短日照环境对块茎的形成及发育较为有利。山药采种栽培以沙质壤土为佳，土壤酸碱度应接近中性。另外，采种栽培的山药应避免连作，否则会造成土壤中的养分不平衡，病虫害严重，藤苗早枯，收获的种薯品质下降。山药采种栽培可与茄科、豆类、瓜类、芋头等轮作，这样能产生较好的效果。

(二)种薯栽种前需要催芽

山药采种栽培需要进行种薯催芽。首先，要挑选薯形良好、无病虫害的块茎，用消毒的不锈钢刀切块，每个切块应重为 60～80 g。切块须带有皮层，否则不能发生不定芽。切面上必须涂上草木灰，以促进切面木栓化，防止病菌侵染造成腐烂。种薯切块后，经过日晒 3～4 h，也可减少腐烂率。种薯切块后，可埋在湿沙里催芽。种薯排列一层，铺一层湿沙，每层铺厚 2～3 cm的湿沙，最外层用薄膜覆盖好。待芽吐出 1～2 cm 时，即可栽种。

(三)栽后管理

山药采种栽培一般要求土壤为沙壤土，并要深耕、细碎，做高畦。深耕或挖沟的深度，随不同山药品系而异，但都必须具有满足山药块茎发育的空间。山药种田的灌水排水系统要力求完善。做畦后，可于畦中间开一小深沟(10 cm 左右)，施入基肥后(可亩施充分腐熟的厩肥 3 000～5 000 kg)覆土 4～5 cm，然后按事先定好的株距(20～30 cm)放入种薯，皮层面向下，再覆土 3～5 cm，然后适量供水。

山药在出苗后的 3 个月内，茎蔓生长迅速，这时要注意中耕除草和追肥。中耕除草的方法可参考山药常规栽培技术的有关内容。在山药采种栽培中，有机肥料与化肥应同时施用，这样对收获种薯的质量有保证。每亩可追施有机肥料(如充分腐熟的厩肥)100 kg，另外，每亩增施硫酸铵 30 kg、过磷酸钙 25 kg、硫酸钾 10 kg。山药采种栽培，一般也须搭立支架。如果是种植新品种，也可不用支架，但株行距需相应扩大，株距可定为 40～50 cm，行距可定为 120～150 cm。在山药采种栽培中的病虫害防治，可参照山药常规栽培技术。山药种薯收获后，须贮放在阴凉通风的干燥处，以防止腐烂。若相对湿度高于 80%，则种薯易发芽，难以贮存。

四、农大短山药选育技术

(一)农大短山药发明的背景

山药作为食药兼用的典型保健作物既是一味十分重要的中药材，同时也是营养价值非常丰富的名贵蔬菜和重要粮食，在全国大部分地区均有栽培。山药在国内外市场越来越受到欢迎，市场容量逐年增加。目前，山药生产存在的问题是山药生产时期长，栽培劳动强度大，无论定植还是收获，都需要挖近 1 m 的深沟，所费工时几乎是栽培普通作物的 10 倍以上。这样不但限制了山药生产所需的栽培环境(通常要求沙壤土地区)，增加了劳动强度和山药块茎收获的破损率，而且极深的栽培土层也会显著增加土壤病原菌的传播，导致山药生长极多的病虫害，块茎腐烂严重，山药的产量和品质明显下降。在这种形势下，迫切需要选育和推广短山药，以打破地域限制，在不同土壤条件下进行山药省工、优质栽培。在现有的山药栽培品种中，生产商品山药的时间长且多受土壤条件限制，栽培劳动强度大，病虫害发生率高，产量和品质不稳定，而且均不能用当年的零余子生产短山药，不能满足国内外市场巨大的消费需求。

(二)本发明所解决的问题

本发明创造的一种农大短山药(图 11-3)的选育方法,可以从众多山药地方(农家)品种中高效地选育出用零余子播种,当年收获高产优质商品短山药的山药新品种。该山药块茎外形浑圆整齐,平均长度为 50 cm,径粗为 4～5 cm,平均单株块茎重为 300～400 g,每亩产量可达到 2 000～3 000 kg。由于本发明选育的山药品种其栽培沟深度只有传统栽培的 1/2,使得山药栽培对土壤条件的要求降低,能够在更加广阔的地域内生产山药。栽培短山药能降低劳动强度 50%～60%,并且可以降低收获难度,有效地控制了山药块茎的破损率和病虫害发生率。

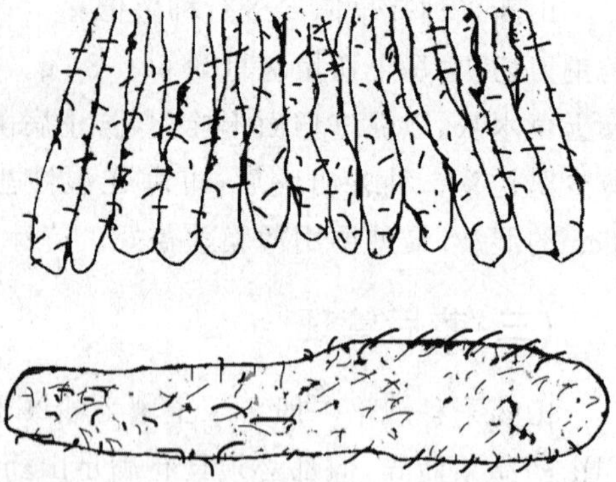

图 11-3　农大短山药地下薯块

(三)技术解决方案

本发明提出的农大短山药选育方法的步骤如下。

①收集国内外各山药产地的优良地方品种 30～50 个,将这些地方品种统一编号后,于第 1 年的 4 月中旬用零余子(挑选粒大饱满,直径为 2 cm 左右)作种栽植在土肥条件一致、灌排水良好的山药选种田内,每一个品种设立一小区,栽培 100 株苗,株距为 30 cm,行距为 100 cm,各品种间用竹篱笆设立隔离带,隔离带的宽度保持 300 cm。按照常规栽培模式进行田间管理。当年 10 月底待地上部枝叶变黄枯萎后,按照小区分别收获其零余子和地下块茎,编号后保存备用。

②将①所产零余子和地下块茎按照单个粒径(零余子直径,以下同)和重量(鲜重,以下同)进行筛选分级,单个零余子的粒径分为 4 级(1 级>2 cm、1.5 cm≤2 级≤2 cm、1.0 cm≤3 级≤1.5 cm、4 级<0.5 cm);单个地下块茎重量分为 3 级(1 级>400 g、300 g≤2 级≤400 g、3 级<200 g)。

③按照②的标准选出 1 级零余子含量为 10%～20%的山药品种。

④按照②的标准选出 1 级地下块茎含量为 10%～30%的山药品种。

⑤选出同时符合③④条件的山药品种。

⑥第 2 年将符合⑤条件的山药品种标记后,分别用其零余子中的 1 级零余子和地下块茎中的 1 级地下块茎作种栽入山药选种田。每一个品种设立 2 个小区,用零余子作种的小区栽植 100 株苗,用地下块茎作种的小区栽植 30 株苗,株距均为 30 cm,行距均为 100 cm,各小区间用竹篱笆设立隔离带,隔离带的宽度保持 300 cm。按照常规栽培模式进行田间管理。当年 10 月底待地上部枝叶变黄枯萎后,按照小区分别收获其零余子和地下块茎,编号后保存备用。

⑦将⑥中用零余子作种的山药小区所产零余子和地下块茎按照单个粒径和重量进行筛选分级,单个零余子的粒径分为 3 级(1 级>1 cm、0.5 cm≤2 级≤1 cm、3 级<0.5 cm);单个地下块茎重量分为 3 级(1 级>100 g、50 g≤2 级≤100 g、3 级<50 g)。

⑧将⑥中用地下块茎作种的山药小区所产零余子按照单个粒径进行筛选分级,单个零余

子粒径分为 4 级(1 级＞2.5 cm 以上、1.8 cm≤2 级≤2.5 cm、1 cm≤3 级≤1.8 cm、4 级＜1 cm)。

⑨按照⑦的标准选出 1 级零余子含量为 10%～30%的山药品种。

⑩按照⑦的标准选出 1 级地下块茎含量为 10%～20%的山药品种。

⑪按照⑧的标准选出 1 级零余子含量为 10%～30%的山药品种。

⑫选出同时符合⑨⑩⑪条件的山药品种。

⑬将符合⑫条件的山药品种选出后,每个当选品种按照⑧的标准挑选 1 级零余子 50～100 粒,装入干净的纱布袋,并按品种编号,置于钴照射室进行 γ 射线照射,照射剂量为3 000～5 000 伦,照射完毕后,贮存备用。

⑭第 3 年将经过⑬条件照射的各品种零余子作种栽入山药选种田。每一个品种设立 1 个小区,每个小区栽植 50～100 株苗,株距均为 30 cm,行距均为 100 cm,各小区间用竹篱笆设立隔离带,隔离带的宽度保持 300 cm。按照常规栽培模式进行田间管理。当年 10 月底待地上部枝叶变黄枯萎后,按照小区分别收获各品种的地下块茎,编号后保存备用。

⑮挑选⑭中所产单个地下块茎重量≥500 g 的突变地下块茎。

⑯第 4 年将符合⑮条件的地下块茎作种栽入山药选种田。各株之间距离保持 5 m 左右,该选种田与其他作物的隔离带宽度保持在 10 m 以上。按照常规栽培模式进行田间管理。当年的 10 月底待地上部枝叶变黄枯萎后,每株分别收获其零余子和地下块茎,编号后保存备用。

⑰将⑯中所产零余子按照单个粒径进行筛选分级,单个零余子的粒径分为 4 级(1 级＞2.5 cm、1.8 cm≤2 级≤2.5 cm、1 cm≤3 级≤1.8 cm、4 级＜1 cm)。

⑱按照⑰的标准选出 1 级零余子含量为 30%～50%的山药株。

⑲第 5 年将符合⑱条件的 1 级零余子作种栽入山药选种田。株距均为 30 cm,行距均为 100 cm,该选种田与其他作物的隔离带宽度保持在 10 m 以上。按照常规栽培模式进行田间管理。当年的 10 月底待地上部枝叶变黄枯萎后,每株分别收获其零余子和地下块茎,要求按照②的标准其 1 级地下块茎含量达到 70%～90%。

⑳将⑲中所产 1 级地下块茎作种栽入山药选种田。株距均为 30 cm,行距均为100 cm,该选种田与其他作物的隔离带宽度保持在 10 m 以上。按照常规栽培模式进行田间管理。当年的 10 月底待地上部枝叶变黄枯萎后,收获其零余子。该零余子即为本发明所选育农大短山药的繁殖用种。

五、农大长山药选育技术

(一)农大长山药的发明背景

山药一般包括长山药、圆山药、扁山药,其中长山药的栽培面积最大,占山药总栽培面积的 80%,其余部分为圆山药、扁山药,栽培面积不超过 20%。长山药是最受国内外消费者欢迎的山药类型,市场贸易额逐年增加。目前长山药生产存在的问题是长山药生产周期长,栽培劳动强度大,对土壤条件要求严格(沙壤土),零余子寿命较短,一般仅有 6 个月左右,产量下降,品质不稳定。在这种形势下,迫切需要选育和推广高产优质、零余子寿命较长、能够进行隔年播种、适合在不同土壤条件下栽培的长山药新品种。

(二)本发明所解决的问题

本发明(中国发明专利号:ZL200410037596.9)所要解决的技术问题在于针对现有技术的不足,提供一种长山药的选育方法及采用该方法选育的原原种,利用零余子和地下块茎交叉选种,选育的品种高产优质、食药兼用、零余子寿命延长12个月以上并可隔年播种,采用该选育方法选育的品种地下块茎外形浑圆整齐,长度长,产量高。

(三)技术解决方案

本发明提出的农大长山药(图11-4)选育方法的步骤如下。

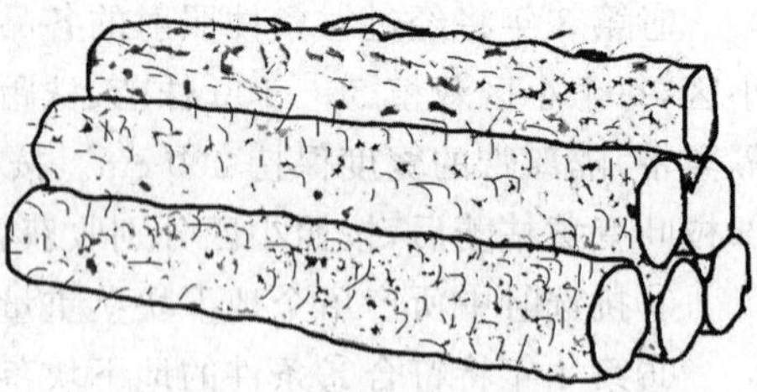

图11-4 农大长山药茎段

①第1年的10月底选择长山药地方品种的一代零余子,每个品种各1 000粒,要求粒大饱满、零余子单粒重2 g以上。装入干净的纱布袋,并按品种编号,置于钴照射室进行γ射线照射,照射剂量为4 000~6 000 R,照射时间为8~10 h,照射完毕后,在温度为5 ℃的条件下装入干净的纱布袋连续贮存17个月,至第3年的3月底为止。

②第3年的3月底将经过步骤1处理的零余子在培养箱中进行发芽试验,温度条件为20 ℃,相对湿度为90%。48 h以后将正常发芽的零余子移入日光温室的育苗盘培养1周,育苗盘的栽培基质采用山药专用栽培基质(中国发明专利号:03109079.6),日光温室的环境条件为白天25 ℃、夜间15 ℃、相对湿度80%。

③第3年的4月上旬日平均气温稳定在10 ℃以上时将经过步骤②处理的山药苗按品种编号后移入山药选种田内,山药选种田要求为灌排水良好的黏壤土。各品种间用竹篱笆设立隔离带,隔离带的宽度保持300 cm。按照常规栽培模式进行田间管理。当年的10月底待地上部枝叶变黄枯萎后,按照小区分别收获其地下块茎,并挑选单个地下块茎重量在300 g以上的编号贮存。

④第4年的4月上旬日平均气温稳定在10 ℃以上时将经过步骤③处理的地下块茎作种栽入山药选种田,山药选种田要求为灌排水良好的黏壤土,每一个品种设立一小区。各小区间用竹篱笆设立隔离带,隔离带的宽度应保持为300 cm,小区内各株之间的距离应保持为5 m左右。按照常规栽培模式进行田间管理。当年的10月底待地上部枝叶变黄枯萎后,进行株选,按照小区每株分别收获其零余子和地下块茎,选出地下块茎外形浑圆整齐,径粗为4~5 cm,块茎含水率为77%~79%,粗蛋白质含量为2.39%~2.47%,单个块茎重量为900 g以上,且零余子单个重量70%超过2 g的株系,编号后保存超过2 g以上(含2 g)的零余子。

⑤第4年的10月底将经过步骤④处理的零余子,装入干净的纱布袋,并按品种编号,置于钴照射室进行γ射线照射,照射剂量为4 000~5 000 R,照射时间为12~18 h,照射完毕后,在5 ℃条件下装入干净的纱布袋连续贮存17个月至第6年的3月底为止。

⑥第6年的3月底将经过步骤⑤处理的零余子在培养箱中进行发芽试验,温度条件为20 ℃,相对湿度为90%。48 h以后将正常发芽的零余子移入日光温室的育苗盘培养1周,育苗盘的栽培基质采用山药专用栽培基质(中国发明专利号:03109079.6),日光温室的环境条件为白天25 ℃,夜间15 ℃,相对湿度为80%。

⑦第 6 年的 4 月上旬日平均气温稳定在 10 ℃以上时，将经过步骤⑥处理的山药苗按品种编号后移入山药选种田内.山药选种田要求为灌排水良好的黏壤土。各品种间用竹篱笆设立隔离带，隔离带的宽度应保持为 300 cm。按照常规栽培模式进行田间管理。当年的 10 月底待地上部枝叶变黄枯萎后，按照小区分别收获其地下块茎，并挑选单个地下块茎重量为 400 g 以上的编号贮存。

⑧第 7 年的 4 月上旬日平均气温稳定在 10 ℃以上时，将经过步骤⑦处理的地下块茎作种栽入山药选种田，山药选种田要求为灌排水良好的沙壤土，每一个品种设立一小区。各小区间用竹篱笆设立隔离带，隔离带的宽度应保持为 300 cm，小区内各株之间距离应保持为 5 m 左右，按照常规栽培模式进行田间管理。当年的 10 月底待地上部枝叶变黄枯萎后，按照小区每株分别收获其零余子和地下块茎，选出地下块茎外形浑圆整齐，径粗 4～5 cm，块茎含水率 77%～79%，粗蛋白含量为 2.39%～2.47%，平均长度为 80 cm，单个重量为 1 000 g 以上且零余子单个重量 80%超过 2 g 的株系，编号后保存超过 2 g 以上(含 2 g)的零余子。

⑨第 8 年的 4 月上旬日平均气温稳定在 10 ℃以上时，将经过步骤⑧处理的零余子作种栽入山药选种田，山药选种田要求为灌排水良好的黏壤土，每一个品种设立一小区。各小区间用竹篱笆设立隔离带，隔离带的宽度应保持为 300 cm，按照常规栽培模式进行田间管理。当年的 10 月底待地上部枝叶变黄枯萎后，按照小区分别收获其地下块茎，并挑选单个地下块茎重量在 400 g 以上的编号贮存。

⑩第 9 年的 4 月上旬日平均气温稳定在 10 ℃以上时，将经过步骤⑨处理的地下块茎作种栽入山药选种田，山药选种田要求为灌排水良好的黏壤土，每一个品种设立一小区。各小区间用竹篱笆设立隔离带，隔离带的宽度应保持为 300 cm，小区内各株之间距离应保持为 5 m 左右。按照常规栽培模式进行田间管理。当年的 10 月底待地上部枝叶变黄枯萎后，按照小区每株分别收获其零余子和地下块茎，选出地下块茎外形浑圆整齐，径粗为 4～5 cm，块茎含水率为 77%～79%，粗蛋白含量为 2.39%～2.47%，平均长度为 80 cm，单个重量为 1 000 g 以上且零余子单个重量 80%超过 2 g 的株系，编号后保存超过 2 g 以上(含 2 g)的零余子，该零余子即为本发明所选育的农大长山药新品种的原原种。

第十二章

山药试管繁殖技术

与传统的生产方式相比，试管繁殖（即组织培养）具有以下几个方面的优点：①繁殖系数大，短期满足大量需求。所需要的材料只是植株的一部分甚至不到 1 mm 就可获得大量的植株个体。②在细胞及原生质体培养时，所需材料更少。③组织培养的环境条件是由人为控制 10～40 d 就可以完成一个繁殖周期。每个周期被繁殖材料的数量可按几何级数几倍、几十倍，甚至上百倍的增加。④山药试管繁殖技术不太容易（图 12-1），但是生长快、质量高，很有发展前途。

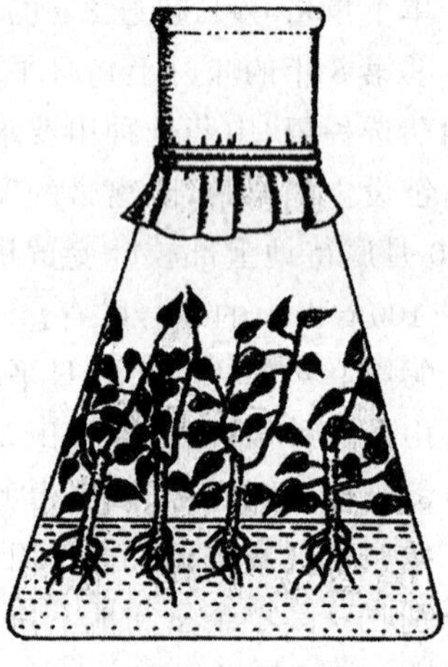

图 12-1　山药试管苗

一、山药试管繁殖技术现状

（一）外植体的选择

山药试管繁殖常用的外植体有茎段、微型块茎、叶片及茎尖。茎段培养主要用于快速繁殖、微型块茎及愈伤的诱导。蔡建荣等（2002 年）以早子山药的零余子长出的茎段为外植体，在 MS＋6-BA（0.2～2）mg/L＋NAA（0.2～1.0）mg/L 的培养基培养出多芽体，平均芽数为 2～4 个，将多芽体转入诱导生根快繁培养基 MS＋6-BA（0.2～2.0）mg/L＋NAA（0.2～1.0）mg/L 中，形成生长健壮，叶色浓绿，生活力较强的再生植株；李明军等以继代 3 年的无菌苗的带节茎段为外植体也培育出再生植株。

李明军等（2000 年）通过研究发现，在相同的培养条件下，无芽茎段有利于愈伤组织的形成，最佳的激素组合为 MS＋6-BA 1.0 mg/L＋NA A 0.5 mg/L；带芽茎段有利于多芽体的形成，在 6-BA（1.0～2.0）mg/L＋NAA 0.1 mg/L 的培养基上均能形成 3～5 个芽的多芽体，通过带芽茎段形成多芽体的方法可以在短时间内繁殖出大量的试管苗，为怀山药优良品种的迅速推广种植提供了一条较为实用的途径。此外，李明军等（2000 年）还以继代培养 3 年的铁棍山药的试管苗的带叶茎段为外植体直接培养出微型块茎。

Shin JongHee 等以韩国栽培种“Danma”的带节茎段为外植体，对再生植株形成的各种影响因素进行了研究。其结果显示，诱导多芽体形成的最佳激素组合为 MS＋BA（0.5～

1.0) mg/L＋ NAA 1.0 mg/L。Noboru Inagaki 等取栽培种“Yamatoimo”的带芽茎段，将其接种于 MS 培养基中，诱导形成微型块茎，并对外植体的长度、各种激素的使用及培养基的浓度对微型块茎形成的影响进行了研究。

山药微型块茎称为零余子，形态学称珠芽。微型块茎培养主要用于山药愈伤组织的诱导及山药的快速繁殖。李明军等(2000 年)以零余子为外植体，筛选出最适脱分化培养基 MS＋BA 2.0 mg/L＋NAA 2.0 mg/L，再分化培养基 BA 1.0 mg/L＋NAA 1.0 mg/L 和生根培养基 MS＋KT 2.0 mg/L＋NAA 0.02 mg/L＋PP333 0.1 mg/L，并得到生长健壮的植株。移壮苗到装有河沙或珍珠岩的营养钵或穴盘中培养，成活率可达 90%以上。将成活的苗移入大田后生长健壮，对环境具有较好的适应性。

于倩等(2004 年)以铁棍山药等微型块茎为外植体，对愈伤组织的诱导形成及高频率再生进行了研究，发现形成愈伤组织的条件以暗培养 MS＋6-BA 2.0 mg/L＋NAA 2.0 mg/L 培养基的效果较好；愈伤组织再分化成苗的条件以光培养 MS＋6-BA 2.0 mg/L＋NAA 0.5 mg/L 培养基的效果为佳。Matsubara 等以栽培种“Tsukeneimo”的叶片作为外植体置于 MS 培养基中培养，结果仅有 2.4%出芽，9%生根；而 Hiroyuki 等以“Yamatoimo”的幼叶为外植体，获得大量多芽体，形成植株苗，并培养出微型块茎。郭君丽等以怀山药叶片为外植体进行培养，结果表明，在各种光质下，NAA 浓度为 2.0 mg/L 时，怀山药叶片愈伤组织形成的时间最早；NAA 浓度为 2.0 mg/L 或 4.0 mg/L 时，出愈率最高。

汪国莲等(2010 年)取淮山药成熟零余子，在室内催芽生长，剥取嫩茎茎尖(0.1～0.5 mm)置于茎尖诱导培养基中培养，经过芽的诱导，生根培养获得长势良好的再生苗；Matsubara 等取“Tsukeneimo”茎尖置于 MS＋NAA 1.0 mg/L＋BA 1.0 mg/L 培养基中培养而得到愈伤，置于 MS＋NAA 0.1 mg/L＋BA 0.1 mg/L 培养基中，有根、芽生成，平均每个外植体可诱导生成 6.3 个植株。

Araki 等(2010 年)以“Nagaimo”茎尖为外植体，研究了生长素、细胞激动素及氮含量对其培养结果的影响。其结果显示，低水平氮利于幼茎的形成，低水平 NAA 于 BA (1.0～2.0) mg/L 的组合利于愈伤组织的形成，以 MS＋BA (0～0.1) mg/L＋NAA (0.01～0.1) mg/L 继代愈伤，能获得大量的再生植株；Shin JongHee 等以“Jangma”“ Danma”“Dunggunma”3 个品种为材料，取其茎尖，分别放至 3 种不同激素配比的培养基中，而 MS＋BAP 0.2 mg/L＋KT 0.2 mg/L、MS＋KT 0.2 mg/L＋NAA 0.01 mg/L、MS＋BAP 0.2 mg/L。其结果显示，3 种培养基对芽的诱导有相同的效果；低盐不利于幼茎的伸长，但对芽的诱导并无影响。

(二)培养条件的影响

迄今为止，在大部分关于山药组织培养的报道中，多数均为固体 MS 培养，使用其他培养方式的鲜有报道。例如，Sauer 等建立了原生质体培养；Nagasawa 等以茎段作为外植体，诱导形成胚性愈伤组织，将其置于悬浮培养体系中诱导形成胚，而后形成再生植株。关于 MS 培养，各种培养条件的影响概括如下。

1.生长素与细胞分裂素对愈伤组织、根及微型块茎诱导的影响

大量的实验结果表明，在愈伤组织诱导过程中，在没有或单独使用一种植物激素的培养基上，无论在光下，还是在暗处都不能诱导愈伤组织的形成。而细胞分裂素和生长素二者配合使用则可诱导形成愈伤组织。植物激素种类、浓度和配比不同，出愈率也不同。这说明植物激素

按一定比例进行组合是诱导愈伤组织形成的关键因子。李明军等(2000年)以太谷山药零余子为外植体,分别在光暗条件下培养。其结果显示,无论是在光下,还是在暗处都以NAA 1.0 mg/L +KT 2.0 mg/L为最佳激素浓度配比;以铁棍山药叶片为外植体,以6-BA 2.0 mg/L +NAA 2.0 mg/L为最佳激素浓度配比。

不同基因型山药,其适合的诱导愈伤的激素不同,于倩等(2004年)以微型块茎为外植体发现光培养下能诱导铁棍山药形成愈伤组织,6-BA的效果优于KT,47号山药则相反,KT的效果优于6-BA。代西梅等通过实验证明,在脱分化时需要较高浓度的生长素,而再分化出芽状体时则需要相对较高浓度的细胞分裂素。其诱导铁棍山药零余子脱分化的最佳的激素组合为6-BA 2.0 mg/L+NAA (2.0~4.0) mg/L;诱导愈伤再分化的最佳激素组合为6-BA 2.0 mg/L+NAA 0.5 mg/L。

李明军等(2000年)就不同生长调节剂对怀山药试管苗生长发育的影响进行了系统的研究。经研究发现,就诱导怀山药生根而言,低浓度的NAA(0.1~0.5 mg/L)和IBA(0.1~2.0 mg/L)有利于生根,且NAA的诱导效应是IBA的4~5倍。NAA,2,4-D是人工合成的生长素类物质,它们不仅能调节植物的营养生长,而且还能调节其储存器官的生长,因此,可通过向培养基中加入这类物质来诱导出更多、更大的微型块茎。李明军等(2000年)通过试验证明,在培养基中加入这类物质确实能诱导出比对照多且大的微型块茎。

2. PP333及GA的影响

李明军等(2012年)对怀山药带芽茎段和无芽茎段的离体培养研究结果表明,PP333和GA在愈伤组织的诱导和多芽体的形成过程中表现出了截然相反的作用效应。在愈伤组织的诱导中,PP333抑制愈伤组织的形成,而GA则促进愈伤组织的形成;在多芽体的形成过程中,PP333促使多芽体中芽的数目增多,而GA则使多芽体中芽的数目减少。对于GA抑制芽的形成与生长,Shin JongHee等在以韩国栽培种"Danma"的带节茎段为外植体,对再生植株形成的各种影响因素进行研究时,也得到了同样的结果。

李明军等(2012年)研究发现,当PP333的浓度为0.1 mg/L时所诱导的微型块茎形成率较PP333 0.01 mg/L、0.05 mg/L和0.5 mg/L的高,平均每个结微型块茎株所形成的微型块茎少且大。这说明适当浓度的PP333有利于微型块茎的诱导,浓度过高或过低效果都不好。Shin JongHee等发现,GA的使用也有利于微型块茎的诱导形成。

李明军等(2012年)通过实验发现,作为植物生长延缓剂的PP333在试管苗的前期生长阶段主要作用是促进根系生长,在后期生长中,老叶枯死,新叶倍增,植株矮化,节间缩短,株型紧凑。同时随着PP333浓度的升高,其抑制作用更加明显。在PP333 2.0 mg/L或PP333 4.0 mg/L的培养基中,其形成的根粗短健壮,地上部分生长也较为旺盛,叶色浓绿,株型紧凑且有较多的腋芽。从培养壮苗的角度看,PP333 2.0 mg/L或PP333 4.0 mg/L是较理想的培养基。

3.蔗糖浓度的影响

李明军等(2000年)以铁棍山药无芽茎段为外植体培养发现,在6-BA浓度一定的情况下,随着蔗糖浓度的提高,无芽茎段的出愈率增加。这表明蔗糖浓度的提高有利于愈伤组织的诱导,同时还发现当6-BA浓度为8.0 mg/L时,随着蔗糖浓度的提高,单芽数也逐渐增加;当蔗糖浓度为3%、6%、8%时,茎段上平均形成的单芽数分别为2个、3个、4个,从而进一步表明蔗糖浓度的提高也有促进多芽体形成的作用。

4.光暗条件的影响

代西梅等(2005 年)对铁棍山药零余子进行离体培养时发现,光照培养的愈伤组织发生时间比暗培养要晚 2～3 d,且生长量要小一些,说明光对愈伤组织的发生起抑制作用。由光培养形成的愈伤组织,其芽状体出现的时间要比暗培养形成的时间早 5 d ,分化率高 11%,这说明适当光照对愈伤组织的再分化是有利的。因此,诱导愈伤可在暗培养下进行,再分化时,先转移到光培养下培养几天后,再转到分化培养基上让其再分化,这样效果更好。但是对于不同的外植体,其在光、暗条件下愈伤组织的诱导情况是不同的。李明军等研究发现,在暗处有利于零余子的诱导,而在光下则有利于叶片的诱导。对零余子和叶片来说,在光照培养下褐化严重,而在暗处则褐化较轻或无褐化。

郭君丽等(2005 年)还就不同光质对愈伤组织中的可溶性蛋白含量和过氧化物酶(POD)活性的影响进行了研究。其结果显示,蓝光下的可溶性蛋白含量最高,平均值为 1.870 mg/g 鲜重,而黑暗下的可溶性蛋白含量最低,平均值为 0.844 mg/g 鲜重。这一结果表明,蓝光对怀山药叶片愈伤组织中可溶性蛋白的形成有促进作用。黄光下的 POD 活性较高,明显高于其他 5 种光质,这说明黄光有利于促进怀山药叶片愈伤组织中的 POD 活性。

(三)中国农业大学山药课题组的研究结果

为建立山药再生体系,中国农业大学山药课题组以汾阳山药零余子及农大长山药 1 号茎段为试材,通过对不同外植体的培养,探讨了以茎段为外植体经愈伤途径建立植株再生体系,以零余子为外植体经愈伤途径、PLB 类似结构途径建立植株再生体系,并对再生植株的遗传稳定性进行 RAPD 及 ISSR 检测。研究结果如表 12-1 至表 12-5 所列。

①以农大长山药 1 号茎段为外植体,接种在添加不同浓度生长调节剂组合的 MS 培养基中,结果表明山药茎段在适宜条件下能诱导产生两种形态的愈伤组织,其中,Ⅰ型愈伤的诱导率可达到 100%,但其分化率较低,最高只能达到 20.9%。与此不同的是,Ⅱ型愈伤的诱导率相对较低,仅为 26.7%,但其不定芽分化能力较强,在愈伤组织不被切割的情况下可达到 100%。Ⅰ型愈伤与Ⅱ型愈伤对光、暗的要求也有所不同,Ⅰ型愈伤在光培养条件下能达到诱导率的最高值 100%,而对Ⅱ型愈伤而言,暗培养更有利于其诱导产生。

②在以零余子为外植体的实验中,通过不同植物生长调节剂的添加,观察发现两种截然不同的再生方式。其中,NAA 与 BA 的组合利于器官发生途径的形成。虽然其愈伤诱导率可达到 100%,但不定芽分化较困难,实验中其分化率仅能达到 26.7%。以零余子为外植体的另一再生途径是 PLB 类似结构的诱导,此种山药再生方式尚无报道。以 TDZ 为诱导剂诱导发生的 PLB 类似结构极易萌发,每一个 PLB 类似结构都可以萌发形成一棵完整植株,且平均每块外植体最高可诱导产生 6.4 个 PLB 类似结构,由此看来,作为一种新的再生途径,其再生效率远高于原有的单块外植体只能诱导产生一棵苗的情形。但本实验中的 PLB 类似结构的诱导率较低,仅为 32.7%。

③本实验还对这一新的再生途径的再生苗进行了遗传稳定性分析,通过 RAPD 及 ISSR 分子检测均发现,此种再生方式较稳定,其再生苗植株和母本间基本没有差异。

表 12-1　植物生长调节剂对山药茎段愈伤组织诱导的影响

编号	植物生长调节剂组合及其浓度/(mg/L)		外植体数/个	愈伤诱导率/%	
	NAA	6-BA		Ⅰ型愈伤	Ⅱ型愈伤
1	1.0	0.2	30	56.7cd	0b
2	2.0	0.2	30	56.7cd	0b
3	3.0	0.2	30	53.3d	0b
4	1.0	0.5	30	60.0cd	0b
5	2.0	0.5	30	56.7cd	10.0a
6	3.0	0.5	30	60.0cd	0b
7	1.0	2.0	30	100.0a	0b
8	2.0	2.0	30	100.0a	6.7a
9	3.0	2.0	30	80.0b	0b
10	1.0	3.0	30	73.3bc	0b
11	2.0	3.0	30	80.0b	0b
12	3.0	3.0	30	76.7b	0b

注：同一列中不同小写字母表示在 0.05 水平上差异显著。

表 12-2　暗培养对Ⅱ型愈伤组织诱导的影响

编号	暗培养天数/d	接种数/个	Ⅱ型愈伤诱导率/%
1	0	30	10.0b
2	15	30	6.7b
3	30	30	16.7ab
4	45	30	26.7a
5	60	30	16.7ab

注：同一列中不同小写字母表示在 0.05 水平上差异显著。

表 12-3　植物生长调节剂对Ⅰ型愈伤不定芽分化的影响

编号	植物生长调节剂组合及其浓度/(mg/L)		外植体数/个	分化率/%
	BA	NAA		
1	1.0	0.01	24	0c
2	2.0	0.01	24	8.3abc
3	3.0	0.01	24	16.7ab
4	1.0	0.10	24	4.2bc
5	2.0	0.10	24	20.9a
6	3.0	0.10	24	16.7ab

续表 12-3

编号	植物生长调节剂组合及其浓度/(mg/L)		外植体数/个	分化率/%
	BA	NAA		
7	1.0	0.50	24	0c
8	2.0	0.50	24	0c
9	3.0	0.50	24	0c
10	1.0	1.00	24	0c
11	2.0	1.00	24	0c
12	3.0	1.00	24	0c

注:同一列中不同小写字母表示在 0.05 水平上差异显著。

表 12-4　植物生长调节剂对山药零余子不定芽分化的影响

编号	植物生长调节剂浓度/(mg/L)		外植体数/个	不定芽分化率/%
	6-BA	NAA		
1	1.0	0.05	15	0b
2	2.0	0.05	15	6.7b
3	3.0	0.05	15	13.3ab
4	1.0	0.2	15	0b
5	2.0	0.2	15	13.3ab
6	3.0	0.2	15	26.7a
7	1.0	1.0	15	0b
8	2.0	1.0	15	0b
9	3.0	1.0	15	6.7b

注:同一列中不同小写字母表示在 0.05 水平上差异显著。

表 12-5　不同 TDZ 浓度对 PLB 类似结构诱导的影响

TDZ 浓度/(mg/L)	PLB 类似结构诱导率/%	单个外植体诱导 PLB 类似结构数/个
0	0 d	0
0.1	4.2 cd	3.5
0.2	10.4 bc	4.8
0.5	32.7 a	5.4
1.0	16.5 b	6.4
2.0	6.1 cd	5.0

注:同一列中不同小写字母表示在 0.05 水平上差异显著。

二、山药试管培养基的配制

山药试管繁殖能否成功，选择适合的培养基是一个重要因素。培养基的种类和成分直接影响山药试管苗的生长。目前，采用的山药培养基绝大多数是在MS培养基的基础上调制而成的。

(一)山药培养基的成分

使用效果较好的山药茎、叶培养基，其成分是MS培养基＋萘乙酸(0.3 mg/L)＋6-苄基腺嘌呤(3 mg/L)＋0.5%活性炭。山药生根培养基的成分是：MS培养基＋萘乙酸(0.2 mg/L)＋0.5%活性炭。

目前还有几种山药茎、叶培养基，也用得较多。它们分别是：①1/2MS培养基＋激动素(1 mg/L)＋6-苄基腺嘌呤(0.5 mg/L)＋吲哚乙酸(1.5 mg/L)；②MS培养基＋激动素(2 mg/L)＋吲哚乙酸(1 mg/L)；③MS培养基＋激动素(2 mg/L)；④1/2MS培养基＋激动素(1 mg/L)＋吲哚乙酸(1.5 mg/L)。

(二)培养基的配制方法

1. 母液的配制与保存

为了减少工作量，便于低温贮存，一般要先配出比培养基浓度高10～100倍的母液。在配制母液时，为防止产生沉淀，需在各种药品充分溶解后才能混合。同时，在混合时要注意先后次序，把钙离子(Ca^{2+})、锰离子(Mn^{2+})、钡离子(Ba^{2+})、硫酸根(SO_4^{2-})、磷酸根(PO_4^{3-})错开，以免互相结合，生成硫酸钙、硫酸钡、磷酸钙或磷酸锰而形成沉淀。在混合各种无机盐时，其稀释度要大，缓慢混合，边混合边搅拌。在配制母液时，要用重蒸馏水等纯度较高的水。药品至少应用化学纯三级(CP)，以免带有的杂质对培养基造成不利影响。药品的称量及定容都要准确，称量不同的化学药品需使用不同的角匙，避免药品的交叉与混杂。

配制好的母液瓶上应分别贴上标签、注明母液号、配制倍数、日期及配置1 L培养基时所取的量。母液最好放在2～4 ℃的冰箱中贮存，并在1个月内用完，如发现有霉菌和沉淀物就不宜再使用。有些不溶于水的药品可以通过加热和不断搅拌使其溶解。对萘乙酸(NAA)、吲哚丁酸(IBA)、吲哚乙酸(IAA)、赤霉素(GA_3)、玉米素(ZT)、2,4-D等生长素的配制可先用少量95%酒精溶解，然后加水，如果溶解仍不完全，可再加热溶解。对激动素(KT)和6-苄基腺嘌呤(BA)的配制，可将其溶于少量1 mol/L的盐酸中，再加水定容。为便于操作，对生长调节物质也可先配成原液，在配制培养基时，按需要量采取并稀释即可。

2. 培养基的配制程序

首先，将母液按顺序排好，把所需的各种玻璃器皿、量筒、烧杯、吸管、漏斗等放在合适的位置，称好琼脂、蔗糖，配好所需的生长调节物质，并备足重蒸馏水(或去离子水)、棉塞、包纸、橡皮筋等。然后，在烧杯或量筒内放一定量的水，以免加入药液时溅出。接着，按母液顺序量取规定的量，加入所需的生长调节物质，倒入已溶化的琼脂中，再放入蔗糖，定容到所需体积，之后继续加温，不断搅拌，直至琼脂完全溶解为止。山药培养基的氢离子浓度一般要调整在

158.5～3 163 nmol/L(pH 为 6.5～6.8)，可用 1 mol/L 的盐酸或氢氧化钠来调节。

其次，配制好的培养基要趁热(琼脂未凝固时)分装到准备接种用的三角瓶或试管中。在分装时，可采用滴管法、虹吸法或漏斗直接分注法，一定要掌握好装入量，一般以占三角瓶或试管容积的 1/3～1/4 为宜。在分装时，要防止培养基沾到管壁上，以免污染杂菌。在分装后，应立即在管口塞上棉塞或盖子，并做好标记。

最后，认真进行灭菌。一般采用高压蒸气灭菌锅进行，在温度为 120 ℃，1.1 kg/cm^2 的条件下持续 20 min 即可。在使用灭菌锅前，要检查锅内是否有一定量的冷水。在增压前，要将锅内的冷空气放尽，以使蒸气均匀到达培养基的各部位。消毒时间和压力范围均不能超值，否则培养基容易变质、变色或不易凝固。在灭菌结束后，可切断电源，让锅内压力慢慢下降。当压力显示为 0 时，才可打开放气阀排气，然后打开锅盖取出培养基。由于吲哚乙酸、玉米素、吲哚丁酸等遇热不稳定，可在采用减压过滤装置灭菌后，再加入已高压灭菌的培养基中。从灭菌锅取出培养基后，要让其凝固(三角瓶平正放置，试管斜面放置)。培养基凝固后，将其放到培养室中预培养3 d，若没有发现污染，即可用于接种。暂时不用的培养基可放在 10 ℃左右的恒温箱中保存，已含有生长调节物质的培养基要在 5 ℃左右的低温条件下保存。培养基最多只可保存 1 个月，过期不可再用。

三、山药植株的接种

选用无病、幼嫩的山药茎蔓做接种材料容易成苗，而且不易丧失种性。对接种用的山药茎蔓，要先切成长为 1 cm 左右的小段，然后进行消毒。在消毒过程中，既要把接种材料上的病菌消灭，又不能损伤接种材料，也不能影响其在培养基中的生长。因此，可选用漂白粉(5%～10%)、升汞(0.5%)、酒精(70%)、过氧化氢(3%～5%)等作消毒剂。漂白粉的杀菌效果较好，但应注意避光并干燥贮存；升汞消毒效果虽好，但有剧毒，消毒后要多次冲洗植株才能清除残余的汞。消毒时间随消毒剂不同而异，漂白粉消毒时间一般控制为 10 min 左右，升汞的消毒时间为2 min，过氧化氢消毒时间为 10 min 左右，酒精(70%)消毒时间为 5～10 s。

在接种时，不仅山药茎蔓，而且整个接种室及操作仪器均要消毒。目前，接种使用超净工作台的较多，但应放在洁净的屋内，窗户要密封。过滤膜要定期冲洗，以延长使用寿命。工作人员使用的工作服、口罩等要定期高压灭菌。在接种时，要用 70%的酒精擦洗双手，并杜绝谈话或咳嗽，否则易引发污染。整个接种工作应在近火焰处进行，先打开培养容器的瓶口，并使瓶口倾斜，瓶口低于瓶底，接种完毕，立即盖好瓶口并封严。在接种后，山药茎段在培养容器内的分布要均匀，以保证必要的营养面积和光照，要求山药茎段有 1/2(约 0.5 cm)插入培养基中。

四、山药接种后的管理

(一)防止褐变

接种后的山药茎段很容易褐变，连带培养基也会发生褐变。褐变的原因主要是由植物组织中的多酚氧化酶被激活，细胞中的代谢发生变化，酚类物质被氧化后产生醌类物质所造成的。这类物质大多呈棕褐色,它们会从植株中逐渐扩散到培养基中,导致植株和培养基变褐,严重影响植株的生长和分化。在一般情况下,植株发生褐变后的生长速度非常缓慢,这也失去了试管苗快速繁殖的意义。为防止山药茎段褐变,一般采用在培养基中加入活性炭的办法。加入0.1%～0.5%的活性炭,对吸附酚类物质的效果很明显。在培养基中加入抗氧化剂(如抗坏血酸)也有阻止褐变的作用。针对山药容易发生褐变的情况,也可采用连续转移的方法,减轻或消除褐变。

(二)改善培养条件

对山药试管苗的培养,一般将温度控制在 24 ℃左右为好,最低不低于 16 ℃,最高不超过 30 ℃。既可采用恒温,也可采用昼夜变温对山药试管苗的培养进行管理。其光照强度控制在 5 000 lx 左右为好,采用太阳光照的生长效果也不错。培养室内的相对湿度控制在 70%～80%为宜,湿度过高易引起棉塞等长霉,增加污染率。

(三)继代培养的要求

当山药试管苗在瓶内长满(未生根)时,就要转接培养基,进行继代培养。这样可在短期内得到大量的无根试管苗,经过生根处理后即可移栽。山药继代培养多用固体培养基,即要先对初代培养的山药苗进行分割、剪截,然后再转接到新鲜培养基上。继代培养的容器一般要用比初代培养更大的三角烧瓶、广口瓶、大扁瓶等以增加生长面积,加快繁殖速度。山药继代培养一般不要超过 4 次,否则植株分化的再生能力衰退,容易丧失种性,也不容易成活。

(四)试管苗的生根

经过继代培养后,山药试管苗可得到大量的无根幼苗,但要进一步转移、诱导、生根后,才能获得完整的山药幼苗。目前,山药试管苗可通过转移到生根培养基中生根,或直接在试管外生根。试管外生根获得的山药幼苗适应性较强,移栽成活率较高。它一般是将山药无根幼苗插入透气保温效果良好的生根基质中,用泥炭与蛭石各半配成生根基质也可用珍珠岩和泥炭各半配成生根基质。山药无根幼苗扦插完成后要保持生根基质的温度在 28 ℃左右,相对湿度为 85%～90%,并用喷雾机喷施水雾,保持山药幼苗处于湿润状态。在喷施水雾的同时,可定期插喷生根剂。生根剂由生根效果好的植物生长调节物质配成,可选用 0.2 mg/L 的萘乙酸。生根剂可混入水雾中同时喷施,但浓度要进一步降低。一般经喷雾处理 3～4 周后,山药苗可长出完整的根系,然后可停止喷雾,但要在山药苗上方罩上透明薄膜,四周封严,以保持山药苗生长所需的湿润的小气候,2～3 周后即可揭膜,再将山药苗放在温室内培养 1～2 周,即可将生长健壮的山药苗移至大田栽培。

(五)试管苗的移栽

山药试管苗的移栽是最后一个关键环节。山药幼苗从无菌、光温恒定、湿度饱和的培养条件下转移到有菌、生长条件不稳定的自然环境下,这一过程的变化很剧烈,管理稍有疏忽,移栽就会失败。在移栽中,控制湿度是最重要的技术,从而确保山药苗从湿度相对饱和的环境中逐渐向湿度相对较低的大田环境平稳过渡以及使厚 5 cm 的表土层呈湿润状态。同时,温度的变化也要缓慢过渡,地温应该稳定在 15 ℃以上。定植 5 d 之内的管理尤其关键,在此期间一定要确保适宜的温、光、湿条件，避免恶劣天气造成的不利影响。定植 5 d 后，山药苗基本度过缓苗期，开始生根、长叶、发条，这时要注意保持充足的肥水供应。在定植 5～10 d 中，应在每天中午向山药幼苗喷水，防止其干萎。

五、降低生产成本的措施

目前山药试管苗培养技术还处在实验室阶段，成本较高是制约其大面积推广的重要原因之一。在保证成活率的前提下，可采用以下措施降低山药试管苗的生产成本，为大面积推广创造条件。首先，要尽量节省水、电费的开支。一般情况下，山药试管苗生产的水、电开支要占生产成本的 1/3～1/2，应尽量采用自然光照保温，试用自来水、泉水、井水代替重蒸馏水或去离子水。配制培养基采用常压蒸气消毒等措施。其次，要尽量减少物资消耗。培养瓶可用果酱瓶或罐头瓶代替；简化山药培养基的配方；使用低价药品。总之，努力从各方面降低山药试管苗培养技术的生产成本。

第十三章

山药病虫害防治

近年来，山药病虫害有加重的趋势，而且还不断出现新的病虫害。因此，山药病虫害的防治已成为发展山药生产的重要问题。为了有效地防治山药病虫害，下面就有关问题做系统介绍。

一、山药病害防治

(一)山药病害的诊断

防治山药病害要进行科学的诊断，其步骤一般可分为症状观察、显微镜检查、环境分析、病原鉴定和防治方法等。

1. 山药非传染性病害的诊断

山药非传染性病害的病株在田间分布有一定的规律性，病株发生比较集中，发病时间比较一致。具体诊断步骤如下。

(1)症状观察　在田间观察病株时，可用放大镜仔细检查病部表面有无病原物所形成的结构物，必要时可将病株消毒后，置放于一定的温度和湿度环境下保持 24～48 h，检查病部有无病症发生。

(2)显微镜检查　按实验室常规操作方法将发病部分组织切片放在显微镜下观察，检查有无病原物。为了便于观察，最好作染色检查(非传染性山药病害的发病组织内检查不到任何微生物)。

(3)环境分析　山药非传染性病害是由不适宜环境引起的。应注意分析病害发生与地势、地形、土壤、肥料的关系，气候条件与病害的关系，施用农药和化学肥料与病害的关系，废气、废水、废烟污染与病害的关系等，从环境因素中找出致病因素。

(4)病原鉴定　在确诊属于山药非传染性病害后，还应进一步做好病原鉴定工作。

(5)防治方法　根据病害发生的具体情况，可采用化学诊断、人工诱发和排除病因等 3 种方法。①化学诊断主要用于山药缺素病和盐碱害等，其方法是对山药植物组织和土壤成分进行化学分析，测定所含元素是否能满足山药生长需要。②人工诱发是人为地创造一个相似的发病环境，诱发病害，观察其症状是否相同。它适用于观察温度和湿度是否适宜、元素是否缺乏、是否药物中毒等山药非传染性病害。③排除病因是在大致了解山药病害发生的环境条件下进行，如茎腐病，它是由于土壤中水分过多引起的，即可采用开沟排水的方法，观察山药块茎能否正常生长，从而确定病因。

2. 山药传染性病害的诊断

山药传染性病害开始出现时是分散的，然后从点到面逐渐扩展开来。具体诊断步骤如下。

(1)症状观察　除表现病状外，大多数真菌病害还可形成各种特征性结构物的病症。病毒病害的特点是有病状而无病症，可根据这些特征，观察病症，找出病因。

(2)显微镜检查　按实验室常规操作方法，在显微镜下仔细观察病原物的形态，如真菌的菌丝有无隔膜，孢子或子实体的颜色、大小、细胞数目等。如系细菌病害一般都可看到大量细菌从病部溢出(细菌脓)，这是诊断细菌病害简易而准确的方法。除检查病植株中的内含体外，对病毒病病害的显微镜检查，还可用化学方法测定病害组织中某些物质的累积作为诊断的参考。在植物感染病毒病后，山药组织内往往有淀粉累积，可用碘或碘化钾溶液测定其显现的深蓝色淀粉斑。

(3)防治方法　人工诱发是在症状观察和显微镜检查的基础上进行的。通过微生物的分离和培养，并且在适当的环境条件下进行接种试验，以确定病原物。

(二)山药病害的侵染循环

防治山药病害要了解山药病害的侵染循环过程。许多传染性病害的防治措施就是根据病害侵染循环的特点制定的。山药病害的侵染循环主要表现在以下 3 个方面。

1. 病原物的越季

病原物越季是指病原物通过寄主(山药)的越冬休眠期，而成为下一个生长季节的病原物的来源，所以应及时采取措施消灭寄生在越冬山药上的病原物，减轻翌年的病害。山药病原物有各种越冬方式，如引起山药炭疽病的真菌病原物是在山药的病残体和附近杂草上越冬的，针对这些情况有针对性地加以消灭。

2. 病原物的初次侵染和再次侵染

越季的病原物在山药生长期间的第 1 次侵染，称为初次侵染；病原物在初次侵染的病株上，产生繁殖器官又传播到健株上危害，称为再次侵染。初次侵染的病原物主要来源于越季的病原物，再次侵染的病原物主要是来自当年山药植株上的病原物。

山药传染性病害在侵染上有 2 种情况：一种是在山药整个生长季只有初次侵染；另一种是发生初次侵染后，还发生再次侵染。大多数山药的病原物都表现为再次侵染。如果环境条件对病害发生有利，再次侵染的次数就相应增多，病害的蔓延也会迅速加快；如果环境条件不适宜，侵染次数就会相应减少，则病害发展缓慢。

对于山药而言，整个生长季只有 1 次侵染，应该集中力量消灭其越冬的病原物。针对有多次侵染的山药病害，除了消灭越冬的病原物外，应根据病害发生情况和田间环境条件，采取有效措施进行防治。对于侵染次数多的病害，防治的次数要相应增加，否则不易达到根治目的，如山药炭疽病。

3. 病原物的传播

山药病原物可以通过自身因素进行传播，如真菌的菌丝可以在土壤中生长，线虫可以在土中移动。绝大多数的山药病原物依靠自然因素和人为因素进行传播。在自然因素中，病原物主要通过风、雨水、昆虫进行传播。在人为因素中,病原物以带病山药种苗的调运和田间操作所造成的传播最为常见。因此,切断病原物的传播途径是防治山药病害的有效方法。

风力传播是真菌的主要传播途径。真菌的孢子体积小而轻、数量多,很容易被风吹落在山药上,同时细菌的菌痂也可随风吹走。山药病原菌孢子生命力强的,可远距离传播,生活力弱的只能近距传播。防治风力传播山药病害的基本方法是选育和种植抗病山药品种,加强田间管理,及时喷施农药。

有些山药的病原物可通过雨水和灌溉水传播。防治的办法主要是消灭初次侵染的病原菌,避免灌溉水流经病田。昆虫主要是传播病毒,山药病原物经昆虫传播的很少。人为因素传播的山药病害占有一定比例,如用带病的种薯、将含有病原物的肥料施入田里等。因此需要加强田间管理,杜绝人为因素传播山药病害。

(三)山药病害防治措施

在对山药病害确诊,并掌握病害侵染循环过程的基础上,下一步就可以有目标地进行山药病害的防治了。山药病害防治一般包括农业防治和化学防治。

1. 农业防治

农业防治就是利用山药生产中的育种、栽培、耕作等技术,达到避免、减轻和消灭山药病害的方法。它主要包括轮作、耕作、田园清洁、施肥、灌溉和选育山药抗病品种等。

(1)轮作　轮作对消除寄生在冬眠山药上的病原菌和土壤寄居菌所致的病害,效果比较明显;对土壤寄居菌所致的病害也能起到压低菌量、减轻病害的作用。一般山药至少 3 年轮作 1 次,否则易发生山药茎腐病和根结线虫害。对于常年栽培山药的老产区,提倡 1 年轮作 1 次。与山药轮作的作物必须是病原物寄主范围以外的作物,能起到调节地力土壤根际微生物种群的作用。山东省济宁地区种植山药实行每年隔行换沟轮作,这样就能保证 3 年不重茬,效果也很好。

(2)耕作　耕作是直接改变山药地土壤环境的一种措施,它能直接消除在土中越冬的病原物。在山药传统栽培技术中,翻沟可把遗留在地面上的病残体内越冬病原物的休眠结构(如菌核等)翻入土中,加速病残体的分解和腐烂,促使潜伏在病残体内的越冬病原物加速死亡,或使其到第 2 年失去传染作用。由于表土干燥和日光直接照射,土壤经过翻耕后也能使一部分病原物在短时间内失去生活力。

(3)田园清洁　田园清洁包括铲除田间杂草,把初发病的山药叶片、茎蔓及时摘除等,可以防止病原物在田间扩大蔓延,具有减少病原物再次侵染的作用。另外,在山药收获时,把遗留在地面上的病残株、杂草、腐烂根茎,集中烧毁或择地深埋,可对减少翌年山药病原物的初次侵染起到重要作用。

(4)施肥　施肥的种类、数量、方法等都与山药病害的发生有着密切的关系。一般增施磷肥、钾肥,有利于山药机械组织的形成,增强抵抗病原物的能力。施用高锰酸钾具有延迟山药发病的作用。施用过多氮肥易使山药植株徒长,形成茎叶组织柔嫩,导致其抗病性差,易生山药炭疽病。施用未腐熟的有机肥料(如厩肥),则极易把大量病原物带入山药地中,引发病害。

(5)灌溉　灌溉也与山药病害的发生有一定关系。地下水位高,积水不退,易发生山药茎腐病。灌溉水从山药发病田流向山药未发病田也易蔓延病害。

(6)选育山药抗病品种　选育山药抗病品种是农业防治山药病害的有效方法。针对以风力传播的山药病害和由土壤传播的山药病害，则栽培抗病品种就能起到抗病的作用。如栽培太谷毛山药可以有效抗茎腐病的危害。在选育和利用山药抗病品种时，还应掌握病原物的动态，合理布局，及时轮换品种，并注意品种的提纯复壮。

2. 化学防治

山药病害的化学防治的机理主要体现在2方面：化学保护和化学治疗。①化学保护就是在山药未发病之前喷施杀菌剂，以防止病原菌的侵入，植株得到保护。使用杀菌剂的途径包括在病原菌来源部位上喷药和在可能侵染的山药植株上喷药。在病原菌来源部分施药目的在于消灭和减少病原菌初次侵染的来源。在田间生长的山药植株上喷药是化学保护的有效途径，药剂喷到植株表面形成的一层薄膜可抑制病原菌的孢子萌发或将其杀死。但是由于病原菌的繁殖速度快，再次侵染的次数多，故在未发病的植株上喷药时，要求药剂的持效期较长一些，这样能减少喷药次数。在山药发病初期，特别是在病害流行的生长季节，及时喷药消灭发病中心是很重要的环节。②化学治疗就是在山药感病后喷施药剂，恢复植株健康或阻止病害继续发展。山药病害的化学防治方法主要有种薯处理、土壤消毒和植株喷药3种。A. 种薯处理采用浸种的较多，即把种薯浸到一定浓度的药液里，经过一定时间后取出晾干，再行播种。浸种用的药剂必须是溶液或乳浊液，不能使用悬浮液。药液浓度和浸种时间都要严格掌握，否则会产生药害或药效不明显。药液的用量以浸过种薯5～10 cm为宜。浸过种的药剂可以继续使用多次，但要补充所减少的药液。浸种对防治山药茎腐病具有重要作用。B. 土壤消毒就是把药剂直接施入山药地块中。目前主要采用翻混法，即将农药施到土壤上随即翻耕，使药剂分散到土壤耕作层内，这一方法在防治山药茎腐病中较常采用。C. 植株喷药是山药病害化学防治的主要方式。喷药要均匀，做到完全覆盖。如果使用非内吸性药剂，还应把药液喷到山药叶片的背面，效果才好。喷雾应选择在晴天、无风(或风力为1～2级)的条件下进行。在大雨过后，对使用黏附力差或非内吸性药剂的区域还应进行适当补喷。

为了正确实施对山药病害的化学防治，有必要对杀菌剂的性能以及针对性用法做介绍。常用的山药病害杀菌剂有多菌灵、瑞毒霉、瑞毒霉锰锌、甲基托布津、代森锌、福美双、百菌清、代森锰锌、多菌灵硫黄混合胶悬剂、百科、波尔多液、五氯硝基苯等。另外，杀线虫剂有滴滴混剂、二溴氯丙烷等。具体用法简要分述如下。

①多菌灵：多菌灵又称棉萎丹、苯并咪唑44号，浅棕色粉末，不溶于水。遇碱、酸发生分解，为广谱内吸杀菌剂，高效低毒。商用剂型有25%及50%可湿性粉剂，可用于防治山药茎腐病，但连续使用次数不能超过3次，否则病原物易产生抗药性。

②瑞毒霉：瑞毒霉又称甲霜灵，白色或米色粉末，不易燃，可在水中分散悬浮，贮存稳定性好，为低毒内吸性杀菌剂，有效成分通过根、茎、叶部进入植物体内。商用剂型有25%可湿性粉剂。可用于防治山药炭疽病，但只宜作辅剂使用。

③瑞毒霉锰锌：瑞毒霉锰锌又称雷多米尔锰锌，红色或黄色粉末，不易燃，可在水中分散悬浮，具有内吸和保护作用。商用剂型有58%可湿性粉剂，可用于防治山药叶斑病和炭疽病。

④甲基托布津：甲基托布津为淡黄色或白色粉末，难溶于水，易溶于二甲基甲酰胺，遇碱较稳定，为广谱性内吸杀菌剂。它具有保护和防治作用，属高效低毒品种。商用剂型有70%及50%可湿性粉剂，可用于防治山药枯萎病、炭疽病、叶斑病。该剂不能与含铜的制剂混用，否则会降低药效。

⑤代森锌：代森锌为淡黄色或灰色粉末，稍带臭鸡蛋味，难溶于水，不溶于大多数有机溶

剂，遇碱或酸都易分解，特别是在高温和潮湿的情况下分解更快，它是一种保护性有机硫杀菌剂，杀菌谱广，对植物很安全，一般不会产生药害。商用剂型有65%及80%可湿性粉剂可防治山药炭疽病、叶斑病，不可与碱性及铜汞剂混用。

⑥福美双：福美双为无色或淡黄色粉末，不溶于水，遇酸易分解，为保护性杀菌剂，对植物安全，很少有药害。商用剂型有40%及80%可湿性粉剂可防治山药炭疽病、叶斑病，但只宜作辅剂使用。

⑦百菌清：百菌清为无色无味的结晶，不溶于水，溶于有机溶剂，耐雨水冲洗，不耐强碱。对人畜低毒，对皮肤和黏膜有刺激性。商用剂型有75%可湿性粉剂可防治山药炭疽病、叶斑病，不能与强碱混合使用，否则会降低药效。

⑧代森锰锌：代森锰锌为黄色粉末，不溶于水及大多数有机溶剂，在高温条件下遇潮湿、遇酸会分解，对人畜低毒。商用剂型有70%可湿性粉剂可防治山药炭疽病、叶斑病。

⑨多菌灵硫黄混合胶悬剂：它由多菌灵和硫黄配合而成，具有两者特有的性状，具有广谱性。商用剂型有40%混合胶悬剂可防治山药锈病、炭疽病、叶斑病。

⑩百科：百科是一种广谱、高效的新杀菌剂，在植物组织中具有一定的渗透能力，缺乏明显的内吸性能，具有较好的保护作用及良好的病害预防和治疗效果。商用剂型有50%可湿性粉剂可防治山药锈病，对山药炭疽病、叶斑病也具有一定的防治作用。

⑪波尔多液：它是由硫酸铜溶液和石灰乳混合而成的一种天蓝色胶状悬浮液，可由药农自行配制。其杀菌的主要成分为碱性硫酸铜。该药剂是一种胶状悬液，黏着力强，喷到植物表面可以形成一层薄膜，不易为雨水冲刷，药效期一般可达15 d左右，是一种很好的保护性杀菌剂。该剂放置过久会使悬浮的胶粒互相聚合沉淀而形成结晶，降低黏着力，因而使用波尔多液时应现配现用，不能久放。该药剂对金属有腐蚀性，配制时不宜使用金属容器。在配制波尔多液时应注意选用质量好的生石灰和硫酸铜为原料。生石灰以色白、质轻、块状的为好，不新鲜的石灰多半风化为碳酸钙和氢氧化钙，故不宜使用。硫酸铜最好是纯蓝色的，以不夹带绿色或黄绿色的杂质为佳。在配制该药剂时，石灰乳和硫酸铜液均应冷却到室温，否则，波尔多液胶粒在高温下极易凝聚而发生沉淀。2种原液混合后稍加搅拌即可，不要搅拌太久或时间过长，以免影响其悬浮性。在配制该药剂时，容器最好用陶器或木桶，不能用金属容器。波尔多液所含的微量铜能促进植物叶绿素的形成，所以喷施波尔多液后能增加叶片中叶绿素的含量。该药剂可防治山药炭疽病、叶斑病，但只宜在发病初期施用，在发病盛期只能作辅剂使用。在山药苗期使用时，浓度要适当降低。

⑫五氯硝基苯：五氯硝基苯，又称土壤散，白色无味结晶。它是一种优良的土壤杀菌剂，不溶于水，溶于有机溶剂，在常温下不易挥发，化学性质稳定。在正常情况下贮藏3年不失效，一般酸碱对药效没有太大影响，在日光下不易变质，药效期长，对人畜低毒，对植物较安全。商用制剂有70%粉剂可防治山药茎腐病。

⑬滴滴混剂：它是二氯丙烯和二氯丙烷的混合剂，为黄色至绿色的油状液体，蒜臭味，易燃，难溶于水，易溶于有机溶剂。在稀酸和稀碱中稳定，与无机酸、浓酸和某些金属物质易起反应，液体及蒸气对人有毒。每亩用原药30 kg，在播种前半个月使用。开沟深度为15～24 cm，将药施于沟中，然后覆土盖实，以达到熏蒸杀虫的目的。该药剂可防治山药根结线虫病、根腐线虫病。

⑭二溴氯丙烷：二溴氯丙烷为暗褐色液体，有刺鼻气味，难溶于水，易溶于有机溶剂。在

酸性或中性反应中不水解，但能与稀碱或活泼金属相互作用，长期与铜接触会产生腐蚀作用，对人、畜低毒，对皮肤有刺激作用。该药剂性质稳定，在土层中扩散缓慢，药效期达 1 年以上，对植物安全。商用制剂有 86％乳油可防治山药根结线虫病、根腐线虫病。

(四)主要山药病害的防治实例

1. 山药炭疽病

(1)症状　在发病初期，在山药叶片上产生褐色下陷的不规则小斑，后来逐渐扩大成黑褐色，边缘清晰，形成圆形或不规则形的病斑。病斑直径为 0.2～0.8 cm。在发病后期，病斑中部呈灰色至灰白色，上面有不规则的同心轮纹，病斑周围的健叶有发黄现象。在叶柄受害后，初期表现为水渍状褐色病斑，后期病部呈现黑褐色，干缩致使叶片脱落。茎部受害后，初期会产生褐色小点，后期逐渐扩大成圆形或棱形的黑褐色病斑，病部略下陷或者干缩，天气潮湿时可产生粉红色黏状物。

(2)病原　山药炭疽病的病原菌均是半知菌亚门薯蓣圆盘孢属的真菌，包含辣椒炭疽菌(*Colletotrichum capsici*)、胶孢炭疽菌(*Colletotrichum gloeosporioides*)和薯蓣盘长孢菌(*Gloeosporium pestis*)。

(3)防治方法　首先，在收获后清扫山药残体枝叶及杂草落叶，并集中烧埋，减少越冬病原物。其次，适当更新架材，减少架材上寄生的病原物。在栽培过程中，应设法降低田间湿度，改善通风、通光条件。药剂施用是最重要的防治方法，一般可在发病后用 70％代森锰锌 500～600 倍液、75％百菌清 500～600 倍液、50％甲基托布津 700～800 倍液，交替喷雾(视病情轻重喷药 2～4 次)，也可在发病初期用 65％的代森锌可湿性粉剂 500 倍液或 50％的多菌灵胶悬剂 800 倍液喷雾，共喷 2～3 次，每次间隔 8～10 d，雨后应补喷药液。

2. 山药叶斑(斑纹)病

(1)症状　在发病初期，叶面出现黄色或黄白色病斑，边缘不十分明显，蔓延扩大后则呈现褐色的不规则形，上无轮纹。在发病后期，病斑边缘微凸起，中间淡褐色，上生小黑点，有些病斑能形成穿孔，严重时致使叶片枯死，在叶柄和茎上会形成长圆形病斑图。

(2)病原　半知菌亚门柱盘孢属的真菌(*Cylindrosporium dioscoreae Miyabe* et *S. Ito*)。

(3)防治方法　首先，不宜施用过多氮肥。其次，在收获山药后将残体枝叶和杂草深埋。再次，尽量增高架材，加强山药植株的通风透光，降低温度和湿度。利用药剂防治时，可用 50％的甲基托布津 500 倍液和 70％的代森锰锌 800 倍液，交替喷雾，共喷 2～3 次，每次间隔 10 d 左右，雨后要及时补喷。

3. 山药茎腐病

(1)症状　在发病初期，地上茎部形成褐色不规则的斑点物；在发病后期，斑点逐渐扩大成深褐色长圆形病斑，病部有凹陷。在发病严重时，地下块茎干缩，并有淡褐色丝状霉点出现。

(2)病原　半知菌亚门丝核菌属产黄青霉真菌(*Penicillum chrysogenum*)。

(3)防治方法　首先，坚持轮作换茬，种植山药 2～3 年后，必须进行 3 年以上轮作，并且不施未腐熟的带病原菌的肥料，田间不能积水。其次，在山药种植前用 50％多菌灵 500 倍液浸种薯 30 min，晾干后再播种。最后，积极采用药剂防治，一般在发病初期用 50％多菌灵 400～500 倍液或用 75％百菌清 600 倍液或用 95％敌克松 200～300 倍液灌根，共灌 2～3 次，每次间隔半个月左右。另外，在播种前还可用40%的五氯硝基苯粉剂1.5～2.5 kg进行土壤消毒处理，效果也不错，但在有机栽培时禁止使用。

4. 山药根结线虫病

(1)症状　受害块茎表面呈暗褐色，无光泽，大多数成畸形，在线虫侵入点附近肿胀凸起，并出现很多直径2～7 mm的虫根结，严重时虫根结愈合在一处。山药根系受害后，易产生米粒大小的根结，剖视病部能见到乳白色的线虫。该病能使整个山药植株长势变弱，叶片变小直到发黄脱落。

(2)病原　它属于垫刃目异皮科根结属线虫，包括有爪哇根结线虫(*Meloidogyne javanica*)、南方根结线虫(*Meloidogyne incognita*)、花生根结线虫(*Meloidogyne arenaria*)等(图13-1)。

图13-1　山药根结线虫

(3)防治方法　首先，加强植株检疫，不从发病区调用种薯，并及时轮作倒茬，收获后将植株残体集中择远地深埋。其次，选用无病健壮种薯，不施未充分腐熟的带病原菌的肥料。最后，如果栽培规程允许，则要有限度地进行土壤药剂消毒，一般每亩可在播种前用5%的克线磷颗粒剂10 kg，或用5%灭克磷颗粒剂6 kg或用40%甲基异柳磷乳油1.5 kg，或用5%敌线灵乳油7.5 kg，进行混土消毒，使药剂均匀分布在深30 cm以内的土层中。如果是有机栽培方式，农药是绝对禁止使用的。总体来讲，山药的栽培规程越来越严格，所以土壤药剂消毒可供选择的农药越来越少。比如，甲基异柳磷乳油通常禁止使用。

5. 山药根腐线虫病

(1)症状　在山药的整个生长期均可发病。在发病初期，危害山药种薯和幼根、幼茎，在发病后期，则危害山药块茎。在山药根系受害后，其表面出现水渍状暗黄色伤口，并逐渐变为黑褐色缢缩点。在山药块茎受害后，先出现浅黄色的点状物，后扩展为圆形或不规则形病斑，病斑内部则为黑褐色海绵状物。

(2)病原　它属于垫刃目短体科短体属线虫，包括薯蓣短体线虫(*Pratylenchus dioscoreae*)、穿刺短体线虫(*Pratylenchus Paracentesis*)、咖啡短体线虫(*Pratylenchus coffeae*)等。

(3)防治方法　首先，选用不带病原的健康种薯做种，有条件的还可实行温汤浸种，即将种薯放置在52～54 ℃的温水中浸泡10 min，并上下搅动2次，使其受热均匀，达到杀灭线虫的目的，也可用40%的甲基异柳磷500～800倍液浸种48 h，浸后晾干再行播种。其次，对土壤消毒(在病害较重的情况下)。在播种前可每亩施用40%甲基异柳磷0.65 kg，加水200倍左右，充分与土混合，使药剂均匀分布在深30 cm以内的土层中。最后，实行合理的轮作。与小麦、玉米、红麻、白菜、地瓜、萝卜换茬，3年以后再在原田块上种植山药。

6. 山药锈病

(1)症状　山药锈病主要在我国南方地区发生，叶片初期有黄白色小斑点，后转变为黄色夏孢子堆，夏孢子堆外围常有圆形的黄绿色晕圈，夏孢子堆破裂后释放橘黄色粉末状物。受害严重的叶片会发生卷曲变形，山药藤茎初期表现为疣突隆起，在破裂后释放橘黄色粉末状物，并逐渐枯死。

(2)病原　山药锈病的病原菌是柄锈菌(*Puccinia* sp.)。

(3)防治方法　选择抗逆性强的山药品种，严格轮作休耕，科学灌水施肥，及时清除病株叶。在发病初期，可以选用三唑酮、西唑醇、百菌清等进行叶面喷雾。

7. 山药病毒病

(1)症状　山药病毒病一般在山药生长后期表现出来。在发病初期，有明显的褪绿色斑点，逐渐发展成黄绿相间的花叶。有的叶片皱缩，严重时整株枯萎，地下块茎个体偏小，畸形薯块比例较高。

(2)病原　已经报道的山药病原菌有 9 种，即山药花叶病毒(*Ya mmosaic virus*，YMV)、日本山药花叶病毒(*Japanese yam mosaic virus*，JYMV)、山药温和花叶病毒(*Yam mild mosaic virus*，YMMV)、中国山药坏死花叶病毒(*Chinese yam necrotic mosaic virus*，CHYNMV)、山药褪绿坏死花叶病毒(*Yam chlorotic necrotic mosaic virus*，YCNMV)、蚕豆萎蔫病毒(*Broad bean wilt virus* 2，BBWV-2)、杆状 DNA 病毒(*Dioscorea alata badna virus*，DABV)、薯蓣潜隐病毒(*Dioscorea latent virus*，DLV)和黄瓜花叶病毒(*Cucumber mosaic virus*，CMV)。

(3)防治方法　首先，选育无病毒种薯，并且适当早定植，错开蚜虫高发期。田间管理要科学施肥灌水，及时清除田间病株藤叶和除草。其次，选用抑制病毒的药剂进行喷雾防治。

二、山药虫害防治

(一)山药的主要害虫

1. 蛴螬

蛴螬是金龟子幼虫的统称(图 13-2)，又称白土蚕、白地蚕。它是在土中危害山药茎根的害虫，对山药叶片的危害不重。

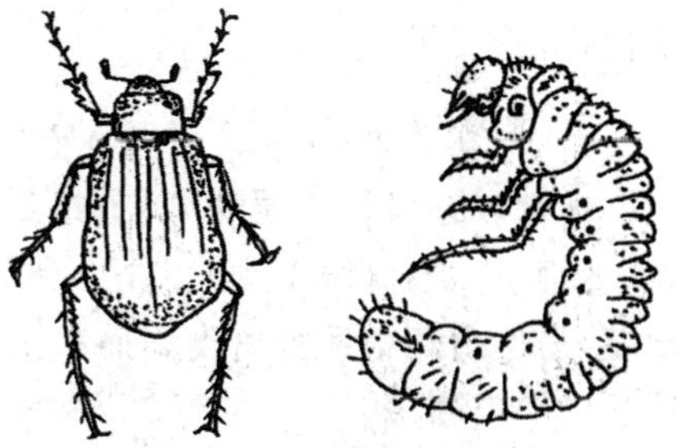

图 13-2　蛴螬

(1)危害特点　幼虫咬食种薯，并能直接咬断山药幼苗的根系，致使全株死亡，缺苗断垄，从而影响山药的产量和质量。成虫对山药叶片的咬食不严重。

(2)形态特征　老熟幼虫体长为 35～45 mm，整体多皱褶，静止时弯成弓形，臀节粗大。头部黄褐色，胴部乳白色。头部前顶刚毛每侧各 3 根，纵向排列。肛门孔呈三射裂缝状，肛腹片后部复毛区散生钩状刚毛，无刺毛列。成虫体长为 16～22 mm，体黑色或黑褐色。小盾片近于半圆形。鞘翅长，椭圆形，有光泽，每侧各有 4 条明显的纵肋。前足胫节外侧有 3 个齿，内侧有 1 个距。

(3)生活习性　北方地区 1～2 年发生 1 代，以幼虫和成虫在土中越冬。在 5—7 月，成虫大量出现，成虫有假死性和趋光性，并对未腐熟的厩肥有强烈趋性。白天藏在土层中为多，晚上 8:00—9:00 为取食、交配活动盛期。一般交配后 10～15 d 开始产卵(产于松软湿润的土壤内)，每雌可产卵 100 粒左右。卵期为 15～22 d；幼虫期为 340～400 d，冬季在 55～150 cm 深土中越冬。蛹期约 20 d。蛴螬始终在地下活动，与土壤温度与湿度关系密切，一般当 10 cm 深处土温达 5 ℃时开始上升至表土层，土温达 13～18 ℃时，活动最盛，土温达 23 ℃以上时，则往深土中移动。土壤湿润则活动性强，小雨连阴天气危害尤重。

2. 小地老虎

小地老虎又称土蚕、黑土蚕、地蚕、黑地蚕(图 13-3)。幼虫危害山药近地面的种薯、根系和幼苗，能造成整株死亡，严重时会造成大面积缺苗断垄。

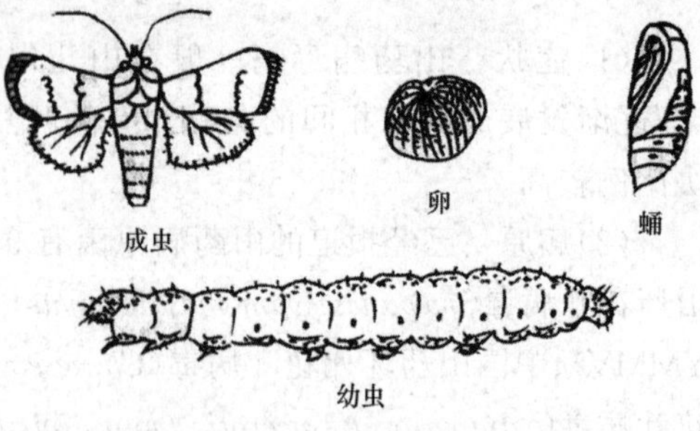

图 13-3 小地老虎

(1)形态特征　成虫体长为 16～23 mm，深褐色，前翅由内横线、外横线将全翅分为 3 段，具有显著的肾状斑、环形纹、棒状纹和 2 个黑色剑状纹；后翅灰色无斑纹。卵长为 0.5 mm，半球形，表面具纵横隆纹，初产乳白色，后出现红色斑纹，孵化前灰黑色。幼虫体长为 37～47 mm，灰黑色，体表布满大小不等的颗粒，臀板黄褐色具有 2 条深褐色纵带。蛹长为 18～23 mm，赤褐色，有光泽，第 5～7 腹节背面的刻点比侧面的刻点大，臀棘短刺 1 对。

(2)生活习性　每年发生代数由北向南逐渐增多，黑龙江省每年发生 2 代、北京市发生 3～4 代，江苏省发生 5 代，福建省发生 6 代。成虫多在夜间活动进行交配产卵，卵产在 5 cm 以下的小杂草上，每只雌虫产卵 800～1 000 粒。成虫对黑光灯及糖、醋、酒等趋性较强。幼虫共 6 龄：3 龄前，在地表的杂草或寄主幼嫩部位取食，危害不大；3 龄后，白天在表土中潜伏，夜间出来为害，动作敏捷，常自相残杀。老熟幼虫有假死习性，受惊缩成环形。幼虫发育历期：温度 15 ℃为 67 d，温度 20 ℃为 32 d，温度 30 ℃为 18 d。蛹发育历期为 12～18 d，越冬蛹则长达 180 d。小地老虎喜温暖、潮湿的环境条件，最适发育温区为 13～25 ℃，适于在低洼内涝、雨水充足的地区生活。

3. 非洲蝼蛄

非洲蝼蛄又称普通蝼蛄、小蝼蛄、拉拉蛄、地拉蛄、土狗子、地狗子、水狗(图 13-4)。成虫和若虫均在土中危害山药根茎，易使山药根系脱离土壤而造成缺水死亡，严重时造成明显的缺苗断垄。

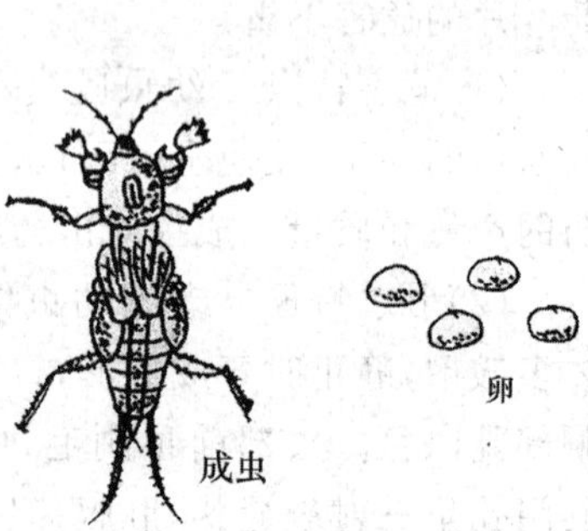

图 13-4 非洲蝼蛄

(1)形态特征　成虫体长为 30～35 mm，灰褐色，腹部色较浅，全身密布细毛。头圆锥形，触角丝状，前胸背板为卵圆形，中间具有明显的暗红色长心脏形凹陷斑。前翅灰褐色，较短，仅及腹中部。后翅扇形，较长，超过腹部末端。腹末具有 1 对尾须。前足开掘足，后足胫节背面内侧有 4 个距。

(2)生活习性　在我国北方约 2 年发生 1 代，南方 1 年发生 1 代，以成虫或若虫在地下越冬。清明节后上升到地表活动，在洞口可顶起一小堆虚土。5 月上旬至 6 月中旬是蝼蛄最活跃的时期，也是第一次危害高峰。在 6 月下旬至 8 月下旬，天气炎热，转入地下活动。6—7 月为产卵盛期。9 月气温下降，再次上升地表，形成第 2 次危害高峰。10 月中旬以后，陆续钻入深层土中越冬。蝼蛄是昼伏夜出，以夜间 9:00～11:00 活动最盛。早春或晚秋气候凉爽，仅在表土层活动，不到地面上来。蝼蛄具有趋光性，对香甜物质等也有强烈趋性。成虫和若虫均喜欢在软潮的壤土或沙壤土上活动，最适宜的气温为13～20℃，20 cm的土温为15～20℃的条件下活动。温度过高或过低，都潜入深土层中隐藏。

4. 沟金针虫

沟金针虫又称沟叩头虫、沟叩头甲、土蚰蜒、钢丝虫（图13-5）。幼虫在土中取食种薯及幼根，对山药块茎危害较重，常常在块茎上留下许多洞眼，有些还藏在块茎内休眠。若沟金针虫大发生可导致大面积缺苗断垄。

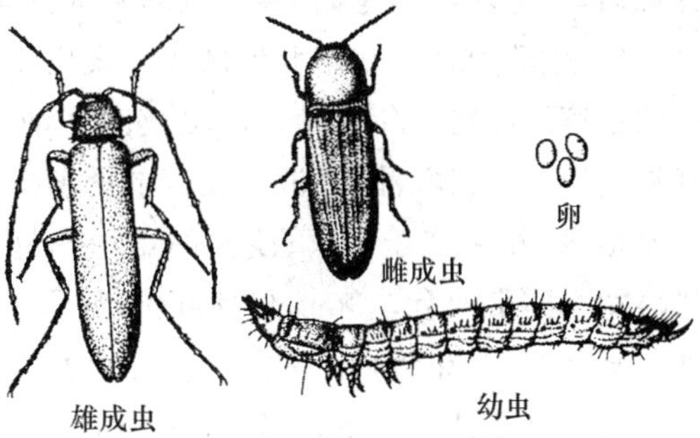

图13-5　沟金针虫

(1) 形态特征　老熟幼虫体长20～30 mm，细长筒形略扁，体壁坚硬而光滑，有黄色细毛，两侧较密。体黄色，前头和口器为暗褐色，头扁平，上唇三叉状突起，胸部、腹部背面中央呈一条细纵沟。尾端分叉，稍向上弯曲，各叉内侧各有一个小齿。各体节宽大于长，从头部至第九腹节渐宽。

(2)生活习性　每2～3年发生1代，以幼虫和成虫在土中越冬。在中原地区，越冬成虫于2月下旬出蛰，3—4月为活动盛期，白天在表土内潜伏，夜间出土交配产卵。雌虫无飞行能力，每雌产卵约90粒；雄成虫善飞，有趋光性。卵发育历期约为40 d，5月上旬幼虫孵化。在食源充分时，当年体长可长至15 mm以上，到第3年8月下旬，幼虫老熟，于20 cm左右深的土层中做土室化蛹，蛹期16 d左右。9月羽化，当年在原蛹室内越冬。在北京地区，3月下旬土温达到9℃时开始危害，4月上、中旬危害最烈。5月上旬后，幼虫则趋向深13～17 cm的土层中栖息。9月下旬至10月上旬，土温降到18℃左右时，幼虫又上升到表土层中活动。10月下旬随着土温下降，幼虫也开始下潜，至11月下旬，深10 cm的土温在1.5℃左右时，沟金针虫潜到深27～33 cm的土层中越冬。由于雌成虫活动能力弱，一般在原地交配产卵，扩散危害受到限制，因此，在虫口高的田内防治1次后，在短期内种群密度不易回升。

5. 斜纹夜蛾

斜纹夜蛾又称莲纹夜蛾、莲纹夜盗蛾（图13-6）。幼虫咬食山药叶片，有时能咬断茎蔓，造成地上部枯死，大发生时对山药块茎产量有较大影响。

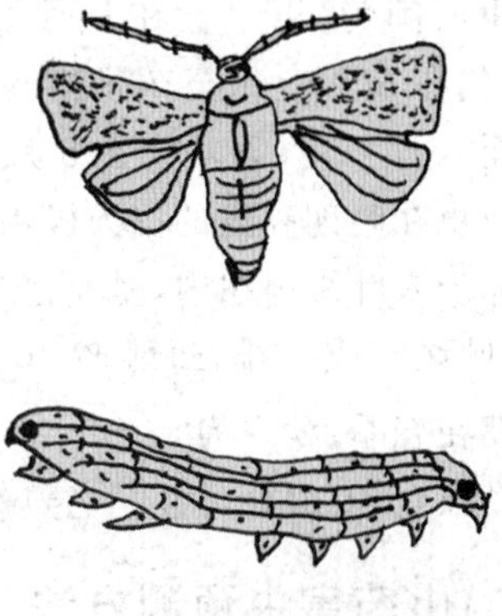

图13-6　斜纹夜蛾

(1)形态特征　成虫体长为14～20 mm，翅展为35～40 mm。头、胸、腹均深褐色，胸部背面有白色丛毛。腹部前数节背面中央具有暗褐色丛毛。前翅灰褐色，斑纹复杂，内横线及外横线灰白色，波浪形，中间有白色条纹。在环状纹与肾状纹间由前缘向后缘外方有3条白色斜线。后翅白色、无斑纹。前、后翅常有水红色与紫红色闪光。卵为扁半球形，直径为0.4～0.5 mm，初产黄白色，后转淡绿，孵化前紫黑色。卵粒集结成3～4层的卵块，外覆灰黄色疏松绒毛。幼虫体长为35～47 mm，头部黑褐色，胴部体色因寄主和虫口密度不同而异。背线、亚背线及气门下线均为灰黄色及橙黄色，从中胸至第9腹节在亚背线内侧有三角形黑斑1对，其中，以第1腹节、第7腹节、第8腹节的最大，胸足近黑色，腹足暗褐色。蛹长为15～20 mm，赭红色，腹部背面第4～7节近前缘处各有小刻点1个。臀棘短，有1对大而弯曲的刺，刺的基部分开。

(2)生活习性　在华北地区1年发生4～5代，长江流域为5～6代，在广东、广西、福建和中国台湾地区可终年繁殖。成虫夜间活动，飞行力强，1次可飞数十米远，高达十几米。成虫有趋光性，并对糖、醋、酒液及发酵的胡萝卜、麦芽、豆饼、牛粪等有趋性。成虫补充营养不足时产卵很少，卵多产于高大、茂密的田边作物上，以产于植株中部叶片背面的叶脉分叉处最多。初孵幼虫群集取食，3龄前仅食叶肉，残留上表皮及叶脉，叶呈白纱状后转黄，容易识别，4龄后进入暴食期，多在傍晚出来危害。幼虫共6龄。老熟幼虫在1～3 cm表土内做土室化蛹，当土壤板结时可在枯叶层下化蛹。7—10月危害严重。

6. 山药叶蜂

山药叶蜂主要咬食山药叶片（图13-7），大发生时，几天之内可造成山药叶片严重缺损，影响块茎产量。

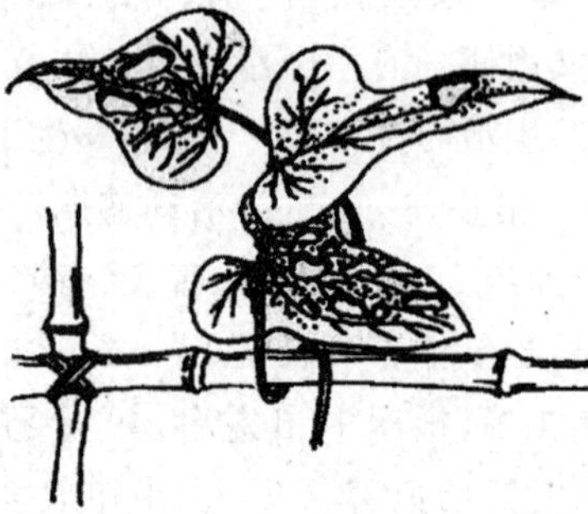

图13-7　山药叶片被叶蜂咬食后的症状

(1)形态特征　成虫体长为6～8 mm，头部和中、后胸背面两侧为黑色，其余橙蓝色，但胫节端部及各跗节端部为黑色。翅基半部黄褐色，向外渐淡至翅尖透明，前缘有一黑带与翅痣相连。触角黑色，雄性基部2节，淡黄色。腹部橙黄色，雌虫腹末有短小的黑色产卵器。卵近圆形，长为0.4～0.8 mm，卵壳光滑。初产时乳白色，后逐渐变为淡黄色。幼虫体长约15 mm，头部黑色，胴部蓝黑色，各体节具有很多皱纹及许多小突起，胸部较粗，腹部较细，具有3对胸足和8对腹足。蛹的头部为黑色，蛹体初为黄白色，后变成橙色（图13-8）。

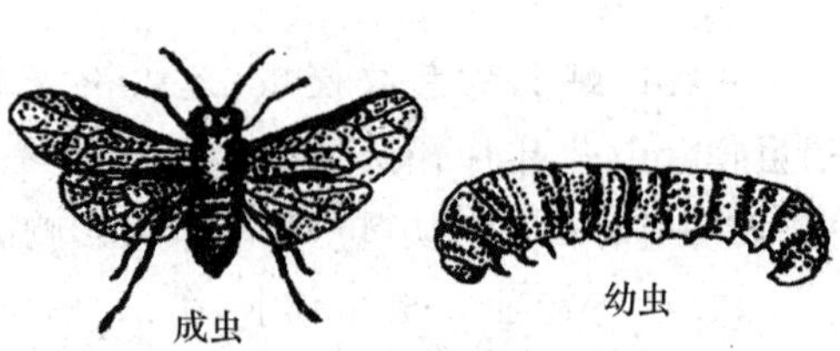

图13-8　山药叶蜂

(2)生活习性　在我国北方每年发生4代。各代发生时间为：第1代在5月上旬至6月中旬；第2代在6月上旬至7月中旬；第3代在7月上旬至8月下旬；第4代在8月中旬至10月中旬。成虫在晴朗高温的白天极为活泼，并交配产卵。卵产入叶缘组织内，呈小隆起，每处1～4粒，常在叶缘产成一排，每雌产40～150粒。卵发育历期在春季、秋季为11～14 d，夏季为6～9 d。幼虫共有5龄，发育历期10～12 d。幼虫早晚活动取食，有假死习性。老熟幼虫入土作茧化蛹。每年春季、秋季为2个发生高峰期。

(二)山药害虫预测方法

预测山药害虫的目的在于将害虫未来的动态趋势及时发布出去，以便农民做好防治害虫的准备工作。在大面积栽培山药时，预测害虫是一项不可缺少的工作，由基层农业技术人员完成为宜。预测山药害虫的内容包括预测害虫发生时期、发生数量、发生范围和可能的危害程度。根据预测时间的长短，预测山药害虫可分为短期预测、中期预测和长期预测：①短期预测主要是预测近期虫情动态，一般为 10 d 左右的虫情预测。②中期预测主要是预测 1 个世代以上的虫情或 1 个月左右的虫情。③长期预测主要是预测当年的虫情以及害虫发生趋势估计。

1. 预测害虫发生期

山药害虫发生期预测是关于某一虫态出现时期的预测。比如，何时羽化、何时孵化、何时化蛹、何时迁飞等。发生期预测的准确性对于抓住关键时期防治山药虫害甚为重要。发生期预测是以虫态历期的资料为依据，只要知道前一虫期的出现期，并考虑近期的环境条件，便可推断出后一虫期的出现期。发生期预测的方法主要为期距预测法和积温预测法。

(1)期距预测法　期距是 2 个虫态出现的时间距离，或上、下 2 个世代同一虫态出现的时间距离。预测期距通常采用人工饲养、田间调查、诱集预测等方法进行。①人工饲养时应尽量使害虫处于近似自然的条件下，观察统计虫卵、幼虫、蛹和成虫的期距。②进行田间调查时要从某一虫态出现前开始，每隔 1～3 d 进行 1 次，统计各虫态所占百分比，然后将系统调查统计的百分比排列，便可看出害虫发育进度的变化规律。通常将某虫态出现数量达 20%时定为"始盛期"，达 50%时定为"盛发高峰期"，达 80%时定为"盛发末期"。根据前一虫态与后一虫态盛发高峰期的相隔时间，即可定为"盛发高峰期距"。田间调查还可按害虫各虫态分级标准进行发生期预测，比如，根据田间总卵量将卵按其发育进度不同和色泽变化不一来分析，统计各种卵的百分率。根据田间总蛹量及各级蛹的百分率预测发生期，其准确度较高。③诱集预测即在害虫发生期前，逐日统计所获虫量。据此可看出，当地当年各代成虫始见期、盛发期、高峰期和终见期，将上、下 2 代的有关数据加以比较，即可预测出害虫发生的期距。

(2)积温预测法　对害虫发育快慢起主导作用的是气温高低。已知某一虫态或全世代的发育起点温度和有效积温就可根据田间调查资料，利用当地近期气象预报的平均气温，以积温公式预测下一虫态(或世代)的发生期。同时，根据历年害虫发生期与气温关系的资料，可建立当地害虫发生期的预测模式。

2. 预测害虫发生量

山药害虫数量的增减是比较复杂的问题，一方面取决于害虫的虫口基数、繁殖力和存活率等内在因素；另一方面又受气候条件、天敌和食料条件等环境因素的影响。因此，预测山药害虫发生量需要考虑害虫与环境因素的辩证关系。

预测害虫发生量有多种做法：①根据田间虫口密度调查资料(图 13-9)，与历史资料进行对比分析就可判断害虫发生数量的趋势以及危害程度。②采用相关分析方法。以害虫发生量与单因子或多因子的相关分析结果，制定预测模式。③根据多年资料做出坐标图，将当年气象预报与坐标图比较，估计害虫数量的趋势。④用害虫生命表。根据当地当代或某虫态因各种原因所致的死亡率，并考虑害虫繁殖力，预测下一代或下一虫态的发生量。近年来，害虫数量预测越来越多地借助计算机进行统计分析，预测的准确度进一步得到提高。

(三)山药害虫防治措施

对山药害虫主要采用化学防治，这种方法具有如下优点：首先，防治效果好。它既可在害虫发生前作为预防性措施，以避免或减少害虫的危害，又可在害虫发生后作为急救措施，迅速消除害虫的危害。其次，不受地区和季节性限制，能大面积机械化使用化学药剂。最后，杀虫范围广。几乎所有害虫均可用杀虫剂防治。但是若化学药剂使用不当，也易造成人畜中毒、植物药害和环境污染等问题。因此，在使用杀虫剂时一定要慎重，注意和其他方法配合使用，尽力做到合理使用，避免残毒，达到经济、安全、高效地保护山药正常生长的目的。

图 13-9　中国农业大学山药课题组负责人赵冰在田间调查山药害虫

1. 对症下药

杀虫剂的种类很多，它们的防治范围和防治对象也不同。有的杀虫剂能兼治多种害虫，有的杀虫剂仅能防治某一类害虫。在使用某种杀虫剂时，必须先了解该药的性能和防治对象才能做到对症下药，取得良好的防治效果。

2. 适时用药

各种害虫的习性和危害期各有不同，其防治的适期也有所不同。既要准确的虫情预测，又要抓时机、抢速度，争取在适宜的时间内施药。例如，防治危害山药叶片的斜纹夜蛾幼虫一般应在 3 龄前防治。因为此时虫体小、抗药力弱，用较少的药剂就可发挥较高的防治效果，但也不能用药过早，否则由于药效期有限，先孵化的害虫已被杀死，而后孵化的害虫依然危害，而不得不进行二次防治。

3. 采用最有效的施药方法

选用最有效的施药方法才能获得药剂防治害虫的良好效果。目前，采用较多的施药方法有：喷粉法、喷雾法、浇灌法、浸种法、毒土法、毒饵法、熏蒸法等。比如，施用敌百虫、敌敌畏、氧化乐果、辛硫磷、敌杀死、速灭杀丁等宜采用喷雾（粉）法，同时也可采用浇灌、浸种、熏蒸等。

4. 保证施药质量

施药时应力求均匀周到，叶子正反两面均应着药，土施时也要尽量混匀，否则很难保证防治效果。同时施药还要考虑气候因素，一般应在无风或微风的天气施药。另外，要注意气温的高低。在气温低时，大多数有机磷制剂的杀虫效果不好，因此，应选择在中午气温较高时施药。

5. 避免药害和污染

山药苗期对杀虫剂比较敏感，浓度稍高就易产生药害，植株叶片出现斑点，发生萎缩和卷曲现象，严重时整株死亡。因此，在施用杀虫剂时，最好先选几株山药做一个小试验，确信安全后再大面积施用。另外，一般在山药收获前 1 个月之内就要停止土施杀虫剂，以防止对块茎造成污染，要积极提倡使用高效、低毒、低残留的安全农药（杀虫剂），并且配合其他防治方法，形成综合防治的良好局面。

(四)克服山药害虫抗药性的对策

1. 实施综合防治

由于用药次数越多,害虫的抗药性越强。因此,要实施综合防治,把农业管理措施、生物防治、物理防治、人工防治等与化学防治结合起来。只在害虫危害的关键虫龄期采用化学防治,尽量减少施药次数和施药量,不能见虫就打药。

2. 轮换使用不同作用机理的杀虫剂

轮换使用不同作用机理的杀虫剂能克服和延缓害虫抗药性的增强。在选择替换农药时,应选择无交互抗性的药剂进行交替。例如,可互相交替使用有机磷和有机氯杀虫剂。

3. 混合使用杀虫剂

把不同作用机制的杀虫剂混合使用是克服害虫抗药性的良好办法。这种方法不仅能克服和延缓害虫的抗药性,而且能起到兼治病害、增强药效、减少农药用量、降低成本等作用。比如,敌敌畏、乐果与马拉硫磷混用既可延缓害虫抗药性,又能明显增强药效。

4. 换用新药剂

在一种山药害虫对某种药剂产生抗药性的情况下,换用新药剂是克服害虫抗药性的办法之一。选用的新药剂应是与原用药剂没有交互抗性的药剂,最好是选用有负交互抗性的药剂。

5. 加用增效剂

增效剂本身对害虫一般无毒效,但对害虫的酶系有抑制作用。比如,增效醚对多功能氧化酶、磷酸三苯酯对酯酶都有显著的抑制作用。在一些种类的农药中加入一定量的增效剂可以明显增强药效。

(五)防治山药害虫的主要杀虫剂

1.敌百虫

敌百虫为白色结晶粉末,稍有气味,易潮解,属于广谱性杀虫剂,具有胃毒和触杀作用,残效期短,对人畜较安全。商用剂型有 2.5%粉剂、90%结晶、80%可湿性粉剂,可防治小地老虎、蝼蛄等山药害虫,在块茎收获前 7 d 应停止使用。

2.辛硫磷

辛硫磷的纯品是浅黄色,不溶于水,易溶于有机溶剂,遇碱分解,具有触杀及胃毒作用。这种为广谱性杀虫剂,对人畜低毒,残效期短。商用剂型有 50%乳油、50%颗粒剂,可防治小地老虎、斜纹夜蛾、蛴螬、蝼蛄等山药害虫。注意不要与碱性农药混用,不在强光下喷施。

3.亚胺硫磷

亚胺硫磷的纯品为白色结晶,无臭,难溶于水,可溶于甲醇、乙醇、苯、甲苯、丙酮、二甲苯、四氯化碳等,遇碱性物质易分解。商品乳剂为棕色油状液体,具有特殊的刺激性臭味和触杀及胃毒作用,同时也具一定的内渗杀虫作用。它是广谱性杀虫剂,对人、畜中等毒性,残效期较长。商用剂型有 20%乳油、25%乳油,可防治小地老虎、黄地老虎等山药害虫。注意不能与碱性农药混用。

4.西维因

西维因的纯品为白色结晶,微溶于水,可溶于丙酮、苯、乙醇等有机溶剂,对光、热和酸性物质较稳定,遇碱易分解,对人畜低毒。它具有触杀及胃毒作用,也有微弱的熏蒸和内吸作用。商用剂型有25%、50%可湿性粉剂,5%粉剂,可防治斜纹夜蛾、蚜虫等山药害虫。

5.巴丹

巴丹的纯品为无色柱状结晶,可溶于水及甲醇,难溶于乙醇、丙酮、氯仿、苯等有机溶剂。稍有吸湿性,对金属有腐蚀性,在常温及酸性条件下稳定,在碱性条件下不稳定。它具有强烈的触杀作用,也具一定的胃毒及内吸作用,残效期较长,对人畜低毒。商用剂型有50%可溶性粉剂、80%可溶性粉剂,可防治蝼蛄、蛴螬等山药害虫。

6.溴氰菊酯

溴氰菊酯又称敌杀死、凯素灵、凯安保,原药为无味白色粉末,不溶于水,能溶于丙酮、二甲苯等多种有机溶剂。它在酸性液中稳定,碱性液中不稳定,耐光、耐热性能较好。制剂为透明状,淡黄色或黄色液体,带有芳香气味。它是中等毒性广谱杀虫剂,对天敌杀伤也较严重,具有触杀和胃毒作用。商用剂型有2.5%乳油,可防治斜纹夜蛾、造桥虫、叶蜂等食叶山药害虫。注意应在幼虫3龄前防治,虫体超过3龄,则要进行人工捕杀防治。

7.功夫菊酯

功夫菊酯又称三氟氯氰菊酯,原药为淡黄色固体,无臭,不溶于水,能溶于多种有机溶剂。它是广谱、高效、中等毒性的杀虫剂,对害虫天敌杀伤也较严重,具有触杀和胃毒作用,无内吸性。商用剂型有2.5%乳油,可防治斜纹夜蛾、造桥虫等山药害虫。注意不能与碱性农药混用。

8.百树菊酯

百树菊酯又称百树得,原药为棕色黏稠液体,不溶于水,能溶于丙酮、甲苯、二氯甲烷等有机溶剂。它在酸性条件下稳定,在碱性条件下易分解。它为低毒杀虫剂,药效迅速,残效期较长,具有触杀和胃毒作用,无内吸性。商用剂型有5%乳油,可防治斜纹夜蛾、造桥虫、叶蜂等山药害虫。

9.氯氰菊酯

氯氰菊酯又称灭百可,原药为棕色黏稠状液体,不溶于水,能溶于丙酮、乙烷、二甲苯等有机溶剂。在酸性、中性条件下稳定,遇碱会分解,耐光耐热性能良好。它是广谱、高效、中等毒性的杀虫剂,具有触杀和胃毒作用,无内吸性。商用剂型有10%乳油,可防治斜纹夜蛾、造桥虫、叶蜂等山药害虫。

10.杀灭菊酯

杀灭菊酯又称速灭杀丁、敌虫菊酯,原药为黄色油状液体,不溶于水,能溶于丙酮、甲醇、氯仿、二甲苯等有机溶剂,对光、热稳定,遇碱易分解。它是广谱、高效、中等毒性杀虫剂,对害虫天敌的杀伤力也较大,具有触杀和胃毒作用,无内吸性。商用剂型有20%乳油,可防治斜纹夜蛾、造桥虫等山药害虫。

11.来福灵

来福灵又称高效杀灭菊酯,原药为棕色黏稠液体,不溶于水,易溶于丙酮、氯仿、二甲苯等有机溶剂，在酸性介质中稳定，在碱性介质中分解。它是中等毒性杀虫剂，杀虫范围广、效率高，具有触杀和胃毒作用。商用剂型有5%乳油，可防治斜纹夜蛾、造桥虫等山药害虫。

12.万灵

万灵又称灭多威，纯品为白色结晶体，有轻微硫黄味，易溶于甲醇、丙酮、乙醇等有机溶剂中，遇碱易分解。它是内吸性高毒杀虫剂，药效期较短，具有触杀和胃毒作用。商用剂型有24%水剂、90%可溶性粉剂，可防治斜纹夜蛾、造桥虫、叶蜂、蚜虫等山药害虫。喷药时应穿好防护衣，避免药液与皮肤接触。

13.敌敌畏

敌敌畏的纯品为无色油状液体，无恶臭，略有芳香气味，属于广谱性有机磷杀虫剂，具有触杀、胃毒和熏蒸的作用，该药剂对害虫击倒力强，对人畜急性中毒作用较强。商用剂型有50%乳油、80%乳油，可防治山药叶蜂。在夏季的中午高温时，应停止施药，否则易引起施药者中毒。

14.乐果

乐果的纯品为白色结晶固体，略具樟脑臭味，较易溶于水，在酸性溶液中稳定，在碱性溶液中迅速水解，能溶于多种有机溶剂。它具有强烈的触杀和内吸作用，也具有一定的胃毒作用，对人畜低毒。商用剂型有20%乳油、40%乳油、60%可湿性粉剂等，可防治金针虫、蝼蛄、蛴螬等山药害虫。

15.哒净松

哒净松又称哒嗪硫磷，纯品为白色针状结晶，难溶于水，易溶于丙酮、甲醇、乙醚等有机溶剂。该药剂对酸、热较稳定，对强碱不稳定。它是高效、低毒、低残留、广谱性有机磷杀虫剂，具有触杀和胃毒作用，无内吸性。商用剂型有20%乳油、2%粉剂，可防治造桥虫、叶蜂等山药害虫。

16.嘧啶氧磷

嘧啶氧磷的原药为淡黄色油状液体，能溶于醇、丙酮、乙酸乙酯、苯、甲苯、二氯乙烷等多种有机溶液，受热、遇碱、遇酸都会分解。它属中等毒性杀虫剂，具有触杀、胃毒和内吸作用。商用剂型有40%乳油、50%乳油，可防治蝼蛄、蛴螬、地老虎等山药害虫。在使用时应注意随配随用，不宜久放。

第十四章

山药贮藏技术

山药贮藏既是生产的延续，又是生产的补充。长山药出产区多在我国中部、北部一带，这里无霜期较短，冬季寒冷。一般都在寒冬到来之前，一次性将山药从田中挖掘起来，进行贮藏。有的山药要贮藏到第2年的4—5月，有的山药甚至要贮藏到新山药上市的9—10月，也就是说，有的山药是贮藏半年，有的山药则需贮藏整整1年。即使是较为暖和的地区，山药可在田中越冬，但到了第2年的4月依然要把山药从田中掘起，送窖中贮藏，直到新山药上市，这又是整整半年。

扁山药块茎的贮藏适温为14～19 ℃。如果室温低于14 ℃，块茎则容易受到寒害。虽然在块茎外观上看似良好，但内部已逐渐呈吸水海绵状，这是明显的内部腐烂症状。如果在20 ℃的室温下贮藏，则贮藏2个月即会造成块茎100％萌芽。最低温度不能低于0 ℃，如果为短时间贮藏，室温在－4 ℃左右也不会造成冻伤。山药块茎的贮藏周期可达170 d，最长的可达185 d左右。圆山药块茎在室温为2～5 ℃的条件下贮藏最佳，室温低于0 ℃则受冻腐烂，室温高于7 ℃则易发芽。长山药块茎的贮藏室温为8～12 ℃。

山药在深秋收获后，整个寒冷的冬天都被贮藏在窖中，这种贮藏叫山药的冬藏。春天收获的山药要经过一个炎热夏季的贮藏，这叫夏藏。将山药从秋贮到春，又从春贮到秋，这种既要过冬，又要越夏的一年贮存，叫作山药的四季贮藏，也叫整年贮藏。下面主要介绍山药的冬季贮藏和夏季贮藏。

一、冬季贮藏

冬季贮藏是山药最普通的，也是最主要的贮藏方式。这种方式应用范围广，贮藏办法多。各地进行山药冬季贮藏都是就地取材，因地制宜，方式多样。按贮藏地点的不同，它可分为室内贮藏和室外贮藏、地上式贮藏、地下式贮藏以及半地下式贮藏；按贮藏设施与方式的不同，它可分为沟藏、窖藏、堆藏、井藏、筐藏以及冷库贮藏等。

(一)冬季贮藏方式

1.沟藏

山药的沟藏是将山药放在沟内或坑内的贮藏方式。一般沟深为1～2 m，沟宽为1 m。沟的方向以东西延长方向为好，但山药摆入沟中时，则以南北向为宜。沟的长度视需要而定。沟藏一般在我国中北部冬季较为寒冷的山药产区使用。为了避开冷气流，山药一经挖出就应立即排放在沟内。这就需要预先选好地址挖好沟。在排山药时，一层山药一层土，每层山药的厚度一般为 7～10 cm，较细的山药可以排 2 根。一层土的厚度为 2～4 cm。所用的土壤要稍干燥一些，不应太湿。沟内所排贮的山药，总厚度不要超过 80 cm。顶部要盖一层细土，而且随着气温的下降，还要不断加厚顶部的土层。在最冷时候，上面的土层应有 20 cm 上下。顶部土层要求在当地冻土层以下 5～10 cm 处，以防山药受冻。采用这样的贮藏方法，保持一般的温湿度，可以使山药贮藏 5 个月左右，也可以在室内仓库的水泥地上用砖砌起高 1 m 的埋藏坑，坑底铺10 cm 厚的细沙土，然后一层山药一层沙，沙的厚度为 1～2 cm，堆至离坑口 10 cm 时，用细沙将坑口铺平。这种办法也可贮藏山药 4～5 个月，且很少有冷害。

2. 窖藏

在华北地区，山药种植者常将山药贮存在白菜窖或甘薯窖中，这是一种临时性的贮藏措施。一般这种藏窖在秋天建窖，春天拆除，也叫棚窖，可分为地下式和半地下式。地上部分垒成土墙，窖顶用木料、秸秆、泥土等做成棚盖，顶上开设天窗。在高寒地区，窖顶泥土很厚，一般为 40～50 cm。一般窖深为 1～1.5 m，宽为 1.5～2 m，坐北面南，南面设门，人员可以进出，便于检查和管理。也有的地区利用井窖贮藏山药，这种贮藏方法在地下水位低的黏重土壤地区使用较多。这种井窖是深入地下 3～4 m，坚固耐用的蔬菜贮藏窖，一经建窖，可使用多年。窑窖也可以贮藏山药，但也多在土质坚实的山坡处，依坡挖窖，坐南向北，朝北开门，很多蔬菜都可以贮存。

3. 堆藏

较为温暖的山药产区常采用室内就地堆藏的办法。在堆藏时，在地上铺好秸秆，山药与秸秆按同一方向摆好，摆一层山药，放一层秸秆，可以堆放 1 m 高，然后在上面盖好秸草。随着气温的下降，要加厚秸草，并覆盖塑料薄膜，也可以用沙土代替秸秆，一层山药一层沙，每层沙土厚度为 5～6 cm，最上层盖上 10 cm 厚的湿沙后，加盖塑料薄膜。虽然在我国中北部地区的老产区的栽培时间很长，但面积不大，且零星栽培较多，收获的山药有不少是堆放在家中贮藏的。这种贮藏方法既可避免冷害，又管理方便，取用自如。小量出售，可以随取随卖。

(二)冬藏注意事项

在我国北方，长山药的冬季贮藏主要是担心山药会受冷害和冻害。虽然说山药在冰点的温度条件下，甚至在短时间内处于－4～－3 ℃的条件下，均不会受冻，但从市面上出售的长山药来看，冻山药却仍然是人们对山药商品的主要意见。尤其是在冬至到立春的这段时间，买到的山药常有受冻害的现象。因此，一定要注意在贮藏和销售中加强对山药的防冻保护，提高山药的商品价值。当然温度高了也会烂薯，这也需要加以防止。

准备做冬藏的山药一定要在霜降以前收获，不可过晚。如果过晚，气温会进一步下降，山药很易遭受冷害，形成褐斑或发生褐变。在低温下，山药块茎内的淀粉降解为还原糖，味变甜，烹调时颜色变褐。低温还会使山药抗性减弱，常常引起青霉菌(*Penicillium*)、镰刀菌(*Fusarium*)等一些腐生性强的病菌的二次感染，并扩大腐烂。有时候气温骤冷还会使山药细胞间隙及细胞内结冰，形成冻害。虽然收获后的山药脱离了母体，但仍是一个活的有机体，其生命活动还在继续进行。其不但不能再从母体获得水分和养分，而且还要消耗自身的营养。实际上，它的整个代谢过程是在向衰老败坏的方向发展，只有掌握好收获适期，才能减缓这一过程的进行。

在收获时，山药含水量高，组织脆嫩，极易造成损伤。在挖掘、拔起、包装、运输等过程中，只要有一个环节不注意，就会使山药被擦破或折断，使伤口外露，造成感染和烂薯，甚至全窖腐败。为了避免出现更多的伤创，最好是连同山药嘴子一起整株贮存。有伤口的山药要尽量设法在温度较高、湿度较小的条件下，将其伤口风干，使其形成愈伤组织。在这时，温度越低，湿度越大，越不利于山药伤口周皮细胞的木栓化，也不利于木栓组织的增厚。有人做了一个试验，在 30 ℃的温度和 55%的湿度条件下，山药的愈伤组织形成最快，极有利于山药的安全贮藏，2 d 就有 1～2 层细胞转化，7 d 形成，10 d 可有几层细胞木栓化。当然，也可以在有伤口的地方涂上石灰杀菌，然后再贮藏。

二、夏季贮藏

夏季贮藏山药，气温很高，山药块茎又渡过了休眠期。到了 4 月，春季挖收的山药也都该萌发新芽了，经过了一个冬天贮藏的山药，这时也该出苗了。因此，夏季贮藏要比冬季寒期贮藏难一些，不是随便堆在哪个地方就行的。因为冬季贮藏期实际上是山药长达 5 个月的休眠期。在山药休眠期中，只要给它一定的温湿度条件，在一般情况下它也不会发芽。但是夏季山药贮藏就不同了，其首要任务就是抑制山药萌芽。

需要注意的是，进行山药夏季贮藏，抑制萌芽的手段就是严格控制温度和湿度，使贮藏温度始终保持在 2～4 ℃，炎夏也不能超过 5 ℃。湿度则应高一些，以保持在 80%～90%为宜。由于温度和山药的各种生理生化反应的速度成正相关，因此，温度对山药衰老和变质败坏的影响至关重要。只有控制温度，才能控制山药营养物质的转移，使山药继续保持休眠，阻抑其发育和成熟。山药的呼吸强度并不是很高，但在这个时期的贮藏过程中，温度只要提高 0.5～1 ℃，都会起到破坏的作用。因为呼吸要消耗碳水化合物、蛋白质和脂肪，过多过快的消耗会使山药的营养价值迅速降低。所以控制温度使山药保持正常缓慢的呼吸作用，这是山药贮存保鲜和抑制萌芽的关键所在。

抑制萌芽的另一个手段是使用生长抑制剂。在 1960 年以前，人们只知道酚类物质是植物体内的生长抑制剂，后来才知道山药体内也存在一种叫脱落酸（ABA）的天然抑制剂，其抑制活性比酚类强百倍，目前已可人工合成。处理山药用的青鲜素就是很重要的一种。只要是准备作夏季贮藏的山药，就应该使用青鲜素进行处理，越早越好。青鲜素（MH）即马来酰肼，化学名称叫顺丁烯二酰肼。据试验证明，应用 MH 处理山药可以诱导山药芽和块茎进行休眠，延迟萌发，还可增强细胞的保水力以及促进山药块茎和零余子与植株形成离层，便于收获。因为它的结构与核酸中的二氧嘧啶很相似，它进入山药体内可代替后者的位置，阻止代谢产物的合成，也就抑制了山药的生长。

据试验显示，在 8 月 5 日用 0.3% MH 喷布山药植株茎叶，于 8 月 30 日收获后放在室内，山药块茎损失很少，且经 MH 处理后，山药先端还会变得钝圆，与成熟的山药一样。同时，山药干物率也有提高。4 月掘起的山药块茎在准备入窖贮藏时可在现场喷布 MH，同样有效。对以 0.2% MH 处理的扁山药植株不仅可以增厚块茎的皮层，也能增加固形物和黏液汁的含量。对有些山药品种，青鲜素的效果不显著。

三、中国农业大学山药课题组研发产品

目前，中国农业大学山药课题组已经研制出一种山药保护剂(已获得国家发明专利，专利号：ZL200410074436.1)，它对于造成山药腐烂的病原微生物辣椒炭疽菌(*Colletotrichum capsici*)、胶孢炭疽菌(*Colletotrichum gloeosporioides*)、尖孢镰孢菌山药专化型镰刀菌(*Fusarium oxysporum f. sp. discoreae*)、咖啡短体线虫(*Pratylenchus coffeae*)等 4 种有良好的杀灭作用。这是一种高效、绿色无污染、纯中药的山药贮藏、保鲜的保护剂。本发明所提供的山药保护剂降低山药块茎腐烂率的效果比较明显，腐烂率的降低率在 70%及以上，并且还可以延长山药的贮藏期为 40～70 d。应用本发明能使消费者在春、夏季享用到高品质的山药，也能保证山药产销者获得较高的经济效益，具有广阔的应用前景。

(一)麻山药贮藏

1.保护剂配方(为重量份数)

苦楝子 10 份、黄檗 20 份、秦皮 25 份、白头翁 35 份、白矾 4 份、蛇床子 6 份、金银花 2 份。

2.保护剂制备

将苦楝子 10 份、黄檗 20 份、秦皮 25 份、白头翁 35 份、白矾 4 份、蛇床子 6 份、金银花 2 份(为重量份)等分别进行精选，漂洗、用冷水浸泡，使水充分进入药心，倒入多功能中药提取浓缩罐，加入 7 倍的水快速加热至沸腾，第 1 次煎煮 30 min 后，浸出药液；第 2 次加 5 倍水，煎煮 60 min 后，浸出药液；第 3 次再加 5 倍水，煎煮 100 min 后，浸出药液。合并 3 次药液，经 GQ142 管式分离机离心沉淀，取上清液进行减压浓缩，当干物质含量达到浓缩液重量 20%以上时，进行高速离心喷雾干燥，制得山药保护剂。高速离心喷雾干燥机工作条件为：喷雾转头转速为 15 000 r/min、工作负压为 30 Pa、进口温度为 220 ℃、出口温度为 80 ℃。

3.麻山药贮藏

将所得山药保护剂加水 1 000 倍液溶解，使其浓度在 1 g/L，然后在每年的 10—11 月将收获的麻山药块茎浸在山药保护剂溶液中 1 min，捞出晾干，晾干后进行传统的沙藏或窖藏；并以将晾干的麻山药块茎直接进行沙藏或窖藏作为对照。

试验数据表明，采用保护剂浸渍后进行贮藏的方式能降低麻山药的腐烂率 80%以上，并延长麻山药贮藏、保鲜时间为 2 个月，一直到第 2 年的 6 月均可以上市销售。而作为对照的传统贮藏不但容易发生严重的腐烂现象，而且没有腐烂的山药其贮藏时间也最多只能到第 2 年的 4 月，到 5 月就会发生山药大面积抽芽现象，无法上市销售。

(二)怀山药贮藏

1.保护剂配方(为重量份数)

苦楝子 15 份、黄檗 40 份、秦皮 50 份、白头翁 40 份、白矾 4 份、蛇床子 6 份、金银花 2 份。

2.保护剂制备

将苦楝子 15 份、黄檗 40 份、秦皮 50 份、白头翁 40 份、白矾 4 份、蛇床子 6 份、金银花 2 份

(为重量份)等分别进行精选,漂洗、用冷水浸泡,使水充分进入药心,倒入多功能中药提取浓缩罐,加入7倍的水快速加热至沸腾,第1次煎煮30 min后,浸出药液;第2次加5倍水,煎煮60 min后,浸出药液;第3次再加5倍水,煎煮100 min后,浸出药液。合并3次药液,经GQ142管式分离机离心沉淀,取上清液进行减压浓缩,当干物质含量达到浓缩液重量20%以上时,进行高速离心喷雾干燥,制得山药保护剂。高速离心喷雾干燥机工作条件为:喷雾转头转速为15 000 r/min,工作负压为30 Pa,进口温度为220 ℃,出口温度为80 ℃。

3.怀山药贮藏

将所得山药保护剂加水1 000倍液溶解,使其浓度在1 g/L,然后在每年的10—12月将收获的怀山药块茎浸在山药保护剂溶液中1 min,捞出晾干,晾干后进行传统的沙藏或窖藏;并以将晾干的怀山药块茎直接进行沙藏或窖藏作为对照。

试验数据表明,采用保护剂浸渍后进行贮藏的方式能降低怀山药的腐烂率70%以上,延长怀山药贮藏、保鲜时间1个月,一直到第2年的5月可以上市销售;而作为对照的传统贮藏方式不但容易发生严重的腐烂现象,而且没有腐烂的山药的贮藏时间也最多只能到第2年的4月,到5月就会发生山药大面积抽芽现象,无法上市销售。

(三)农大短山药贮藏

1.保护剂配方(为重量份数)

苦楝子12份、黄檗30份、秦皮40份、白头翁38份、白矾4份、蛇床子6份、金银花2份。

2.保护剂制备

将苦楝子12份、黄檗30份、秦皮40份、白头翁38份、白矾4份、蛇床子6份、金银花2份(重量份)等分别进行精选,漂洗、用冷水浸泡,使水充分进入药心,倒入多功能中药提取浓缩罐,加入7倍的水快速加热至沸腾,第1次煎煮30 min后,浸出药液;第2次加5倍水,煎煮60 min后,浸出药液;第3次再加5倍水,煎煮100 min后,浸出药液。合并3次药液,经GQ142管式分离机离心沉淀,取上清液进行减压浓缩,当干物质含量达到浓缩液重量20%以上时,进行高速离心喷雾干燥,制得山药保护剂。高速离心喷雾干燥机工作条件为:喷雾转头转速为15 000 r/min,工作负压为30 Pa,进口温度为220 ℃,出口温度为80 ℃。

3.农大短山药贮藏

将所得山药保护剂加水1 000倍液溶解,使其浓度在1 g/L,然后在每年的10—12月将收获的农大短山药块茎浸在山药保护剂溶液中1 min,捞出晾干,晾干后进行传统的沙藏或窖藏;并以将晾干的农大短山药块茎直接进行沙藏或窖藏作为对照。

试验数据表明,采用保护剂浸渍后进行贮藏的方式能降低农大短山药的腐烂率75%以上,延长农大短山药贮藏、保鲜时间1个月,一直到第2年的5月均可以上市销售;而作为对照的传统贮藏方式不但容易发生严重的腐烂现象,而且没有腐烂的山药其贮藏时间也最多只能到第2年的4月,到5月就会发生山药大面积抽芽现象,无法上市销售。

(四)农大长山药贮藏

1.保护剂配方(为重量份数)

黄连20份、白头翁20份、槟榔5份、土温−80 ℃ 1份。

2.保护剂制备

将黄连 20 份、白头翁 20 份、槟榔 5 份、土温－80 ℃ 1 份(为重量份)分别进行精选、漂洗，用冷水浸泡，使水充分进入药心，倒入多功能中药提取浓缩罐，加入 7 倍的水快速加热至沸腾，第 1 次煎煮 30 min 后，浸出药液；第 2 次加 5 倍水，煎煮 60 min 后，浸出药液；第 3 次再加 5 倍水，煎煮 100 min 后，浸出药液。合并 3 次药液，经 GQ142 管式分离机离心沉淀，取上清液进行减压浓缩，当干物质含量达到浓缩液重量 20%以上时，进行高速离心喷雾干燥，制得山药保护剂。高速离心喷雾干燥机工作条件为：喷雾转头转速为 15 000 r/min，工作负压为 30 Pa，进口温度为 220 ℃，出口温度为 80 ℃。

3.农大长山药贮藏

将所得山药保护剂加水 1 000 倍液溶解，使其浓度在 1 g/L，然后在每年的 10—11 月将收获的农大长山药块茎浸在山药保护剂溶液中 1 min，捞出晾干，晾干后进行传统的沙藏或窖藏；并以将晾干的农大长山药块茎直接进行沙藏或窖藏作为对照。

试验数据表明，采用保护剂浸渍后进行贮藏的方式能降低农大长山药的腐烂率 60%以上，并延长农大长山药贮藏、保鲜时间 40 d，一直到第 2 年的 7 月初均可以上市销售；而作为对照的传统贮藏不但容易发生严重的腐烂现象，而且没有腐烂的山药的贮藏时间也最多只能到第 2 年的 4 月，到 5 月就会发生山药大面积抽芽现象，无法上市销售。

第十五章

山药加工技术与产品

山药是食、药兼用的重要农产品、群众喜爱的药中珍品和美食佳蔬。它既具有重要的食用价值,又具有重要的医疗保健价值,在国内外市场广受欢迎,经济效益很高,社会效益显著,发展前景广阔。近些年来,山药的加工和开发利用有很大发展,在人类生活中的重要地位和作用越来越被人们所认识。

一、山药干燥技术

山药水分含量高,容易腐烂变质,所以很多山药产品的制成品或半成品都制成干制品,传统的山药干燥方式主要是日光暴晒,自然晾干。但是这种干燥方式特别容易受到自然天气变化的影响,干燥的时间也较长,也不容易保持产品卫生。近年来,随着科学技术的进步,先后开发了山药热风干燥、山药热泵干燥、山药微波干燥、山药真空干燥、山药红外干燥、山药真空冷冻干燥、山药喷雾干燥、山药常压冷冻干燥等新技术,山药的干燥产品质量有了显著提高。

(一)山药热风干燥

这是目前应用最为广泛的山药干燥方法,它以对流传热干燥方式为主,又分为连续式干燥和批量式干燥。热源燃料多采用煤炭,少部分采用农作物秸秆及燃油。这种干燥技术具有设备简单、便宜、易于操作等优点(图 15-1),但也存在干制品变色严重、组织塌陷、干翘变硬、性

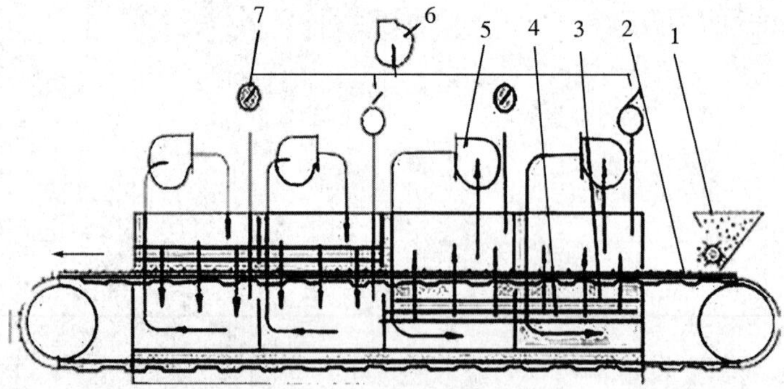

1. 加料器;2. 网带;3. 分风机;4. 换热器;5. 循环风机;6. 排温风机;7. 调节阀。

图 15-1　山药热风干燥设备流程

味减退等缺点。很多小厂家或农户采用大剂量薰硫的办法来抑制产品褐变，还引发了硫超标问题。

(二)山药真空冷冻干燥

这种技术也叫山药冻干技术，是将山药物料冻结到共晶点温度以下，山药物料中的水分变成固态，在加热板温度和真空条件下，使得固态冰直接升华为水蒸气，从而获得山药干制品。由于山药物料在干燥前始终处于低温(冻结状态)，同时冰晶均匀分布于山药物料中，升华过程不会因脱水而发生浓缩现象，避免了由水蒸气产生泡沫、氧化等副作用。山药干燥物质呈干海绵多孔状，体积基本不变，极易溶于水而恢复原状。在最大程度上防止山药干燥物质的理化和生物学方面的变性。

这种山药干制品能够最大限度保持新鲜山药的色香味形和营养成分，但这种技术的干燥时间需要 30 h 以上，能耗成本高，只有少数有实力的厂家采用该技术。

这种设备由制冷系统、真空系统、加热系统、电器仪表控制系统所组成(图 15-2)。其主要部件为干燥箱、凝结器、冷冻机组、真空泵、加热/冷却装置等。山药物料经前处理后，被送入速冻仓冻结，再送入干燥仓升华脱水，之后在后处理车间包装。

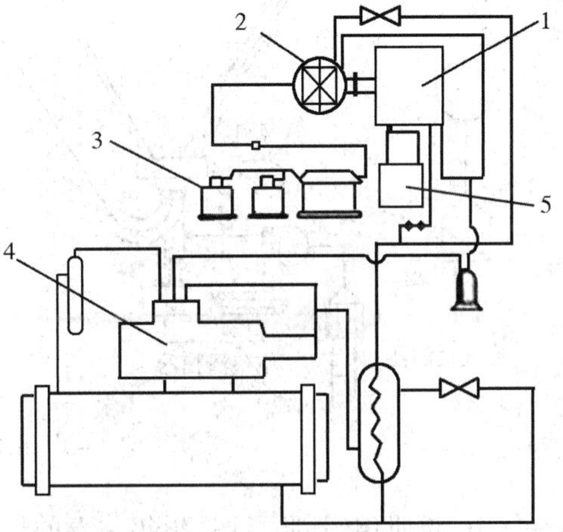

1. 干燥箱；2. 水汽凝结器；3. 真空系统；4. 制冷系统；5. 加热系统。

图 15-2　山药真空冷冻干燥设备流程

(三)山药喷雾干燥

这种技术是目前加工山药粉的主流技术(图 15-3)。它是先将山药磨成料液，利用雾化器将山药料液分散为小雾滴，通过高热空气与雾滴接触而获得山药粉。这种技术具有干燥快速，易于保持山药原有的色泽、风味，易于连续化生产等优点。但山药喷雾技术在其工艺流程中容易发生物料黏壁问题(尤其是山药料液未经酶解处理)，使出粉率大大降低，设备损坏率增高等。

二、山药保健食品的加工与开发利用

山药，人类自古食用。它是人类食用最早的植物之一。早在唐朝诗圣杜甫的诗中就有“充肠多薯蓣”的名句。山药块茎肥厚多汁，又甜又绵，且带黏性，生食熟食，都是美味。由中国农业大学山药课题组对农大长山药 1 号的化验结果可知，其块茎中平均含粗蛋白质 14.8%、粗纤维 3.48%、淀粉 43.9%、糖 1.16%、灰分 5.51%、钾 2.61%、磷 0.78%、钙 0.13%、镁 0.14%、铁 0.005 327%、锌 0.002 982%、铜 0.001 018%、锰 0.000 548%。

人类所需的 18 种氨基酸中，山药中含有 16 种。山药含有丰富的维生素和矿物质以及占干重 8%的黏液物质，营养价值都很高，而且又容易被人体吸收利用。从古至今，人们都是无病时吃山药，有病时也吃山药。山药做粥叫“神仙粥”，山药做糕叫“仙人糕”。食用山药能够起

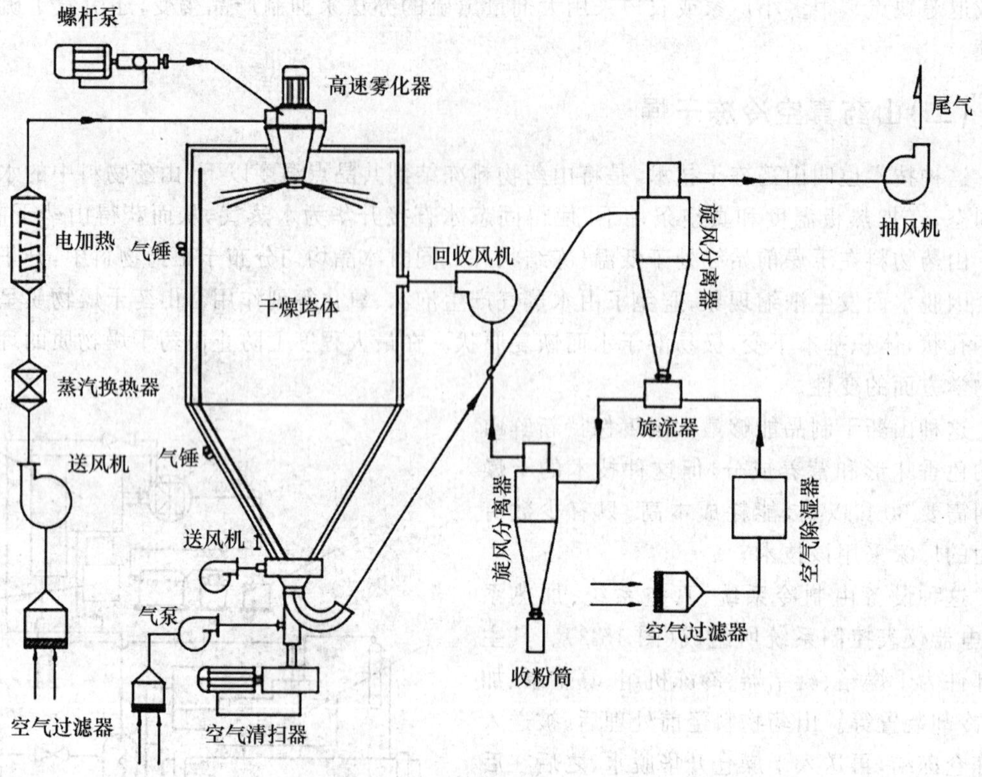

图 15-3　山药喷雾干燥设备流程

到益气力、长肌肉、耳聪目明、延年益寿的作用。除直接生吃和熟食山药外，这里着重介绍一些传统和新开发的山药风味小吃。

(一)山药粥

粥，北方人叫稀饭。在众多的粥品中，用山药熬制的各种米粥，从来都被推为上品，被称为"神仙粥"。它对于身体虚弱，肾气亏损，盗汗脾虚，羸瘦腹泻者，都有很好的补养和保健效果。

1. 小米山药粥

小米 100 g、山药 500 g。先将山药洗净，切块，放入锅内，加水适量，煮山药 30 min。然后再将洗净的小米加入锅中继续煮沸，待山药绵软后起锅即成。常喝小米山药粥，对治疗体虚乏力，泄泻失眠等症有益。

2. 糯米山药粥

用糯米、山药、砂糖、胡椒、零余子等熬成。先将糯米洗净，浸泡一夜，然后将山药洗净，炒熟，加入砂糖和胡椒，同糯米一起煮粥。这种粥可调理久泄，兼补肾精，固肠胃。若将零余子(即山药豆)入粥同煮，效果更好。

3. 扁豆怀山粥

用山药 150 g、扁豆 75 g(炒熟)、白米 100 g 同煮成粥，可治脾胃虚弱，食欲不振，食少久泄，小儿疳积等症。

4. 八宝粥

将山药、红枣、芡实、薏米、白扁豆、莲肉、桂圆(龙眼)、百合各 50 g,洗净放入锅内,加水适量,煎煮 40 min,然后加入白米 150 g,继续煮烂成粥。如果用茯苓、党参、白术代替红枣、桂圆和百合,效果更好。但煎煮后需将党参和白术药渣捞出,才可加米共煮,食用时可加适量冰糖,对治疗体虚乏力、虚睡、泄泻、失眠、口渴、咳嗽、少痰等症有益。

5. 山药粟米粥

山药 25 g、粟米或大米 50 g、白糖适量,按常法煮粥,白糖调食。每天 1～2 次,对治疗脾胃虚弱所致消化不良,食少,腹泻等症有益。

6. 山药羊肉粥

羊肉 300 g,煮熟后研成泥状,山药 500 g 捣碎。然后,将羊肉汤和羊肉泥、山药、糯米 150 g 同煮。煮好后加适量精盐、生姜、味精等调料,酌量分次温热食用。这种粥对于治疗泄泻,水谷不化,食欲不振,食后脘闷不舒,稍进油腻之物则大便次数增多,面色萎黄,肢倦无力,舌质淡红,苔白,脉缓弱等症有益。

7. 人参山药鸡粥

用鸡肝 150 g 开水烫过待用;以鸡身做 15 杯清汤,鸡肉撕成丝状;人参 5 g 或用参须切成片粒备用。然后,将人参片和一杯米放入鸡汤内同煮粥;煮到六分熟时加入山药 10 g;待米煮软时,加入切成薄片的鸡肝和鸡肉丝,并加盐调味。这种粥适于老人、病人和体质虚弱者食用。

8. 淮山芡实瘦肉粥

白米 100 g 洗净,用盐少许腌拌,放入滚水中先煲粥。然后将山药 150 g,洗净的芡实 50 g(切块并用水稍浸),瘦肉 300 g(洗净并切块),放入粥内同煲,最后用盐调味食用。

熬各种山药粥所用大米,以粳米为好,尤以春稻为美,丝苗米最佳。一般将米洗净沥干后,最好以少许盐拌匀,再加适量生油,粥味更觉甘香。熬肉粥和咸味粥加水应稍多些,熬甜粥加水应稍少些。配料中加果、要等米煮熟后再下锅。熬肉粥要有好粥底,即在煲白粥时加上猪骨、腐竹、鱼干等材料,使粥味道更好。

(二)山药糕

山药色白,细软,黏性很大,很容易做成山药泥。山药泥与米粉、面粉等掺和一起,可做成各式糕点,成为美味佳肴。用山药泥制作的食品中,以甜味者居多。山药泥的制法各地有所不同。一般做法是先将山药清洗干净,然后削去外皮,上笼蒸熟,或下锅煮烂。蒸时要火旺气足,一次蒸好,充分吸收水分,变得烂糊,反复揉至细软糊状。用山药泥可做成各种山药糕,也可用于调味做馅。

1. 山药玉米油炸糕

山药玉米油炸糕是用 70%山药泥和 30%玉米面糅合在一起,然后包上红糖等甜馅,做成圆饼状,下油锅炸成。这种炸糕色鲜味美,甜软可口,营养丰富,老少皆宜。

2. 山药豆馅糕

鲜山药 500 g、豆馅 150 g、京糕 150 g、面粉 60 g、糖 150 g、青红丝少许。将山药洗净去皮蒸烂挤成泥,加入面粉搓成面团,然后把面团擀开铺平,抹平豆馅,摆上京糕,撒上白糖、青丝、红丝，切成条状入笼蒸熟即成。经常食用可补脾胃，助消化，尤其适合幼儿食用。

(三)山药饼

1. 山药玉米面饼

用 30%山药、60%玉米面、10%白面，加入适量红糖或白糖做成。先洗净山药，上笼蒸软，去皮后挤压成山药泥，加入红糖或白糖做成饼馅，玉米面加入白面和好待发，用半发的面做皮，包成圆饼，上笼蒸熟。这属于粗粮细作，味道很好。

2. 山药蒸月饼

用 30%山药、70%白面、适量糖精做成。将山药洗净去皮蒸软（或先蒸后去皮），抹成山药泥后加入糖精做成馅，发面做皮，包成月饼形状，入笼蒸熟，再用红颜料点缀即成。这种月饼甜软适度。

3. 山药山楂饼

用山楂（去核）、山药、白糖做成。先将山楂和山药洗净蒸熟，冷后加糖搅匀压成薄饼食用。这种饼能健脾消食，和中止泻，对治疗小儿脾虚久泻、食后腹胀、不思饮食、消化不良等病症有益。

4. 一品山药饼

鲜山药 500 g、面粉 150 g、白糖 150 g 以及核桃仁、什锦果料、蜂蜜、猪油、淀粉少许，将山药洗净、去皮、蒸熟后，放入大碗中，加面粉揉成团，再放面案上做成圆饼状，摆上核桃仁和什锦果料，上笼蒸 20 min，再在圆饼上浇一层糖蜜汁即成。这种饼可滋阴补肾，增进营养，肾虚体弱、消渴、尿频、遗精等病人食用最为适宜。

5. 蜜汁山药饼

将山药 250 g 洗净去皮，上笼蒸熟后擦成山药泥，用白面 50 g 和在一起，加入白糖，包入澄沙，制成直径 4 cm 的圆饼，下油锅炸成金黄色时捞出即成。这种饼蜜甜软绵，营养很好。

(四)风味小吃

1. 白澄沙馅包子

用山药 60%、白面 40%做成。山药洗净削皮，上笼蒸熟，挤压成泥，加入糖精或红白糖做成糖馅，白面用开水和好做皮，包成三角形或圆形的包子，上笼蒸熟即成，这种包子甜软适口。

2. 太原头脑

它又名八珍汤、十全大补汤，将羊肉（选用羊后腿爪肉或前腿肋膀肉）切成小块，每块 50～100 g(5 kg 肉可做 40 碗头脑)，放在 60 ℃的热水锅里用旺火把肉煮熟后捞出，晾在案板上，原汤倒在缸里备用。用白面 2 kg 上笼蒸熟，晾冷擀开，细箩筛过，用冷水泡上待用，将黄酒糟 400 g 用冷水浸泡 1 h 后过箩，滤净渣滓备用。将山药 1 kg 洗净，切成滚刀片，莲菜 1 kg 切成半月片，把清好的汤和糟水倒在锅里，旺火煮沸，水将开时撇去脏沫，将肉和黄酒 1.6 kg 下在锅里，开锅后将肉捞在盆里，用原汤泡住，并将泡好的熟面下入对成糊汤。在吃的时候，将山药、肉、莲菜等分成 4 等份盛在碗里，加些羊尾巴油丁，灌上糊汤，即成头脑。太原头脑是山西特产，闻名全国。

3. 山药元宵

用鲜山药 150 g、糯米小磨粉 250 g、白糖 150 g、胡椒面少许做成。将山药洗净去皮，蒸熟后压成泥，调入白糖、胡椒粉拌匀。糯米粉加水适量糅合成软料，包入山药馅即成。山药元宵可随做随吃，能补肝肾，健脾养胃，对治疗肾虚精亏、腰腿无力、食欲不振有益。

三、山药菜肴的加工与开发利用

山药中所含的营养素有很多是蔬菜中所没有的，是很好的副食品，可做出许多美味菜肴。用山药烹饪菜肴的种类和方法在古书《素食说略》及《遵生八笺》中早有详细记载，现今用山药已可做成上百种美味佳肴，或红烧或白煮，或与肉共炒，可荤可素，或咸或甜，深受群众欢迎。现举例如下。

(一)拔丝山药

这是最普通的山药菜。用山药 200 g 洗净去皮，切成滚刀块，下油锅炸成黄色，捞出后将油倒去，瓢中放入白糖 75 g，小火炒成冰糖色。然后将山药放入，翻瓢撒芝麻 5 g，待糖全部滚在山药上后，出勺装盘即成。上盘时随带冷开水一碗，吃时把山药在冷水里稍微蘸一下，以防烫嘴，拔丝山药具有香、甜、脆、嫩的特点，而且能拔出丝来。

(二)罗汉排骨

用山药 150 g，洗净去皮，切成 3 cm 长的小段，再顺长切成 12 片，一般宽为 0.9 cm，厚 0.6 cm，再用面筋 150 g 分别缠在每片山药上，但两头要露出山药来，然后，下热油锅炸成金黄色捞出，即成排骨形状，瓢中少放一点水，加入白糖 75 g，和少许食盐，上火熬成浓汁，倒入排骨，使糖全部裹在排骨上，最后撒上芝麻仁。这种山药菜的特点是香、甜、酥、脆、咸。

(三)白猿吐舍利子

取山药 350 g，洗净去皮，蒸熟，与熟白面 50 g、少量白糖和在一起，用枣泥 50 g 抹到盘底中心，把山药泥抹在枣泥上(要抹光，而且山药要超出枣泥)，用珍珠米围着山药泥摆上 2 圈，2 圈间相隔 1 cm，然后，把京糕 50 g 切成火柴棍式的细条，摆在 2 排珍珠米中间，再用一些青梅、樱桃脯、发菜等放在中心，摆成干枝梅状，上笼蒸熟后取下，用白糖 150 g 放在瓢中，加水熬成汁，倒上桂花酱，浇在上面即成。吃时香甜，颜色鲜艳。

(四)喇嘛素糖醋三样

取山药 100 g，洗净去皮，切成火柴棍粗细；大青椒 50 g，切成同样细丝；把洋粉用水泡湿。将熟面筋 50 g 和山药、辣椒三丝调色，用洋粉捆成 12 捆，同蛋清、粉面糊调在一起，下热油锅炸成金黄色后捞在盘里，瓢里放油，上火加热，把白糖 40 g 和酱油、葱花、姜米、蒜泥、醋放在 1 个盘里，加点豆制汤，放入湿粉面 25 g，倒在瓢里烹成糖醋汁，浇在上面即成。吃时甜酸适度，十分可口。

（五）素鸭蛋

取山药 250 g，洗净、去皮、蒸熟，压成山药泥，用味精、粉面、食盐拌在一起，用胡萝卜 100 g，去皮煮熟后压成泥。锅里少放些油，上火加热，先放胡萝卜泥，加点盐稍炒一下，倒在碗里，制成 3 个圆球，再把山药泥做成三个圆饼，包住胡萝卜球，团成鸭蛋形状即成。吃时又软又香。

（六）白鸽山药汤

用白鸽 1 只去毛及内脏，与山药 50 g、玉竹 50 g 共煮，熟后调味，食肉饮汤。这种汤具有滋阴补肾、清热祛湿的效果，可治消渴、多饮、气短、乏力等病症。

（七）鹌鹑山药参汤

用鹌鹑 1 只去毛及内脏，洗净后，同山药 50 g、生姜 25 g、党参 25 g 等三味中药一起，加水共炖，熟后吃肉，饮汤。每日饮 2 次，对治疗脾胃虚弱、不思饮食、消化不良等病症有益。

四、山药饮料、果酱的加工与开发利用

（一）山药饮料的加工

1. 山药奶汁加工法

（1）原料　鲜山药、蔗糖、明胶、柠檬酸、香精、苯甲酸钠（均为食用级）、奶粉、食盐。

（2）设备　高压灭菌锅、胶体磨、多用绞肉机、烘箱、自动电位滴定计。

（3）生产工艺流程　选料→清洗→刮皮→切片→烘干→研磨→加水煮沸→调配→装罐→灭菌→成品。

（4）配方　配方Ⅰ：每 1 000 g 饮料，含山药粉 80 g、蔗糖 120 g、柠檬酸 0.8 g、明胶 4 g，饮料酸度为 3.30，糖度 10%～12%。该配方风味较好，但稍有沉淀。配方Ⅱ：每 1 000 g 饮料，含山药粉 80 g、蔗糖 120 g、柠檬酸 1.2 g、奶粉 50 g、苯甲酸钠 1 g，饮料酸度为 3.46，糖度 11%。该配方酸甜可口，黏度合适。

（5）操作注意事项：①奶粉首先要配成浓度 5%的奶液，并加热到 50 ℃左右，把相同温度的蔗糖液倒入后充分搅拌，同时缓慢加热至 85 ℃，然后冷却，再把柠檬酸加入，连续搅拌 15～20 min。②山药奶汁中可适当添加少量食用香精，这样可部分掩盖山药味，使饮料风味更佳。③灭菌一般采用巴氏灭菌法（80 ℃），时间为 20～30 min。注意在高温下灭菌，控制时间要适当，否则会使蛋白质变性，沉淀。

2. 山药蜜汁加工法

（1）原料　鲜山药、蜂蜜、蛋白糖、柠檬酸、维生素 C、食盐、氯化钙（均为食用级）。

（2）生产工艺流程　选料→清洗→刮皮→切片→护色→加水煮汁→冷却→榨汁→过滤果汁→与配料调配→装罐→封口→杀菌→冷却→检验成品。

（3）操作注意事项　①复合护色剂配方应选用 0.25%维生素 0.1%氯化钠、0.5%氯化钙、

0.3%柠檬酸，浸泡山药片时间以30 min为宜。该配方不存在二氧化硫等有害物质，护色后不用冲洗。因此，既能增加成品的抗氧化能力，防止褐变，又能增加成品的营养价值。②山药片经护色后，最好加10倍水煮15 min后压榨取汁，这样蜜汁的风味浓，且不易褐变。③调配糖酸比的配方，宜采用0.15%蜂蜜、0.18%蛋白糖、0.11%柠檬酸，这样调制出来的成品风味好，且适合中老年人饮用。④灭菌在100 ℃下处理10 min，可以很好地保持色、香、味，成品质量稳定，山药风味浓郁。

3. 山药酸奶加工法

(1)原料　鲜山药、脱脂奶粉、双歧杆菌、乳酸菌、蔗糖、稳定剂羧甲基纤维素钠和藻酸丙二醇酯、四硼酸钠、抗坏血酸(均为食用级)。

(2)生产工艺流程　选料→清洗→去皮→护色→熟化→搅匀→打浆→调配→均质→定量→装瓶→灭菌→加入双歧杆菌和乳酸菌的混合菌群发酵→酵成品。

(3)操作注意事项　①护色配方应选用0.5%四硼酸钠与0.5%抗坏血酸混合液。②稳定剂配方选用0.15%羧甲基纤维素钠和0.15%藻酸丙二醇酯的混合液。③调配的脱脂奶液与山药泥的比例为3∶7。④发酵温度应保持在40 ℃左右，发酵时间为10 h。发酵的菌种乳酸菌与双歧杆菌的比例，保持1∶5为宜，接种量保持7%较合适。蔗糖含量保持9%为宜。这样加工出来的成品外观乳白，口感细腻，并具有弹性，风味独特。

(二)山药汾阳山药果酱的加工

(1)原料　鲜山药、卡拉胶、新鲜汾阳山药、蔗糖、柠檬酸、苯甲酸钠。

(2)生产工艺流程　①鲜山药：预处理→破碎→打浆→均质；②卡拉胶：清洗→浸泡→热溶→热滤；③新鲜汾阳山药：清洗→浸泡→打浆→均质；④蔗糖：热溶→解除杂质→过滤→调配→加热→浓缩(空罐消毒)→热装罐→密封→杀菌→冷却→检验成品。

(3)配方　山药泥30%～35%、汾阳山药泥5%、卡拉胶3%、苯甲酸钠0.01%、蔗糖20%～30%、柠檬酸少许。

(4)操作注意事项　①卡拉胶清洗干净后，要在凉开水中浸泡2～3 h，吸足水分后再加热煮沸溶解。②蔗糖加热溶化后，先配成60%的溶液，清除表面杂质，再经糖浆过滤机过滤后使用。③将各种原料调配好后，应搅拌均匀后，再加热到85 ℃左右，使其充分混匀。

(三)山药清水罐头的加工

(1)原料　鲜山药、食盐、氯化钙、柠檬酸。

(2)生产工艺流程　选料→清洗→去皮→护色→分切→预煮→装罐→注液→排气→密封→杀菌→冷却→擦干→保温→检验成品。

(3)操作注意事项　①用流水洗净山药外皮上的泥沙，但注意不要损伤山药外皮。洗净后，用不锈钢刀去皮，并尽快投入护色液中护色。②应采用复合护色剂护色，配方为0.2%柠檬酸、0.2%氯化钙和0.5%食盐，护色时间保持5～6 h。③应根据罐型结构，把山药块茎切分成方块形或长圆柱对剖形。④山药和预煮液的比例应保持为1.5∶1。先将水煮沸后再倒入山药块，重新沸腾后保持微沸10～15 min。预煮时应及时搅动，避免煳锅。⑤装罐液中应调入0.1%柠檬酸、0.5%食盐，保持氢离子浓度1 000 μmol/L(pH 3.0)左右。煮沸过滤后，趁热灌装，并留出5～8 mm的顶隙。⑥成品在恒温箱中保温7 d，每天观察胀罐情况，合格后方可出厂销售。

五、山药的药用与加工

(一)山药的药用价值

1.可治诸虚百损,疗五劳七伤

据《本草纲目》中记载:"山药治诸虚百损,疗五劳七伤,去头面游风,止腰痛,除烦热,补心气不足,开达心孔,多记事,强筋骨,益肾气,健脾胃,止泻痢,化痰涎,润皮毛。生捣贴肿,硬毒能治。"《医学衷中参西录》中的玉液汤和滋培汤,以山药配黄芪,可治消渴、虚劳喘逆。山药能止泻痢。在《本草纲目》中记载了:"山药半生半炒为末,米饮下,治噤口痢"。通便白头翁汤、扶中汤、三宝汤、薯蓣汤等都是含有山药的粥汤,对泻痢很有疗效。

补脾健胃也是山药的重要功能。山药块茎中富含粗纤维可刺激肠胃道运动,促进肠胃内容物排空,有助于消化。单吃山药效果就很好,如果它与其他药物配合,对婴儿秋季腹泻等消化不良症具有很好的疗效。比如,山药与鸡内金、车前子等配伍。

2.可降低血压

中药六味地黄丸、八味地黄丸、归芍地黄丸等都是有山药配伍的有名方剂。这些方剂不仅用于治疗肾虚病症,还用于治疗高血压、糖尿病、哮喘、神经衰弱和腰腿痛等病症。

3.可以延缓衰老

经现代科学证明,山药能使加速有机体衰老的酶的活性显著降低。含山药的八味地黄丸主治产后虚汗不止;保元清降汤、保元寒降汤可治吐血和鼻出血;寒淋汤和膏淋汤可治淋浊。山药还可治肺结核、伤寒温病及妇女经带病症。

4.具有一定的抗肿瘤作用

山药块茎富含多糖,可刺激和调节人类免疫系统。因此,它常被作为增强免疫能力的保健药品使用。山药多糖对环磷酰胺所导致的细胞免疫抑制有对抗作用,能使被抑制的细胞免疫功能部分或全部恢复正常。山药还能加强白细胞的吞噬作用。比如,六味地黄丸可治疗慢性肾炎、高血压、糖尿病、神经衰弱等病症。知柏地黄丸可治疗强直性脊椎炎和妇科胎漏、崩漏、阴痒、经闭等阴虚、火旺症,归芍地黄丸可治耳痛、耳鸣,阴虚、自汗等。

山药中所含的尿囊素具有麻醉镇痛作用,可促进上皮生长,消炎和抑菌,常用于治疗手足皲裂、鱼鳞病和多种角化性皮肤病。

(二)山药药材加工

山药作为药用时需要对鲜山药进行加工,制成毛山药(毛条)或光山药(光条)。把山药加工干制成药材主要有以下3种方法(以长山药为例)。

1.毛山药(毛条)加工方法

首先,在加工前要选好料。宜选长为20 cm以上、直径为3 cm左右、无病虫霉烂部分、条直的山药块茎,选料完成后,要将块茎先端(栽子部分)全部切除(这一部分块茎粗硬,药用品质不好，不宜入药）。将块茎放入水中洗净泥土，泡在水中用竹刀刮净外皮及须根。放入熏炉中熏干，每 100 kg 去皮鲜山药，用硫黄 0.5～1.0 kg，熏蒸时间为 12 h 左右。如果山药含水率较高，可适当延长熏蒸时间。

其次，熏炉用砖砌成长为 1.6 m，宽为 1.2～1.4 m，高为 1.2 m。熏炉下部一侧设一炉口，炉口宽和高各为 12 cm 左右，里面放入燃硫容器。炉内四周用砖支起，在离地面 20 cm 处架上一排木条，间隔 20～30 cm，将山药块茎放在木条上。装满山药后，用麻袋、草包等盖严上部，然后点燃硫黄熏蒸。用硫黄熏蒸后，块茎色泽洁白，变软，内部水分渗出，然后再烘干即可。有的地区是先用硫黄熏蒸 5～6 h，取出，晒至外皮稍干后，再入炉熏蒸，如此反复至干为度。用火烤烘干时，火力要小而匀，防止烤焦块茎或造成外干里湿、发空等现象。

最后，在毛条加工完成后，其表面应该达到黄白色或棕黄色，纵皱及栓皮明显，断面洁白色，并有少量须根痕，质地坚实而不易折断，直径为 1.5 cm 以上。味甘，微酸，嚼之发黏。

2. 光山药（光条）加工方法

一般光山药由毛条山药进一步加工而成。首先，在块茎熏硫后，趁其尚软时放在光滑桌案上，再用一光滑小木板把山药搓成圆柱形（如果山药已经干燥，需用净水泡软无干心时再搓）。其次，用刀切齐，晒干。最后，晒干后，用小刀刮净山药块茎上的病斑及残存表皮，再用细木砂纸搓磨，直至山药块茎外表平滑、洁白，两端平齐，立放，站住为好。有些地方将光山药搓挂上绿豆粉浆，然后再晒干，效果很好，商品价值较高。

3. 山药片炮制方法

山药加工成光条后还不能直接入药，一般需先切成山药片，再经过麸皮炒炮制才可入药。首先，按山药片 10 kg、麸皮 2 kg、生蜂蜜 100 g、白酒（50 g 左右）50 mL 的比例备料。其次，炮制前，将麸皮、蜂蜜、白酒拌匀置于锅内，加火炒至冒烟时，倒入山药片并不断翻搅，用中火炒至山药片发黄为止，放凉后筛去麸皮即成。其中的蜂蜜能增强山药片的光泽度，白酒能除去麸皮熏烤气味，并使山药片色泽清亮，气味香甜。

炮制山药片也可采用如下土法：首先，取碾细过筛的灶心土置于热锅中，加入经过挑选的大小一致的生山药片。其次，均匀翻炒，当感觉药片由硬变软，又由软开始变硬时，即可立即出锅，筛去土后平摊放凉，装入纸袋中即成。

六、中国农业大学山药课题组的研发产品

经过多年研究，中国农业大学山药课题组研发了系列化的山药制品（中国发明专利号：03105132.4），主要包括功能山药粉和功能型山药饮料，提高了山药制品的科技含量和市场价值。

（一）材料

绿色食品山药、维生素 C、氯化钠、氯化钙、柠檬酸、蛋白糖。

(二)主要加工设备

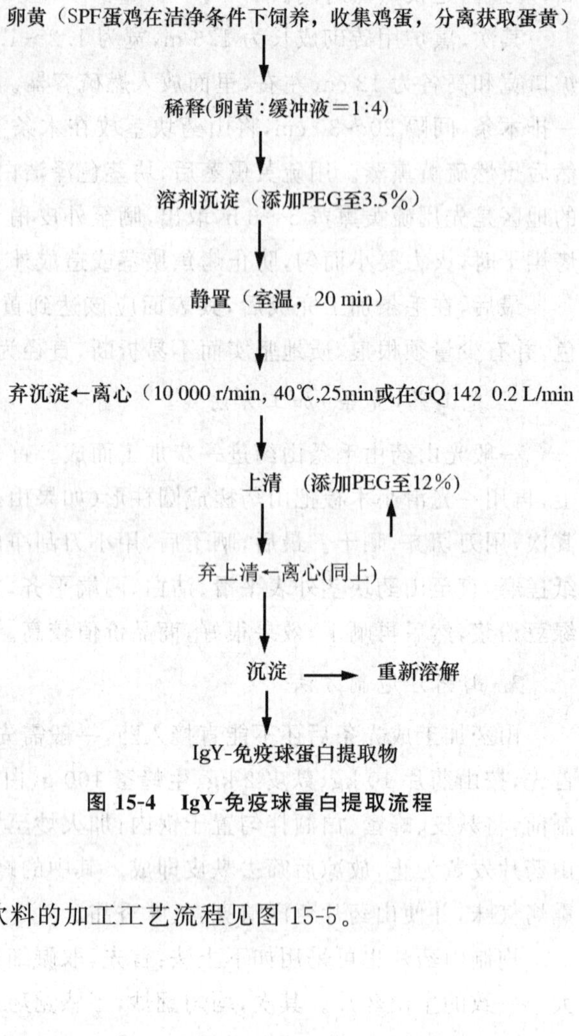

图 15-4　IgY-免疫球蛋白提取流程

多功能提取罐、多功能浓缩罐、高速管式分离机、超滤器 、高速离心喷雾干燥机、匀质机 、超微粉碎机 、高压蒸汽锅炉、冷库、理化及生物实验室及相关仪器等。

1.加工的技术路线

关于从卵黄中制备 IgY 的方法(图 15-4)很多，常见的有水提法、PEG 法、硫酸葡聚糖法、黄胶原法等。通过许多国内外学者的研究，这些方法已经成熟，可以用于工业化生产。在制备本制剂过程中，我们采用 PEG 法，使用 GQ142 型高速管式分离机(转速为 14 000 r/min、功率为 3 kW 由上海市离心机械研究所出品)，日加工卵黄 40 kg，提取 IgY 精制品 200 g 或粗制品 3.2 kg 左右。说明本法可用于大批量工业化生产。

2.复配 IgY-免疫球蛋白的山药粉和山药饮料的加工工艺

复配 IgY-免疫球蛋白的山药粉和山药饮料的加工工艺流程见图 15-5。

(四)加工工艺

1.功能山药粉加工工艺

(1)山药干物质粉制备　绿色食品山药→精选→清洗→去皮→切片→护色(护色液配方：0.25％维生素 C、1％的氯化钠、0.5％的氯化钙、0.3％的柠檬酸)→沥干→加热烘干→研磨粉碎→山药干物质粉→薄层扫描法、高效液相色谱法、陈氏多糖测定法、凯式定氮法、氨基酸分析仪、AAS 法对山药干物质粉中的尿囊素、皂苷元、山药多糖、蛋白质、氨基酸、必需氨基酸、游离氨基酸、微量元素进行含量测定。

(2)绿色食品山药的有效成分萃取物制备　绿色食品山药→精选→清洗→去皮→切片→护色(护色液配方：0.25％维生素 C、1％的氯化钠、0.5％的氯化钙、0.3％的柠檬酸)→沥干→水-醇多相萃取→蛋白质＋淀粉＋激素前体＋多种氨基酸＋多种微量元素→山药的有效成分萃取物→薄层扫描法、高效液相色谱法、陈氏多糖测定法、凯式定氮法、氨基酸分析仪、AAS 法对山药的有效成分萃取物中的尿囊素、皂苷元、多糖、蛋白质、氨基酸、必需氨基酸、游离氨基

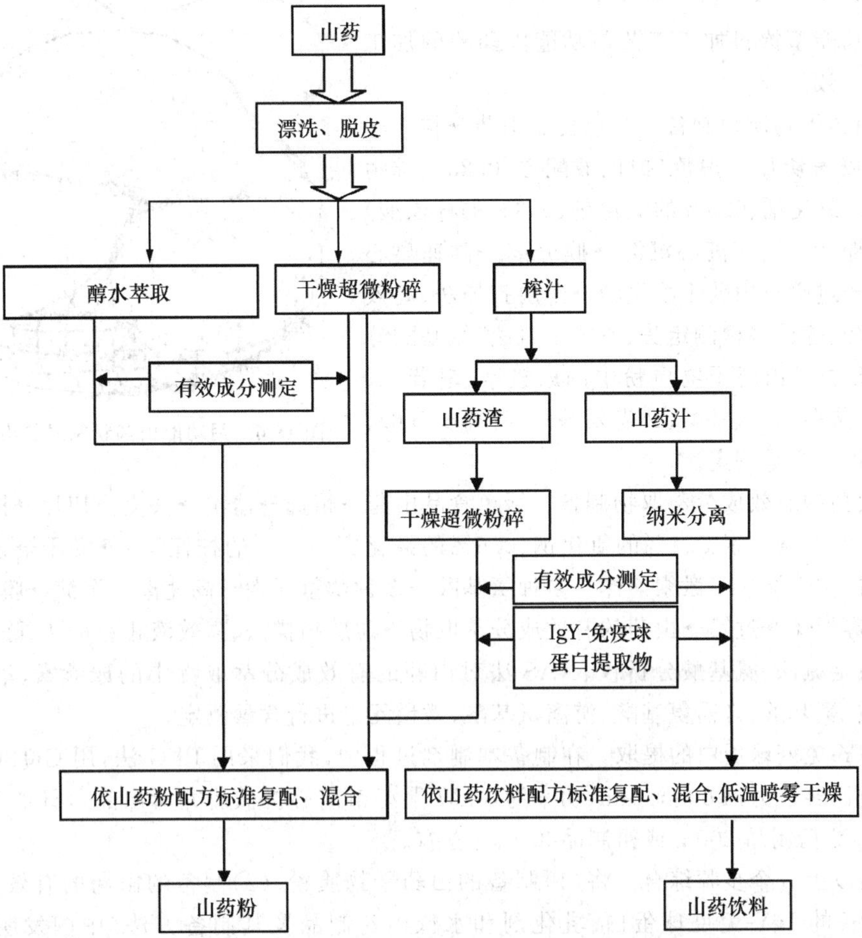

图 15-5　复配 IgY-免疫球蛋白的山药粉和山药饮料的加工工艺

酸、微量元素进行含量测定。

(3)IgY-免疫球蛋白的提取　常见的有水提法、PEG 法、硫酸葡聚糖法、黄胶原法等。我们采用 PEG 法,用 GQ142 型高速管式分离机(转速14 000 r/min、功率 3kw 上海市离心机械研究所出品),日加工卵黄 40 kg,提取 IgY 精制品 200 g 或粗制品 3.2 kg 左右。

(4)将以上 3 个步骤综合　将(1)制备的山药干物质粉、(2)制备山药的有效成分萃取物和(3)制备的 IgY-免疫球蛋白依山药制品及其制备方法(中国发明专利号:03105132.4)配方配制、混合、过筛,并通过薄层扫描法、高效液相色谱法、陈氏多糖测定法、凯式定氮法、氨基酸分析仪和 AAS 法的检验,使该产品的质量标准满足粗蛋白含量≥15.00%、淀粉含量≥40.00%、多种矿物质含量≥5.50%、多种必需氨基酸含量≥2.00%、尿囊素含量≥0.05%、皂苷元含量≥0.05%、山药多糖含量≥2.00%、精氨酸含量≥1.00%、锌含量≥18.00 mg/kg、抗感染 γ-球蛋白凝集效价≥1:40,然后进行包装上市(图 15-6)。

2.山药功能型饮料加工工艺

山药功能型饮料加工工艺与功能山药粉的加工工艺基本一致。

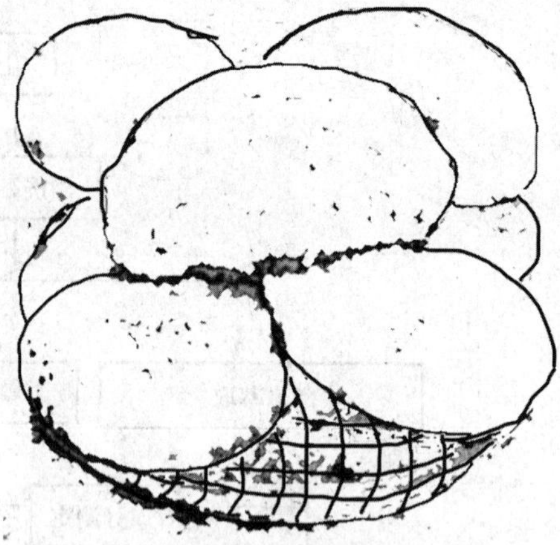

图 15-6 用功能山药粉制成的山药馒头

(1)山药干物质粉制备 绿色食品山药→精选→清洗→去皮→切片→护色(护色液配方:0.25%维生素C、1%的氯化钠、0.5%的氯化钙、0.3%的柠檬酸)→沥干→榨汁→高速离心沉淀→膜分离→高速离心喷雾干燥→过筛→山药干物质粉→薄层扫描法、高效液相色谱法、陈氏多糖测定法、凯式定氮法、氨基酸分析仪、AAS法对山药干物质粉中的尿囊素、皂苷元、山药多糖、蛋白质、氨基酸、必需氨基酸、游离氨基酸、微量元素进行含量测定。

(2)山药的有效成分萃取物制备 绿色食品山药→精选→清洗→去皮→切片→护色(护色液配方:0.25%维生素C、1%的氯化钠、0.5%的氯化钙、0.3%的柠檬酸)→沥干→水-醇多相萃取→蛋白质+淀粉+激素前体+多种氨基酸+多种微量元素→高速离心沉淀→膜分离→高速离心喷雾干燥→过筛→山药的有效成分萃取物→薄层扫描法、高效液相色谱法、陈氏多糖测定法、凯式定氮法、氨基酸分析仪、AAS法对山药的有效成分萃取物中的尿囊素、皂苷元、多糖、蛋白质、氨基酸、必需氨基酸、游离氨基酸、微量元素进行含量测定。

(3)IgY-免疫球蛋白的提取 在制备本制剂过程中,我们采用PEG法,用GQ142型高速管式分离机(转速为14 000 r/min、功率为3 kW上海市离心机械研究所出品),日加工卵黄40 kg,提取IgY精制品200 g或粗制品3.2 kg左右。

(4)将以上3个步骤综合 将(1)制备的山药干物质粉、(2)制备的山药的有效成分萃取物、(3)制备的IgY-免疫球蛋白、乳化剂和水依山药制品及其制备方法(中国发明专利号:03105132.4)配方配制,在均质机上进行乳化,并进行高速离心,取上清液在洁净条件下进行罐装,制成饮料成品。通过凯式定氮法、试管凝集试验等方法检验,使该产品的质量标准满足固形物含量≥5%、蛋白质含量≥1%、抗感染γ-球蛋白凝集效价≥1:10,合格的产品就能上市。

(五)质量检验

1.尿囊素的检验方法

采用薄层扫描法或高效液相色谱法对产品中的尿囊素进行含量测定。

2.皂苷元的检验方法

采用高效液相色谱法对产品中的皂苷元进行含量测定。

3.山药多糖的检验方法

采用陈氏多糖测定法对产品中的山药多糖进行含量测定。

4.蛋白质的检验方法

采用凯式定氮法对产品中的蛋白质进行含量测定。

5.氨基酸、必需氨基酸和游离氨基酸的检验方法

采用氨基酸分析仪对产品中的氨基酸、必需氨基酸和游离氨基酸进行含量测定。

6.各种微量元素的检验方法

采用AAS法对产品中的微量元素进行含量测定。

(六)产品先进性介绍

本产品采用山药卵巢生物反应器技术集中体现在IgY-免疫球蛋白的制备。水醇萃取法主要用于浓缩山药中原有的营养成分和生物活性因子。细胞级超微粉碎及纳米分离技术将山药组织中的细胞壁充分粉碎，并制成易于吸附、消化、吸收的纳米级山药原粉。在此基础上，利用匀质技术制成的功能山药粉和山药饮料经过营养成分及药效成分分析，证明其系列产品质量稳定，并充分体现了本项目技术路线先进，加工工艺合理，对能够进入批量工业生产。本产品中的山药制品具有稳定的营养成分和药效成分以及IgY-免疫球蛋白。因此，在美容抗衰、抗糖尿病、抗高血压高血脂动脉粥样硬化、抗感染的方面具有独特的医疗保健功能。

(七)专家鉴定报告

北京市科学技术委员会于2003年12月4日组织同行专家对中国农业大学山药课题组完成的《绿色新型山药功能性产品》进行了鉴定，批号为京科鉴字〔2003〕第195号。与会专家听取了技术人员所做的技术报告，审阅了有关资料，并进行了质询，经讨论，形成如下鉴定意见。

①通过对该系列产品的三批样品的质量检验，其质量标准稳定($P>0.05$)，充分体现了该项目技术路线先进，加工工艺合理，能够进入批量工业生产。其具体质量标准如下：A.山药粉。粗蛋白含量≥15.00%、淀粉含量≥40.00%、多种矿物质含量≥5.50%、多种必需氨基酸≥2.00%、尿囊素含量≥0.05%、皂苷元含量≥0.05%、山药多糖含量≥2.00%、精氨酸含量≥1.00%、锌含量≥18.00 mg/kg。B.山药饮料。蛋白质含量≥0.75%、淀粉含量≥2.00%、山药多糖含量≥0.10%、尿囊素含量≥0.002%、皂苷元含量≥0.002%。

②该项目选题正确，方案合理，所采用的生物反应器、多相萃取、膜分离、超微粉碎等技术可行；开发的系列产品由山药有效成分的萃取物、活性免疫球蛋白等组分在洁净条件下经复配、精制而成；产品中山药功能成分确定、免疫球蛋白效价稳定。

③项目增加了我国山药加工产品的品种，技术含量高和市场前景广阔。

④项目所开发的产品属国内首创，达到国际先进水平。

第十六章

山药专用肥技术与产品

一、建立山药测土配方施肥技术体系

山药测土配方施肥技术体系具体如图 16-1 所示。

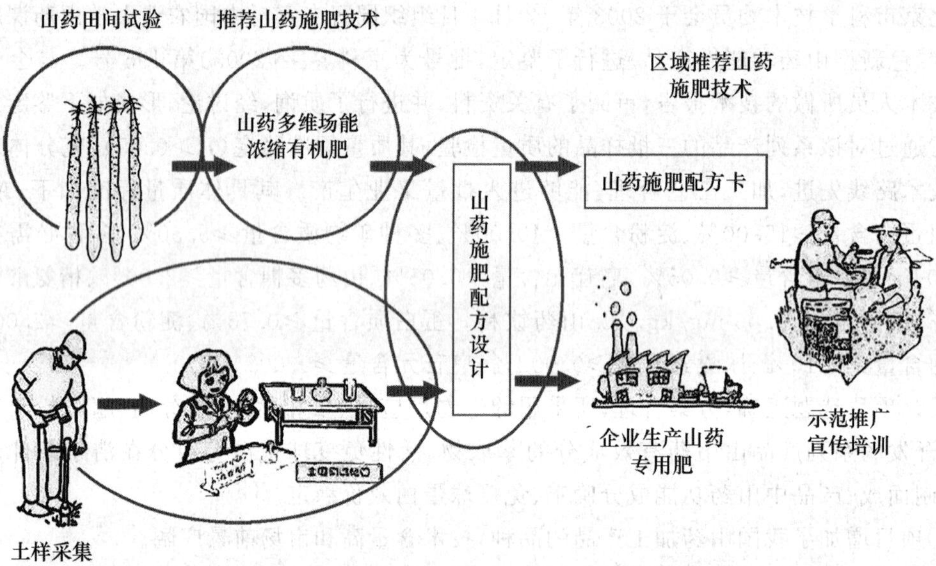

图 16-1　山药测土配方施肥技术体系

(一)田间试验

田间试验是获得各种山药作物最佳施肥量、施肥时期、施肥方法的根本途径,也是筛选、验证土壤养分测试技术,建立施肥指标体系的基本环节。通过田间试验,掌握各个施肥单元不同山药作物优化施肥量、基追肥分配比例、施肥时期和施肥方法;摸清土壤养分校正系数、土壤供肥量、山药作物需肥参数和肥料利用率等基本参数;构建山药作物施肥模型,可以为施肥分区和肥料配方提供依据。

(二)土壤测试

测土是制定山药肥料配方的重要依据之一。随着我国山药新品种的不断选育，高产山药品种不断涌现，施肥结构和数量发生了很大的变化，土壤养分库也发生了明显改变。通过开展土壤氮、磷、钾中微量元素养分测试，了解土壤供肥能力(图 16-2)。

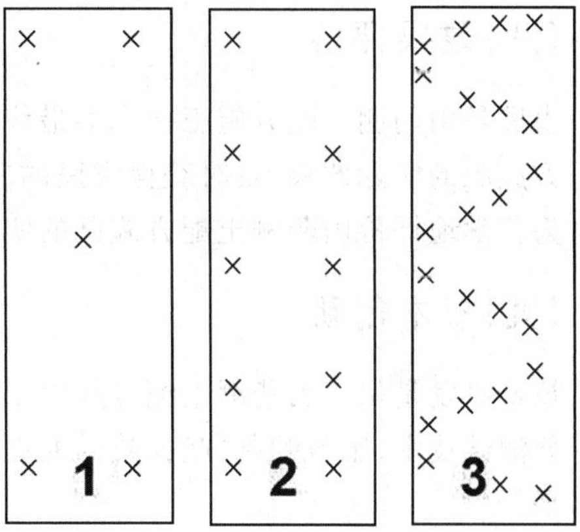

1～2. 不适当的；3. 正确的；×. 采样点的位置。

图 16-2　山药田土壤取样位置

(三)配方设计

肥料配方环节是山药测土配方施肥工作的核心。通过总结田间试验、土壤养分数据等划分不同区域施肥分区，同时根据气候、地貌、土壤、耕作制度等相似性和差异性，结合专家经验，提出不同山药作物的施肥配方。

(四)校正试验

为保证山药肥料配方的准确性，最大限度地减少山药配方肥料批量生产和大面积应用的风险。在每个施肥分区单元，设置配方施肥、农户习惯施肥、空白施肥 3 个处理，以当地主要山药作物品种为研究对象，对比配方施肥的增产效果，校验施肥参数，验证并完善肥料施配方，改进山药测土配方施肥技术参数。

(五)配方加工

配方落实到农户田间是提高和普及山药测土配方施肥技术的最关键环节。目前不同地区有不同的模式，其中最主要，也是最具有市场前景的运作模式就是市场化运作、工厂化生产、网络化经营。这种模式适应我国农村农民科技素质低、土地经营规模小的现状。

(六)示范推广

为促进山药测土配方施肥技术能够落实到田间地点，我们既要解决山药测土配方施肥技术市场化运作的难题，又要让广大农民亲眼看到实际效果。建立山药测土配方施肥示范区，为农民创建窗口，树立样板，全面展示山药测土配方施肥技术效果。推广“一袋子肥”模式将山药测土配方施肥技术物化成产品，打破技术推广“最后一公里”的“坚冰”。

(七)宣传培训

山药测土配方施肥技术的宣传培训是提高农民科学施肥意识，普及技术的重要手段。农民是山药测土配方施肥技术的最终使用者，迫切需要向农民传授科学施肥方法和模式。同时还要加强对各级技术人员、肥料生产企业、肥料经销商的系统培训，逐步建立技术人员和肥料商持证上岗制度。

(八)效果评价

农民是山药测土配方施肥技术的最终执行者和落实者，也是最终的受益者。检验山药测土配方施肥的实际效果，及时获得农民的反馈信息，不断完善管理体系、技术体系和服务体系。同时为科学地评价山药测土配方施肥的实际效果，必须对一定的山药区域进行动态调查。

(九)技术创新

技术研发是保证山药测土配方施肥工作长效性的科技支撑。重点开展田间试验方法、土壤养分测试技术、肥料配制方法、数据处理方法等方面的研发工作，不断提升测土配方施肥技术水平。

二、建立山药有机肥等级制度

建立山药有机肥等级制度非常重要，很多栽培山药的农户说有机肥不管用，不如化肥效果好。其实在正常的耕作土壤中(土壤理化性状没有遭到破坏)，有机肥效果差的主要原因应该是所用有机肥等级偏低，造成有效养分含量和肥效偏低，尤其是最小养分含量偏低，对山药生长发育影响最大(图 16-3)。

图 16-3　最小养分含量制约山药生长发育的木桶原理

据大量试验证明，在有机肥原料合格的前提下，有机肥的等级高低主要是由有机肥的发酵方式和发酵次数所决定。所谓有机肥发酵主要就是有机物变无机物的过程，也是有益微生物扩增的过程。在此过程中，有机肥的有机质(主要是腐殖质)又通过分解、重组稳定增加。采用先进工艺流程和设备的多次发酵技术必然会使无机元素、有效养分含量、有益微生物和有机质增多，最后肥效提高。在采用先进工艺流程和设备的条件下，通过大量测试发现，发酵 4 次与发酵 3 次的有机肥总体肥效没有差异，但发酵时间节省了 2 个月，发酵 5 次以上的有机肥不但有机肥制备时间太长，而且因为外界雨水淋溶等影响，肥效反而会下降。因此，目前有机肥产品发酵次数最多的是 3 次，发酵时间为 3～6 个月。根据有机肥行业众多专家和厂家的建议，将国内目前实际使用的商品有机肥分为 3 个等级(农户自制的非商品有机肥可参照执行)。具体等级为：①质量最好、肥效最好的定为特级。特级有机肥在采用先进工艺流程和设备的条件下，要求制肥原料合格并严格经过在不同的温度和湿度状态下，在微生物的帮助下进行 3 次发酵，如多维场能浓缩有机肥、国际进口名牌有机肥等。②质量较好、肥效较好的定为一级。国内大型有机肥厂家的有机肥产品一般都能达到一级水平。③质量合格、肥效中等的定为二级。一般厂家的商品有机肥可达到二级水平。农户自制的非商品有机肥，其中有的连二级有机肥标准都难以达到，如普通土杂肥、厩肥、堆沤肥或绿肥等。虽然农产自制的非商品有机肥的质量较差，但在现有国情条件下并不影响农户自己使用。

这三个等级的有机肥(特级、一级、二级)其他技术指标，如含水量、重金属含量、pH、有机质含量、氮磷钾总量等均要符合国家标准。这种新的有机肥理念在全国形成以后农户种植山药施用有机肥，再也不会简单说一亩地施了多少有机肥，而必须加上有机肥等级。这样对全国有机肥产业具有促进作用，而且能逐渐改变目前有机肥市场混乱的局面。

山药基肥一般用一级有机肥、二级有机肥，山药追肥为了用量少且肥效快，就必须用特级有机肥。当然，高端有机山药栽培建议施用特级有机肥，以稳定提高有机山药产品的产量和品质。特级有机肥相比一级有机肥、二级有机肥能够节省 20%～40%的施用量，而且由于制造过程精良，场能改善，肥效会更好。

如果不考虑肥料的销售价格，在正常的耕作土壤中(该土壤没有长期施用化肥，土壤理化性状没有遭到破坏)，有机肥完全可以替代化肥，两者肥效没有显著性差异，有机肥还具有修复改善耕地土壤场能的功效。一般来说，每吨特级有机肥的肥效可替代 80～100 kg 氮磷钾复合化肥加微肥的总体肥效，每吨一级有机肥的肥效可替代 60～80 kg 氮磷钾复合化肥加微肥的总体肥效，每吨二级有机肥的肥效可替代 40～60 kg 氮磷钾复合化肥加微肥的总体肥效。

虽然化肥的销售价格相对有机肥便宜，但生产化肥全社会为之付出了高能耗、高污染的代价，算上巨额的治理费用，化肥的价格可不便宜。长期施用化肥会破坏耕地土壤的场能以及理化性状，土壤团粒结构减少并消失，土壤板结盐碱化酸化，随之带来的是化肥被土壤固定，化肥利用率逐年下降。如果想保住原先的产量就必须逐渐增加化肥的施用量，部分增施的化肥并没有被植物利用，而是释放到土壤中。如此恶性循环，土壤环境和地下水都遭到严重破坏和污染，山药等农作物的产品品质也显著下降。

三、山药专用复合化肥

山药专用复合化肥由中国农业大学山药课题组研发(中国发明专利号:ZL200410054663.8)。这种山药专用复合化肥是一种山药广谱专用化肥，适合全国绝大部分山药产区的土壤环境和山药主栽品种。它将各种化学肥料及河沙进行合理科学组方，肥效强劲持久，当季利用率高，而且配方中的河沙对土壤质地具有明显改良效果，可以针对不同类型山药提供高效、稳定的养分供给，从而保证山药获得稳定的产量和质量。

(一)怀山药施肥技术

1. 配方(为重量份数)

尿素 45 份、磷酸二铵 30 份、硫酸钾 20 份、硫酸锌 0.6 份、硫酸锰 0.8 份、重过磷酸钙 5 份、河沙 100 份。

2. 制备

尿素、磷酸二铵、硫酸钾、硫酸锌、硫酸锰、重过磷酸钙等化学肥料从市场购置。化学肥料要求质量合格，符合国家化肥生产标准。河沙从市场购置，要求无污染，风干后过 5 mm 筛，将上述化肥及河沙依配方混合均匀，过 5 mm 筛，干燥，装袋即制得成品。

3. 用途与效果

本产品可作怀山药底肥和追肥。作底肥时，应将肥料施在距土面 50 cm 以内的土层中，混合均匀，一般每亩施入 40 kg 专用复合肥；作追肥时，应将肥料施在植株两侧 10～30 cm 的范围内,并用土浅埋,以防烧根,一般追2次肥,每次每亩施入10 kg专用复合肥。

(二)太谷山药施肥技术

1.配方(为重量份数)

尿素45份、磷酸二铵30份、硫酸钾20份、硫酸锌0.6份、硫酸锰0.8份、重过磷酸钙5份、河沙100份。

2.制备

尿素、磷酸二铵、硫酸钾、硫酸锌、硫酸锰、重过磷酸钙等化学肥料从市场购置,要求质量合格,符合国家化肥生产标准。河沙从市场购置,要求无污染,风干后过5 mm筛。将上述化肥及河沙依配方混合均匀,过5 mm筛,干燥,装袋即制得成品。

3.用途与效果

本产品可作太谷山药底肥和追肥。在作底肥时,应将肥料施在距土面50 cm以内的土层中,混合均匀,一般每亩施入50 kg专用复合肥;作追肥时,应将肥料施在植株两侧10~30 cm的范围内,并用土浅埋,以防烧根,一般追2次肥,每次每亩施入12 kg专用复合肥。

四、山药有机复合肥与无机复合肥

目前,山药生产存在的问题是全国各地山药栽培所用肥料随意性很强。有的地方是全部采用腐熟的有机肥,也有的地方是有机肥中掺混一定数量的化肥,一些山药新产区干脆全部采用化肥。这种不顾山药生长的特点和规律及其栽培土壤的特性,缺乏科学合理的肥料配方,盲目施肥已经造成山药的产量和品质极其不稳定。盲目施肥对于山药品质的影响则更为明显,而且对土壤环境的污染也是不容忽视的。针对这种情况,中国农业大学山药课题组研发了山药有机无机复合肥较好地解决了这一问题(中国发明专利号:03120792.8)。

(一)药用山药施肥技术

1.配方(为重量份数)

有机肥5 000份、尿素5份、抗感染制剂1份、磷酸铵10份、硫酸钾25份、硫酸锌0.5份、硫酸锰0.5份。

2.制备

(1)有机肥制备　原料采用混合有机质,由腐殖酸、鸡鸭鹅粪、猪粪、牛羊粪、人粪尿各10份组成,另外加入堆肥发酵素1份,过磷酸钙2份,混合均匀,在卧式转筒式快速堆肥装置上进行高温密闭堆肥,保持含水量为60%~65%,机械强制供氧浓度保持在18%左右,发酵时间3周左右。发酵完成后烘干、粉碎、过筛备用。

(2)抗感染制剂制备　从腐烂山药中分离筛选山药病原微生物,制备山药病原微生物抗原;用上述抗原采用卵巢生物反应器技术制成抗感染制剂,具体方法见“一种抗感染复合制剂及其制备方法”(中国发明专利号:02117483.0)。

(3)尿素、磷酸铵、硫酸钾、硫酸锌、硫酸锰从市场购置。

(4)将以上3个步骤综合　将(1)制备的有机肥、(2)制备的抗感染制剂和(3)制备的尿素、磷酸铵、硫酸钾、硫酸锌、硫酸锰依配方混合均匀,粉碎,干燥,由造粒机造粒制得成品。采用重铬酸钾容量法、硫酸-水杨酸-催化剂消化法、采用硫酸-硝酸消煮-钒钼黄比色法、硫酸-硝酸消煮-火焰光度法、AAS法分别对山药专用肥中的有机质、全氮、全磷、全钾等微量元素进行含量检测,确保山药专用肥产品中的有机质含量≥15%、全氮含量≥6%、全磷含量≥3%、全钾含量≥4%、锌含量≥0.03%、锰含量≥0.06%。

3.用途与效果

本产品为药用型山药专用肥,对于各种药用型山药可以在其生长期提供充足的养分,肥效强劲持久,当季利用率高,对土壤环境的污染可忽略不计,使各种药用型山药达到优质、稳产。本产品可作底肥和追肥。作底肥时(一般每亩施入150～200 kg专用肥),应将肥料施在距土面50 cm以内的土层中,混合均匀;作追肥时(追1～2次肥,每次每亩50～80 kg专用肥),应将肥料施在植株两侧10～30 cm的范围内,并用土浅埋,以防烧根。

(三)食、药兼用山药施肥技术

1.配方(为重量份数)

有机肥2 500份、尿素10份、抗感染制剂10份、磷酸铵15份、硫酸钾30份、硫酸锌0.3份、硫酸锰0.3份。

2.制备

(1)有机肥制备　原料采用混合有机质,由腐殖酸、鸡鸭鹅粪、猪粪、牛羊粪、人粪尿各10份组成,另外加入堆肥发酵素1份、过磷酸钙2份,混合均匀,在卧式转筒式快速堆肥装置上进行高温密闭堆肥,保持含水量为60%～65%,机械强制供氧浓度保持在18%左右,发酵时间为2周左右。发酵完成后烘干、粉碎、过筛备用。

(2)抗感染制剂制备　从腐烂山药中分离筛选山药病原微生物,制备山药病原微生物抗原;用上述抗原采用卵巢生物反应器技术制成抗感染制剂,见"一种抗感染复合制剂及其制备方法"(中国发明专利号:02117483.0)。

(3)尿素、磷酸铵、硫酸钾、硫酸锌、硫酸锰从市场购置。

(4)将以上3个步骤综合　将(1)制备的有机肥、(2)制备的抗感染制剂和(3)制备的尿素、磷酸铵、硫酸钾、硫酸锌、硫酸锰依配方混合均匀,粉碎,干燥,由造粒机造粒制得成品。采用重铬酸钾容量法、硫酸-水杨酸-催化剂消化法、采用硫酸-硝酸消煮-钒钼黄比色法、硫酸-硝酸消煮-火焰光度法、AAS法分别对山药专用肥中的有机质、全氮、全磷、全钾、各种微量元素进行含量检测,确保山药专用肥产品中的有机质含量≥12%、全氮含量≥8%、全磷含量≥4%、全钾含量≥5%、锌含量≥0.02%、锰含量≥0.04%。

3.用途与效果

本产品为食、药兼用型山药专用肥。它可以为各种食、药兼用型山药在其生长期提供充足的养分。这种山药专用肥的肥效强劲持久,当季利用率高,对土壤环境的污染可忽略不计,可以使各种食、药兼用型山药达到优质稳产。本产品可作底肥和追肥。作底肥时(一般每亩施入140～180 kg专用肥),应将肥料施在距土面50 cm以内的土层中,混合均匀;作追肥时(追1～2次肥,每次每亩40～60 kg专用肥),应将肥料施在植株两侧10～30 cm的范围内,并用土浅埋，以防烧根。

(四)食用山药施肥技术

1.配方(为重量份数)

有机肥1 500份、尿素40份、抗感染制剂15份、磷酸铵25份、硫酸钾50份、硫酸锌0.1份、硫酸锰0.1份。

2.制备

(1)有机肥制备　原料采用混合有机质，由腐殖酸、鸡鸭鹅粪、猪粪、牛羊粪、人粪尿各10份组成，另外加入堆肥发酵素1份、过磷酸钙2份，混合均匀，在立式多层式快速堆肥装置上进行高温密闭堆肥，保持含水量为60%～65%，机械强制供氧浓度保持在18%左右，发酵时间为1周左右。发酵完成后烘干、粉碎、过筛备用。

(2)抗感染制剂制备　从腐烂山药中分离筛选山药病原微生物，制备山药病原微生物抗原；用上述抗原采用卵巢生物反应器技术制成抗感染制剂，见“一种抗感染复合制剂及其制备方法”(中国发明专利号：02117483.0)。

(3)尿素、磷酸铵、硫酸钾、硫酸锌、硫酸锰从市场购置。

(4)将以上3个步骤综合　将(1)制备的有机肥、(2)制备的抗感染制剂和(3)制备的尿素、磷酸铵、硫酸钾、硫酸锌、硫酸锰依配方混合均匀，粉碎，干燥，由造粒机造粒制得成品。采用重铬酸钾容量法、硫酸-水杨酸-催化剂消化法、采用硫酸-硝酸消煮-钒钼黄比色法、硫酸-硝酸消煮-火焰光度法、AAS法分别对山药专用肥中的有机质、全氮、全磷、全钾等微量元素进行含量检测，确保山药专用肥产品中的有机质含量≥10%、全氮含量≥10%、全磷含量≥5%、全钾含量≥6%、锌含量≥0.01%、锰含量≥0.02%。

3.用途与效果

本产品为食用型山药专用肥，对于各种食用型山药可以在其生长期提供充足的养分，肥效强劲持久，当季利用率高，对土壤环境的污染可忽略不计，使各种菜用型山药达到优质稳产。本产品可作底肥和追肥。作底肥时(一般每亩施入120～160 kg专用肥)，应将肥料施在距土面50 cm以内的土层中，混合均匀；作追肥时(追1～2次肥，每次每亩30～50 kg专用肥)，应将肥料施在植株两侧10～30 cm的范围内，并用土浅埋，以防烧根。

五、山药多维场能浓缩有机肥

有机肥是山药生产必不可少的最重要的组成部分，但有机肥种类繁多、质量参差不齐的情况给第一线的山药生产者带来困惑。为了比较彻底地解决这一难题，中国农业大学山药课题组研制开发了多维场能浓缩有机肥(中国发明专利号ZL201010146952.6)。首先，它体现了高频电场和磁铁矿粉对多种元素复合物的磁化作用，从而提高植物对大量元素和微量元素吸收率；其次，它也体现了在植物皂苷有机活性剂以水溶状态将具有植物营养作用的肥料元素富集到山药植株的根系，便于山药的吸收利用。施用该有机肥不但有效提高山药产品产量，同时还有效提高了山药品质。

(一)汾阳山药多维场能浓缩有机肥

1.配方

由以下重量份的组分组成:畜禽粪 1 000 份、多种元素复合物 2 份、植物皂苷有机活性剂 1 份、磁铁矿粉 1 份。

多种元素复合物取自下列重量份数的无机盐的组合物:磷酸二氢钾 6 份、硫酸锌 1 份;植物皂苷有机活性剂提取自以下重量份的中药原料:黄连 2 份、柴胡 1 份。

2.制备

(1)畜禽粪的制备　新鲜畜禽粪 1 000～1 500 份、玉米粉碎秸秆 10 份,另外,加入堆肥发酵素 1 份、过磷酸钙 2 份,混合均匀,在立式多层式快速堆肥装置上进行高温密闭堆肥,保持含水量为 60%～65%,机械强制供氧浓度保持在 18%,发酵时间为 1～3 周。发酵完成后烘干、粉碎、过筛制成。

(2)多种元素复合物的制备　其特征在于取自下列重量份数的无机盐的组合物:将磷酸二氢钾 60 份、硫酸锌 1 份粉碎混匀即可。

(3)植物皂苷有机活性剂的提取和制备　按比例取所述中药原料,用乙醇或甲醇提取,回收溶剂,取残渣饼用水溶解或混悬制成水溶液,然后再做如下的双向萃取和纯化。

①往制成的水溶液中加入石油醚或乙醚,将水溶液中的亲脂物质色素和油质回收,把植物皂苷有机活性剂留在水溶液中。

②往①步制得的水溶液中加入亲水性较强的有机溶剂丁醇,溶液中亲水性较强的物质继续留在水溶液中,植物皂苷有机活性剂转移到有机溶剂萃取液中,收集有机溶剂萃取液,减压干燥,制得植物皂苷有机活性剂。

③将②步制得的粗制植物皂苷有机活性剂溶于乙醇或甲醇中,再逐渐滴加乙醚、丙酮或体积比为 1∶1的乙醚-丙酮混合液,至植物皂苷有机活性剂从溶液中析出为止,去析出的植物皂苷有机活性剂,干燥即可制得植物皂苷有机活性剂。

④汾阳山药多维场能浓缩有机肥的合成方法,包括以下步骤:将畜禽粪、多种元素复合物、植物皂苷有机活性剂和磁铁矿粉按照所述比例混合,干燥,粉碎过筛,再经过频率为 10 MHz 高频电场处理 30 s,由造粒机造粒制得成品,即为所述的汾阳山药多维场能浓缩有机肥。

3.用途与效果

本产品为汾阳山药专用肥,它可以为汾阳山药在其生长期提供充足的养分。这种汾阳山药专用肥的肥效强劲持久,当季利用率高,对土壤环境的污染可忽略不计,可以使各种汾阳山药达到优质稳产。本产品可作底肥和追肥,作底肥时(一般每亩施入 750～1 500 kg 专用肥),应将肥料施在距土面50 cm 以内的土层中,混合均匀;作追肥时(追 1～2 次肥,每次每亩 50～80 kg 专用肥),应将肥料施在植株两侧 10～30 cm 的范围内,并用土浅埋,以防烧根。

(二)太谷山药多维场能浓缩有机肥

1.配方

(1)由以下重量份的组分组成　畜禽粪 1 500 份、多种元素复合物 5 份、植物皂苷有机活性剂 4 份、磁铁矿粉 2 份。

(2)多种元素复合物取自下列重量份数的无机盐的组合物　磷酸二氢钾 80 份、硫酸锰 2 份、硫酸镁 1 份、亚硒酸钠 0.2 份;植物皂苷有机活性剂提取自以下重量份的中药原料:黄连 8 份、柴胡 5 份。

2.制备

(1)畜禽粪制备　其方法同汾阳山药多维场能浓缩有机肥。

(2)多种元素复合物的提取和制备　其特征在于取自下列重量份数的无机盐的组合物:将磷酸二氢钾 80 份、硫酸锰 2 份、硫酸镁 1 份、亚硒酸钠 0.2 份粉碎混匀即可。

(3)植物皂苷有机活性剂的提取　其方法同汾阳山药多维场能浓缩有机肥。

(4)太谷山药多维场能浓缩有机肥的合成　其方法同汾阳山药多维场能浓缩有机肥。

3.用途与效果

本产品为太谷山药专用肥,它可以为太谷山药在其生长期提供充足的养分。这种太谷山药专用肥的肥效强劲持久,当季利用率高,对土壤环境的污染可忽略不计,可以使各种太谷山药达到优质稳产。本产品可作底肥和追肥。作底肥时(一般每亩施入 1 000～2 000 kg 专用肥),应将肥料施在距土面 50 cm 以内的土层中,混合均匀;作追肥时(追 1～2 次肥,每次每亩 50～80 kg 专用肥),应将肥料施在植株两侧 10～30 cm 的范围内,并用土浅埋,以防烧根。

(三)梧桐山药多维场能浓缩有机肥

1.配方

(1)由以下重量份的组分组成　畜禽粪 1 200 份、多种元素复合物 4 份、植物皂苷有机活性剂 2 份、磁铁矿粉 1 份。

(2)多种元素复合物取自下列重量份数的无机盐的组合物　磷酸二氢钾 70 份、硫酸锌 2 份、硫酸锰 1 份、硫酸镁 1 份、氯化钴 0.5 份、二氧化锗 0.3 份、亚硒酸钠 1 份;所述的植物皂苷有机活性剂提取自以下重量份的中药原料:黄连 6 份、柴胡 3 份。

2.梧桐山药多维场能浓缩有机肥制备

(1)畜禽粪制备　其方法同汾阳山药多维场能浓缩有机肥。

(2)多种元素复合物的提取和制备　其特征在于取自下列重量份数的无机盐的组合物:将磷酸二氢钾 7 份、硫酸锌 2 份、硫酸锰 1 份、硫酸镁 1 份、氯化钴 0.5 份、二氧化锗 0.3 份、亚硒酸钠 1 份粉碎混匀即可。

(3)植物皂苷有机活性剂的提取　其方法同汾阳山药多维场能浓缩有机肥。

(4)梧桐山药多维场能浓缩有机肥的合成　其方法同汾阳山药多维场能浓缩有机肥。

3.用途与效果

本产品为梧桐山药专用肥,它可以为梧桐山药在其生长期提供充足的养分。这种梧桐山药专用肥的肥效强劲持久,当季利用率高,对土壤环境的污染可忽略不计,使各种梧桐山药达到优质稳产。本产品可作底肥和追肥。作底肥时(一般每亩施入 500～1 200 kg 专用肥),应将肥料施在距土面 50 cm 以内的土层中,混合均匀;作追肥时(追 1～2 次肥,每次每亩 50～80 kg 专用肥),应将肥料施在植株两侧 10～30 cm 的范围内,并用土浅埋,以防烧根。

六、山药能肥

有机肥是有机农业必不可少的最重要的组成部分，发展山药有机栽培必须施用有机肥，但有机肥种类繁多，质量参差不齐，尤其是有机肥的体量巨大，每公顷需要一次施入 15～50 t，这给田间施肥带来很大困难，这也是化肥施用比例逐年增高的重要原因。为了彻底解决这一难题，中国农业大学山药课题组研制开发了一种新型超浓缩有机肥，也就是山药能肥（中国发明专利号：201610399011.0）。首先，它体现了高效、环保、绿色、无污染的特点；其次，它也体现了肥料小型化、轻量化的特点。

（一）汾阳山药专用能肥

1. 配方

由以下重量份的组分组成：竹炭 100 份、巴戟 15 份、白芍 10 份、人参 0.5 份、乌头 5 份、官桂 4 份、桔梗 4 份、远志 5 份、茯苓 6 份、杜仲 2 份、鬼箭 4 份、牛膝 15 份、狼毒 40 份。

①竹炭是以 3 年生以上毛竹为原料，经高温烧制而成的一种颗粒炭，颗粒炭粒径为 1～3 mm。

②植物巴戟，又名巴戟天，拉丁学名 *Morinda officinalis*，其干燥植物全株经过清洗烘干粉碎，过5 mm 筛备用。

③植物白芍，又名芍药，拉丁学名 *Paeonia lactiflora Pall*，其干燥植物全株经过清洗烘干粉碎，过 5 mm 筛备用。

④植物人参，又名亚洲参，拉丁学名 *Panax ginseng*，其干燥植物全株经过清洗烘干粉碎，过5 mm 筛备用。

⑤植物乌头，又名草乌，拉丁学名 *Aconitum carmichaeli Debx*，其干燥植物全株经过清洗烘干粉碎，过 5 mm 筛备用。

⑥植物官桂，又名桂皮，拉丁学名 *Cinnamomum cassia Presl*，其干燥植物全株经过清洗烘干粉碎，过 5 mm 筛备用。

⑦植物桔梗，又名僧帽花，拉丁学名 *Platycodon grandiflorus*，其干燥植物全株经过清洗烘干粉碎，过 5 mm 筛备用。

⑧植物远志，又名神砂草，拉丁学名 *Polygala tenuifolia Willd*，其干燥植物全株经过清洗烘干粉碎，过 5 mm 筛备用。

⑨植物茯苓，又名云苓，拉丁学名 *Poria cocos*（*Schw.*）*Wolf*，其干燥植物全株经过清洗烘干粉碎，过 5 mm 筛备用。

⑩植物杜仲，又名胶树，拉丁学名 *Eucommia ulmoides*，其干燥植物全株经过清洗烘干粉碎，过 5 mm 筛备用。

⑪植物鬼箭，又名卫矛，拉丁学名 *Caragana jubata* f. *Seczhuanica*，其干燥植物全株经过清洗烘干粉碎，过 5 mm 筛备用。

⑫植物牛膝，又名山苋菜，拉丁学名 *Achyranthes bidentata Blume*，其干燥植物全株经过清洗烘干粉碎，过 5 mm 筛备用。

⑬植物狼毒，又名燕子花，拉丁学名 *Stellera chamaejasme Linn*，其干燥植物全株经过清洗烘干粉碎，过 5 mm 筛备用。

2. 制备

①按照上述能肥配方将 13 种能肥成分充分混合均匀。

②将配置好的能肥经过频率为 10 MHz 高频电场处理 60 s，制得成品。

3. 用途与效果

本产品为汾阳山药专用能肥，它可以为汾阳山药在其生长期提供充足的养分。这种汾阳山药专用能肥的肥效强劲持久，当季利用率高，对土壤环境无污染，使汾阳山药达到优质稳产。本产品可作底肥和追肥。作底肥时(一般每亩施入 7～10 kg 专用能肥)应将肥料施在距土面 40 cm 以内的土层中，混合均匀；作追肥时(追 1～2 次肥，每次每亩施入 1～1.5 kg 专用能肥)，应将肥料施在植株两侧 10～30 cm 的范围内，并用土浅埋，以防烧根。

(二)太谷山药专用能肥

1. 配方

由以下重量份的组分组成：竹炭 120 份、巴戟 15.5 份、白芍 11 份、人参 0.6 份、乌头 6 份、官桂 5 份、桔梗 4.5 份、远志 6 份、茯苓 7 份、杜仲 2.5 份、鬼箭 5 份、牛膝 16 份、狼毒 45 份。

2. 制备

①按照能肥配方将 13 种能肥成分充分混合均匀。

②将配置好的能肥经过频率为 10 MHz 高频电场处理 60 s，制得成品。

3. 用途与效果

本产品为太谷山药专用能肥，它可以为太谷山药在其生长期提供充足的养分。这种太谷山药专用能肥的肥效强劲持久，当季利用率高，对土壤环境无污染，可以使太谷山药达到优质稳产。本产品可作底肥和追肥。作底肥时(一般每亩施入 5～8 kg 专用能肥)，应将肥料施在距土面 30 cm 以内的土层中，混合均匀；作追肥时(追 1～2 次肥，每次每亩施入 1～1.5 kg 专用能肥)，应将肥料施在植株两侧 10～30 cm 的范围内，并用土浅埋，以防烧根。

(三)农大长山药专用能肥

1. 配方

由以下重量份的组分组成：竹炭 150 份、巴戟 16 份、白芍 12 份、人参 1 份、乌头 8 份、官桂 6 份、桔梗 5 份、远志 7 份、茯苓 8 份、杜仲 3 份、鬼箭 6 份、牛膝 18 份、狼毒 60 份。

2. 制备

①按照能肥配方将 13 种能肥成分充分混合均匀。

②将配置好的能肥经过频率为 10 MHz 高频电场处理 60 s，制得成品。

3.用途与效果

本产品为农大长山药专用能肥，它可以为农大长山药在其生长期提供充足的养分。这种农大长山药专用能肥的肥效强劲持久，当季利用率高，对土壤环境无污染，可以使农大长山药达到优质稳产。本产品可作底肥和追肥。作底肥时（一般每亩施入 4～8 kg 专用能肥），应将肥料施在距土面 30 cm 以内的土层中，混合均匀；作追肥时（追 1～2 次肥，每次每亩施入 1～1.5 kg 专用能肥），应将肥料施在植株两侧 10～30 cm 的范围内，并用土浅埋，以防烧根。

第十七章

山药分子生物学技术

一、α 干扰素基因在山药块茎中的高效表达研究

(一)立项依据与研究内容

1.项目的立项依据

干扰素是一种重要的细胞活素。在 20 世纪 50 年代,英国科学家 Alick Isaacs 和 Iean Lindenmann 首次发现被病毒感染的细胞产生了一种干扰病毒增殖的可溶性物质,这种可溶性物质可以保护其他细胞抗御多种病毒的感染,他们将这种物质命名为干扰素(Interferon, IFN)。干扰素现被定义为:由干扰素诱导剂作用于活细胞后,由活细胞产生的一种蛋白质,当它再作用于其他细胞时,使其他细胞立即获得抗病毒和抗肿瘤等多方面的免疫力。干扰素是在细胞和机体受到病毒感染等作用后,由受体细胞分泌的一种广谱抗病毒糖蛋白。

据研究结果表明,干扰素基因序列早在 5 亿～10 亿年前就存在于生命细胞的基因序列中,是生物体内一种古老的保护因子。一般将干扰素分为Ⅰ型和Ⅱ型。Ⅰ型干扰素又包括来自白细胞的 α 干扰素(IFN 2α)和来自纤维细胞的 β 干扰素(IFN 2β),主要参与抗病毒、抗肿瘤作用,具有多种亚型,其中 IFN 2α 已发现 15 种亚型;Ⅱ型又称免疫干扰素,即 γ 干扰素(IFN 2γ)来自淋巴细胞,主要参与诱导主要组织相容性抗原(MHC) 的表达和免疫调节效应,其抗病毒作用比Ⅰ型干扰素弱。

干扰素具有较强的抗病毒、抗肿瘤和参与免疫调节作用,因此,各种干扰素广泛应用于临床医学。如慢性乙型肝炎和丙型肝炎的治疗和研究以及肿瘤的治疗和研究。在 20 世纪 70 年代,科学家开始探索干扰素的基因工程生产。1986 年,美国食品药品监督管理局(FDA)首先批准 IFN 2αⅡa 和 IFN 2αⅡb 干扰素投放市场,基因工程 β 干扰素、γ 干扰素也相继于 1990 年、1993 年获准投放市场。1989 年,我国科学家成功研制出中国人基因克隆和表达的基因工程药物——基因工程 IFN 2αⅠb 型干扰素,并于 1992 年获得国家一类新药证书,这是我国第一个批准生产的基因工程药物。基因工程载体技术的研究和应用也促进了干扰素的研究和开发。我国学者陈炬等(1990 年)首次把人 IFN 2α 基因在烟草植株中表达成功,得到了产生活性干扰素的转基因烟草。Zoeten 等(1993 年)将 IFN 2α 基因导入芜菁中也获得成功。随后,人 IFN 2β 基因在烟草中也表达成功。我们将人 IFN 2α 基因导入山药,其在山药块茎中获得了成功表达。这些研究工作证明干扰素基因可以在植物中表达。

山药作为菜药粮兼用的典型保健作物既是一味十分重要的中药材，同时也是营养价值非常丰富的名贵蔬菜和重要粮食。山药具有的双向的生理调节功能，它作为保健食品长期食用不仅没有任何副作用，而且还能强身壮体、延年益寿。用山药来生产干扰素既可以发挥山药原有的扶正药用效应，又可以增加山药抵抗病毒、疾病的祛邪功能。开发利用这一生产体系对于经济不发达国家和地区。种植山药将是一个促进经济发展的有效途径，在病毒、疾病的治疗上也将具有广阔的前景。干扰素具有较强的抗病毒、抗肿瘤和参与免疫调节作用，各种干扰素广泛应用于临床医学。我们将人工合成的干扰素基因导入山药，以获抗病毒、抗肿瘤的山药，在蔬菜产品的医疗保健性能的强化研究领域开辟新径，从而带动植物产品向优质高产高效方面健康发展，提高人类健康水平。

2. 项目的研究内容

①人工合成人 α 干扰素(IFN 2α)的 cDNA 序列(主要考虑到动物与植物对密码子编码序列有不同的偏好)。

②从马铃薯基因组中分离具有块茎特异表达的基因启动子 Patatin1。

③构建植物双元表达载体 pBPIFN 2α，将人工合成的 α 干扰素 cDNA 置于块茎特异表达的启动子 Tub1 后，使其特异的在山药的块茎中高效表达。

④进一步提高 α 干扰素在山药块茎中的表达量，检测其表达量及活性。

⑤以期获得具有活性的、稳定表达 α 干扰素的转基因山药，为进一步加强山药的营养品质及医用价值奠定了基础。

(二)项目的技术路线

α 干扰素基因在山药块茎中的高效表达的技术路线具体如图 17-1 所示。

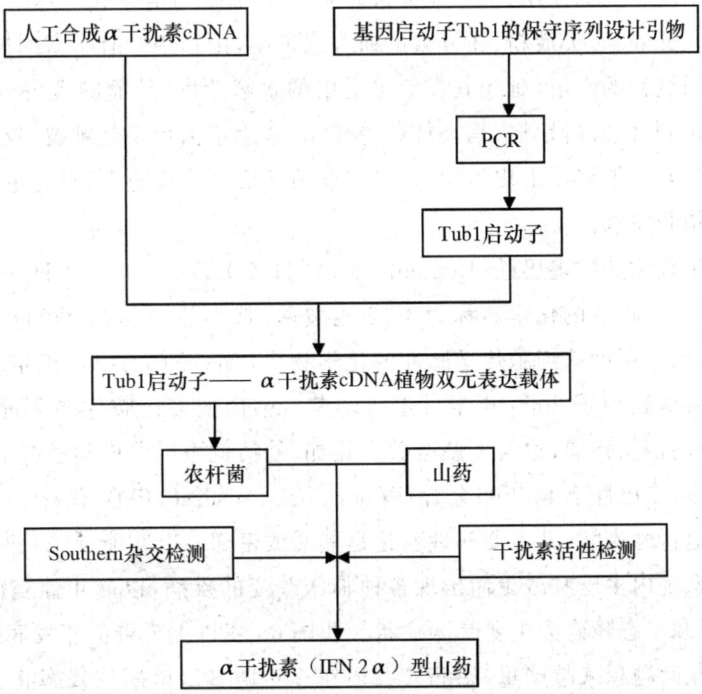

图 17-1　α 干扰素基因在山药块茎中的高效表达的技术路线

二、山药中多巴胺含量的分子机理研究

(一)项目的立项依据与研究内容

1.项目的立项依据

山药(*Dioscorea opposita* Thunb.)为百合目(*Liliales*)薯蓣科(Dioscoreaceae)薯蓣属(*Dioscorea* L.)植物,一年或多年生的缠绕性藤本植物。山药肥大的地下肉质块茎可供食用或药用,具有很高的营养价值和药用价值。山药一向被誉为补虚佳品,备受称赞,被历代医家所推崇,号称四大怀药之首。现代医学研究发现,山药富含淀粉、皂苷、胆碱、果胶、多巴胺、黏液质、糖蛋白、维生素、纤维素、硒、磷、钙、铁、多酚氧化酶和人体所需的多种氨基酸等20多种营养和药用成分。

目前,国内外对山药药理研究及开发利用较多,国内多集中在多糖(包括黏液质及糖蛋白)、蛋白质、矿质成分上,国外学者对山药中的淀粉酶、多酚氧化酶、磷-二羟酚氧化酶、磷酸酶、降血糖多糖酶等的结构和性质也进行过研究。多糖是目前公认的山药主要有效成分,也是山药化学和药理研究的重点和热点。山药多糖的抗突变作用主要是通过山药多糖与致突变物作用使其失活(去突变)及阻断正常细胞变为突变细胞(生物抗突变)来实现的;山药多糖具有明显的体外和体内抗氧化活性。它能降低维生素C-NADPH及Fe^{2+}-半胱氨酸诱发的微粒体过氧化脂质的含量,并对黄嘌呤-黄嘌呤氧化酶体系产生的超氧自由基($O^{2\cdot -}$)及Fenton反应体系产生的羟自由基有清除作用;多糖能促进脾脏中T细胞的增生和自然杀伤细胞对淋巴癌细胞的毒杀作用。此外,有关淀粉、尿囊素的研究已证明,山药中含有丰富的抗性淀粉,这些抗性淀粉能阻碍普通淀粉的水解,延缓其在消化道中的水解速度,从而减缓餐后血糖效应;山药中的尿囊素具有抗刺激、麻醉镇痛、消炎抑菌等作用,常用于治疗手足皴裂、鱼鳞病以及多种角化性皮肤病。尿囊素还能修复上皮组织,促进皮肤溃疡面和伤口愈合,具有生肌作用。它可用于治疗胃及十二指肠溃疡。

山药中的次生代谢产物多巴胺(Dopamine)[$C_6H_3(OH)_2—CH_2—CH_2—NH_2$]是山药的主要药用成分之一,它正式的化学名称为4-(2-乙胺基)苯-1,2-二醇,简称"DA"。多巴胺是一种神经传导物质,用来帮助脑细胞传送脉冲的化学物质,Arvid Carlsson确定多巴胺为脑内信息传递者的角色使他赢得了2000年诺贝尔医学奖。脑内的多巴胺主要负责大脑的情欲、感觉,将兴奋及开心的信息传递,也与上瘾有关。比如,爱情就可以促成脑里产生大量的多巴胺。

根据研究所得,多巴胺含量与帕金森病(parkinson disease,PD)有密切关系。帕金森病是一种慢性神经退行性疾病,其主要病理变化是黑质致密部多巴胺能神经元变性坏死,进而导致因黑质纹状体系统内多巴胺减少而出现各种临床改变的疾病,以静止性震颤、肌肉僵硬、运动迟缓、姿势不稳和步态障碍为主要临床症状。我国60岁以上人群的年发病率高达1/1 000,伴随社会的老龄化问题越来越严重,患病人数还在逐年增多。该病致残率高、病程长,严重影响患者工作和生活。有研究表明,多巴胺在视网膜信息传递、光刺激的反应以及视网膜缺血性

损伤等病变中起着重要的作用，多巴胺的含量的增加对视网膜疾病的防治具有重要的意义。多巴胺还可直接作用于肾脏的多巴胺受体，选择性扩张肾血管而改善肾功能。此外，也有研究证明，多巴胺能够治疗抑郁症、改善人体血液循环，扩张血管、降低血压等作用。

近来的研究发现，多巴胺是植物次生代谢产物，植物次生代谢物在植物生命活动的许多方面均起着重要作用。自 1891 年 Kossel 提出植物次生代谢（Secondary metabolism）的概念以来，人们对植物次生代谢作用的认识得到不断地发展。相对于初生代谢而言，植物的次生代谢产物曾经被认为与植物的基本生命过程无直接而明显的作用。然而，随着对植物生命活动研究和认识的加深，人们发现植物的次生代谢是植物在长期进化过程中对环境适应的结果，在植物生理调节、自身保护和生存竞争、协调与环境关系等生命活动的许多方面均起着重要作用，一些次生代谢产物还是植物生命活动所必需的。例如，吲哚乙酸、赤霉素直接参与生命活动的调节；木质素为细胞次生壁的重要组成成分；叶绿素、类胡萝卜素等萜类物质作为光合色素参与光合作用过程等。植物次生代谢物具有多种重要的生物学功能，在工农业生产和人们日常生活中具有广阔的应用前景。随着可持续农业的发展，植物次生代谢物的化学生态学功能及其对农产品品质的影响备受关注。植物次生代谢调控的生物化学、分子生物学和基因工程已成了当今国际生物界十分活跃的前沿研究领域。

多巴胺属儿茶酚胺类在植物体内的合成首先从光合作用产生的葡萄糖开始，葡萄糖通过糖酵解途径产生的磷酸烯醇式丙酮酸（PEP）和戊糖磷酸途径产生赤藓糖-4-磷酸（Erythrose-4-P），这两个产物再经莽草酸途径形成分支酸（Chorismate），经分支酸合成酪氨酸（Tyr），酪氨酸经酚类氧化酶作用形成左旋多巴（L-DOPA），植物中的天然 DOPA 都是 L 型的，多巴经多巴脱羧酶作用后形成多巴胺。

在多巴胺合成途径中，多巴脱羧酶是关键酶，它的含量和活性决定了多巴胺的含量。就多巴脱羧酶的研究而言，多集中在昆虫、食品和医学领域，植物方面国外仅见于罂粟，国内没有报道。有研究表明，成熟罂粟中酪氨酸/多巴脱羧酶（TYDC）基因在不同位置表达。TYDC2 主要在茎中表达，在根部也有少量表达，而 TYDC1 则主要在根部表达。研究山药中多巴脱羧酶基因的表达位置可对多巴胺分子机理研究提供参考。

植物次生代谢物的重要应用价值和日益成熟的植物基因工程技术，促进了植物次生代谢途径的基因工程研究，并展现出较为广阔的应用前景。通过基因工程提高控制某一特定次生代谢物合成的关键酶活性可提高转基因植物目标次生代谢物含量。将长春花的色氨酸脱羧酶基因（TDC）连接组成型启动子再转入到长春花中，转基因长春花中色胺的含量有显著增加；将长春花中 TDC 和 STR（Strictodine synthase 异胡豆苷合成酶，长春碱合成途径的关键酶）的嵌合基因连接组成型启动子再转入长春花，转基因长春花培养细胞中萜类吲哚生物碱含量有所提高。He 等（2000 年）将 IOMT（异黄酮-4-0-甲基转移酶）基因与 CaMV35S 连接，转入苜蓿。在对照植株中，IOMT 和其他有关异黄酮合成酶的基因仅在病原菌诱导后表达，而转基因植物在病原菌侵染后，IOMT 基因的快速组成型表达使其较对照合成苜蓿素（medicarpin）的速度快且产量高，相应地，其抗病水平也有显著的提高。

本项目研究山药次生代谢途径中关键酶多巴脱羧酶基因的结构及功能，构建山药多巴脱羧酶基因的过表达载体并转化拟南芥，进而将过表达载体转入山药中，从而提高山药块茎中的多巴胺含量,使山药成为人体多巴胺的有效外源补充物,能够快速有效的补充人体内多巴胺含量的不足。上述研究不仅能提高山药中有效药物成分多巴胺的含量,而且对于药用植物多巴胺的生物合成机理和分子水平的调控机理具有重要的理论及应用价值。

2.项目的研究内容

(1)山药多巴脱羧酶基因全长的扩增　利用同源克隆的方法结合 RACE 技术,从山药幼苗中获得多巴脱羧酶基因 DoDDC 序列全长,并在 NCBI 上登录基因。

(2)山药多巴脱羧酶基因的序列比较分析及基因拷贝数的测定　利用生物信息学软件及在线网站对山药多巴脱羧酶基因进行生物学分析,并利用 Southern Blot 技术检测 DoDDC 在山药基因组中的拷贝数。

(3)山药多巴脱羧酶基因空间表达水平　用荧光定量 PCR(Q-PCR)分别测定山药根部、块茎、叶片多巴脱羧酶基因的表达水平。山药中的多巴脱羧酶基因在不同部位的表达水平分析可对多巴胺合成分子机理及多巴胺的分布区域的研究提供参考。

(4)山药多巴脱羧酶基因的亚细胞定位　为了探讨山药多巴脱羧酶在亚细胞中的表达部位,我们利用洋葱表皮细胞瞬时表达系统进行验证。洋葱表皮细胞瞬时表达载体是常用于分析基因亚细胞定位情况的模式系统。

(5)山药多巴脱羧酶基因过表达载体的构建及拟南芥转化　构建山药多巴脱羧酶基因过表达载体,并转化拟南芥,获得 T4 植株后,对植株进行 PCR southern 分子检测,确定其为阳性植株。对阳性植株的多巴胺含量进行测定,验证过表达载体的转入使得多巴胺含量增加。

(6)利用 RNAi 下调山药多巴脱羧酶基因的表达并转化拟南芥　构建山药多巴脱羧酶基因干扰载体,利用 RNAi 技术下调山药多巴胺脱羧酶基因,减少该基因在转基因植株中的表达水平,通过对转化植株进行 PCR Southern 等分子检测,并对阳性植株的多巴胺含量进行测定,逆向证明多巴脱羧酶对多巴胺产量的相关性,验证该基因的功能。

(7)将构建好的过表达基因转至山药并对转化植株进行分子及多巴胺含量的测定　首先,建立高效的山药再生及转化体系,将构建好的山药多巴脱羧酶基因过表达载体转入山药中,对得到的阳性植株进行 PCR southern 检测。其次,用 Q-PCR 检测转化植株不同器官的表达,并对不同器官的多巴胺含量进行测定。

(二)项目的技术路线

提高山药主要药用成分——多巴胺含量的分子机理研究技术路线具体如图 17-2 所示。

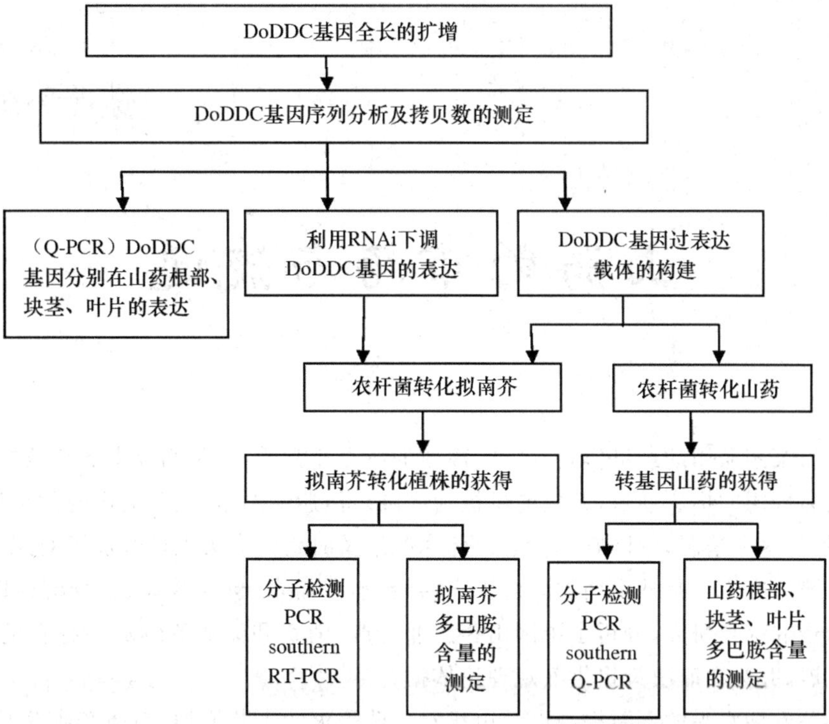

图 17-2　提高山药主要药用成分——多巴胺含量的分子机理研究技术路线

第十八章

山药的市场与流通

山药作为菜药兼用的经济作物，高产、高效的特点非常明显，是当今发展高效农业、促进农民增收的较为理想的推广项目，开发前景极为广阔。但遗憾的是，关于对山药的市场与流通的研究很少，针对这一情况，中国农业大学山药课题组及时组织有关人员开展了对这一领域的研究和探索。该研究主要是从山药的国内生产供给、消费需求、价格政策、市场流通以及加工等方面进行初步的综合研究，分析了中国山药产业生产、消费和流通等领域中存在的问题，以促进本产业发展，并为政府决策提供宏观理论依据。

随着人民生活水平的不断提高以及市场对山药需求的不断增加，山药产业发展十分迅速。近 10 年来，我国山药年供给量呈不断上升的态势。影响山药供应因素主要有气候条件、种植规模、栽培技术、相对价格以及体制影响等。随着山药产量的增长以及居民食物结构的调整，山药消费也出现快速增长的势头，影响山药消费的因素主要有人口数量、销售价格、消费偏好和可获得性等。

我国山药有 4 种流通渠道，以家庭为单位的流通方式则是现阶段山药的主要流通方式。相对于常规作物来说，我国山药的种业发展比较落后、主要表现为育种与引种工程落后，品种种性退化和技术服务落后。由于我国山药产业仍处于起步阶段，山药加工企业还没有完全成长起来。加工设备差、技术力量弱以及管理低效使得多数企业存在加工规模小、加工效益低的问题；硫含量超标、包装不规范、贮藏条件差、运输工具简单等制约因素造成我国山药出口能力较弱。

经历了 1992—1993 年的价格低谷和 1994—1996 年的价格迅速上升阶段后，山药价格自 1998 年起进入了稳步上升的阶段。同时，山药的价格也会随着市场离产地的远近以及季节的不同而不同。影响山药市场价格波动因素主要有供求关系、生产成本和宏观经济因素等。

运用灰色理论对我国山药产业进行初步分析。第一，采用灰色关联分析法，对国内 7 个主栽山药品种进行综合评价。据试验结果表明，在供试的 7 个品种中，农大长山药 1 号综合性状最好，其他品种从好到坏依次为平凉山药、蠡县麻山药、汾阳山药、济宁米山药、太谷山药和安顺山药。第二，依据灰色系统理论建立我国山药单位面积产量增长的 GM(1,1)模型并进行预测。据预测结果表明，我国山药单位面积产量进入稳步增长的阶段，随着品种的更新换代，栽培技术的不断提高和逐步推广，山药单位面积产量将继续呈上升趋势，但速度不会很快，维持在 1%～1.5%。

为了迎接经济全球化带来的机遇和挑战，发展山药产业必须充分发挥自身优势，提高其市场竞争力。具体的政策、建议有如下几点：①推进农业生产结构布局的战略性调整，促进山药向优势区域集中；②加强种子管理，健全繁种制度，规范经营秩序；③加快科学技术的研究和推广，努力选育和推广山药新品种，提高山药产业的科技水平；④加快山药流通设施建设，提高贮运能力和培育壮大农业市场竞争主体，促进山药产业的快速、健康发展。

需要说明的是，本课题组的研究对象不包括中国港、澳、台地区的山药。另外，由于山药生产的区域性比较显著，本课题组以中国 80 个山药主产县市（年种植面积 33.33 hm^2 以上的县市）的山药实际种植面积及实际单位面积产量作为中国山药种植面积和中国山药单位面积产量的数据。另外，8 个山药主产县市（包括黑龙江省的伊春，吉林省的浑江，辽宁省的瓦房店、开原，陕西省的咸阳，山西省的原平，甘肃省的张掖和福建省的明溪）由于数据采集不全，不作为本课题组的研究数据。

一、中国山药生产布局

根据气候条件和山药生产的特点，可把我国划分为 5 个山药栽培区（表 18-1）。此外，通过表 18-2 可以看出，华北地区一直是我国山药栽培面积最大、栽培最集中的地区，2006 年的山药种植面积已达 53 684 hm^2，占了全国山药种植面积的 73.88%；其次是华南地区及华中地区，分别占了全国山药种植面积的 14.92%和 11.01%；随着山药市场的不断扩大，东北地区和西北地区作为我国山药种植的新兴产区，山药种植面积均呈现出逐年递增的趋势。

表 18-1　中国山药产区的栽培特点

产区	播种时间/月	收获时间/月	栽培方式	主要栽培品种
华南地区（广东、广西、云南、贵州、江西、福建）	2—4	9—12	深耕培垄栽培	广东：长白薯 广西：淮山药 云南：禄丰脚板薯 福建：安砂小薯 江西：瑞昌山药 贵州：安顺山药
华中地区（江苏南部、浙江、安徽南部、湖北、湖南和四川）	2—4	9—12	挖沟栽培	江苏南部、浙江、湖北、安徽南部：水山药 四川：华蓥山山药 湖南：长白薯
华北地区（山东、山西、河南、河北、江苏北部、安徽北部、陕西）	3—5	9—12	打洞栽培、套管栽培、窖式栽培	山东：济宁米山药、白柱山药、铁棒山药、嘉祥毛山药 山西：太谷山药、梧桐山药、汾阳山药 河南：怀山药、镇平山药 陕西：华州山药 河北：武陟山药、麻山药 江苏北部和安徽北部：水山药

续表 18-1

产区	播种时间/月	收获时间/月	栽培方式	主要栽培品种
东北地区（辽宁、吉林和黑龙江）	4—5	9—10	挖沟栽培	辽宁、吉林和黑龙江：群峰山药、牛腿山药、怀山药
西北干燥地区（新疆、甘肃）	4—5	9—10	挖沟栽培	新疆：怀山药 甘肃：平凉山药

资料来源：山药主产区各县市的调查资料。

表 18-2　1997—2006 年我国山药主产区山药种植面积

年份	产区/hm^2				
	华北地区	华南地区	华中地区	东北地区	西北地区
1997	3 359	1 951	949	—	12
1998	4 642	2 289	1 081	—	13
1999	6 182	2 739	1 368	1.3	17
2000	8 566	3 528	1 693	6.6	20
2001	13 769	4 532	2 311	15.2	25
2002	20 965	5 845	3 179	36	36
2003	29 268	6 461	4 585	43.1	40
2004	37 882	7 543	5 413	50.6	52
2005	45 805	9 324	6 735	54.6	59
2006	53 684	10 840	8 002	73.3	64

资料来源：山药主产区各县市的调查资料。

二、中国市场山药供给量

在两轮“菜篮子”工程以及市场需求的推动下，中国蔬菜种植规模迅速扩张，作为特稀蔬菜的山药也不例外，截至 2006 年全国山药的种植面积达到了 72 663.3 hm^2。如图 18-1 所示，我国山药种植面积增长迅速，特别是 2000—2003 年的 4 年中，年增长率均保持在 30%以上，2001 年甚至达到了 50%。从 2004 年起，山药种植面积年增长率有所下降，2006 年山药种植面积年增长率为 17%，这说明了我国山药种植面积仍处于扩张阶段，但速度有所减缓。

从图 18-1 还可以看出，中国山药总产量的年增长率上升速度也很快，基本上与山药种植面积年增长率的变动趋势相同，而且其增长率变动幅度比山药种植面积年增长率变动幅度还要大，2000—2002 年其增长率均在 60%以上。1998 年由于部分产区水灾，山药单产量下降，但由于山药种植面积仍在增长，使山药总产量虽然有所下降，但年增长率仍在 2%左右。而 1999 年山药的单产量恢复到 14 250 kg/hm^2，比 1998 年增长了 18.75%，在山药种植面积增长的情况下，1999 年的山药总产量年增长率激增到 52.54%。同样的现象也出现在 2004 年和 2005 年。由于 2004 年的旱灾，山药总产量的增长率下降，但却导致了 2005 年的山药增长率的大幅度提高。2006 年中国山药总产量达到了 163.93 万 t，比 1997 年的 9.45 万 t 增加了

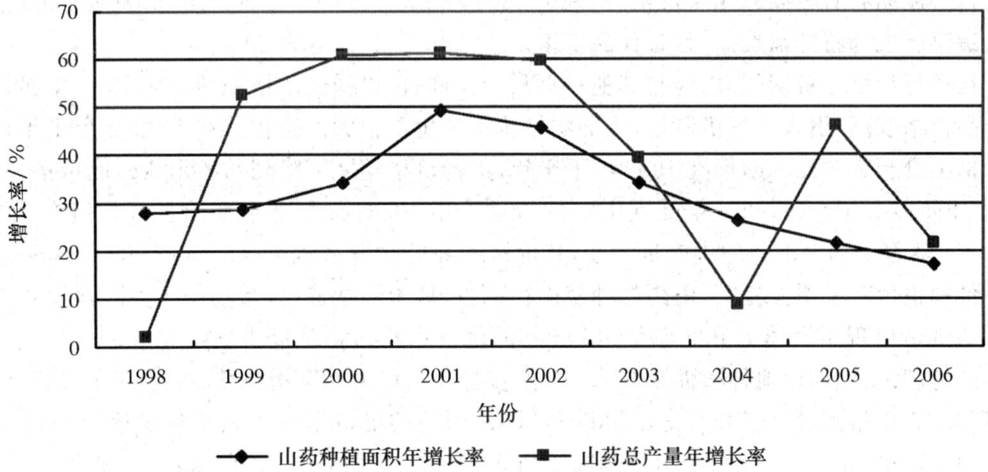

图 18-1　1998—2006 年中国山药种植面积和总产量年增长率变化

（资料来源：山药主产区各县市的统计数据）

17.35 倍（表 18-3）。

表 18-3　1997—2006 年中国山药产量、种植面积及单产量

年份	种植面积/hm^2	产量/万 t	单产量/(kg/hm^2)
1997	6 271	9.45	15 075
1998	8 025	9.63	12 000
1999	10 307.3	14.69	14 250
2000	13 813.6	23.62	17 100
2001	20 652.2	38.10	18 450
2002	30 061	60.87	20 250
2003	40 397.1	84.83	21 000
2004	50 940.6	92.30	18 120
2005	61 977.6	134.80	21 750
2006	72 663.3	163.93	22 560

资料来源：山药主产区各县市的统计数据。

三、山药市场价格情况

市场价格是山药商品价格的货币表现，在经营中起着“牵一发而动全身”的作用。交换过程中的价格始终是核心，价格的变化影响供给与需求、流通和贮存以及生产者、经营者、消费者的行为。一般来说，农产品的供给受自然条件影响很大，品种调整周期长。山药价格的变化对生产的影响在当年内不明显，但对供给的长期影响却较大。这是因为在当年内，生产者无法调整品种和规模。相对价格体现人们生活中某类商品的地位。如表 18-4 所列，山药相对于小麦

等粮食必需品有着较高的相对价格，特别是 2004 年后，其价格比一直走高，这说明了山药作为特稀蔬菜已成为特殊消费品，且替代品不多。

在实行计划经济期间，山药与其他粮食品种一样，价格受到严格控制。从 1985 年起，进行农产品价格改革，引入市场机制后，山药购销价格发生了很大的变化。在 1988 年上半年，山药的价格上升至 2.5 元/kg，但在 1998 年下半年，山药价格随之下降到 0.8 元/kg，此价格一直延伸到 1989 年。1990—1991 年受到出口的拉动影响，价格有了小幅度的上升。但在 1992—1993 年，随着市场上山药的供应量大增，其价格跌到最低为 0.3 元/kg。在 1994—1996 年，由于药价和粮价有了明显差距，山药的种植面积减少，低价销量递增，市场的人为因素加浓，从而使山药价格出现了迅速上升的态势，1996 年的优良山药价格最高点达 7 元/kg，1997 年由于受到高价刺激，山药产地种植面积扩大，产量大增，因而，价格下滑到 1998 年的 1.8 元/kg 左右，直至 1999 年都没有多大变化。2000 年以来，山药的出口量及国内销售量逐年增加，其价格开始逐渐攀升。2005 年山药市场价格比 2002 年翻了一番，达 4.3 元/kg。2006 年山药的最高价达到 6.07 元/kg，比 2005 年同期高 1.44 元/kg，全年平均价格为 4.48 元/kg(图 18-2)。

表 18-4　2001—2006 年中国山药与小麦的价格对比

年份	小麦价格/(元/t)	山药价格/(元/t)	山药与小麦价格比
2001	1 000	1 950	1.950
2002	1 200	2 150	1.791
2003	1 250	1 980	1.584
2004	1 680	3 780	2.250
2005	1 600	4 300	2.688
2006	1 580	4 480	2.835

资料来源：中国农业信息网。

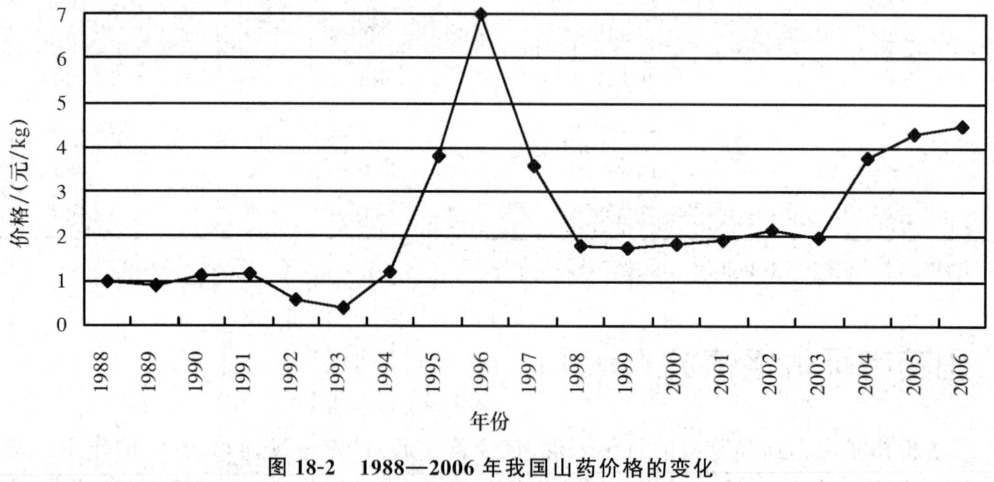

图 18-2　1988—2006 年我国山药价格的变化

(资料来源：中国农业信息网)

山药与作为药材加工后的干山药价格相比较，两者变动趋势比较相似。以 1990 年以来山药与干山药的价格变化情况来考察(图 18-3)，1993 年，由于山药烂市，价格下降到历史最低水平，比 1990 年下降了 63.64%，产量也大幅度下滑。产量的减少，使得价格再次走高，到 1996 年 10 月的收获季节时，山药的集市价格升到了 7 元/kg，升幅达 94.29%。1997 年受高价刺激，种植面积再次扩大，价格随之下降到 3.6 元/kg，此后，市场上的山药价格开始进入平稳运行的时期，价格始终维持在 2 元/kg 的价位上。这种态势一直持续到 2003 年。自 2004 年起，山药价格再次上升，到 2006 年的 4.48 元/kg，增幅达 15.63%。而同期的干山药市场也表现出相同的特征，价格经 1993 年的低谷后，持续上升，1996 年达到顶峰，较 1993 年增长了 85.91%。但进入 1997 年后，由于山药价格的急剧下降，干山药市场价格下跌的速度加快，价格跌落了近 50%。随后干山药的价格一直保持在 5 元/kg 以上。进入到 2003 年，干山药价格开始回升，在 2003 年的 5—9 月，干山药价格维持在 11 元/kg 左右，全年平均价格为 8.48 元/kg，比 2002 年上升了 35.61%。这种态势一直持续到 2006 年。2006 年山药的最高价格出现在 6 月，达到 15.2 元/kg，比 2005 年同期高 2.4 元/kg，增幅达 15.79%。

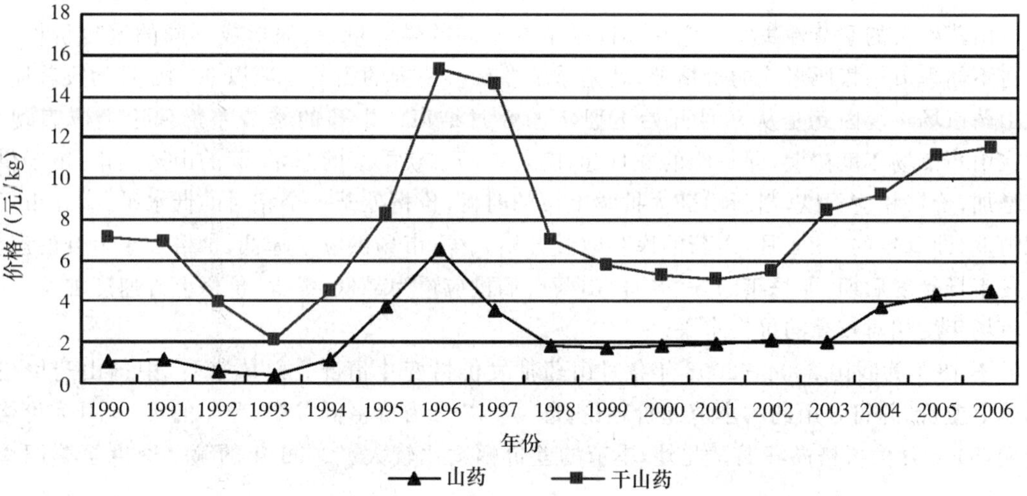

图 18-3　1990—2006 年山药与干山药价格变化

(资料来源：中华特产网)

四、山药价格分析

(一)地区差价

山药的生长对自然界的要求相对严格。由于运输费，人工费用等致使不同地区的同种山药价格存在着一个差值，即地区差价。表 18-5 为蠡县麻山药 2003—2006 年的批发价格对比的情况。河北省是山药的主产地之一，产地优势表现在相对低的价格上。而北京与山东作为消费地，从产地运出的麻山药由于运输费、人工费等费用的增加，使这些地区的麻山药批发价格上升，均为其产地河北批发价格的 4 倍以上。在 2003—2006 年的 4 年中，山东地区平均批发价格为 3.97 元/kg，北京为 3.35 元/kg，两地区的价格相差 0.62 元/kg，差价率为 19.00%。

这种地区差价主要是产地距离远近的因素引起的,北京与河北的距离较近,运输成本相对较低,而山东距河北较远,运输成本较高。同时发现不同年份的两地区差价率在减小。2003 年地区差价为 0.65 元/kg,差价率为 34.00%,2006 年地区差价为 0.65 元/kg,差价率为 16.00%。

表 18-5　2003—2006 年不同地区麻山药批发价格对比　　元/kg

地区	年份				平均价格
	2003	2004	2005	2006	
山东	2.56	4.18	4.45	4.67	3.97
北京	1.91	3.56	3.92	4.02	3.35
河北	0.63	0.91	1.03	1.2	0.94

资料来源:作者调研所得。

(二)季节差价分析

山药生长的季节性决定了它在不同季节有不同的供应量,从而形成不同的销售价格。山药在不同季节销售所形成的价格差,就是季节差价。我国的山药一般以 9—12 月为收获期,中国山药市场年度因此是从 9 月开始至翌年的 8 月结束。山药的季节差价理论上应表现为:①在山药市场年度初期,即每年的 9 月起,随着山药收获季节的开始,新的山药上市,市场供应量增加,价格相应下跌,当新山药大批量上市的时候,价格处于一个相对的低水平;②在市场年度中期,即每年的 1—4 月,山药的库存数量开始减少,市场供应量降低,价格处于上升的态势;③在市场年度后期,即每年的 5—8 月,山药市场供应量为最低、最少,价格上升速度加快,并处于市场年度相对较高的价格水平。

图 18-4 为我国 2004—2006 年各月山药批发价格变化情况。总体来看,中国山药价格存在季节差价,并符合山药的季节差价理论,即 9—12 月为价格低谷期,翌年的 1—4 月为价格上升期,5—8 月为价格高峰期。此外,季节的差价幅度比较大。2006 年的第一季度至第四季度

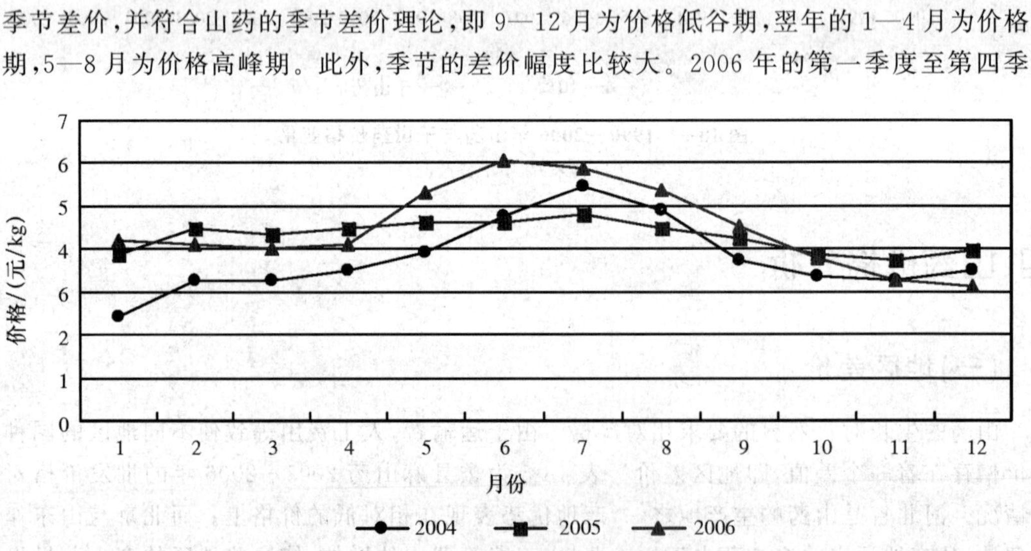

图 18-4　2004—2006 年山药月批发价格对比

(资料来源:中国农业信息网)

的山药平均批发价格为 4.10 元/kg,5.16 元/kg,5.26 元/kg 和 3.19 元/kg,平均价格最高的第三季度与平均价格最低的第四季度相比,差价率为 39.35%。此情况也同样出现在 2004 年,平均价格最高的季节与最低的季节相比,差价率为 36.46%。而 2005 年的山药批发价格的变化则比较平稳,差价幅度变化不大,但仍然存在季节差价现象。

(三)供求关系

山药的供求决定价格。当供给大于需求时,价格下降,菜农的收益随之降低,菜农便减少山药的种植量,从而减少山药的供给量;当供给小于需求时,山药的价格又回升。山药生产和消费的特点决定了供求对价格的影响又有其自身的特点:首先,山药属易贮藏商品,在购销价格上不要求有较大的灵活性,虽随市场供求变化而涨落,但起伏不大;其次,山药上市比较集中,常年消费,存在着季节差价,客观上鼓励了菜农和经营者贮存,保证正常供应;最后,山药产区比较集中,销区分散,消费弹性大,存在着地区差价。

考察 1988 年以来我国山药批发价格的变化情况可以发现,1992—1993 年是我国山药集市价格最低的年份,这是因为 1990—1991 年山药除满足本国的市场外,还被大量出口,拉动了价格的上升,利润增大致使菜农扩大了山药的种植规模,当大批量的山药集中上市后,市场的供应量大大超过了需求量,造成 1992—1993 年山药价格大跌的情况,同样的情况也出现在 1997 年和 1998 年。2000 年以后,山药的集市价格趋于理性,供求量相对平稳。

(四)生产成本

山药生产成本的波动会引起山药价格的波动。在一般情况下,山药价格波动基本上与生产成本波动相一致。当生产成本较高时,收购价格一般也较高,但也不是完全对应关系,这与山药特殊的种植方式有关。种植山药以 5 年为一循环,第一年的成本投入最多,主要包括化肥、粪、秧、竹竿、灌溉费、人工费等,由于秧、竹竿可以连续使用,以后 4 年成本投入减少。从理论上说,第 1 年的山药价格应该是最高的,随后是逐渐下降。但据实地调查发现,山药的收购价格并没有因为第 1 年的成本投入最多而价格最高,而是保持着稳中有升的趋势,这说明生产成本并不是影响山药价格的关键性因素。

(五)宏观经济因素

虽然山药只是一种副食品,其价格不仅受到供求波动、成本的影响,但也与宏观经济形势的联系很紧密。如 1987—1989 年、1994—1996 年,由于经济发展过热,通货膨胀率较高,山药的价格指数也较高,从而提高了菜农的生产积极性。其后,国家采取紧缩银根、治理整顿政策后,通货膨胀率增长放缓,山药的价格也随之下降。近年来,山药价格一直处于稳定上升状态也与目前的宏观经济要素有关。

(六)其他因素

山药价格的波动还会受到气候条件、节假日效应等因素的影响。如以淮山药产地广西桂平市为例,桂平市一般年份降水量为 1 700 mm 左右,降雨天数为 144 d 左右。而 2004 年该市的降水量为 1 095 mm,降雨天数减到不足 100 d,降水量分别比正常年份减少了 36%。尤其是进入5—8月正值山药块茎膨大期，降水量却比往年减少了60%以上，这严重地影响了广山药块茎的生长。因此2004年的旱情使单产量受到很大的影响，总产量比2003年减少了26%左右，从而使得淮山药的价格上涨。此外，节假日效应也是其中的影响因素。

五、中国山药流通现状

(一)山药流通渠道

在蔬菜派购制度实行的近30年中，蔬菜流通渠道比较单一，国有商业在流通领域占据着绝对的主渠道地位。自1984年以后，随着蔬菜生产的发展、流通体制的改革，蔬菜多种流通渠道逐渐形成，山药的流通渠道主要有以下几种形式。

1. 以家庭为单位的流通方式

菜户以家庭为单位进行山药生产，并根据离销售地远近，利用各种交通工具(农用车、公交车、客车、摩托车、自行车甚至肩挑等方式)将待销的山药运至农产品批发市场交易，或者直接运至农户蔬菜自销市场等地自行销售。这种流通方式一般只适合于产地与销地较近且交通较为方便而运费相对较低的地方。其流通区域以本市(县)为主，也可称之为本地流通型。此类流通方式能较好地解决小批量和收货时间灵活的问题。目前本地流通是山药主要的流通方式，尤其在中小城市及乡(镇)占主要地位(图18-5)。

图18-5　利用农用车和SUV多用途车辆运输山药

2. 流通大户和菜农自行组织的销售组织

以流通大户大量收购山药后组织流通或生产大户单个(或多个)自行组织流通销售的方式进行。其主要特点是能大批量地运输，符合山药耐贮存、运输的特征。产品供应者(山药种植者)一般为山药种植大户或种植山药面积较大的村庄。除了供应本地市场外，还大量销往外地，以大中城市为主，其中，销量大的更以大城市或区域性(甚至全国性)的农产品批发市场为销售目的地。山药收购价格以产前签订合同方式和产后随行就市定价收购两种方式为主。其流通方式以点到点的方式为主(直接从产地收购后运往大中城市农产品批发市场或区域性农产品批发市场)，运输工具主要为汽车(图18-6)。此种流通方式能充分利用民间力量解决远离大中城市的县(市)大量山药的销售问题。

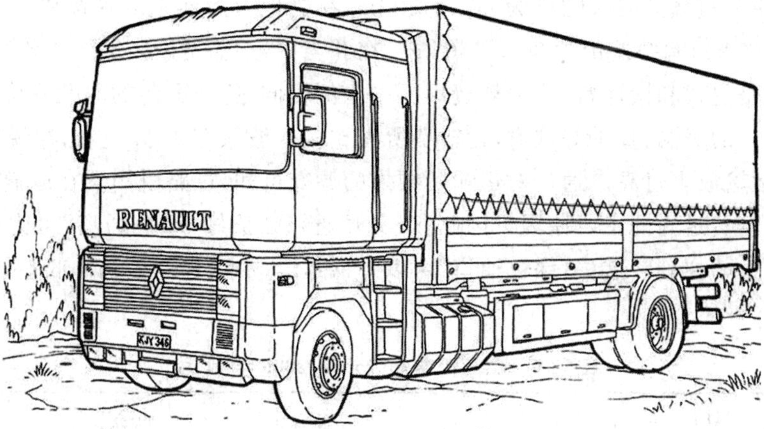

图 18-6 用大型汽车运输山药

3.“企业 + 中介组织 + 农户”型

由企业与中介组织(或个人)签订供货合同。中介组织(或个人)再与菜农签订收购合同的方式为主要形式,该类型一般有较为严格的供货要求。对山药产品规格、质量要求、供货时间、每批次数量、收购价格(一般企业只对中介组织定收购价格,而对菜农的收购价格由中介组织与菜农签订)均有规定。此外,对流通过程的费用分摊往往也有明确规定。如上海某大型蔬菜加工出口公司与河南温县农业部门签订山药供货合同,合同规定种植品种为太谷山药,提供的商品山药直径应为 4 cm 以上,没有霉烂变质。并对流通过程的费用做了明确规定,即田间运往指定地点的费用由种植户承担,由指定地点运至上海某大型蔬菜加工出口公司之间的运费由该企业承担。此种类型流通方式特点是运往企业的车辆大小和装载量一般都有明确规定,以大型车辆居多,所以多选择靠近种植地点方便大型车辆进出的公路边为指定交货地点,其流通过程为分段式。这样既能满足企业每批次对山药产品量的要求,又能符合我国目前同时存在的山药大面积种植和分散种植等种植方式的国情,也能使企业收购产品的运输成本得到有效控制。

4.“龙头企业或龙头企业 + 农户”型

企业直接向农户承租大量土地后雇用菜农在企业技术人员指导下种植山药或与菜农签订种植合同,由企业提供种子(种苗)并派出技术人员进行全程指导,采收时均严格按要求采收。其流通方式主要为采收后立即用汽车运往加工厂加工、包装、冷藏保鲜后用各种交通工具(汽车、轮船、火车甚至飞机)运往世界各地,采用此种方式的多为出口加工型企业。近年来,部分保鲜山药开始在大城市的超市销售。其流通过程为产地到加工厂,以汽车运输为主要运输方式。由于出口量大,加上要求运输成本低,所以轮船在此类山药流通中占有重要地位,其流通方式也属于分段式流通范畴。

(二)山药流通效益分配

由于山药流通渠道和环节众多,其效益分配是一个十分复杂的问题。现以河北省保定市蠡县麻山药的流通效益分配为例,以说明目前我国山药流通效益分配的情况。由表 18-6 可以看出，麻山药在产地蠡县的收购价为60元/50 kg，在销地上海浦东农产品中心批发市场的批发价为90元/50 kg，购销差价为30元/50 kg。在此当中，运输费所占购销差价的比例最高，为41.67%，其次是税费和搬运费，而损耗费用所占比例较低，这与山药的耐贮藏特性有关。但纵观蔬菜流通发达的美国、日本等国家，运输费所占比例一般只在10%左右，这说明了我国山药流通过程中，运输成本过高。通过对运输费结果的调查可知，过路(桥)费在运输费中所占比例较大是造成运输费过高的主要原因。因此，切实开通和维护好"绿色通道"可为山药等农产品的流通提供更大的便利。这种"绿色通道"可以降低运输成本，提高山药净收益，促进山药流通体制的发展。

表18-6　山药流通效益分配(2006年11月)

收购价/(元/50 kg)	批发价/(元/50 kg)	购销差价/(元/50 kg)	运输费/(元/50 kg)	比例/%	税费/(元/50 kg)	比例/%	搬运费/(元/50 kg)	比例/%	损耗/(元/50 kg)	比例/%	净收益/(元/50 kg)	比例/%
60	90	30	12.5	41.67	3.5	11.67	2.5	8.33	1.5	5.00	10	33.33

注：收购价为产地河北蠡县价格，批发价为上海农产品中心批发市场价格。

(三)影响山药流通的主要因素

1.流通设施

虽然改革开放以来中国农产品流通设施建设有了较快的发展，初步形成了以各类批发市场为中心，城乡农贸市场为基础，直销配送和连锁超市为补充，产区、销区、集散地市场相结合的农产品市场体系，但是农产品流通设施建设仍然存在一些问题。例如，农产品市场体系还不健全；产地和西部地区市场建设滞后；批发市场的档次仍然不高；交易方式也比较原始；农产品的质量标准和市场内部的检验检测体系尚未建立；市场信息网络建设滞后，鲜活商品的贮藏、加工和运输能力严重不足；经营主体比较分散；流通的组织化程度较低等。山药流通设施落后，商品化程度比较低已经成为影响山药产业发展的重要因素。山药先进生产国鲜食山药都经过机械化清洗、分级、包装，再投放市场。中国山药的贮藏主要以土窑洞、冷凉库等土法贮藏为主，普通冷藏的山药占山药总贮藏量的比例不高。中国山药冷链流通几乎等于零，山药生产先进国家已基本实现了采后冷链流通(包括运输、贮藏和销售)，如日本。

2.山药供应商的特殊性

山药供应商的主体既可以是独立的菜户，也可以是农场，还可以是农工商综合公司等，他们构成不同层次的供应商。其中，菜农作为山药生产主体和山药供应商，具有多重身份属性，自然人、法人、管理者、决策者、劳动者等。其行为模式比较复杂，决策的理性与非理性并存容易造成山药供应量的起伏不定。

3.食品安全工程对山药流通方式的影响

人们生活水平不断提高，对食品的需求发生了质的变化，其中，对食品安全的关注程度达到了从未有过的高度。伴随着各级政府对食品安全的高度重视，食品安全工程的制定和实施，作为食品重要组成部分的蔬菜，它的流通方式将发生重要变革。其中，影响最大的就是对蔬菜销售实行市场准入制。市场准入制对从事小批量蔬菜生产并自产自销的农户影响较大，使用此种销售方式的农户有逐渐减少的趋势，而另一种销售方式——超市销售蔬菜则逐渐增多，并有在蔬菜销售中占据越来越多市场份额的趋势。这种趋势还体现出城市越大超市销售蔬菜发展越快的特征。近阶段这种趋势对蔬菜流通方式的影响主要体现在农产品批发市场和蔬菜配送公司在蔬菜流通中所起的作用越来越大，蔬菜生产者—蔬菜配送公司—销售商（超市等）已经成为一种重要的蔬菜流通业态，从而直接影响蔬菜流通的运作。虽然山药作为蔬菜的一种，其流通运作模式相对于其他大宗蔬菜来说，还显得比较落后，但随着山药产业的发展，山药的流通方式会逐渐向大宗蔬菜流通模式趋同。

4.城市化的发展

随着我国经济的快速发展，城市化程度的提高已是一种趋势。伴随着农村人口的减少，人均耕地的增加而产生的单个农户家庭每批次山药产量的增加，结合信息化的逐步普及，使得山药流通业具备发展现代物流的可能。

六、山药政策建议

（一）推进农业生产结构的战略性调整，促进山药向优势区域集中

山药作为传统中药材的主打品种和天然保健食品已成为中国特色农业的一个组成部分，早被世界公认。因此，要利用经济全球化的机遇，适时调整农业产业结构布局，将优势产业做精、做强，突出地域优势和民族特色。在传统农业依然占主导地位、农业商品化程度较低的情况下，采取跨越式发展战略，使具有竞争优势的产业优先发展。因此，必须加大政府的宏观指导和支持力度，从财政资助、税收调控、基础建设、社会服务、科技研发等全方位支持山药优势区域的产业发展，建立健全山药产业体系把国粹农业做强、做大。

山药非优生区应配合山药栽培面积的调减，积极寻求替代山药的优势项目，以充分发挥农业资源优势，形成合理的区域分工和产业结构布局。

（二）加强种子管理，健全繁种制度，规范经营秩序

按照《种子法》的要求，加强种子管理工作，规范种薯生产和经营。严格执行种子生产许可证制度，着眼当前，立足长远，制订中长期种业发展计划，对山药种薯繁育进行合理的品种布局，争取达到一乡（镇）一基地、一村一品种、一村一级别，防止多品种、不同级别种薯小范围交叉繁殖；统一提供繁育种薯，统一进行技术指导，从播种、施肥、管理、病虫害防治、收获、窖藏等环节，实施专人负责制，统一标准，建立严格的品种繁育档案制度、田间管理制度、检测监测制度等；加强对种薯经营市场的有效管理，规范种薯经营秩序，做到种薯专业化生产、标准化管理、规范化经营。

（三）加快科学技术的研究和推广，提高山药产业科技水平

中国山药的品种研究、生产技术和加工技术的推广与应用比较落后，因此，应该加快科学技术的研究和推广，以提高山药产业科技水平。

1.品种

积极培育适销对路的山药优良品种，引进新品种和提纯复壮当家品种；加强消费市场预测

研究，调整品种结构；发挥区位优势，搞好优良品种布局，建立优良品种种苗繁育基地。

2. 生产技术

推行系列化、程序化技术管理，把山药商品质量的提高建立在扎实的先进技术基础上。涉农单位与种薯生产、经营企业要强化对农民的服务，将种薯市场信息，品种信息、价格信息、销售信息等提供给农民，定期对他们进行施肥、病虫害防治、去杂提纯等方面的技术指导，降低生产成本，增加经济效益；充分利用 WTO 绿箱政策，加大对农田基础设施的投入力度，切实改善农田水利设施状况，做到旱能灌、涝能排，提高抗御自然灾害的能力；通过套管栽培等先进的栽培技术，提高产品质量，生产出符合国际安全无公害农产品要求的高质量山药。

3. 采后商品化处理、贮藏

自主研制和引进消化吸收国外先进的技术及设备，推进山药采后处理机械化；严格适期采收，大力发展气调贮藏等先进保鲜技术，建立健全山药采后处理技术体系和从产地到销售市场的冷链技术体系，保证山药优良的商品性。

4. 加工技术

针对国际市场建立山药制品的全方位开发战略，加大技术创新力度，从药用制品到保健制品，再到常规食品，深化开发利用山药自身资源，优化集成山药深加工新工艺、生产适销对路的加工制品，增加山药的附加值；紧紧围绕山药干加工，积极开展山药精深加工，开发高技术含量和附加值的新产品，如皂苷类药用制品、糖尿病保健食品、美容食品、山药营养粉、山药汁和山药罐头等。

(四)加快山药流通设施建设，提高贮运能力

1. 对山药流通设施建设，地方政府和有关部门要优先规划和征地，实行优惠政策

采取多种形式，鼓励个人、集体、政府等多渠道资金投资山药流通设施建设；鼓励发展跨地区的物流、配送和连锁经营；改革现行山药批发市场的经营管理体制，建立谁投资、谁收益、谁经营的机制，使山药批发市场成为自负盈亏、自主经营的企业法人。

2. 加大政府直接投入和扶持力度

山药流通设施建设主要依靠企业自有资金和地方政府的投入，各级政府每年应安排一部分预算内投资用于补助市场信息系统、农药残留检验检测和电子统一结算以及场地、道路、污水垃圾处理等基础设施建设；按照中共中央、国务院关于做好农业和农村工作的有关政策要求，继续增加资金投入，扶持地方建设产地批发市场；对于国家支持的项目，地方政府要积极安排配套资金。

(五)培育壮大农业市场竞争主体

1. 大力扶持龙头企业

筛选、培育一批外联市场、内联基地、网络农户的大型加工、出口经营的农业龙头企业。一是加大投入力度。通过财政扶持、向上争取、银企合作等形式，建立多元化投入机制，多渠道增加对龙头企业的投入。二是加大招商引资力度。邀请专家论证招商引资项目，通过项目招商、网上招商、以商引商等多种形式，加快与国内外大企业的合资合作，推动现有企业上档次、上规

模。三是鼓励企业建立配套生产基地。积极引导企业根据自身发展需求直接投资或通过合同、订单等形式，建立标准化生产基地。四是全面实施农业标准化。加工、出口企业应及时、准确地掌握进口国(地区)市场对山药产品质量标准及包装物的新要求，参考进口国(地区)的检测指标要求，建立严密的企业质量标准体现，严把质量关，切实增加产品出口。五是积极实施品牌战略。大力支持、鼓励企业依托生产基地积极开展无公害食品、绿色食品、有机食品质量认证，创品牌，树品牌。在国内销售方面，加工龙头企业应积极发展超市、连锁、配送等现代化流通方式，加强农产品现代营销。

2. 构建信息服务平台

建立健全信息服务网络，特别是镇、村级网络终端服务机构建设，开展全方位信息服务。一是为蔬菜加工、出口企业捕捉国际商机提供信息通道，为不断扩大山药出口贸易提供及时、准确、有效的信息服务。二是为种植大户、农民经纪人了解外地市场行情，上网发布供求信息，进一步开展网上销售，拓展经营范围，加快山药流通，提供便捷的信息服务。三是为农民服务，提供大量经过筛选的、符合农民需求的有关政策、新品种、新技术、新产品、新农资、市场行情分析等信息，引导农民以销定产，确定适宜的种植规模和品种，采用无公害生产技术，提高产品质量，适时销售产品，减少产后损失，有效地衔接产、共、销各个环节，切实增加农民收入。

3. 建立新型农民经济合作组织

在山药种植的过程中，农民往往会遇到资金不足，又难以向农信社贷款的情况，而这种情况普遍存在于我国农业生产者中。2006 年 3 月，广东省德庆县成立了柑橘协会农业配送有限公司(简称“农配公司”)，该公司是在市场竞争条件下出于互利合作建立起来的集农业生产配套服务和担保中介于一身的新型农民经济合作组织。它可以较好地适应农户贷款缺乏抵押担保、消除信息不对称、成本过高等客观因素制约，可供山药种植产区的地方政府部门和金融机构参考。

七、县域聚焦：河北蠡县山药产业化进程

(一)蠡县山药产业现状

1. 蠡县山药产业发展历程

蠡县麻山药的栽培历史悠久，据《后汉书》中记载，早在公元 9 年的汉朝，居住在潴泷河沿岸的蠡吾县(今蠡县)农民就栽培一种叫薯蓣(山药)的植物，此物掘取食之以充粮。若入药，野生者为胜，若供馔，则家种者为良。但蠡县麻山药发展自汉直至近代，蠡县农民只在自家庭院种植，除供自家食用外，部分出售给当地药铺。

自从 1997 年种植结构调整以后，蠡县山药发展得特别迅速。截至 2007 年，蠡县山药的种植农户达 20 000 多户，种植面积达到了 5 667 hm^2，产量为 26 万 t，总产值为 5.7 亿元。如表 18-7 所列，蠡县山药的种植面积从 1997 年农作物结构调整之后开始快速增长，在 2002 年达到了 1 000 hm^2，产量达 1.5 万 t，之后继续快速增长。单产量从 1997 年以来也是逐步上升，并在 2003 年达到顶峰，之后略有下降，其中，2005 年的病害对山药单产造成重大影响，2007 年的价格下降，农民采挖不积极，造成单产严重的下降。

表 18-7　1997—2007 年蠡县山药种植面积、产量及单产

年份	种植面积/hm^2	产量/万 t	单产/(kg/hm^2)
1997	130	0.43	32 330
1998	200	0.67	33 500
1999	267	0.93	34 831
2000	400	1.50	37 500
2001	533	2.20	41 276
2002	1 000	4.50	45 000
2003	2 400	13.1	54 500
2004	3 320	16.3	49 096
2005	4 000	17.2	43 000
2006	4 667	21.2	45 425
2007	5 667	22.6	39 880

资料来源：蠡县麻山药产业办公室。

蠡县山药的经济效益显著，农民种植积极性高。相对于其他的农作物，山药的经济收益更为显著。如表 18-8 所列，每亩种植的主要作物比较，种植山药的投入产出比尽管和棉花持平，略低于玉米，但其每亩的收益却达到棉花的 5 倍，玉米的 6 倍之多。2005 年全县麻山药的种植面积扩大到 4 000 hm^2，辐射全县 89 个自然村，2 万多农户，产量达 17 万 t 左右，仅此为全县农民平均增收 702 元，占农民人均纯收入的 15.75%。蠡县山药产业的发展，增加了农民的收入，使数万农民受益。麻山药产业的发展也使得农民的收入结构于趋合理化，由单一的粮食种植为主，转变为粮食作物、经济作物共同种植的多元化发展。随着山药产业的发展，有力地促进了县域农村经济的快速发展。山药产业的生产、加工已经逐步成为蠡县农业的支柱产业和农民收入的主要来源之一，初步形成了以山药加工为龙头，山药种植为主体，科研部门积极参与，集种植、加工、销售为一体的“山药经济”产业化格局。

表 18-8　2006 年蠡县山药与玉米、棉花的效益比较

作物/元	投入/元	产出/元	投入、产出比	收益/元
玉米	250	750	1∶3	500
棉花	400	1 000	1∶2.5	600
山药	2 000	5 000	1∶2.5	3 000

为了增加农民抵御市场风险的能力，蠡县先后成立了蠡县麻山药协会、蠡县麻山药发展有限公司和蠡县麻山药产业办公室。蠡县农业局还制定了《蠡县麻山药无公害生产技术规程》和《蠡县麻山药高效栽培技术》等技术标准。2002 年 5 月，蠡县被河北省农业厅命名为“河北山药之乡”，2003 年 8 月，农业部又授予蠡县“中国山药之乡”的称号。蠡县麻山药产业化格局初步形成。现有的龙头企业河北大洋食品有限公司是集麻山药种苗开发、加工、销售为一体的现代企业，其产品有“佼佼”牌麻山药露、麻山药粉、麻山药罐头、麻山药光条等系列产品 20 多种，该公司二期工程已经启动，预计生产能力达 3.6 万 t，产值 3 亿元。高佐麻山药加工厂与我国

台湾地区合作,产品远销东南亚地区。另外,蠡县曲堤乡建立了万亩无公害麻山药生产基地,该基地已经通过了有关部门的环境评定,河北省无公害农产品办公室颁发了无公害生产认证书,2005年被国家列为首批中药材标准化生产基地。

2. 蠡县麻山药生产布局

蠡县麻山药生产基本上沿潴泷河流域分布,可以明显地分为东、西2个部分。如图18-7所示,东部是发达地区,以曲堤乡、蠡吾镇、留史镇为中心;西部为新发展地区,以鲍墟乡、南庄镇、郭丹镇,百尺镇为中心。东西部发展差距很大。如表18-9所列,东部地区的种植面积较大,曲堤乡的种植面积超过了1 200 hm^2。西部地区总体来说种植面积较小,但是鲍墟乡、南庄镇、百尺镇的发展较快,都达到了500 hm^2 以上。东部地区的栽培技术较高,每公顷的产量都达到了41 000 kg以上,而西部地区没有乡镇的产量达到每公顷40 000 kg以上。

表18-9 2007年蠡县各乡镇种植面积及产量

乡镇	种植面积/hm^2	总产/t	单产/(kg/hm^2)
曲堤乡	1 267	53 100	41 910
蠡吾镇	733	30 100	41 064
留史镇	660	27 400	41 512
鲍墟乡	707	28 000	39 063
南庄镇	533	21 200	39 775
百尺镇	560	21 400	38 214
郭丹镇	433	15 200	35 104
辛兴镇	267	10 200	38 202
万安镇	173	6 800	39 306
林堡乡	28	1 000	35 714
小陈乡	55	2 000	36 364
北埝乡	11	420	38 182
桑园镇	240	9 500	39 583

资料来源:蠡县麻山药产业办公室。

(1)东部地区　土壤为沙壤土,适合山药生长,并且在播种前开沟和山药采收时可以节约大量劳动力;农户种植山药时间长,经验丰富,技术娴熟;种植面积大,集中程度高;政府大力倡导,协会等互助组织较多,产业化程度较高;山药种植收益较大,农户种植热情高,主动学习科学技术,还举办各种知识讲座。但由于多年大量种植,重茬现象严重,病虫害危害较为严重。

(2)西部地区　土壤为黄黏土,不太适合山药生产,产量较东部要低,而且大大增加了山药采收的难度;农户种植时间较短,大多是看到东部地区山药收益较好,才开始种植;栽培管理技术落后,对病虫害防治不利导致其收益要远逊于东部地区;山药种植要分散,多为农户单独种植,科技信息不畅。2007年山药价格大幅度下降对西部地区山药种植户的影响要远大于东部地区。

综上所述,通过对比可以发现,相对于西部产区,东部产区具有巨大的优势。究其原因,除了自然资源的优势以外，还与人文观念有很大关系。东部地区人均占有土地面积不足一亩，劳动力资源丰富，土地偏少，为了在有限的土地上获取更大的收益，势必要种植经济价值更高的作物，山药因此被广泛种植；而西部人均土地面积较大，某些地区人均土地面积甚至可以达到2亩左右，可以种植些相对比较容易管理的棉花、花生等经济作物，或是玉米等粮食作物。另外，西部地区的农民较多地到北京、山东等地打工，在山药收获季节，也有大量的西部农民去东部打工。而东部地区的农民则很少打工，他们主要从事种植或与山药有关的运输、储运等环节。

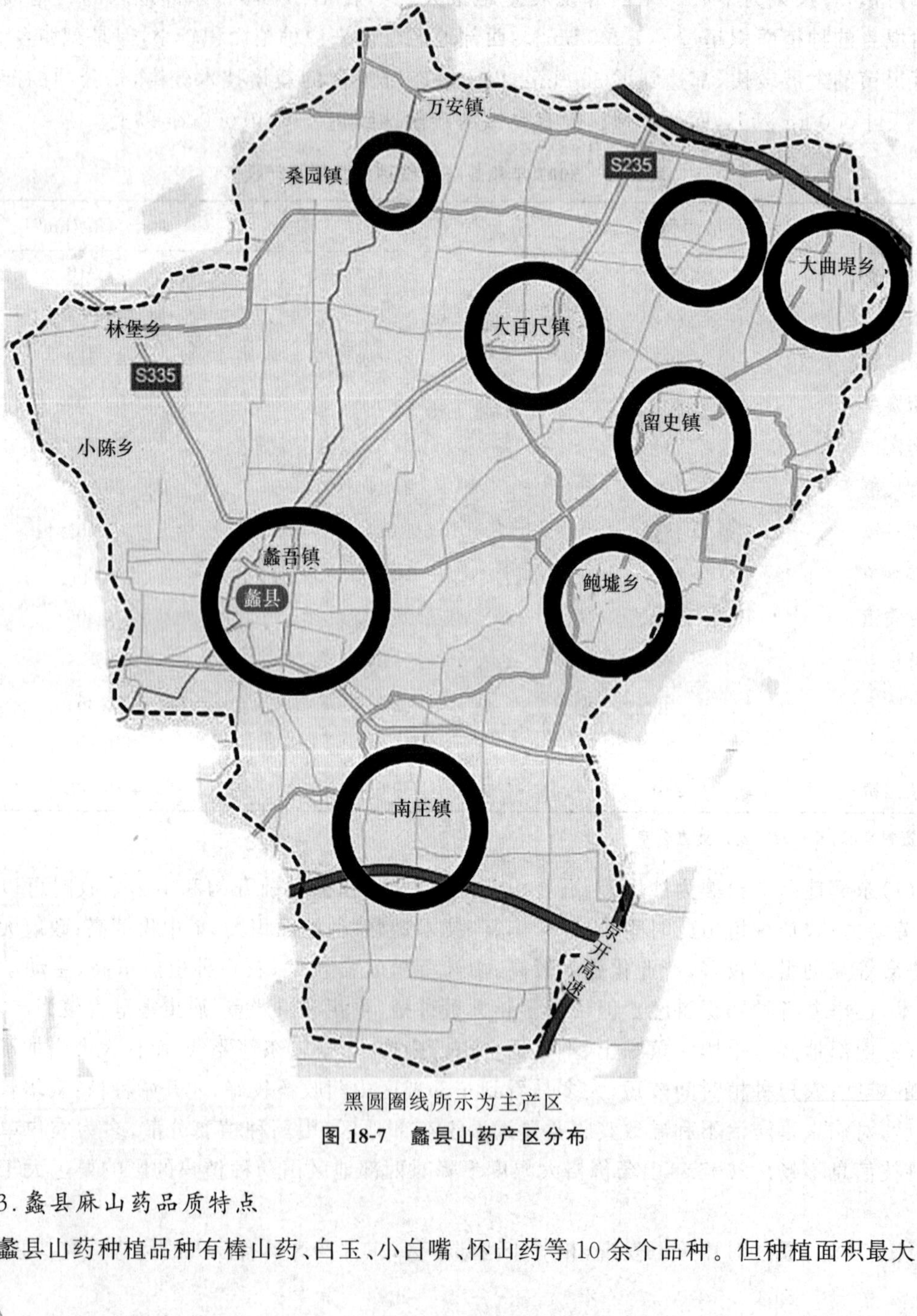

黑圆圈线所示为主产区

图 18-7　蠡县山药产区分布

3.蠡县麻山药品质特点

蠡县山药种植品种有棒山药、白玉、小白嘴、怀山药等10余个品种。但种植面积最大的当属麻山药。麻山药属于棒山药，块茎圆柱形，长为 60～70 cm，直径为 7～8 cm，外皮暗褐色，粗糙，须根较长，粗而密，块茎单重 280 g，整形好，方便采收，不易破损。块茎皮厚，质地细软，含水分多，肉白，品质好。产量高，每亩产量为 2 200 kg 左右。麻山药的可食率极高，可达 95%。100 g 食用部分所含营养成分：蛋白质含量 1.5 g、碳水化合物含量 14.4 g、粗纤维含量 0.9 g、灰分含量 0.6 g、钙含量 14 mg、磷含量 42 mg、铁含量 0.3 mg、胡萝卜素含量 0.02 mg、硫胺素含量 0.08 mg、核黄素含量 0.02 mg、抗坏血酸含量 4 mg。

但麻山药的缺点是口味不算太好，南方的许多消费者不太喜欢麻山药的口味，因此，对麻山药南方市场的开拓具有一定的消极影响。而其他口感较好的山药品种，如白玉的口感较好，但是产量低，采挖难度大，种植面积不超过总种植面积的 5%。

4. 蠡县山药的栽培现状

蠡县山药栽培历史长，在长期的种植过程中，农民积累了丰富的经验，但也存在消极保守的思想。

(1)在种薯上　居民一般采取自留种方式，很少引进新品种。

(2)在播种方式上　超过 90%的居民都采用种薯切段的方式，很少使用山药豆(零余子)更新复壮。山药每 3 年需要更新复壮一次，否则种薯会退化减产，但采用山药豆播种的当年每亩产量会降低 1 500 kg 左右，产量只相当于正常年份的 50%左右，所以许多农户拒绝更新复壮。

(3)在栽培方式上　农户普遍采用了高埂垄作的新方式，据蠡县麻山药产业发展顾问徐国栋介绍，每亩可以增产 500 kg 左右。除了在产量上的增加，高埂垄作还提高了商品的品质，提高山药的抗病能力的同时还节约了成本。采用新旧耕作方式，每亩的效益可以增加 2 000 元左右。

(4)在肥料的使用上　当地主要施用的化肥主要有磷酸二铵、硫酸钾、尿素等常规肥料，没有山药的专用肥料。由于长期施用化肥会使土壤板结，影响山药的块茎生长，造成畸形率上升，同时也给山药的采挖带来苦难。所以当地除了施用化肥外，还普遍施用有机肥料。

5. 蠡县山药的病虫害情况

蠡县山药的病害主要有炭疽病、叶斑病、褐斑病和锈病。这些病虫害的危害不太严重，造成的损失率一般在 10%以下，但是在 2005 年的炭疽病大暴发造成部分地区损失率超过了 50%。如图 18-8 所示，病害对东部地区的蠡吾镇、留史镇和曲堤乡造成的损害很大，都超过了 20%。其中，蠡吾镇最为严重，达到了 36%，病害对西部地区病害的威胁不大一般为 10%左右。对于病害的防治一般都是以防为主，提前打药，主要采取叶面喷施、处理种薯、灌根等方式。一年喷药次数可以达到 7～10 次，施用的药品主要是多菌灵、代森锰锌等。

虫害主要有蝼蛄、蛴螬、线虫等。线虫在当地被称为“水钉”，造成的损害很大，在重茬的地块，发作的特别严重，目前尚无特别的药物治疗，只好采用换茬等方式来减轻伤害。线虫病危害严重的地块，每亩产量会降低 300～500 kg，更重要的是，对商品性状的影响，同时也造成了采挖时破损率的上升。所施用的抗虫药物，多是神农丹、呋喃丹等剧毒药物，但在施用过程中，没有收到当地部门任何的限制。根据病虫害的严重程度，每年每亩的花费一般在 80～160 元。自然灾害对山药生产的影响一般都是间接实现的，如 1995 年的持续阴雨天气，造成炭疽病的大暴发，造成了严重的损失。

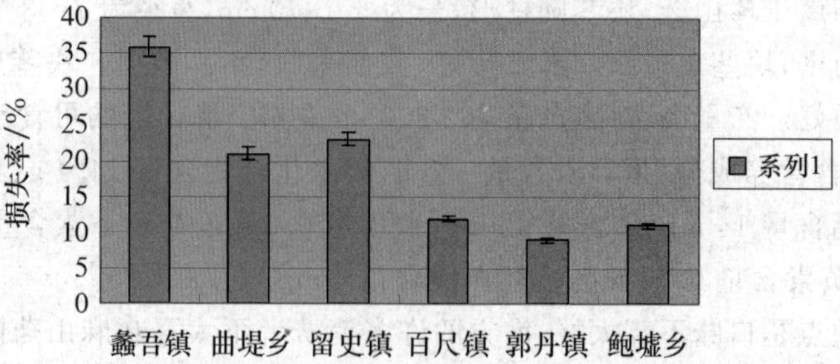

图 18-8　2005 年病害对蠡县山药产量造成的影响

6.蠡县山药生产存在的问题

(1)产业化、组织化程度低　蠡县的山药生产是以家庭为单位,规模小,投入不足,缺乏组织性。虽然蠡县曲堤乡建立了万亩山药种植基地,但其实际上的经营者依然是高度分散的个体农户。山药的贮藏也是由分散的各家各户与小型的山药收购商来完成。遍布各乡镇的山药收购商的冷库贮藏规模一般不超过 30 万 t,且在贮藏过程中山药损耗严重。山药加工企业少且加工能力不足,不能满足蠡县山药对加工的需要。从整体来看,从生产到销售市场各环节关联性差,"小生产与大市场"的矛盾突出,很难实现产、运、储一体化,削弱了终端产品的竞争力,也降低了农户对于风险的抵御能力。2007 年的山药降格下降就对蠡县的山药产业产生了重大影响,许多农户甚至直接把山药地耕掉,改种其他作物。

(2)种植品种单一,种薯退化严重　蠡县山药的主栽品种是麻山药,品种有紫药、小白嘴等,品种较为单一。由于长期的自然和人工选择,地方品种通常比较适应当地的气候土壤等环境条件,栽培习性也为当地生产者所熟悉。但同时也造成许多山药生产者过分迷信地方品种,不愿意引进新品种,品种更新速度慢,周期长,许多农户种植麻山药品种十几年不变。切段繁殖的山药,如果连续繁殖,而不采取零余子更新复壮,平均每年产量损失在 2%～3%,所以一般 3～4 年更新复壮一次,可是由于采用零余子更新复壮的当年,山药产量只有正常年份的 50%左右。因此,许多农民放弃更新复壮,连年使用退化的种薯造成产量逐年下降。

(3)协会组织乏力,农民贷款困难　尽管蠡县组织了众多的山药协会,但有一个共同的问题是:协会组织乏力,协会资金缺乏。许多农民看到协会对生产销售有利,纷纷要求参加,但却拒绝出资入股,造成协会资金周转不灵,组织涣散,筹划人情绪消极。另外,协会组织规模太小,很难在市场的博弈中取得预期的利益。如蠡县麻山药农民专业合作社(蠡吾镇随东村)只有固定资金 30 万元,流动资金 20 万元。

由于山药种植是高投入、高产出的经济作物,种植需要较大的资金投入,如表 18-10 所列,山药在种植的第一年需要的资金投入最多,大约在 2 000 元,除了种薯需要资金购买以外,主要还因为头一年种植开沟难度较大,其所耗费的资金相对较多。另外,山药是藤本植物,需要搭架,所以头一年种植必须承担购买竹竿等支架的费用。竹竿一般的使用年限是 3 年左右,不必年年购买,种薯也可以自家留种,所以从第二年以后,种植成本相对降低。由于重茬种植,导致病虫害发作严重,所以防治病虫害的投入逐渐增多。而当地经济不甚发达、政策指引不到位,导致在当地银行贷款困难,这也很大程度上限制了山药产业的发展。

表 18-10　2003—2005 年每亩山药的成本构成　　元

时间	化肥	有机	农药	竹竿	收获	开沟	其他	合计
第 1 年	700	250	100	140	500	50	300	2 040
第 2 年	500	250	150	—	500	30	100	1 530
第 3 年	500	300	200	—	500	30	100	1 630

(4)文化水平偏低，技术沟通困难　蠡县当地农民科学文化较低，在成年劳力中，初中及初中以下文化程度的占到了总数的 78%。在实地采访中，当被问及山药病害时，63%的农民说不出山药的病害名称，只能以模糊的“烂叶”“枯萎”等名称称呼，对应用药品也不知晓，只是跟随别人施药，具有很大的盲目性。而山药种植对技术的要求很高，不善种植的农户与精通技术的山药种植专业户相比较，每亩的收益相差可以达到 1 000～3 000 元。

在技术流通方面，有些种植大户通过自费学习、请教专家、出外考察等途径学习了大量的科技知识。由于没有建立对其技术创新的奖励机制，他们不愿意将自己辛苦所得的技术免费分享给其他农户，从而造成技术的沟通困难。如蠡县麻山药产业发展顾问徐国栋多次自费到山东寿光、江苏丰县、江苏沛县、河南温县、陕西佛坪和四川广元等地实地调查，并到北京、天津、河北保定等地高校向专家求教，取得了大量种植方面的经验。可是花费 7 万多元所得的经验却没有获得应有的奖励，免费向村民提供，对其本人的积极性造成很大的消极影响。

(5)贮藏条件简陋，贮存损耗巨大　在收获山药后，许多农民喜欢把山药贮藏起来，等到来年出售，以期取得较好的收益。许多农户都在自家备有地窖贮藏，当地收购商则建有或是租赁冷库贮藏。无论是地窖贮藏还是冷库贮藏，条件都比较简陋，在贮藏过程中山药损失巨大。

造成损失的原因主要有 2 个：一个是腐烂。由于贮藏前都进行过干燥处理，又施加了防腐剂，腐烂造成的损失并不是特别严重。另一个是脱水。到第 2 年春天，一般的脱水损失可达 10%左右。

(6)加工企业不足，加工规模偏小　蠡县每年的山药产量达 20 万 t 以上，而加工企业仅有大洋、高佐等有限的几家，每年收购的山药总量不及蠡县总产量的 10%。而且山药的加工产品仅是山药光条、山药粉、山药露等初级加工产品。山药除了含有多重的营养成分以外，还含有天然 DHEA(激素之母)，这是人体激素的重要来源之一。它含有的尿囊酸、皂苷元、胆碱、多巴胺等多种次生代谢产物，具有独特医疗保健功能。因此，它可以通过深加工来提升附加值。

(二)蠡县山药产业发展对策

1. 蠡县山药产业分析

(1)优势分析　蠡县自然资源丰富，光热充足，河流密布，潴泷河、小白河、月明河、孝义河穿流其中。充沛的水量满足了灌溉的需求，其中大部分耕地是潴泷河决口改道冲击而成的沙壤土。该地区独特的地质和土壤环境为蠡县的山药种植提供了特有的条件。蠡县距离北京、天津、石家庄、保定等大城市较近，消费市场大，便于直接销售，距离山东寿光的蔬菜集散基地也不远，便于山药的集散和出口。

蠡县种植山药有 2 000 多年的历史，农民栽培经验丰富，技术娴熟，能够很好地对病虫害进行防治，有较强的对自然灾害的抵御能力。由于蠡县劳动力资源丰富，人均土地面积少，这更加促进了农民种植山药这种高投入、高效益的经济作物。另外，近期的农资价格，特别是化肥的价格猛涨，远远超过国家的种粮补贴，这也客观地提高了农民种植山药的积极性。

蠡县有规范的种植基地和自主的品牌以及自己的龙头企业，相对于周围的山药产区具有很大的竞争优势，这都增加了蠡县山药的竞争力。蠡县政府对山药产业的发展进行了大力的扶持，专门成立了蠡县山药产业办公室，创办了麻山药学院。按照“一业主导，项目兴县”的发展思路，加大了对示范区的支持力度。将300多万元专项资金用于示范区建设，并积极争取生态建设资金、林果结构调整资金、良种苗木资金、市场建设等用于麻山药产业发展。建立了专业化服务组织，形成了统分结合的服务机构，组织化程度高，反应快。成立了麻山药专业合作社，为农户提供标准化管理技术、市场信息等全方位服务，并在施肥、浇水、病虫害防治、修剪、采收、销售等方面实行全程标准化生产和管理。

(2)劣势分析

①户经济组织分析。在我国各山药产地的经营方式大多数为农户个体经营。河北省蠡县曲堤乡虽然建立了万亩山药种植基地，但实际上的经营者依然是高度分散的个体农户。由于农户经济组织所具有的规模小，专业化程度低等特点，所以山药生产中无疑也具有了以下特点。

A. 分散经营，眼界比较狭小，个体农户大多数比较封闭，保守，不愿意接受新事物。所以许多农户依然种植着几百年来老化的地方品种，许多新技术也很少采用。这在高科技、信息化的现代社会是不适宜的。

B. 个体农户的经济能力有限，没有资本和能力去观察和研究市场动态及规律，无法了解最新的供求信息。许多农户都是坐在家中等待收购山药。他们既不知道市场需求，也不知道怎样寻找市场，只是消极等待，自然不能取得农业生产利益的最大化。

C. 现代社会重视无公害绿色食品。而个体农户的生产设施很难达到认证的标准，从而使自己的山药产品在竞争上处于劣势。

D. 个体农户在种植山药的同时，也种植棉花、玉米等农作物，基本上还是半自给自足。没有把全部的精力和时间都放到山药生产上，而山药是对专业技术要求比较高的作物，所以生产质量必然会降低不少。山药生产属于劳动密集型产业，个体农户由于种植面积很少，在劳力上具有一定的优越性。总而言之，集中化、集团化、产业化是大势所趋。尽管个体农户种植山药还有其存在价值，可以作为有益的补充，但逐渐丧失主体的趋势不可避免。

②科学技术应用分析。在农业科学蓬勃发展的今天，关于山药方面的科学研究进展却寥寥无几。栽培育种新技术利用率明显偏低，且严重滞后。究其原因，有山药作物自身的特殊性，也有外界的束缚性。

A. 基础理论研究不足。由于山药非大宗作物，国家提供给科研院所的山药研究经费很少，几近于零。而各地却又缺乏必要的科技支持，这对于经验总结尚可，但却无法做系统的研究。基础理论的不足，使得山药的研究基本处于低级重复的境地，很难做出重大的突破。

B. 新品种选育困难。山药具有不稳性，育种难度极大，于是就造成了山药品种选育方面的严重匮乏。目前仅有中国农业大学选育成功品质优良、适应性强的山药新品种系列，如农大短山药、农大长山药等。另外，由于山药是无性繁殖作物，生产者可以自己留种，不必频繁购种。制种公司感到无利可图，也就缺乏推广山药新品种的积极性。

C. 技术推广不利。对于山药种植技术的学习，主要是利用讲座的方式进行宣传，受惠的民众人数不多。对推广技术有重大贡献的人员，缺乏奖励机制，导致其推广技术态度消极，而且部分农民对其无偿提供的技术表示怀疑。另外，农民文化程度不高也是导致技术推广不利的一个重要原因。

③无公害生产分析。健康食品分3个等级，分别为无公害食品，绿色食品和有机食品。早在20世纪30—40年代欧美就已经开始关注农产品质量安全问题，随着安全意识的不断增强，在国际贸易中，环境管理措施越来越严，标准越来越高，以环境标志为代表的无公害贸易这一非关税壁垒正在构建。只有发展无公害蔬菜，提高档次，才有利于冲破壁垒，提高生产力，促进出口创汇。

中国蔬菜的无公害生产起步较晚。1981年，全国生物防治会议召开，蔬菜的安全生产开始提上日程。1983年，农药残留污染不断加剧，23个省、市为此开展了无公害蔬菜的研究、示范和推广。对于山药来说，由于其根系较深，除了防止一般性污染外，尤其重视地下水污染，重金属污染等土壤污染。对此，应该采用客土换层、地底暗灌、配方施肥、生物固定等综合农艺措施，无公害的要求进一步突出了走产业化道路的迫切性。很显然，个体农户是没有能力严格按照无公害的指标来进行生产的，这就势必要求各生产者联合起来，集中整合资源。虽然蠡县建立了《蠡县麻山药无公害生产技术规程》，但在示范基地内，规程并没有得到很好的遵守，药品使用并没有受到任何限制，农民依然可以随意使用违禁农药。

④加工产业分析。尽管蠡县拥有河北大洋有限加工公司等一批加工公司，生产山药露、山药粉、山药奶、光条山药等。但其加工能力不强，2006年全县加工山药加工企业收购山药1.6万t，仅占总产量的6.7%，大部分的山药是以新鲜产品销售的。加工则主要由外地商人进行。河南商人在蠡县收购新鲜山药后，先进行简易的脱水加工，然后销往南方地区进行深加工，河北安国则收购破损的山药，做成山药切片，作为中药销售，所以应当扩大山药的深加工。这样一方面可以提高经济效益，另一方面也增加了就业机会。

⑤销售形势分析。中国的山药销售大多以鲜品为主，销售一般有2条途径：一是由个体农户将产品通过公路网运送到北京、上海、山东、江苏等山药的主要消费地区，然后在农产品批发市场出售，供应到各零售市场和各级超市。二是由山药经销商上门收购，然后集中出售到主要消费地区。无论采取哪条途径，中间环节都比较多，从而导致了利益的分流，减少了生产者的利润。

(3) 其他山药产区的威胁　山药的经济效益较高，菜用和药用需求很大，近年来，在各地区种植面积迅速扩大，如江苏丰县和沛县一直是山药的主产区，在2006年的种植面积都达到了6 000 hm^2 及以上，种植规模上超过了蠡县。河南、河北、山东和江苏等一直是全国山药的主产区，它们的快速发展对蠡县的山药市场造成巨大的冲击。尤其是蠡县近邻的清苑和高阳县山药种植面积的快速发展使蠡县山药的市场独占性大为削弱。大量山药的上市导致山药价格下降，产品出现积压，这一现象在2007年达到顶峰。山药价格急剧下降，产品大量积压，许多农户改种其他作物，预计2008年山药种植面积会大幅度减少，山药价格也将逐步恢复正常。

(4)价格下降造成的威胁　如图18-9所示，从2002年开始，蠡县山药价格直线上涨，在2006年达到顶峰的3.2元/kg，之后由于种植面积增长过快，造成市场产品积压，特别是2007年的山药大降价，造成的危害最大。2007年，蠡县山药的销路稍好些的是销往河南的1.2～1.4元/kg的山药，此类山药量比较大，占总产量的60%～70%，主要在菜市场或超市销售。由于蔬菜在农药残留方面被日益规范，消费者的健康意识已大有提高，非无公害山药的销售已大不如前；再好的是走山东路的，这样的比例也不太大，约占20%，销售价格为1.6元/kg，此规格的以前曾有大量出口，也因农残超标，种植技术不规范而达不到绿色食品的标准，其需求也日益萎缩了。入药的山药下脚料是按堆卖，合计单价由之前的0.5元/kg降到了0.25元/kg。一般下脚料占总产量的20%左右，其中包括破损、病虫害、畸形等。如果管理不好或多年重茬的地块，这样比例的会增加；鲜山药一般亩产2 500 kg，如果价格按1.2元/kg，每亩的纯毛收入在3 000元左右，竹竿、秧子、管理的成本，再加上基肥、中途追肥、浇水的费用，合计约2 000元。对于种植户来说，基本无利润可言，之后在2008年山药的价格有所回升，达到了2.8元/kg，基本恢复正常。

2007年，山药价格突然下降的主要原因是由于之前种植山药的利润较大，市场需求旺盛。因此，许多地区争相种植，种植面积急剧扩大，导致国内市场趋近饱和。而各主产区只重视简单的数量增长，忽视内在品质的提升，无视国际上日益严格的无公害标准，又失去了国际市场。因此，出现价格下降现象是必然的。

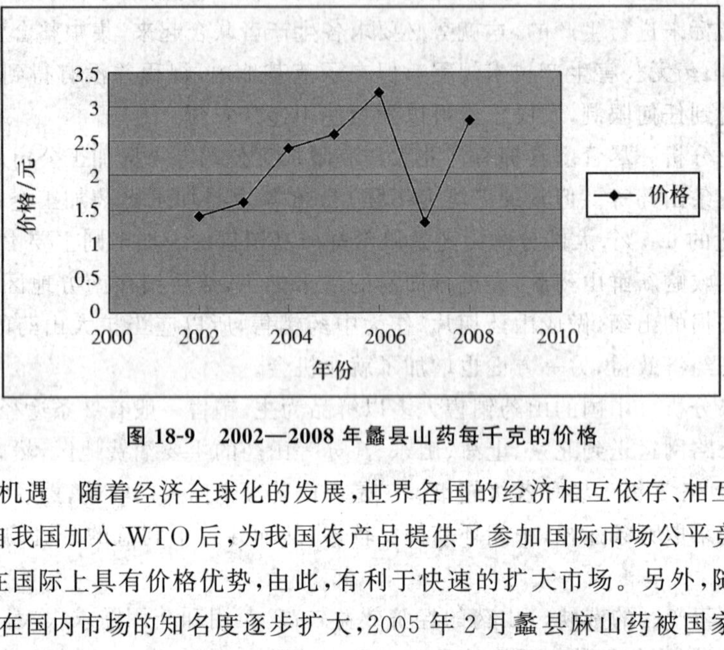

图18-9　2002—2008年蠡县山药每千克的价格

(5)面对的机遇　随着经济全球化的发展，世界各国的经济相互依存、相互竞争的趋势也越来越明显。自我国加入WTO后，为我国农产品提供了参加国际市场公平竞争的可能。我国的蔬菜产品在国际上具有价格优势，由此，有利于快速的扩大市场。另外，随着蠡县山药产业的迅速发展，在国内市场的知名度逐步扩大，2005年2月蠡县麻山药被国家监督检验检疫总局批准为国家地理标志保护产品，2005年5月《蠡县麻山药标准化种植及加工技术开发》项目被科技部批准为国家级星火计划项目，进一步扩大了蠡县山药的知名度。扩大的市场和品牌效应都将进一步推动蠡县的山药产业快速发展。

2.蠡县山药产业发展对策

(1)以市场为导向大力推行山药标准化、无公害生产　产品的质量是产品竞争力的保证，蠡县山药位于保定市山药大产区之内，地理环境优越，生产规模大，品牌知名度高。只要增加产品的内在竞争力，在保持成本优势不丧失的基础上，大力推行集约化、无公害生产就完全有可能继续扩大市场，创造出世界品牌。

尽管蠡县推行了《蠡县麻山药无公害生产技术规程》，但是并没有掌握速效检测技术，也没有建立市场准入制度，致使标准并没有被严格地执行，政府无法实现有效的监督检测。结果造成大量不符合无公害标准的山药流入市场，被检测出不符合标准后，损害了蠡县山药的名声。因此，应该尽快完善速效检测技术，执行强制的市场准入制度来保证山药品质。2007 年的价格危机并非是真正的市场饱和，而是低端产品的相对过剩，大量出口的山药被退回。只要建立完善的监测手段，实行标准的无公害生产就可能获得广阔的海外市场。

(2) 促进产加销一体化经营

①做大龙头企业。要加快龙头产业的发展，鼓励优势产业通过控股、联合、租赁等手段，迅速把企业规模做大，发展成为大型龙头企业，提高竞争力。另外，政府应该加大对龙头企业的扶持力度，鼓励各种类型的企业加入农产品储运加工行业中来。

②加强农产品生产基地建设。基地的建设要保证农民的利益：一是大力发展订单农业，促进公司与农户形成相对稳定的购销关系；二是积极支持和鼓励有条件的公司在收购农产品时，确定最低收购保护价，将部分加工、销售环节的利润返还给农户；三是促进公司通过股份制、股份合作制等形式，与农户在产权上结成更紧密的利益共同体。通过建立各种行之有效的产业化经营利益联结形式，形成"风险共担、利益共享"的新机制，保护企业和农户的利益，充分发挥公司对农民增收的带动作用。

如表 18-11 所列，建立标准化示范区后，农户的经济效益有着很大的提高，投资回报率相对于未成立示范区前有着很大的提高，从建立前的 68%提高到了 100%以上。因此，加快示范区的发展，增加示范区面积可以加快农产品生产基地的建设。

表 18-11　蠡县山药标准化示范区效益

比较项目	2004	2005	2006	2007
	标准化实施前	标准化实施后		
种植面积/hm²	2 330	3 300	4 300	5 300
每千克价格/元	2.1	2.4	2.6	1.4
每公顷投入/元	52 500	52 500	60 000	52 500
每公顷投资回报率/%	68	105	114	107
产品商品化率/%	80	95	95	95
示范区种植户/户	5 000	10 000	12 000	15 000

资料来源：蠡县麻山药产业办公室。

③加强合作社的作用。通过合作社可以降低农户交易成本，提高自身地位，解决生产和生活上的困难。经济发达国家农业经营方式的发展和变迁过程表明，合作经济的产生和发展是社会进步，经济发展的必然。合作经济可以通过 3 次联合来实现：第 1 次联合是个体农户联合，组成合作社；第 2 次联合是各个合作社联合，组织成山药生产行会；第 3 次联合是行会和加工业，运输业联合，育种单位组成完整的产业链。

④发展山药产业深加工。培育龙头企业，加快加工业是提高山药产业附加值、带动产业化经营，提升产业竞争力的关键环节，是把资源优势转换为经济优势的重要载体。我们应该着力提高产品的科技含量，努力开发新产品，不仅可以提升经济效益，还可以创造就业机会，一举

两得。

(3)大力拓展国内外市场　一是积极巩固、拓展国内市场。全方位主动出击，有重点地到全国大中城市开发建设，宣讲山药品牌，讲解山药的保健疗效，扩大消费群体。由于山药属于药食兼用产品，所以它的药用市场不可忽视。山药性温和，许多滋补方剂，如六味地黄丸、杞菊地黄丸、归脾汤、参苓白术散等中药都含有山药。药用市场相对来说规模不大，可是效益很高，如河南温县的怀山药，产量虽然不高，但效益很好。二是大力开发国际市场，菜用山药则需求量很大，蔬菜的国内价格只有发达国家的1/8～1/5。因此，我们具有显而易见的价格优势。中国的山药出口主要集中在日本和东南亚等国家和地区。这些地区人口稠密，领土狭小，人均占有耕地面积较小，经济比较发达，劳动力成本较高，与当地的山药比较，我们具有成本优势。

(4)发挥政府作用　政府要加大对蠡县山药产业的扶持力度，首先，应该在资金上给予支持。重点扶持新品种的研发、引进、繁育和推广；建立奖励机制，对科技推广做出突出贡献的单位和个人，进行适当的奖励。通过政府建立山药专项资金，对于产业发展的瓶颈问题，斥资解决。其次，技术推广要依靠科技进步与创新，采用重点突破与整体推进有机结合的策略。一方面，搞好自身科技资源的利用，利用"土专家"资源，县内科技人员与生产一线紧密结合，推广先进技术。另一方面，与各级科研院所保持联系，为产业发展建立科技后盾，做好基层的科技普及工作，蠡县好多乡村没有科技人员，农民获得技术困难，应该为每村都培养至少一名科技人员，从而带动整个村，整个基地的科技水平。再次，示范基地的建设。通过基地的示范作用，引导带动全县的山药产业发展。在基地的建设方面，一是要健全标准体系，根据产品质量安全监管需要，按照产前、产中、产后标准相配套的原则，及时清理和修订过时的行业标准和地方标准。除了严格按照蠡县山药产业标准化体系外，还应积极争取与上级部门和科研部门联合制定出更高级别的标准。二是要推行市场准入制度，建设县级农产品质量安全家测站，推广速测技术，开展产地环境、投入品和产品质量安全状况检测；实施标识管理，推行分级包装上市和产地标识制度，推行追溯和承诺制度。

(5)重视科技创新　蠡县山药产业存在的问题在宏观上的表现是销路不畅，产品积压。追究其微观的原因，则是由于山药品质不高，造成的市场供应的相对饱和。解决的途径除了经济手段的运作外，运用科技的手段降低成本，提高品质才是最根本的途径，通过引进优良种薯，改进栽培方式来增加产量，提高品质；通过改善贮存环境，来减少山药的损耗。

蠡县山药的贮藏有2种方式：一是各家各户的地窖贮藏，投资较小，但损耗严重，多的可以达到总重的20%左右。在东部的曲堤和留史等乡镇，自家有地窖的农户几乎占到了总种植户的80%左右，个别的农户(15%左右)甚至有自己的冷库，但规模较小，一般都在10 t以下。二是山药收购公司建立的中型冷库的规模一般在1 000 t以上，大型冷库的规模可以达到4 000 t。在春节以前，山药的损耗一般在3%以下，在春节过后，其损耗率开始大幅增加，可以达到10%左右。山药贮藏之前一般都先进行药剂处理，农户主要是蘸石灰水，收购公司则主要使用施保功、多菌灵等药剂防腐。由于农户和收购公司都采取了防腐的措施，所以在山药的贮藏过程中，因腐烂造成的损失很小，大部分损耗都是由于山药块茎失水而造成的。目前尚没有专门针对山药保水的保鲜剂，所以大力发展山药保鲜技术，减少山药贮藏的损耗是个十分迫切的任务。

八、县域聚焦：江西瑞昌山药产业化进程

（一）概况

瑞昌山药属国内6个地方山药的国家地理标志保护产品之一，其余有山东邹平的“长山山药”、河南焦作“铁棍山药”、山东省菏泽市的“陈集山药”、湖北武穴的“佛手山药”和南城县“怀山药”。蔡金辉在《山药品种资源调查》中表明，瑞昌山药在全国80多个同类产品中品质较优，包括外观、口感、营养成分、保健效果都处前列。

目前，瑞昌山药为瑞昌市最为出名的农副特产之一，为当地创造了较大的效益。2012年产值约为2.2亿元，瑞昌山药总产值占全瑞昌农产总值的10%。瑞昌山药的价格为普通山药的1.5～3倍，原因是为瑞昌山药的种植对土壤、气候、海拔等有着严格的要求；不能连作，种植1年后，需要隔3～5年后才能再种植；产量较低，亩产1 500 kg左右。

尽管瑞昌山药在品质上不低于（也有机构说略高于）铁棍山药，但是瑞昌山药的名气较铁棍山药小很多。分析目前瑞昌山药产业存在的主要问题以下几点：①种子质量参差不齐。②山药产品品质参差不齐。③产业链中整体科技含量低。④生产成本增加，市场供给过剩等。

（二）瑞昌市发展山药产业的现状

1.瑞昌市自然条件

（1）气候　瑞昌市属亚热带湿润性季风气候。据气象资料显示，年平均气温17.3 ℃，地面温度为19.2 ℃，降水量为1 583.9 mm，日照时数为1 619.3 h，无霜期为240～260 d。

（2）降水　瑞昌山药主产区4—6月的降水量为591 mm，占全年降水量的43%；7—9月的降水量为340 mm，占全年降水量的24%，这种降水时间和降水量对瑞昌山药各阶段的生长发育都很适宜。

（3）地形　瑞昌丘陵山区面积宽广，多位于海拔60～300 m地带，昼夜温差大。

（4）土壤　主产区土壤含钙质丰富，速效钾含量高，有利于淀粉合成和积累。据农业部门土壤普查及评估结果，耕作土壤以泥质岩类红壤—红黄泥土（田）为主，多数地区土层深厚、质地较好，地下水位较低，宜种山药山地面积在6 000 hm^2 以上。

2.瑞昌山药对自然条件的要求

（1）地势　地势高、地下水位低（要求在120 cm以下，若地下水位过高，则极易造成山药块茎腐烂以至绝收）。

（2）土壤　土层深厚（一般厚为80～100 cm的土壤层），土壤pH 5.5～6.5；弱酸性的棕色或红色石灰土（这类土壤耕作层疏松且多为粒状结构，心土层质地黏重、紧实；在这种土壤中种植，幼苗的生长速度快、长势健壮、根系发达；这类土壤富含钙质、速效钾，能大大促进山药植株对碳水化合物的合成和积累）。

（3）降水　年降水量为1 000～1 500 mm，且分布均匀。

3.瑞昌发展山药产业的区位优势

（1）江西省内　瑞昌距九江城区30 km，在九江市城镇空间布局中处于重要的地位。瑞昌

与“大九江”中心城区有着经济互补关系，是“大九江”重要的工业基地和港口分流基地，也是“大九江”承东衔西、引南接北的重要平台。

(2)全国范围内　瑞昌位于“长三角”和“珠三角”两大经济圈的等距离三角地带，又处在武汉和南昌 2 大都市的中心位置，尤其是《促进中部地区崛起规划》正式实施，“两横两纵”经济带建设加速推进；杭瑞高速、武九铁路、武九客运高铁专线和武穴长江大桥穿境而过，316 国道、315 国道交织贯通。

4.瑞昌发展山药产业的政策

(1)规章　瑞昌市政府出台《瑞昌市蔬菜、山药、茶叶产业发展规划(2011—2015)》(瑞府办发〔2012〕120 号)；制定《A 级绿色食品山药生产操作规程》。

(2)资金　作为瑞昌市主导产业，政府扶持力度较大。2012 年，产业化资金划拨 100 万元作为山药产业扶持专项经费。

(3)土地流转　据瑞昌市农业局经管站统计，瑞昌每年土地流转面积为 1 200～1 333.3 hm^2，到 2012 年，瑞昌市共流转耕地面积为 6 209 hm^2(2012 年新增土地流转面积 1 262 hm^2)，为实现山药产业规模化经营创造了有利条件。

5.瑞昌发展山药产业的品种情况

瑞昌山药的种薯质量参差不齐。全市没有统一的品种供应单位，多为农民自留种，加之不同区域种植的山药质量不同导致种子质量差异大。通过询问调查，在选种时，90%的当地农民和种植大户会在挑选出商品山药后，剩余的山药进行再次删选作为自备种，8%的农民到其他农户或周边地区采购山药种，由此导致山药的良种退化。瑞昌目前栽培的山药品种有：瑞昌山药(又名家山药或真山药)、瑞昌红藤、瑞昌脚板薯、大白薯 4 个种。

(1)瑞昌真山药　本品种是瑞昌市山药栽培的主要品种，栽培面积最大，品质最优。

(2)瑞昌“红藤”山药　原产于瑞昌本地，零星分布于北亭范家山、叶家、洪山张家、严家、南阳上坂等地。植株长势旺；品质较真山药差。“红藤”对土壤适应性广，即使在较松散的土壤里也能较好地生长，具有“块茎成熟早、外观好、产量高”的特点，对调节山药市场供应有积极作用。

(3)瑞昌“脚板薯”　属瑞昌原产，现栽培面积较小，零星分布于南阳上坂、严坂、护林、北亭及白杨等地。品质比真山药差，但比“红藤”好，一般用作食用，鲜炒、红烧均宜。对土壤适应性广而强，较浅薄、松散或肥性较差的土壤也适宜其种植，并且易获高产。因此，在土地资源缺乏或土质较差的地方可适度发展。

(4)大白薯　属于田薯一类，瑞昌于 20 世纪 60 年代末期从福建引入种植。此品种零星分布在上坂、严坂、护林、花园、肇陈等地。植株长势旺、生长期长、易丰产；对土壤适应性广，尤其适宜在疏松肥沃的土壤上种植。

6.瑞昌山药栽培面积和产量

瑞昌山药栽培面积和产量的变化如图 18-10 和图 18-11 所示。

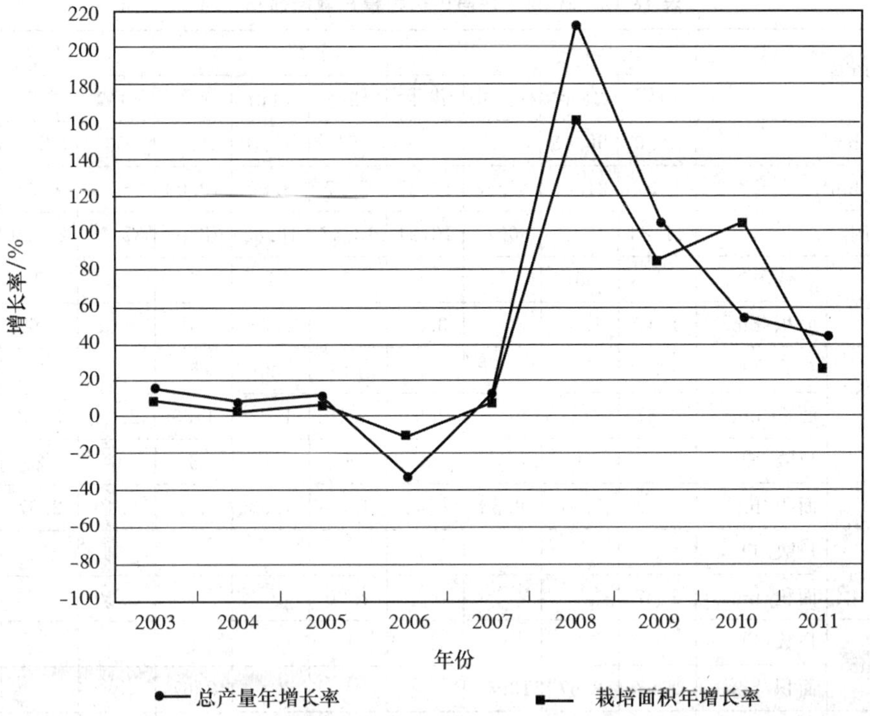

图 18-10　2002—2011 年瑞昌山药栽培面积和总产量年增长率的变化

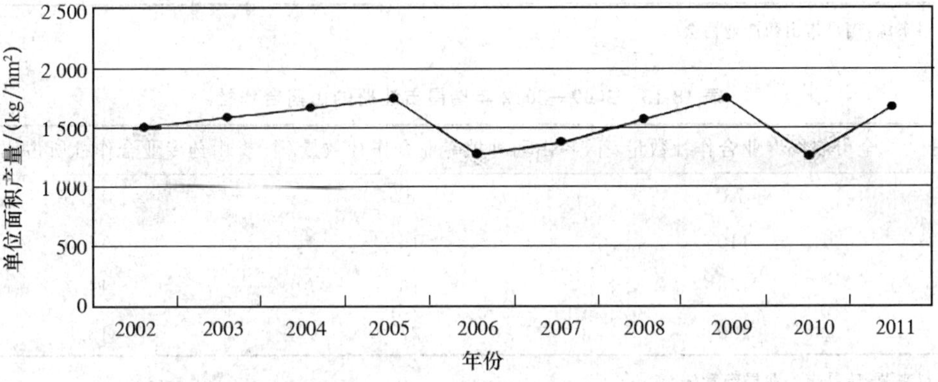

图 18-11　2002—2011 年瑞昌山药单位面积产量的变化

7.瑞昌山药农民合作社情况

瑞昌山药的高效益吸引了大多数农户种植，但面积都不大，为零散种植，每户平均种植不超过 10 亩地。据 2013 年瑞昌统计局统计（表 18-12），全市山药种植户总数为 1 033 户，规模种植户所占比例为 4.3%。2013 年，9 个山药主产区乡镇山药种植总面积为 6 216 亩，5 亩以上山药种植总面积为 2 185 亩，占 35.2%，即分散性小农户种植面积占 64.8%；20 亩以上的种植大户仅为 44 户，这其中绝大多数是山药合作社（表 18-13）。

表 18-12　2013 年瑞昌山药种植户栽培面积

项目		乡镇									
		南阳	高丰	横立山	洪下	桂林	白杨	横港	范镇	夏畈	合计
种植总面积/hm^2		58.0	52.13	64	76.66	54	17.8	24.33	30	37.47	414.40
大户总面积/hm^2		6.87	21.46	42.33	10.67	7.27	3.00	19.00	26.40	8.67	135.67
占总面积比例/%		11.84	41.17	66.14	13.91	13.46	16.85	78.08	87.99	231.3	32.74
0.33～0.67 hm^2	户数/户	3	5		9	2	1	9	1	2	32
	面积/hm^2	1.47	1.53		3.33	0.80	0.33	3.80	0.33	0.67	12.27
0.67～1.33 hm^2	户数/户	1	10		3	4	2	5	3	7	35
	面积/hm^2	0.67	8.27		2.93	3.13	1.33	4.53	2.33	5.33	28.53
1.33～2.00 hm^2	户数/户		4	5	3	1	1	3	6	2	25
	面积/hm^2		5.67	8.33	4.40	1.33	1.33	4.00	8.40	2.67	36.13
2.00～2.67 hm^2	户数/户	1				1			1		3
	面积/hm^2	2.07				2.00			2.00		6.07
2.67～3.33 hm^2	户数/户	1	1	5				1			8
	面积/hm^2	2.67	2.67	13.67				2.67			21.67
3.33 hm^2 以上	户数/户		1	5				1	1		5
	面积/hm^2		3.33	20.33				4.00	13.33		301.00

资料来源：瑞昌市山药产业协会。

表 18-13　2009—2012 年瑞昌市注册的山药合作社

年份	全市农民专业合作社数量/个	山药种植专业合作社数量/个	山药专业合作社所占比例/%
2009	73	8	11.0
2010	110	16	14.5
2011	156	16	14.7
2012	200	27	13.8

资料来源：瑞昌市农业局经管站。

8.瑞昌山药栽培的机械化程度

当前瑞昌山药种植以手工操作为主，种植技术主要采用传统的挖沟搭架栽培技术。这种栽培技术劳动效率低下，采挖山药工序多、费工费时(一般采挖每亩用工 20～25 个，高产地约为 40 个)，且存在采挖期集中、劳动力矛盾突出的现象，加上传统耕作方式(机械化程度低)，导致产量不高、产品商品性能差，残次品比例高等问题出现。

9.瑞昌山药栽培技术普及情况

根据调查显示，多数瑞昌山药种植户不善于学习，缺乏交流，在种植时往往依据自身经验。具有较好的经验种植户所产的山药品质好、销路高，而经验不足的山药种植户所生产的山药质量差，从而导致当地山药产品质量参差不齐。

10.瑞昌山药气象灾害及病虫害

瑞昌市气象灾害较多,但主要影响山药生长的天气因素是“春寒”和“倒春寒”。如果遇到这种天气,早播的山药种子容易受冻,造成烂种。2002 年、2005 年、2010 年均发生了严重春寒天气,造成了山药早播地块大面积烂种。根据调查资料显示,上述 3 年内早播山药地块山药因烂种导致出苗率大大降低,分别降低了 53.2%、61.3%和 46.5%。

瑞昌市山药病虫害发生种类较多,但常年发生且易暴发成灾的主要是山药炭疽病。据调查资料显示,2009—2011 年连续 3 年山药炭疽病均大发生,造成山药大面积受灾,其中,绝收面积分别为 996 亩、3 460 亩和 1 422 亩,分别占总面积的 15.7%、26.2%和 9.9%。

11.瑞昌山药生产成本及效益

瑞昌山药在瑞昌 20 多个乡镇都有种植,但主产区主要集中在南阳乡的罗家山一带(图 18-12)。2010 年的山药亩生产成本为 6 542 元,到 2013 年山药亩生产成本达到 7 540 元,比 2010 年增长了 15.3%。其原因为种苗价格增长,人力和肥料以及土地承包费成本逐年增加(也有文献指出每亩种子费、翻地费、化肥和农药等投入在 9 000 元左右)。

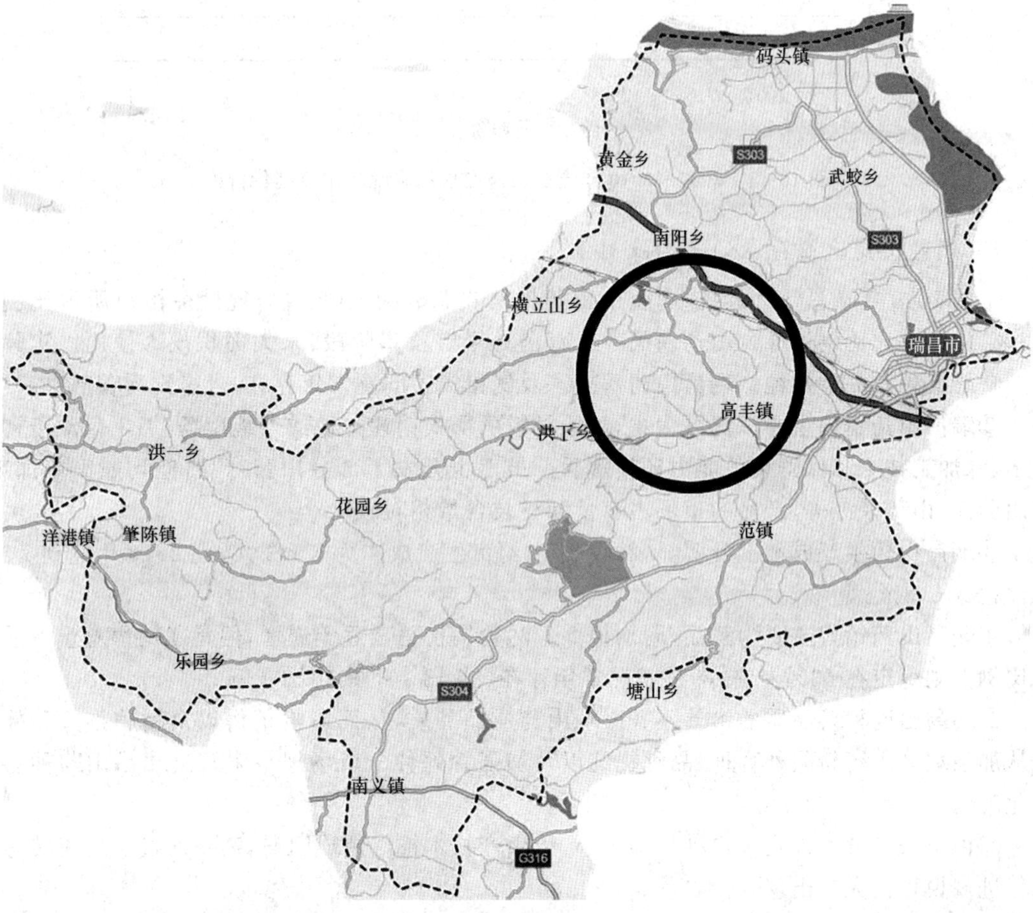

黑圆圈线所示为主产区

图 18-12 瑞昌市山药产区分布

(资料来源:www.ruichang.gov.cn)

2012 年，对高丰、南阳、桂林、洪下、横立山等乡镇山药生产成本进行调查的结果显示，瑞昌山药平均亩产量为 1 021.8 kg，亩总产值达 22 240.9 元，每亩投入总成本为 7 860.9 元，净产值达17 181.8 元，纯收益为 14 380.0 元，成本纯收益率达 182.9%。

12. 瑞昌山药市场销售情况

瑞昌市有 2 家投资过亿的山药产品企业，瑞昌有多达 180 多家大大小小的山药直营店或摊点（图 18-13），瑞昌山药专营店数量占瑞昌土特产专营店数量的 70%，如瑞昌市惠农山药专业合作社 2010—2013 年的年销售山药总量分别为 95 t、120 t、130 t、150 t，呈逐年上涨趋势。此外，瑞昌山药还拓展了山药衍生产品，主要的衍生产品为山药面、山药罐头、山药粉等。

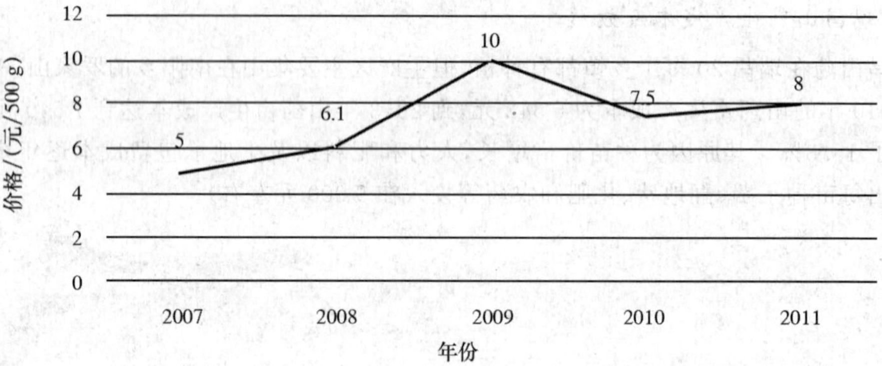

图 18-13　2007—2010 年瑞昌山药在瑞昌本地的市场销售价格

13. 瑞昌山药产业存在的问题及对策

①据 2013 年瑞昌统计局统计，全市山药种植户总数为 1 033 户，规模种植户所占比例为 4.3%，山药大户比例偏低。山药新品种选育仍处于实验室阶段，未大面积投入使用。实际生产上缺乏良种及品种提纯。瑞昌山药病虫害及气象灾害问题常年存在，未得到妥善解决。

②瑞昌山药销售主要以鲜品为主，以原材料的形式销往本地或外地市场，加工仅限于初级加工，深加工技术和保鲜装备能力还很落后。虽然也开发了部分山药产品，但均属简单加工，如山药面、山药果冻等，产品的市场占有量和科技含量相对较低。

③瑞昌山药生产成本上升明显，2010 年山药亩生产成本为 6 542 元，到 2013 年达到 7 540 元，增长 15.3%。

④瑞昌山药销售主要为鲜品，附加值低。尽管销售总量逐年递增，但是在销售总量占总产量比例上则稳定在 63%左右，滞销状况常年存在（图 18-14、图 18-15）。

⑤瑞昌山药种薯品质的参差不齐影响山药成品品质，从而影响销售以及品牌推广。故需要从加强瑞昌山药新品种育种，品种提纯以及加强管理种子市场规范来解决瑞昌山药种薯标准化问题。

⑥由于农户分散以及单户种植面积小，给生产技术推广造成阻碍，需要通过土地流转等方式促进规模种植大户出现。

⑦由于瑞昌山药品质参差不齐，瑞昌山药难以标准化其区域品牌销售，而且瑞昌产品大多为鲜品或初加工产品，附加值低。

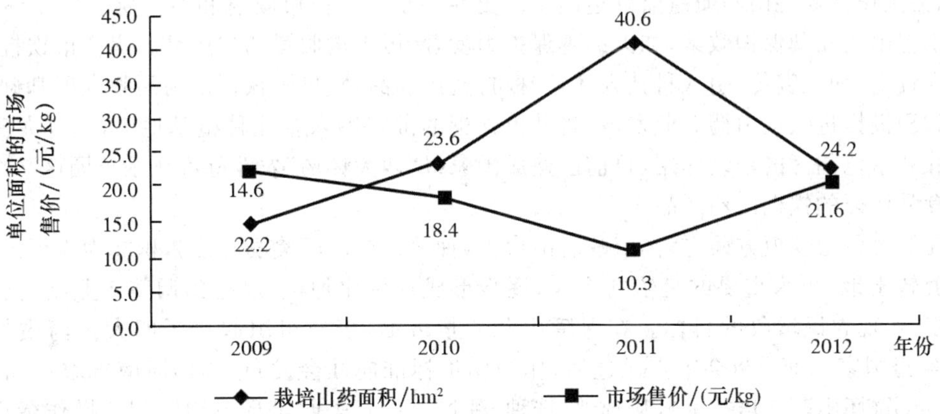

图 18-14　2009—2012 年瑞昌山药栽培面积和市场售价的变化

（资料来源：瑞昌市山药产业协会）

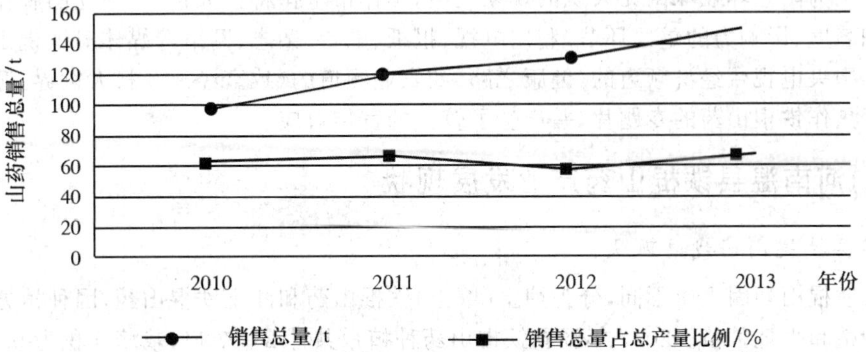

图 18-15　瑞昌市惠农山药专业合作社的销售情况

（资料来源：瑞昌市山药产业协会）

九、县域聚焦：河南温县铁棍山药产业化进程

（一）概况

温县隶属于河南省焦作市，地处豫北平原西部，南滨黄河，北依太行。地理坐标为东经 112°51′39″～113°13′20″，北纬 34°52′～35°2′48″。温县辖 4 个街道、5 个镇、2 个乡，总面积 481.3 km^2，总人口为 421 796 人（2010 年）。2015 年，温县地区生产总值完成 246 亿元。温县处于郑州、焦作、济源、洛阳四市“一小时经济圈”中心位置，南与陇海铁路、北与焦枝铁路毗邻，境内有黄河公路大桥和焦温高速公路，与连霍、焦晋、焦郑等高速路相通，距新郑国际机场仅 1 h 车程。温县是远近闻名的正宗铁棍山药主产区，其自然环境优越，社会经济发展良好，为焦作市铁棍山药品牌化的发展打下了深厚的基础。近年来，温县发挥“四大怀药”主产地优势，大力发展怀药经济，铁棍山药种植面积逐年增加，产业化发展链条不断完善，有力地带动了农村经济发展和农民增收，经济效益和社会效益逐步显现。

2014 年，在河南省政府的大力支持下，焦作市温县建立了加强质量监管与山药专属检疫平台，为焦作市铁棍山药质量监管迈出了历史性一步。焦作市政府和各基层政府纷纷出台和办法铁棍山药品牌保护政策，加大品牌保护力度，严厉打击假冒伪劣产品。焦作市铁棍山药企业投入资金，加大宣传，引入科技人才，积极打造山药品牌，巩固铁棍山药品牌发展基础。同时河南省积极推进铁棍山药产业发展，将种植铁棍的散户纳入企业种植基地中，发挥龙头企业、合作社和示范园区的带动作用，目前已建成国家级“四大怀药”农业标准化示范园区7个，通过绿色食品认证的铁棍山药产品3个。

在扩大种植规模方面，焦作市政府出台了《种植铁棍山药奖励办法》，积极为铁棍山药的种植户流转土地，更为重要的是依托企业，逐步形成规模化种植，以达到调整产业结构、壮大产业规模、实现农民增收的目标。在保障山药质量方面，焦作组织起草了四大怀药质量标准，2006年经国家标准委员会审查通过后，作为作价标准向社会发布，首创河南省农产品国家标准，制定了《怀山药栽培技术》，从选地、选种、种植、用药、采收等环节制定相关操作标准，完善了铁棍山药的种植技术和操作规程。同时建立河南省怀药产品质量监督检验站，为铁棍山药的认证提供了权威的鉴定机构。

近年来为防止养在深闺无人识的现象发生，焦作市坚持将扩大宣传，树立品牌作为提高铁棍山药知名度、影响力的重要环节，利用电视、报纸、电台、杂志、网络等媒体对铁棍山药品牌进行宣传。中央电视台经济频道的《健康之路》和农业频道的《致富经》《乡村大世界》等都先后播出过关于焦作铁棍山药的专题片，并产生了较大的宣传效应。

(二)河南温县铁棍山药产业发展现状

1.温县铁棍山药栽培现状

温县铁棍山药因土质不同，分为垆土(壤土)铁棍山药和沙土铁棍山药，因种植方式不同分为打沟种植和平地种植。2017年温县铁棍山药种植户共计2 007户，栽培面积为0.12万hm^2(按土质划分：垆土633.3 hm^2、沙土220 hm^2、两合土326.7 hm^2，按种植方式划分：打沟700 hm^2，平地400 hm^2)。自2012年以来，温县铁棍山药种植面积稳定在2万亩以上，2016年种植面积2.23万亩(图18-16)。初步形成了以温泉镇、番田镇、岳村乡、祥云镇、南张羌镇为重点的新洛路两侧铁棍山药连片种植区，与以招贤乡、祥云镇、温泉镇为重点的滩区铁棍山药连片种植区(图18-17)，其中百亩连片种植区9个，最大连片面积为31 hm^2。

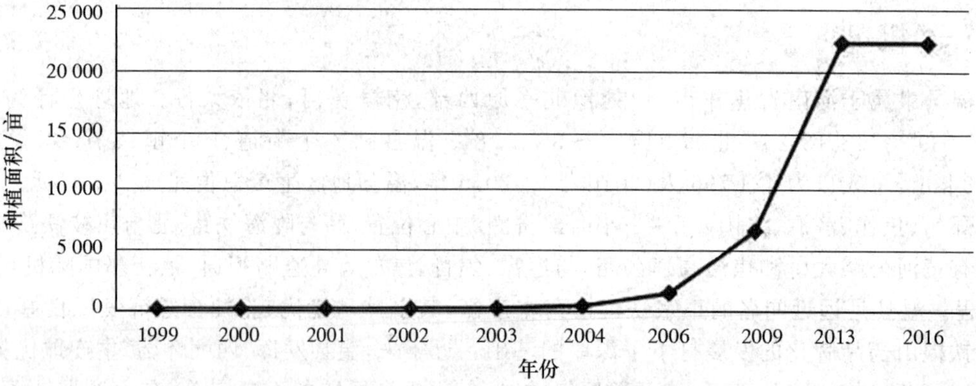

图18-16　1999—2016年温县铁棍山药栽培面积的变化

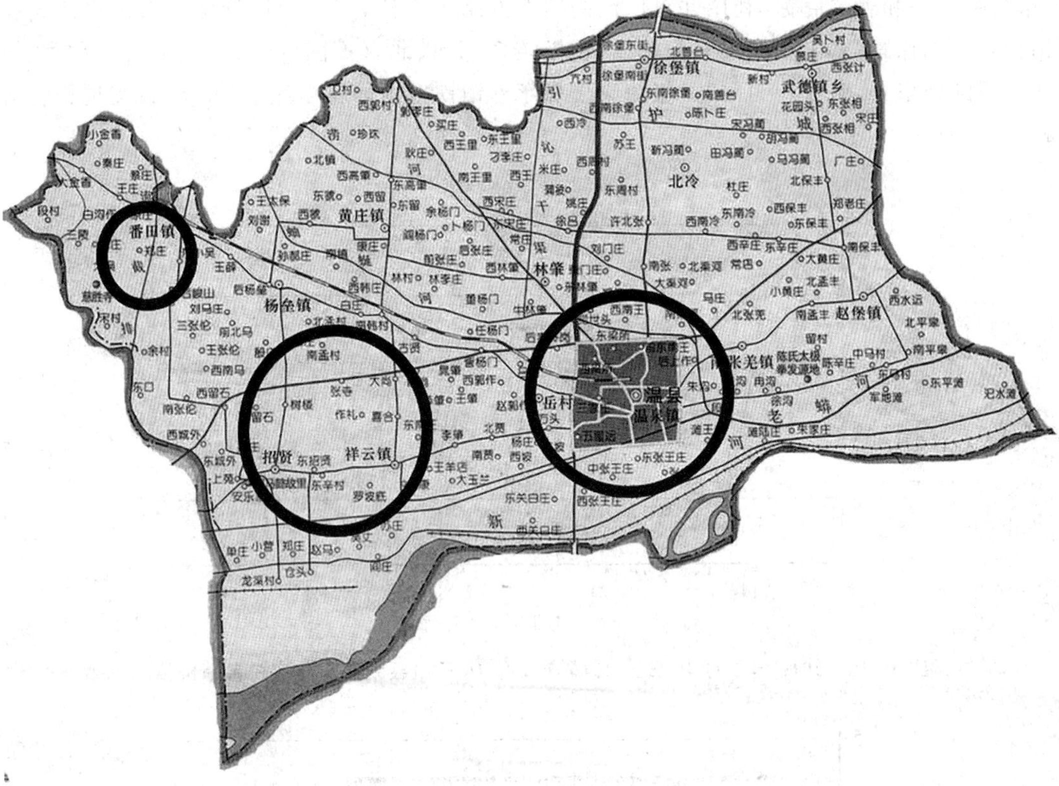

黑圆圈线所示为主产区

图 18-17　温县山药栽培分布

（资料来源：www.wenxian.gov.cn）

温县拥有铁棍山药农民专业合作社 127 家，辐射带动农户 4 523 户。拥有保和堂（焦作）制药有限公司、焦作伟康实业有限公司、焦作北方药业有限公司等怀药生产加工销售龙头企业 31 家，其中省、市农业产业化龙头企业 3 家。认证河南省名牌农产品 2 个、河南省著名商标 2 个、焦作市知名商标 8 个，绿色食品 12 个。研究开发药品、休闲食品、饮料、保健品等 11 大类 50 多个品种，产品远销日本、美国、新加坡、越南 30 多个国家和地区。

2012 年温县铁棍山药种植亩均投入 9 700 元（租地 850 元，种薯 5 000 元，肥料 1 000 元，翻地、农药、浇水、除草等 450 元，收获费用约 400 元）。亩均产量按 900 kg，市场价格为 20 元/kg，亩均销售收入约为 1.8 万元，亩均纯收入为 8 300 元。

2.温县铁棍山药市场销售情况

从营销方式看，温县铁棍山药普遍存在着农户自产自销多、企业销售少和馈赠亲友多、商业流通少的状况。2011 年全县铁棍山药总产量 2 648 万 kg，农户自销 1 589 万 kg，占总产量的 60%，企业销售则只有 959 万 kg，仅占总产量的 40%。

为避免广大种植户之间压价销售、损害自身利益等现象发生，一些乡、村成立了铁棍山药农民专业合作社和销售协会，并不断健全完善运作机制，使之成为指导生产、推广先进技术和产品销售为一体的新的营销群体。

从销售价格看，农户自销价格（图 18-18、图 18-19）最低时每千克为 8 元，价格高时每千克可达 8～20 元，其效益是粮食作物的数倍；龙头企业通过对铁棍山药进行深度加工，争创国家、省、市名牌产品和著名商标，利用联系广泛的销售网络等手段，产品销售价格比农户自产自销高出很多。如伟康、健国等加工龙头企业，积极培育郑州、北京等国内大、中城市及加拿大、马来西亚等国外市场，企业产销两旺，仅伟康公司年外销铁棍山药就多达 1 500 余 t，实现销售收入1 300 多万元。

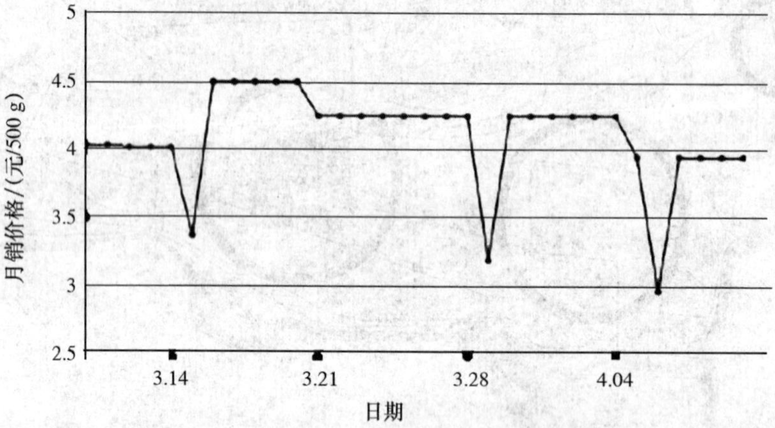

图 18-18　2016 年 3 月 10 日至 2016 年 4 月 10 日温县铁棍山药农户自销价格

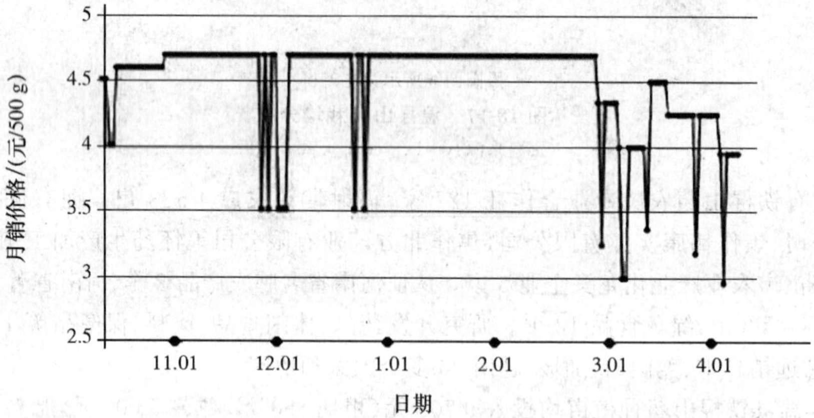

图 18-19　2017 年 10 月 1 日至 2018 年 4 月 10 日温县铁棍山药农户自销价格

2015 年，焦作市政府统计的铁棍山药销售量再创历史新高，鲜山药的市场价格维持在 18 元/kg 左右，销售旺季上涨至 28 元/kg 左右。但销售市场混乱，监管不严，导致一些商户使用山东等地的山药冒充铁棍山药销售，价格也比正宗的铁棍山药低很多，在很大的程度上影响了正宗铁棍山药的销售。

3.温县铁棍山药产业存在的问题

①政府市场信息服务体系建设力度仍显薄弱，导致产销难以完全有效衔接。近几年，温县铁棍山药的种植规模不断扩大，但由于市场信息服务体系建设仍显滞后，现有的西南冷村怀药交易市场不能满足销售需要，增产不增收现象已日益凸显。尤其是 2011 年秋季，温县铁棍山药大丰收，而普通种植散户销售渠道不畅通，大量鲜山药积压严重，更由于来自山东等地区的

低价山药冲击，正宗铁棍山药的价格一落千丈，从每市斤20元直落至每市斤8～10元，种植户的预期利润大幅缩水，种植积极性受到沉重打击。长此以往，必将影响铁棍山药产业化的健康发展，这种情况必须引起各级政府的高度关注。

②政府对龙头企业重扶持轻监管，个别龙头企业未能真正引领带动铁棍山药的良性发展。温县对龙头企业的扶持力度之大值得肯定，但在扶持的同时不能放松对企业的监管。温县当地有24家怀药生产加工企业，其中个别深加工企业为了降低成本，增加利润，不惜以假充真、以次充好，大量使用山东等地的低价山药冒充铁棍山药进行加工，这种做法不仅背离了政府招商引资、扶持龙头企业的真正目的，更损害了企业的质量信誉与广大消费者的正当权益。

③品牌保护与市场监管力度较弱，鱼龙混杂现象突出，严重影响铁棍山药品牌信誉。铁棍山药品质优良，药效显著，在市场上获得极佳口碑并受到消费者的广泛青睐。正因为如此，铁棍山药被众多不法商贩所觊觎和假冒，尤其在温县以外的广大市场，挂羊头，卖狗肉的现象层出不穷。此现象直接导致正宗的温县铁棍山药卖不动，另一方面，普通消费者即使愿意出高价也买不到真正的铁棍山药。

④龙头企业研发与创新能力欠缺，导致产品的科技含金量与附加值仍有巨大提升空间，产业链条仍需进一步拉长。与铁棍山药优良的食用与药用价值相比，目前市场上所能见到的铁棍山药深加工产品仍很稀少，能够大规模占领市场的更是凤毛麟角，焦作之外的普通消费者也仅对铁棍山药鲜品知之甚少。龙头企业研发创新不足，铁棍山药产业链条较短，不能够更深、更广地带动铁棍山药产业发展，抗击市场风险的能力明显薄弱。

⑤我国地理标志注册与管理制度自身的痼疾，使铁棍山药品牌保护面临法律困境。众所周知，我国地理标志的注册、管理与使用缺乏一个专门的、统一的、权威的、被广泛信可的机构，目前有3个机构在管理地理标志相关事宜，这种状况直接导致了地理标志注册与管理的混乱，地理标志在不同部门申请注册时，名称不甚规范，有依照县域名称命名的，有依照地市名称命名的，申请主体也五花八门。以铁棍山药为例，铁棍山药是怀山药的一个品种，是怀山药中的佳品，铁棍山药已被焦作申请为国家原产地保护产品（即国家质检总局认定的地理标志），按照国家标准《地理标志产品怀山药》（GB/T 20351—2006），产地位于北纬34.48°～35.30°、东经112.02°～113.38°，即河南省焦作市的行政辖区之内。而根据相关机构的认证，焦作怀山药地理标志属于焦作市怀药行业协会，温县铁棍山药地理标志属于温县四大怀药协会，顶层制度设计的混乱自然会引发使用上的混乱。这种状况在河南省以及全国范围内都不同程度存在着。

4.温县铁棍山药产业发展对策

(1)重视铁棍山药种苗培育，加快关键技术研究　铁棍山药品质好不好，关键看种薯。自然界物种的稳定是相对的，变异是绝对的，如遇冻害、高温、干旱、雷电及农药残留、紫外线等都可能引起铁棍山药的基因突变。目前温县铁棍山药种薯混杂，对铁棍山药种质进行提纯复壮势在必行，应当建立育种苗圃，通过单株选择→比较试验→快速繁育→原种→一级种的选育程序和按照"三年三圃"提纯复壮技术进行纯化，优选出外形一致，品质上乘的铁棍山药，恢复铁棍山药原有的优良特性。

(2)推进铁棍山药生产标准化、种植规模化、品质绿色化　可以温县怀药为牵头单位，联合中国农业大学山药课题组、温县农科所、各大怀药企业、有规模的怀药合作社和种植大户，大力推广铁棍山药规范化生产技术，实施规范化种植和标准化生产管理，出台铁棍山药生产相关的农资管理、生产记录、档案管理、产品准出和质量追溯五项制度。通过推广“公司＋农户”的种植业模式(公司与农户签订单。铁棍山药品种和技术由公司提供)进行规模种植，降低种植风险。把农民种植铁棍山药的积极性充分调动起来，达到公司与农民双方优势互补，互惠共赢。通过推广铁棍山药优良品种和科学种植技术，降低生产成本，提高良种良法覆盖率。加强生物防治铁棍山药病、虫、草害技术，同时，积极利用物联网技术，发展“智慧型”铁棍山药，实现铁棍山药全生命周期和全生产流程 的数据共享及智能决策，大幅提升铁棍山药的品质。

(3)扶持铁棍山药加工企业，提升产品开发能力　温县有铁棍山药这么好的原材料资源，却没有做出一个像宁夏红枸杞、信阳毛尖、新郑红枣等全国叫得响的知名品牌。铁棍山药在新产品研发上主要集中在加工山药片、山药粉等低端产品，产品的市场占有率较低，起不到龙头带动作用，应通过政府扶持，做大、做强 1～2 个以山药加工为主的大型现代化企业，延长山药产业链条。同时，针对年轻和老年人群，采取差异化产品战略。加工差异化怀药产品，针对性改良产品，占领不同消费市场。针对年轻消费者喜欢时尚新颖、简单方便的特点，以开发铁棍山药礼品、山药粉冲剂、山药速冻食品等。针对老年消费群体传统观念强，注重养生保健的特点，开发铁棍山药养生保健品和山药酥、山药糕点、山药罐头等传统食品。除此之外，可以开发山药薯片、山药挂面等产品，丰富山药深加工产品库。

(4)加大铁棍山药对外宣传力度　打造铁棍山药知名品牌高地，积极开展铁棍山药无公害、绿色和有机等各项认证，通过实施名牌战略打造精品，并与太极文化等旅游品牌紧密结合起来，充分利用各种媒体和载体，加大对外宣传力度，构筑“互联网＋铁棍山药＋太极”的新平台，不断扩大温县铁棍山药的知名度。在国内市场树立温县铁棍山药“道地药材”“绿色保健品”“著名商标”“驰名商标”的健康形象。为温县铁棍山药的可持续发展提供舆论动力和形象实力。

十、县域聚焦：江苏丰县山药产业化进程

(一)概况

丰县位于江苏省徐州市西北部。它处于苏、鲁、豫、皖四省交界之地，东与铜山区、沛县相连，北与金乡、鱼台县接壤，南与砀山、萧县毗邻、西接单县，属暖温带半湿润季风气候。四季分明，日照充足，年平均气温在 15 ℃左右，最冷月(1 月)平均气温－0.2 ℃，最热月(7 月)平均气温 27.3 ℃，年平均降水量约 630.4 mm，无霜期达 200 d 左右。山药是丰县重要的特色农作物和出口创汇农作物，种植历史悠久，种植规模大，种植面积稳定。丰县土壤系黄泛冲积沉淀物发育起来的黄潮土壤，表土覆盖以沙土为主，土层深厚，质地疏松，透气性强，深厚的土层和沙壤土为山药的生长发育和种植收获提供了得天独厚的自然条件，也造就了高产优质的山药产品。近年来，丰县加快种植结构调整，根据自身条件和特点大力发展山药产业，并形成了山药无公害生产基地和出口创汇基地。

(二)江苏丰县的山药产业发展现状

1. 栽培现状

据 2015 年统计，丰县山药种植总面积达 0.4 万 hm^2，主要分布在王沟镇、梁寨镇、范楼镇等。丰县山药产业以引进外来适合丰县种植的山药为基础，比如，日本白山药、怀山药(铁棍山药)。当地还有经多年筛选育种得到的“九斤黄”，但该种薯已经严重退化(图 18-20)。丰县山药的种植一部分机械化，一部分仍为人工作业。目前仅在山药种植的整地、深旋粉垄环节基本实现机械化，其余的管理、采收均为人工作业，用工多，劳动强度大。对丰县山药种植大户的调研结果表明，山药种植环节成本约为 9 万元/hm^2，山药用工成本占总成本的 50%，约为 4.5 万/hm^2。因此，规模种植大户生产中的用工成本是山药种植成本的最大部分(图 18-21)。

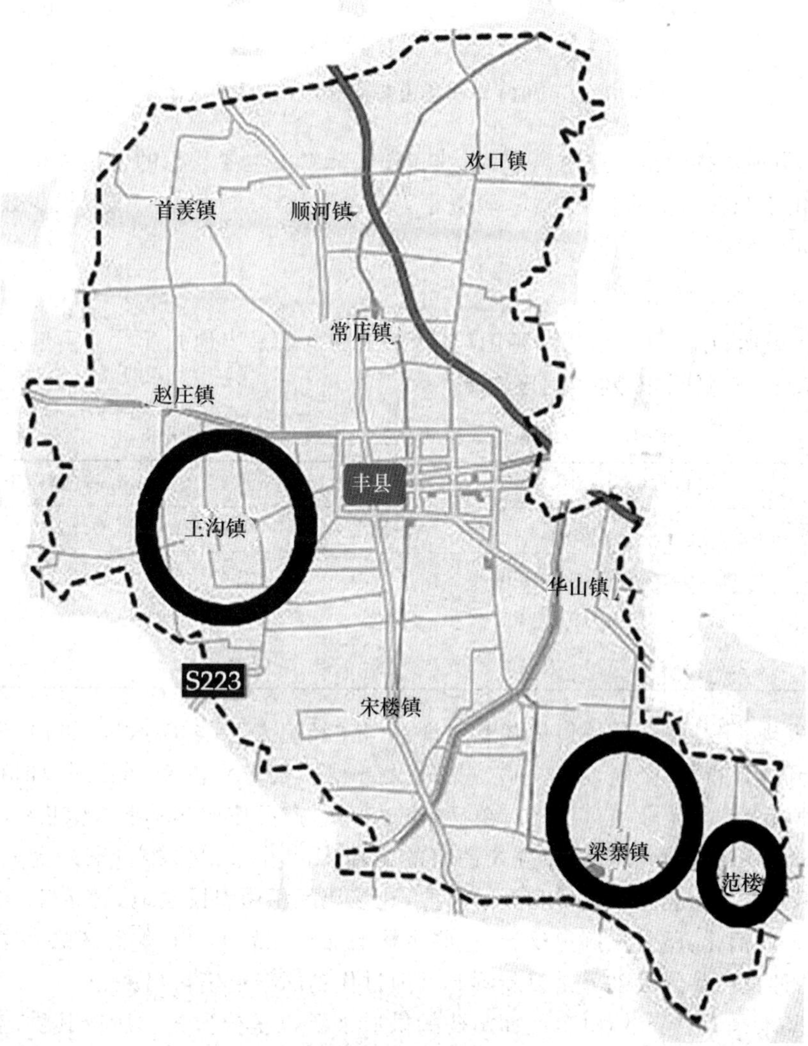

黑圆圈线所示为主产区

图 18-20　丰县山药产区分布

(资料来源：www. chinafx. gov. cn)

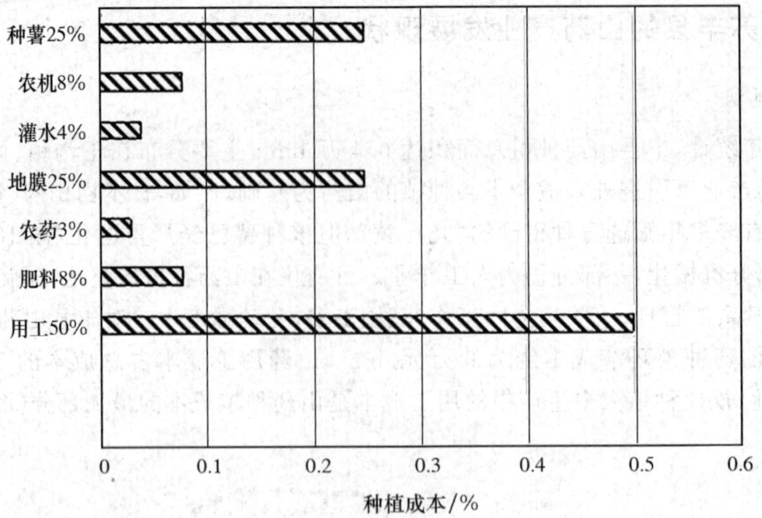

图 18-21　2014 年丰县山药种植大户的各项成本

目前,山药种植技术是以追求高产、高效和省工节本为主要目标的常规种植。为了高产和省工采取以化学肥料为主的施肥方式,病虫草害防治以化学防治为主,仅有极少数种植户采取有机生产技术。

2. 丰县山药市场销售情况

表 18-14 说明,在丰县栽培的 3 种山药中,水山药也就是当地九斤黄。由于品种退化优良特性消失,导致其市场需求减少,销售趋冷。

表 18-14　2014 年丰县 3 个主栽山药品种的效益分析

品种	产量/(kg/hm^2)		价格/(元/kg)		产值/(万元/hm^2)	
	平均	变幅	平均	变幅	平均	变幅
水山药	67 500	52 500～75 000	2.6	2.2～3.0	17.6	10.5～22.5
铁棍山药	18 750	15 000～22 500	8.0	6.0～10.0	15.0	9.0～22.5
日本白山药	41 250	37 500～45 000	3.5	3.0～4.0	14.4	11.3～18.0

经调研发现,丰县山药的销售模式有 3 种:一是“经纪人”到村头收购,再由“经纪人”将新鲜产品销售到外地市场、企业,以这种方式销售的丰县山药产品占 96%;二是种植大户订单生产,主要是种植大户与企业签订生产订单后,包地种植,产品按照订单要求销售给有关企业,其生产规模都为 20～67 hm^2,以这种方式销售的山药产品占 1.5%左右;三是企业设立基地生产,主要是相关加工企业为了宣传和展示需要,在该地区租用农民土地,设立自己的生产基地,产品全部由企业消化,所占比例很低,且这些企业的加工产品主要是保鲜产品和净菜产品。可见,丰县山药种植产品绝大部分是以新鲜产品通过代销的渠道销售出去。

在丰县基本是农户分散种植,因而山药的供应来源也是分散的。所以其供应来源就很难进行规划管理。丰县山药种植所需种薯主要是农民自己留种,种薯混杂退化严重。原因主要有 3 个方面:一是农民一直选用山药嘴子或山药段做种薯,进行无性繁殖,容易导致种薯带病虫退化;二是环境诱导自然变异,在留种时由于没有去除不良变异植株,留下不良种薯,引起品种混杂退化；三是部分农民缺乏种薯选留知识，对品种提纯复壮不够重视（如农户为增加收入，把块茎粗长的作为商品销售，短小的留作下一年生产用种），导致山药产量品质退化严重。因此，丰县水山药的供销情况逐年变差。

十一、县域聚焦：陕西南郑区山药产业化进程

（一）概况

陕西省南郑区地处巴山和汉江南岸低山丘陵地区属北亚热带湿润气候，冬无严寒，夏无酷暑。其海拔为 521～1 253 m，年均气温为 14.3 ℃，≥10 摄氏度年积温为 4 451.7 ℃，年降水量为 998.5 mm，年日照为 1 605.1 h，无霜期为 253 d，土壤以黄棕壤为主，有机质含量高，非常适宜山药的生长。在县内的湘水、法镇、红庙等乡镇一些大山深处至今还生长着大量野山药，说明南郑区也是山药的原产地之一。据南郑区蔬菜站 2014 年调查，南郑区山药已发展到 1 000 hm^2，年产山药 3 万 t，产值达 9 000 万元，主要分布在湘水、法镇、红庙、牟家坝、青树、黄官、喜神坝等乡镇。2012 年的种植面积分别为：湘水 173.3 hm^2、法镇 86.7 hm^2、红庙 66.7 hm^2、牟家坝 100 hm^2、青树 53.3 hm^2、黄官 33.3 hm^2（图 18-22、图 18-23）。

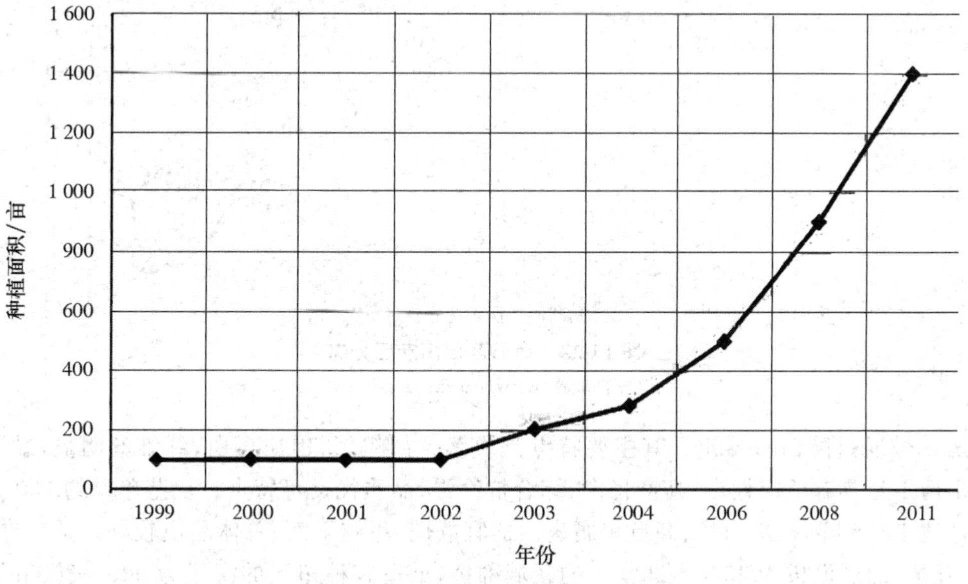

图 18-22　1999—2011 年南郑区红庙镇山药种植面积变化

经过多年发展，南郑区山药生产推广体系初步建立，并培养了一批种植能手，扶持了一批种植中大户，仅湘水镇 5 亩以上种植中大户就有 30 多户，山药已成为本地山区农民致富的重要手段，山药已经成为丘陵山区农民致富的主要来源，其中湘水镇农民收入 70%来源于山药。不少当地农民靠种植山药增加了经济收入，改善了居住环境，过上了富裕生活。南郑区山药农户互助组织已初步形成，发展并成立了湘水、法镇两个山药协会及山药经济合作社。产品远销上海、南京、武汉、成都、兰州、西宁等大、中城市。

南郑本地品种红庙山药更是以淀粉含量高、口感好而成为地方名优品种。2017 年 4 月红

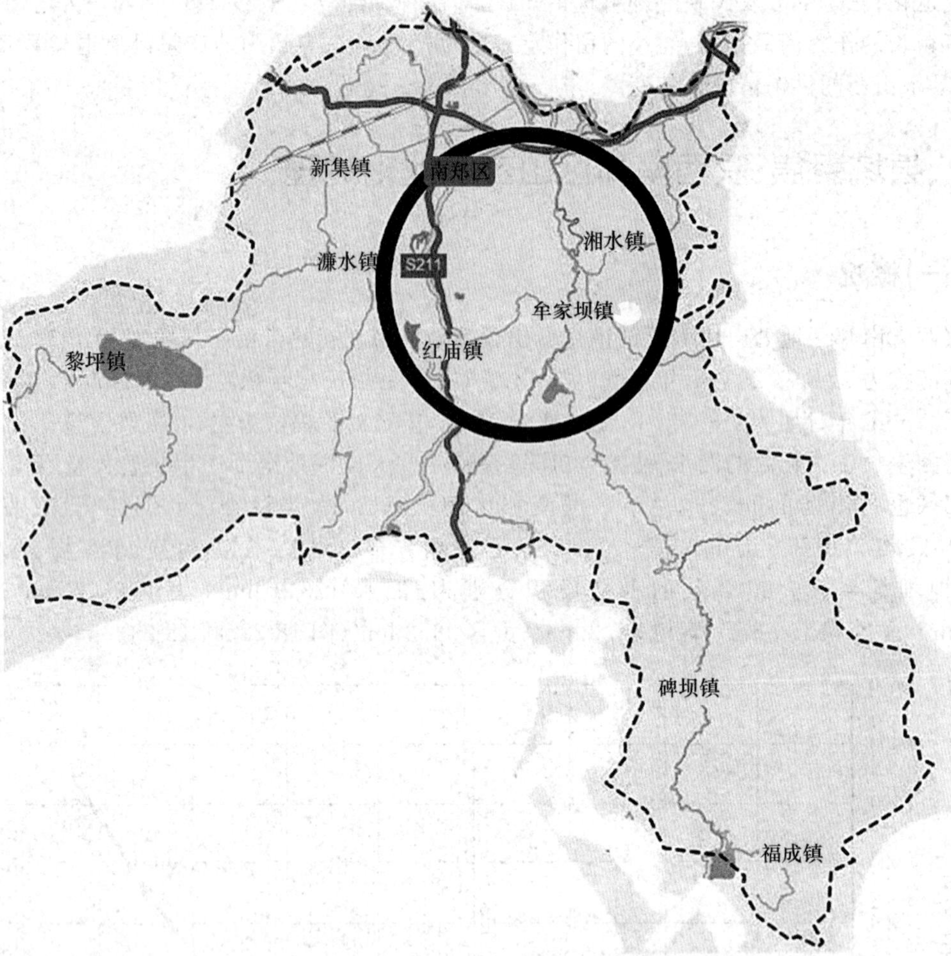

黑圆圈线所示为主产区

图 18-23　南郑区山药产区分布

（资料来源：www.nanzheng.gov.cn）

庙山药 1 号通过陕西省鉴定。其主要特点是块茎颈部粗短，肉质雪白，纤维丝明显，黏液少。红庙山药 1 号具有适应性广、高产稳产、综合抗性强、品质优良等特点。块茎单重约 250 g。平均亩产达 1 838 kg，抗炭疽病、高抗根腐病。适宜熬炖，甜糯干面，总体品质较好。适宜在汉中平坝、丘陵、山区海拔为 450～1 200 m 的区域种植，最适宜种植区的海拔为 600～800 m，土层较深、土壤疏松的沙壤土。近年来，也陆续从外地引进"九斤黄"、铁棍山药等品种。

(二)南郑区山药产业存在的问题

1.种植分散，规模小，受市场影响大

虽然南郑区山药总面积不小，但过于分散。据调查可知，南郑区 22 个镇有近半数种植山药，但上规模的镇仅有五六个，而集中连片、面积为 33.3 hm^2 以上的山药基地更为稀少；种植分散，基地规模小，受市场波动影响大，这种情况造成 2006—2007 年许多种植户盲目种植，南郑区面积产量急剧增加，在山药集中上市期间却销售不了的局面。即使山药畅销的年份（如

2008 年)，零星种植的一些乡镇农户依然存在销售难的问题，近几年就出现了黄官、法镇、牟家坝等部分偏远山区农户将山药运往湘水镇销售的情况。

2. 产业链不健全，抵御市场风险能力弱

加工储运对提升蔬菜附加值、保障蔬菜产销平衡、抗击市场风险有重要作用，但南郑区全县目前(2018 年)仅有 1 家山药加工厂，对本地山药进行简单的切片加工，区内缺乏大型储运冷藏库和专业的商贸公司，无法实现规模调配和周年供给，降低了南郑山药的商品附加值。南郑区内也无专门的山药交易市场，仅红庙、湘水等生产大镇在秋冬山药集中上市期间有交易点。全区内山药交易大多依靠个体贩运户收购，在全区内蔬菜零售市场及汉中市内几个蔬菜市场零星销售，或通过贩运至城固县二里镇的山药交易点进行销售。

3. 栽培技术不规范

南郑区农技中心蔬菜站通过对湘水镇的长沟、潘家坝、观音桥、经堂湾等村，红庙镇的五根村、浸林沟村及法镇等山药产区进行生产状况调查，发现山药生产技术存在普遍问题：一是栽培种植不规范，栽植密度普遍偏高，增加了生产成本，加重了病虫害发生，降低了生产效益；二是偏施氮肥，磷、钾配合使用的比例不高，农户氮、磷、钾配合使用数只占到生产总数的 30%左右，同时农家有机肥用量普遍降低，用量不足造成土壤肥力下降；三是对病虫害(尤其炭疽病和枯萎病)的防治不力，用药不对路，花了钱却达不到应有的效果。部分农户还在喷施膨大剂，对本地山药产业的长远发展造成不利的负面影响。

4. 品种退化严重

本地品种红庙山药是农户的自留种。因其连年种植，品种严重退化，导致单产和收益降低。红庙、青树等乡镇农户甚至将本地山药品种与外地其他引进品种混杂，加剧了本地山药品种的种性杂化，对本地特色品种发展不利。近几年，外地品种由于耐贮藏、便于运输、产量高、收益好等优点，在本县得到大面积种植，但基本上是农民自发引种，品种较杂，品质参差不齐。由于资金、人力、管理等多种原因，目前南郑区无专职的山药引种、繁种机构和技术人员，严重影响了南郑区山药产业的可持续发展。

5. 山药认证面积小

南郑区的山药认证工作起步于 2007 年，目前只有湘水镇于 2008 年从技术层面完成了全镇 200 hm^2 无公害山药基地与产品申请认证工作。其他乡镇由于组织、经费来源等原因，此项工作滞后，这与当前全县山药产业发展规模极不协调，也使本地山药产品走向大中城市市场受到影响。

6. 品牌创建难

山药品牌、注册商标在南郑区基本还是空白，尤其是红庙山药。虽然它历史悠久，但其品种认定及原产地认证始终没有落实，导致本地山药在外地的知名度差，市场占有率不高。

(三)南郑区山药产业发展建议

为做大、做强南郑区的山药产业，应进一步深化认识，调动全区各方面的积极性，利用好现有技术、人才、资金、种质资源，同时积极招商引资，并明确相关部门各自责任，共同推进产业发展。

1.进一步突出山药产业发展重点

南郑区有种植山药的传统习惯,比发展设施蔬菜在投入、收益以及组织等方面更具优势。应从全县农村产业结构调整和农民增收的高度,把山药产业摆在蔬菜生产的首位,优先大力发展并从资金、政策等方面给予重点支持和优先扶持。南郑区 2006 年出台了蔬菜产业规划,在重新定位和认识的基础上对一些内容可进行调整和充实,要突出山药产业发展重点,对政府、主管部门、技术推广部门、合作社的职责进行细化,采取切实措施推进山药产业做大做强。

2.抓好山药产业发展大环境建设

强化商贸流通领域建设,在山药主产区(湘水、红庙、法镇)建立 2～3 个大型批发市场,建立冷藏保鲜库,积极招商引资,引进加工、商贸企业。抓好全县山药无公害及有机(含绿色)生产基地和产品认证等事关产业全局性工作。区里每年优先安排一定资金用于山药基地建设,奖励山药产业发展好的乡镇和合作社,调动各方面积极性,将山药产业发展工作纳入主产区乡镇年度考核内容,镇政府要抓好山药基地建设和发展等工作,协调解决产业发展中的实际问题,推进本镇山药产业发展。

3.认真解决山药生产中的技术问题

技术部门加强山药引种、品种扩繁、试验示范及技术推广的研究;充分利用南郑区丰富的野生山药资源,攻山药育种、品种改良的难题;解决病虫害防治、科学用肥用水、贮藏保鲜等技术问题;形成适宜全县山药栽培的一整套规范化种植模式,推广山药无公害栽培技术。生产中严禁使用高毒高残留的农药、生长调节剂,严禁滥用化肥,确保产品安全,提升山药品质。同时,区财政拿出专项扶持资金,支持农技部门用于山药优良品种的繁育、引进、扩繁,建立山药良种园,以满足全区山药产业对良种的需求,解决山药品种的老化、退化和改良问题。

4.加强技术推广与山药产供销体系建设

积极鼓励并扶持山药销售商与种植农户及技术部门建立山药协会、山药合作组织,形成利益共同体,促进山药种植新技术推广和技术培训以及产供销等各项服务工作。大力培养山药经纪人,积极鼓励支持组建山药经贸公司,强化各种服务组织建设,同时积极加强与外地大型商贸公司、超市联盟,全力做好本县山药的推介和销售工作。

5.加强山药品牌建设

认真开展红庙山药原产地地理标志认证,保护好这一地方品牌,同时政府出面协调由农业部门主抓全县山药统一品牌商标注册,整合资源,加大宣传力度,扩大南郑山药知名度,推进南郑山药走向全国。

十二、县域聚焦:四川米易县山药产业化进程

(一)概况

四川省攀西地区的米易县位于成都和昆明的中间,毗邻攀枝花、西昌及周边的会理、德昌等县,成昆铁路、京昆高速公路贯穿全境,交通运输便利。米易县属南亚热带北缘,它是适宜栽

培山药的最好区域之一：一是温光资源丰富。在山药适宜区海拔为 1 100～1 750 m 区域，年气温为 15～20 ℃，最冷月平均气温为 7～11 ℃，≥10 ℃年有效积温为 4 750～6 800 ℃，日照时数 2 379 h，能满足山药的生长需要。二是干湿季节明显，雨热同步。全年降水量为 1 100 mm，雨季 6—10 月，降水量占全年降水总量的 90%。夏、秋季充沛的降雨量能满足山药生长的需要，冬、春干旱少雨且温暖有利于山药留地保鲜，供给市场的时间长。米易县下雨以夜间居多，夜雨后白天常为天晴，昼夜温差较大，有利于块茎干物质的积累，因此米易县山药的产量较高。

(二)米易县的山药产业发展现状

1.栽培现状

米易县的山药栽培面积约为 700 hm^2，这是四川省山药面积最大的产区。2013 年，该地区获国家农产品地理标志登记保护，成为米易地方名特产之一。米易县山药主要的栽培品种有米易山药、米易紫山药、米易野山药、脚板苕山药 4 个品种(系)。其中，米易山药、米易紫山药主要集中分布在垭口镇安全村、丙谷镇雷窝村和小河村，人工栽培的米易野山药主要集中在得石镇大田村、撒莲镇平阳村，脚板苕在全县各地均有少量栽培(图 18-24)。

(1)米易山药　米易山药不结零余子，极少开花。块茎长达 1.2 m，直径为 5～7 cm，正常栽培下单株重 2～2.5 kg。它是目前米易县栽培面积最大的品种。2014 年米易山药栽培面积为 400 hm^2，总产量为 15 000 t，2014 年冬至 2015 年春平均销售价格为 6 元/kg。

(2)米易紫山药　米易紫山药极少结零余子和开花。紫山药块茎皮紫色，肉质紫色夹白色。一般块茎长 40 cm 左右，最长的可达 60 cm，直径为 9 cm 左右，单株块茎重 1.5～2.5 kg；口感绵糯，品质一般。2014 年米易紫山药栽培面积为 66.7 hm^2，总产量 3 900 t，2014 年冬到 2015 年春的平均销售价格为 5.2 元/kg。

(3)米易野山药　米易野山药生长在米易县及周边海拔 1 500 m 以下的山林间，其植株形态与栽培品种差异明显，属于四川攀西地区特有的山药品种，其品质优、口感好，糯性。自古以来野山药深受攀枝花人的喜爱，市场价格高，每年秋冬季有许多村民上山寻找挖取野山药出售，价格高达 15～26 元/kg。但经过长期采挖后，野生山药资源已日渐稀少，采挖困难。近年来，人工驯化栽培野生山药逐渐增多。米易县人工栽培野山药面积约 33 hm^2，主要在米易县得石镇坊田村，采取模仿野生环境，将野山药种植在住房附近荒地上，让山药茎蔓自由攀缘生长。同时让山药种子落入土中自由发芽生长，不施肥、不打药、不整枝等，待生长 3～5 年后选择茎蔓粗壮、块茎大的挖取出售，小的仍让其继续生长，待长大后再采挖。

(4)脚板苕山药　脚板苕山药是攀西地区米易县最古老的山药栽培品种，有糯脚板苕、紫皮脚板苕、光脚板苕、毛脚板苕、牛尾山药等类型。由于品质较差，逐步被淘汰，各地有零星栽培。

2.销售情况

除了本地销售外，米易县山药主要销往攀枝花、西昌、成都，少量销往重庆，云南丽江、大理、华坪等地。近年来，借助电商平台，米易县山药逐渐销往全国各地。2017 年米易山药销售均价为 3.2 元/kg，年产值超过 8 000 万元，米易山药的销售有效增加了种植户的收入。

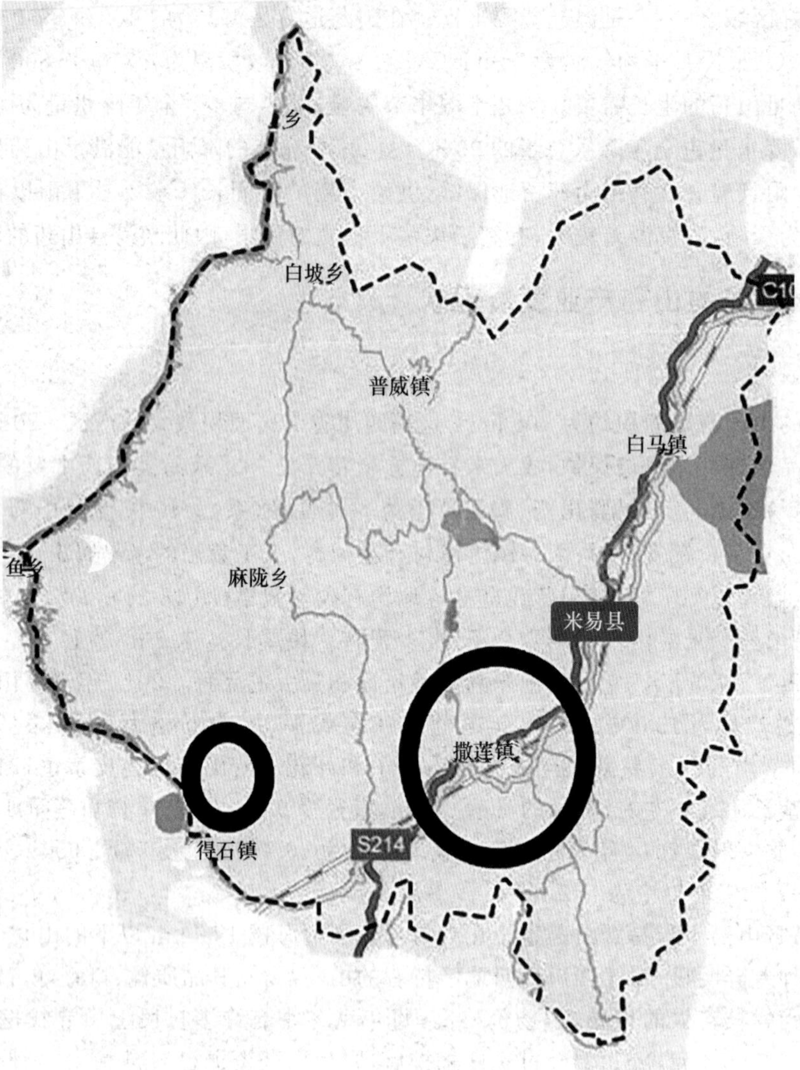

黑圆圈线所示为主产区

图 18-24　四川米易县山药产区分布

（资料来源：www. scmiyi. gov. cn）

(三)米易县山药产业存在的问题

1. 山药品种退化严重

米易县主栽品种——米易山药已沿用了上百年，该品种不结零余子，不开花，全靠块茎繁殖，在生产中常使用生长不佳的块茎作种，加速了品种退化，加上长期连作，山药炭疽病、褐斑病、茎腐病、根结线虫较严重，在栽培中出现的癞子山药、畸形山药比例较大，已明显影响到山药的产量和品质。

2. 施肥不当

一是农家肥施用量不足。米易山药主要种植在坡地，需要大量的农家肥，但农户的种植和养殖比例发生了变化，畜禽数量少，农家肥量少，不能满足山药生产的需要，多施用化学肥料。二是氮肥施用多。茎蔓生长过旺，不利于块茎生长，品质下降。三是为了追求高产，部分使用块茎增粗拉长的叶面肥，使山药块茎畸形分叉，对米易山药产业造成不良影响。

3.搭架整枝技术有待改进

通常采用的每行搭一排三角形架，每株山药茎蔓攀爬一根架。搭架和整枝不合理会导致分枝多而旺，再加上茎蔓整枝技术不到位，造成茎蔓多层重叠，叶片失去光合作用，不利于提高产量和品质。

4.山药品种（系）较少

米易县主栽品种（系）只有4个，且都是作为保健蔬菜为主的品种，没有加工品种和以药用为主的品种，这种山药品系制约了米易山药产业的发展。

5.野生资源破坏严重

米易野山药分布广、种类多，从叶型上区分至少有4个种类。但由于长期过度采挖，使野生山药越来越少，资源破坏严重。

6.加工滞后，产品附加值低

目前，米易山药还处在产业发展的初级阶段，产业链发展不健全、农工贸联系不紧密。目前，该地区的山药以鲜销为主，没有进行粗加工或深加工处理，产品附加值低、产业链条短，这种状况不利于米易县山药产业的可持续发展。

（四）米易县山药产业发展对策

1.加强适宜米易县种植的山药新品种选育

山药品种是关系山药产业发展的关键，加强适宜米易种植的山药新品种选育和推广是持续发展米易山药产业的基本保证。一是加强新品系米易紫山药的推广力度，扩大栽培面积和产量。二是加大新品种选育力度。从主栽品种中选育芽变植物，进一步改良品种。三是引进北方山药良种，分别在低海拔地区和高海拔地区进行试种，在低海拔地带试种成功后可丰富推广品种，在高海拔地带试种成功后可开辟新的种植基地。四是进行米易山药的品种复壮，主要可采取茎尖脱毒培养等技术进行品种复壮。另外，要建立山药种苗繁殖圃，选择无病、生长好、外观佳、商品性好的山药进行集中繁殖，为生产提供优良的种薯，同时要加强科普宣传，让药农自觉选留正常的山药做种苗，改变选择发育不良的小山药留种的错误做法。

2.改进传统栽培技术，推广标准化种植

（1）改进山药的传统栽培技术　一是试验改进单沟双行栽培，提高栽培密度和土地利用率；二是改进搭架方法，试验“W”字形、“X”字形、“M”字形等搭架方法，选择出适宜的搭架方法，以增加茎蔓的攀爬空间；三是改进整枝技术，选择适宜的疏枝抹芽和定位留蔓方法，使山药茎蔓疏密合理；四是推广应用商品生物有机肥，以补充农家肥的不足。

（2）加速推广山药栽培新技术　山药套管栽培，引导横向结薯，微耕机回填起垄等新型种植技术明显降低了劳动强度，应加速推广。

（3）发展山药标准化种植　山药标准化种植要求农户严格按照技术规范种植栽培、管理、适时收获、分级销售，确保食品安全和保护生态环境，避免出现以前因种植过程不规范导致山药质量不稳定的现象。

3.提高农户组织化程度,增加山药合作经济组织的市场竞争力

目前,米易县各个主产区成立的合作经济组织都发挥了明显的效果,提高了生产效率和农业技术普及率,减少了中间交易成本,并促进了山药种植产前和产后产业链的形成,因此要鼓励、帮扶一些种植面积大、发展起步早的村成立山药专业合作社或协会,形成种、贸、加工一体化结构,及时沟通产销信息,加强行业自律与互律,提高管理水平;选拔一批头脑灵活、有一定文化知识的农民担当山药销售经纪人,逐步建立起 由农民组成的销售网络。

另外,米易县要树立品牌意识,培育和壮大地方品牌。一是利用米易山药获国家农产品地理标志登记保护的契机,抓紧时间制定米易县山药生产技术标准、产品质量标准、注册商标、改进包装、打造出米易山药品牌。二是加大米易野山药的栽培技术研究力度,研究出绿色、环保、有机的野山药,将米易野山药打造成独特的山药品牌。三是利用现代化的信息网络构建信息服务平台,建立、健全信息服务网络,进一步开展网上销售,拓展销售渠道,以加快山药产品的流通。

参考文献

[1] (明)李时珍．本草纲目．北京:人民卫生出版社,1982.
[2] 南京医学院．中华大药典．南京:江苏科学技术出版社,1982.
[3] (元)忽思慧．饮膳正要．北京:人民卫生出版社,1986.
[4] (清)王士雄．随息居饮食谱．南京:江苏科学技术出版社,1983.
[5] 赵鸿钧. 塑料大棚园艺. 2 版. 北京:科学出版社,1994.
[6] 赵冰．山药栽培新技术．北京:金盾出版社,1998.
[7] 赵冰．山药栽培新技术. 2 版．北京:金盾出版社,2009.
[8] 赵冰．蔬菜早上市栽培要点．北京:科学出版社,1998.
[9] 赵冰．随行就市蔬菜生产指南．北京:中国农业出版社,2000.
[10] 赵冰．薯芋类蔬菜高产优质栽培技术．北京:中国林业出版社,2000.
[11] 赵冰．蔬菜高品质栽培入门与提高. 2 版．北京:中国农业出版社,2010.
[12] 赵冰. 阳台蔬菜园艺. 北京:科学技术文献出版社,2002.
[13] 赵冰. 蔬菜品质学概论. 北京:化学工业出版社,2003.
[14] 赵冰. 山药无公害高效栽培．北京:金盾出版社,2003.
[15] 侯保俊,赵冰. 蔬菜良种与栽培指南. 北京:中国农业科学技术出版社,2006.
[16] 赵冰. 山药马铃薯栽培问答. 北京:中国农业大学出版社,2007.
[17] 赵冰. 怎样种山药. 北京:中华工商联合出版社,2007.
[18] 张勇飞,赵冰. 滋补中药的生产与营销. 北京:中国农业出版社,2011.
[19] 张勇飞,赵冰. 优质高效中药生产直通营销. 北京:中国农业出版社,2013.
[20] 赵冰. 有机肥生产使用手册. 北京:金盾出版社,2014.
[21] 赵冰. 山药马铃薯生产配套技术手册. 北京:中国农业出版社,2012.
[22] 赵冰,郭仰东. 新农村有机蔬菜生产实用手册. 北京:人民出版社,2009.
[23] 任光跃. 怀山药干燥技术. 北京:科学出版社,2017.
[24] 王惟恒,王君,王芳. 妙用山药治百病. 北京:中国科学技术出版社,2017.
[25] 李成文. 张锡纯用山药. 北京:中国医药科技出版社,2016.
[26] 韦本辉. 中国淮山药栽培. 北京:中国农业出版社,2013.
[27] 黄东益,黄小龙. 山药种质资源描述和数据质量控制规范. 北京:科学出版社,2013.
[28] 黄文华. 山药无公害标准化栽培. 北京:中国农业出版社,2005.
[29] 李明军. 怀山药组织培养及其应用. 北京:科学出版社,2004.
[30] 巩庆平,程广,袁良敏. 山药标准化栽培技术. 北京:中国农业出版社,2004.

[31] 孙启善. 山药优质高产栽培实用技术. 北京:中国农业出版社,2001.
[32] 杨文宪. 山西名特优新农副产品品质与效益. 太原:山西人民出版社,2001.
[33] 秦波涛,李和平,王晓曦. 薯类的综合加工及利用. 北京:中国轻工业出版社,1999.
[34] 罗璇,刘莉莎,于娅,等. 山药类原球茎类似结构的发生及再生体系遗传稳定性分析. 华北农学报,2008(23):27-30.
[35] 高国栋、赵冰、李树和. 基质栽培对国内主栽山药品种产量和品质的影响. 北京农学院学报,2007,22(4):5-7.
[36] 彭慧,赵冰,刘戬,等. 山药块茎生长畸形的成因. 中国蔬菜,2006,146(7):14-16.
[37] 彭慧,赵冰,李树和,等. 采用灰色关联分析法综合评价华北地区主栽山药品种. 特产研究,2006,28(2):15-21.
[38] 彭慧,赵冰,李树和,等. 采用灰色关联分析法综合评价国内主栽山药品种. 北京农学院学报,2006,21(4):8-10.
[39] 赵冰,李志芳,刘学军,等. 不同收获期对山药产量及品质的影响. 特产研究,2005,27(1):1-4.
[40] 赵冰,吴晓嫄,江晓云,等. 山药零余子栽培特性的初步研究. 特产研究,2003,25(1):1-12.
[41] 赵冰,李建明,秦晔,等. 山药不同繁殖材料所产零余子的形态学观测. 中药材,2003,26(6):398-399.
[42] 赵冰,张春荣,李建明,等. 山药套管、半套管栽培技术的比较试验. 特产研究,2003,25(4):19-21.
[43] 赵冰,张福锁,毛达如. 酸性土壤上肥田萝卜和小麦对低品位磷矿粉的吸收差异. 应用生态学报,1999,10(5):573-575.
[44] 赵冰,郑晓怀,张福锁,等. 肥田萝卜根分泌物对活化酸性土壤中低品位磷矿粉的作用. 中国农业大学学报,1999,4(3):63-66.
[45] 赵冰. 山药块茎富锌的栽培技术研究. 中草药,1998,30(6): 391-394.

附　录

缩略词表

缩略词	全称	中文名
2,4-D	2,4-dichlorophenoxyacetic acid	2,4-二氯苯氧乙酸
6-BA	6-benzyla aminopurine	6-苄基腺嘌呤
CTAB	cetytrimethyammonium bromide	十六烷基三甲基溴化铵
ISSR	inter-simple sequence repeat	简单序列重复区间
KT	6-furfuryl aminopurine (Kinetin)	6-糠腺嘌呤(激动素)
MS	Murashige and Skoog (medium)	MS 培养基
NAA	α-naphthalene acetic acid	α-萘乙酸
PLB	protocorm-like body	类原球茎
RAPD	random amplified polymorphic DNA	随机引物扩增多态性 DNA
TDZ	thidiazuron	1-苯基-3-(1,2,3-噻二唑-5-基)脲

后记

“每个人都能在自家后院找到钻石”，营养学家借用此言把山药比作全民养生的钻石。山药有此美誉是毫不为过的。它的价格不算昂贵，平民百姓都买得起；它的滋补功效全面，具有补脾健胃、补肺止咳、补肾固精的“三补”功能。山药食药一体，上至达官显贵，下至贩夫走卒，男女老幼，人人适合，真正做到了三根普被，利钝全收。这样的至宝一旦被人发现，前景不可限量！

事实也是这样，根据本课题组多年采样分析可证明，山药中平均含有粗蛋白 14.5%、粗脂肪 3.8%、淀粉 43.8%、全糖 1.1%、灰分 5.5%、钾 2.6%、五氧化二磷 0.72%、铁 54 mg/kg、锌 19 mg/kg、铜 11 mg/kg、镁 0.14%、钙 0.12%、锰 5.4 mg/kg 以及各种维生素，特别是游离精氨酸含量高达 1.15%，这为山药奠定了丰富而独特的营养资源。同时，山药中含有许多次生代谢产物，如尿囊素、皂苷元、胆碱、多巴胺等，它们成为山药具有独特医疗保健功能的主要物质基础。由于山药具有双向的生理调节功能，作为蔬菜/粮食食用或制成各种药材服用可以强身壮体、延年益寿。这是山药不同于一般保健植物的突出特点，山药也必将成为人类未来的重要保健食品。

最近 20 年的数据显示，目前全球山药的市场消费量每年以 3%～5%的幅度增高，价格稳步提升。特别是北京奥运会百米冠军博尔特爱吃山药被报道后，国内外消费大众刮起了山药旋风，山药的药、食兼用性引起科学家和消费大众的空前关注和喜爱。

乘此喜人的山药旋风，《中国山药》顺利付梓。需要说明的是，虽本书由笔者主编，但里面凝聚着山药课题组诸成员共同的心血。正是由于山药课题组诸成员精诚团结，在科研第一线艰苦奋斗 30 年，才能取得不错的成绩。虽然山药课题组获得了国家科技进步奖，但这只能代表过去，面向未来，笔者衷心希望山药的研发工作百尺竿头，更上一层楼，为全球人类福祉做出积极贡献。

龙师火帝，鸟官人皇。俶载南亩，我艺黍稷。寒来暑往，秋收冬藏。沉思良久，与君共勉。

山中之药有神奇，宜菜宜药又宜粮。
开国领袖农业法，土肥水种八字方。

2019 年 1 月于
中国农业大学园艺楼